"十二五"职业教育国家规划教材
经全国职业教育教材审定委员会审定

食品类专业教材系列

果蔬贮藏与加工技术

（第三版）

祝战斌　主　编
李海林　副主编

科学出版社
北　京

内 容 简 介

　　本书以果蔬贮藏保鲜与加工工艺为主线，以典型果蔬产品的贮藏与加工品为载体，以典型工作任务和实际工艺流程为导向，共设计果蔬贮藏保鲜基本技术、主要果蔬贮藏技术、果蔬干制品加工技术、果蔬罐头加工技术、果蔬汁加工技术、果酒酿造技术、果蔬糖制品加工技术、蔬菜腌制品加工技术、果蔬速冻制品加工技术9个学习项目。

　　本书可供高职高专食品类、农产品加工类相关专业选用，并可作为岗前或转岗的培训教材。

图书在版编目（CIP）数据

果蔬贮藏与加工技术/祝战斌主编.—3版.—北京：科学出版社，2020.6
（"十二五"职业教育国家规划教材·经全国职业教育教材审定委员会审定·食品类专业教材系列）
ISBN 978-7-03-064963-8

Ⅰ.①果… Ⅱ.①祝… Ⅲ.①果蔬保藏-高等职业教育-教材 ②果蔬加工-高等职业教育-教材 Ⅳ.①TS255.3

中国版本图书馆 CIP 数据核字（2020）第 071479 号

责任编辑：沈力匀 / 责任校对：王　颖
责任印制：吕春珉 / 封面设计：耕者设计工作室

科学出版社 出版
北京东黄城根北街 16 号
邮政编码：100717
http://www.sciencep.com
铭浩彩色印装有限公司 印刷
科学出版社发行　　各地新华书店经销

*

2010 年 7 月第 一 版　　2021 年 8 月第九次印刷
2016 年 1 月第 二 版　　开本：787×1092　1/16
2020 年 6 月第 三 版　　印张：19 1/4
字数：440 000

定价：58.00 元
（如有印装质量问题，我社负责调换〈铭浩〉）
销售部电话 010-62142126　编辑部电话 010-62135235（VB04）

编写委员会

主　编　祝战斌（杨凌职业技术学院）

副主编　李海林（苏州农业职业技术学院）

编　委（按姓氏笔画排序）

马兆瑞（杨凌职业技术学院）

成晓霞（滨州职业学院）

汪慧华（北京农业职业学院）

唐丽丽（杨凌职业技术学院）

童　斌（江苏农林职业技术学院）

谢建华（漳州职业技术学院）

第三版前言

为贯彻落实《国家中长期教育改革和发展规划纲要（2010—2020 年）》，根据《教育部关于"十二五"职业教育教材建设的若干意见》（教职成〔2012〕9 号）要求，配合《高等职业学校专业教学标准（试行）》贯彻实施，我们根据食品行业各技术领域和职业岗位的任职要求，以工学结合为切入点，以项目为载体，以真实生产任务（工作过程）为导向，以相关职业资格标准基本工作要求为依据，重构课程内容体系，在"十一五"国家级规划教材的基础上，修订《果蔬贮藏与加工技术》，以满足各院校食品类专业建设和相关课程改革需要，提高课程教学质量。

本书在修订的过程中，根据教育部《关于全面提高高等职业教育教学质量的若干意见》（教高〔2006〕16 号）的精神，坚持"理论够用、重点强化学生职业技能培养"的基本原则，在认真调研的基础上，分析职业岗位，确定职业岗位能力，以贮藏保鲜与加工工艺为主线、典型果蔬产品的贮藏与加工品为载体、典型工作任务和实际工艺流程为依据，打破传统的学科知识体系，按照项目化教材编写的基本思路，共设计果蔬贮藏保鲜基本技术、主要果蔬贮藏技术、果蔬干制品加工技术、果蔬罐头加工技术、果蔬汁加工技术、果酒酿造技术、果蔬糖制品加工技术、蔬菜腌制品加工技术、果蔬速冻制品加工技术 9 个项目。在编写各项目的过程中，全书以典型的真实工作任务为载体，依据工作任务、工作过程，将相应的学科体系知识进行解构，并按实际工作任务进行重构，以满足对工作任务、工作过程中知识的需要，同时，本书将国家在果蔬贮藏保鲜、果蔬加工方面制定的最新标准、要求及果蔬贮藏加工实际生产中近年出现的新技术、新工艺、新方法渗透到教材之中，力求做到课程内容与职业岗位能力融通、与生产实际融通、与职业资格考试融通、与行业标准融通。全书各章节还增设了二维码，读者扫描二维码即可浏览相关教学资源（PPT、视频）。

本书由杨凌职业技术学院祝战斌担任主编，苏州农业职业技术学院李海林担任副主编。编写分工为：项目一由江苏农林职业技术学院童斌编写；项目二由杨凌职业技术学院马兆瑞编写；项目三由苏州农业职业技术学院李海林编写；项目四由漳州职业技术学院谢建华编写；项目五由杨凌职业技术学院唐丽丽编写；项目六由杨凌职业技术学院祝战斌编写；项目七、项目九由北京农业职业学院汪慧华编写；项目八由滨州职业学院成晓霞编写。全书由祝战斌制定修订提纲，并进行统稿。

在编写过程中，参考了许多文献、资料，包括大量网上资料，在此一并表示感谢。由于编者水平有限，书中不足之处在所难免，敬请同行专家和广大读者批评指正。

第一版前言

为认真贯彻落实教育部《关于全面提高高等职业教育教学质量的若干意见》中提出"加大课程建设与改革的力度，增强学生的职业能力"的要求，适应我国职业教育课程改革的趋势，我们根据食品行业各技术领域和职业岗位（群）的任职要求，以"工学结合"为切入点，以真实生产任务或（和）工作过程为导向，以相关职业资格标准基本工作要求为依据，重新构建了职业技术（技能）和职业素质基础知识培养两个课程系统。在不断总结近年来课程建设与改革经验的基础上，组织开发、编写了高等职业教育食品类专业教材系列，以满足各院校食品类专业建设和相关课程改革的需要，提高课程教学质量。

果蔬贮藏加工业作为一个新兴产业，在中国农业和农村经济发展中的地位日趋重要，已成为中国广大农村和农民最主要的经济来源和农村新的经济增长点，成为极具外向型发展潜力的区域性特色、高效农业产业和中国农业的支柱性产业。随着果蔬贮藏加工业的发展，对高技能人才的需求量也越来越大，并对人才也提出了更高的要求。正是在这一背景下，科学出版社组织编写这本《果蔬贮藏与加工技术》，以满足市场对果蔬加工业高技能人才的需求和高等职业教育对高技能人才培养的需要。

本书在编写过程中，坚持"理论够用、重点强化学生职业技能培养"的基本原则，在认真调研的基础上，分析职业岗位，确定职业岗位能力，以贮藏保鲜与加工工艺为主线，以典型果蔬产品的贮藏与加工品为载体，以典型工作任务和实际工艺流程为依据，打破传统的学科知识体系，重构课程内容体系，按照项目化教材编写的基本思路，共设计果蔬贮藏保鲜基本技术、主要果蔬贮藏保鲜技术、果蔬干制品加工技术、果蔬罐头加工技术、果蔬汁加工技术、果酒加工技术、果蔬糖制品加工技术、蔬菜腌制品加工技术、果蔬汁加工技术、果酒加工技术、果蔬糖制品加工技术、蔬菜腌制品加工技术、果蔬速冻制品加工技术等9个学习项目。各学习项目在编写过程中，以典型的真实工作任务为载体，依据工作任务、工作过程，将相应的学科体系知识进行解构，并按实际工作任务进行重构，以适应工作任务、工作过程需要的知识，力求做到课程内容与职业岗位能力融通、与生产实际融通、与职业资格考试融通、与行业标准融通。

本书由杨凌职业技术学院祝战斌主编。编写分工为：项目一、项目七由杨凌职业技术学院祝战斌、唐丽丽编写，项目二、项目五由苏州农业职业技术学院李海林编写；项目三由新疆轻工业职业技术学院潘锋编写；项目四由新疆轻工业职业技术学院张志强编写，项目六由杨凌职业技术学院祝战斌编写；项目八、项目九由漯河医学高等专科学校赵永敢编写。全书由祝战斌制定编写提纲，并进行统稿。

本书经教育部高职高专食品类专业教学指导委员会组织审定。在编写过程中，得到教育部高职高专食品类专业教学指导委员会、中国轻工职业技能鉴定指导中心的悉心指导及科学出版社的大力支持，谨此表示感谢。在编写过程中，参考了许多文献、资料，包括大量网上资料，在此一并感谢。

由于编者水平有限，书中不当之处在所难免，敬请同行专家和广大读者批评指正。

目　录

项目一　果蔬贮藏保鲜基本技术

☞　**预期学习成果**

　　①能熟记呼吸作用、呼吸强度、呼吸商、呼吸跃变、呼吸热、田间热等基本概念；②能准确叙述呼吸强度与果蔬贮藏保鲜的密切关系，乙烯代谢在果蔬产品贮藏保鲜过程中的重要作用，水分蒸腾、冷害、休眠对果蔬贮藏保鲜的影响；③能进行果蔬基本化学成分的测定；④能准确使用各种仪器进行果蔬贮藏环境条件的测定；⑤能测定不同果蔬的呼吸强度。

☞　**职业岗位**

果蔬贮藏原料检验工、果蔬贮藏保鲜员。

☞　**典型工作任务**

(1) 组织果蔬贮藏原料的收购、检验、运输。

(2) 对果蔬贮藏原料进行商品化处理。

(3) 进行果蔬贮藏环境条件的测定与控制。

(4) 对果蔬贮藏过程中呼吸强度进行测定。

(5) 对果蔬贮藏质量进行鉴定，并判断贮藏期。

果蔬贮藏保鲜基本技术（相关知识）

 相关知识准备

一、果蔬的基本化学组成

　　果蔬的化学组成是构成品质的最基本的成分，同时，它们又是生理代谢的参与者，其在贮运加工过程中的变化直接影响着产品质量、贮运性能与加工品的品质。果蔬的化学成分可以分为两部分，即水分和干物质（固形物）。干物质包括有机物和无机物，有机物包括含氮化合物和无氮化合物，此外，还有一些维生素、色素、芳香物质和酶等；无机物主要是指灰分，即矿物质。

（一）水

　　果蔬中含量最高的化学成分是水，大多数果蔬的含水量为80%～90%，部分产品达95%以上。水是植物完成生命活动的必要条件，对果蔬的新鲜度、风味有重要影响，同时，果蔬含水量高也是其耐藏性差、容易腐烂变质的重要原因。采后的果蔬，随着贮藏条件的改变和时间的延长而发生不同程度的失水，造成萎蔫、失重、鲜度下降，使商品价值受到影响，严重时会代谢失调，使贮藏寿命缩短。其失水程度与果蔬种类、品种及贮运条件密切相关。因此，失水程度常作为保鲜措施的一项重要指标。

（二）碳水化合物

各种果蔬中的干物质中，碳水化合物是主要的成分，包括低相对分子量的糖和高相对分子量的多聚物，其中又以可溶性的糖最重要，通常也称可溶性固形物，包括糖、淀粉、纤维素和半纤维素、果胶物质等。以下是几种碳水化合物。

1. 糖类

糖类多存在于后熟水果中，主要有蔗糖、葡萄糖和果糖，糖是果蔬甜味的主要来源，也是构成其他化合物的成分。不同果品由于含糖量及种类不同而有不同程度的甜味，含糖量一般为 10%～20%，蔬菜含糖量大多在 5% 以下。

果蔬贮藏期间，糖作为呼吸基质而逐渐减少，糖分消耗慢则说明贮藏条件适宜。贮藏越久，果蔬口味越淡，有些含酸量较高的果实，经贮藏后，口味变甜。其原因之一是含酸量降低比含糖量降低更快，引起糖酸比值增大，实际含糖量并未提高。

2. 淀粉

淀粉又称多糖，是 α-葡萄糖聚合物，主要存在于未熟果实及根茎类蔬菜中，果实在后熟中淀粉逐渐转化为可溶性糖，使甜度增加。

3. 纤维素、半纤维素和果胶物质

纤维素、半纤维素和果胶物质均是不被人体消化吸收的多聚物，是构成细胞壁和中胶层的主要成分，与果蔬质地密切相关。幼嫩植物组织的细胞壁的主要成分是含水纤维素，食用时口感细嫩；贮藏中组织老化后，纤维素则木质化和角质化，使果蔬品质下降，不易咀嚼。半纤维素在植物体内有支持组织和贮存的双重功能。从果蔬品质来说，纤维素和半纤维素含量越少越好，但纤维素、半纤维素和果胶物质形成的复合纤维素对果蔬有保护作用，可增强耐藏性。果胶物质沉积在细胞初生壁和中胶层中，起着黏结细胞个体的作用，是果蔬产品中普遍存在的高分子化合物。常见果蔬的果胶含量见表 1-1。

表 1-1　常见果蔬的果胶含量（鲜重）

果蔬种类	钙盐法测定的含量/%	咔唑法比色测定的含量/%	果蔬种类	钙盐法测定的含量/%	咔唑法比色测定的含量/%
苹果	0.79	0.45	石刁柏	—	0.22
杏	1.00	0.70	胡萝卜	2.00	0.96
橙	2.36	—	黄瓜	0.16	0.17
柠檬	2.90	—	马铃薯	0.83	0.34
草莓	0.75	0.50	甘薯	0.78	—
葡萄	0.19	0.20	番茄	0.20	0.30
桃	0.39	0.64	豌豆	—	0.34

果胶物质以原果胶、果胶和果胶酸三种形式存在于果蔬中：未成熟的果蔬，果胶物质主要以原果胶形式存在，并与纤维素和半纤维素结合，不溶于水，将细胞紧密黏结，果实组织坚硬；随着果蔬成熟，原果胶在原果胶酶的作用下，逐渐水解而与纤维素分离，转变成果胶渗入细胞液中，细胞间即失去黏结，使组织松散，硬度下降；果胶在果胶酶的作用下分解成果胶酸，果胶酸没有黏性，使细胞失去黏着力，果实也随之发绵变软，

贮藏能力逐渐降低。果胶物质形态发生变化是导致果蔬硬度变化的主要原因。果胶物质的变化如图 1-1 所示。

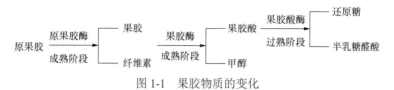

图 1-1　果胶物质的变化

果胶物质分解导致果蔬组织变软，耐贮性也随之下降。贮藏中可溶性果胶含量的变化，是鉴定果蔬能否继续贮藏的标志之一。生产中常用硬度计判断果实品质的成熟程度。

（三）有机酸

有机酸与果蔬的风味有着密切的关系，是不同果蔬中酸味的主要来源，其中柠檬酸、苹果酸、酒石酸在水果中含量较高，几乎一切果实中均含有苹果酸；柑橘类果实中最普遍的是柠檬酸；葡萄中以酒石酸为主，酸味最强。蔬菜的含酸量较少，除番茄外，大多感觉不到酸味的存在。有些蔬菜如菠菜、茭白、苋菜、竹笋含有较多的草酸。

果实成熟时一般含酸量增加，长期贮藏后有机酸由于呼吸作用的消耗而减少，使风味变淡，品质下降。特别是在氧气不足的情况下，有机酸消耗得就更多。果蔬中酸分的变化会直接影响果蔬的酶活性、色素物质变化。

不同种类和品种的果蔬产品，其所含有机酸的种类和含量不同。常见果蔬中有机酸的种类及含量如表 1-2 所示，常见果蔬中的主要有机酸种类如表 1-3 所示。

表 1-2　常见果蔬中有机酸的种类及含量

果蔬种类	pH 值	总酸量/%	柠檬酸含量/%	苹果酸含量/%	草酸含量/%	水杨酸含量/%
苹果	3.00～5.00	0.2～1.6	+	+	–	0
葡萄	3.50～4.50	0.3～2.1	0	0.22～0.92	0.08	0.21～0.7（酒石酸）
杏	3.40～4.00	0.2～2.6	0.1	1.3	0.14	0
桃	3.20～3.90	0.2～1.0	0.2	0.5	–	0
草莓	3.80～4.40	1.3～3.0	0.9	0.1	0.1～0.6	0.28
梨	3.20～3.95	0.1～0.5	0.24	0.12	0.3	0

注：+表示存在，-表示微量，0 表示缺乏。

表 1-3　常见果蔬中的主要有机酸种类

果蔬种类	有机酸种类	果蔬种类	有机酸种类
苹果	苹果酸	菠菜	草酸、苹果酸、柠檬酸
桃	苹果酸、柠檬酸、奎宁酸	甘蓝	柠檬酸、苹果酸、琥珀酸、草酸
梨	苹果酸，果心含柠檬酸	石刁柏	柠檬酸、苹果酸
葡萄	酒石酸、苹果酸	莴苣	苹果酸、柠檬酸、草酸
樱桃	苹果酸	甜菜叶	草酸、柠檬酸、苹果酸
柠檬	苹果酸、柠檬酸	番茄	柠檬酸、苹果酸
杏	苹果酸、柠檬酸	甜瓜	柠檬酸
菠萝	苹果酸、柠檬酸、酒石酸	甘薯	草酸

（四）单宁

单宁属高分子聚合物，其单体为酚类物质。果蔬的涩味主要来自单宁类物质。未成熟果蔬的单宁含量较高，食之酸涩，但一般成熟果实中可食部分的单宁含量通常为 0.03%～0.10%。

单宁在贮运过程中易发生氧化褐变，生成暗红色的根皮鞣红，影响果蔬的外观色泽，降低果蔬的品质。果蔬受到机械伤或贮藏后期，果蔬衰老时，都会出现不同程度的褐变。因此，在采收前后应尽量避免机械伤，控制衰老，防止褐变，延长贮藏寿命。

（五）维生素

水果和蔬菜是人体所需维生素的主要来源。其中以维生素 A 原（胡萝卜素）、维生素 C（抗坏血酸）最为重要。人体所需维生素 C 的 98%、维生素 A 的 57%左右来源于果蔬。

1. 维生素 A 原

新鲜果蔬含有大量的胡萝卜素，在动物的肠壁和肝脏中能转化为具有生物活性的维生素 A。因此，胡萝卜素又称为维生素 A 原。维生素 A 不溶于水，碱性条件下稳定；在无氧条件下，于 120℃经 12h 加热无损失。贮存时应注意避光，减少与空气接触。菠菜、韭菜、胡萝卜、南瓜、杏、柑橘、黄桃、芒果等绿色和黄色果蔬含有较多的胡萝卜素。

2. 维生素 C

维生素 C（抗坏血酸）易溶于水，很不稳定，易氧化，见光、受热易分解，在酸性条件下比在碱性条件下稳定。贮藏时，避光，保持低温、低氧环境，可减少维生素 C 的氧化损失。维生素 C 在人体内无累积作用，因此人们需要每天从膳食中摄取大量维生素 C。不同果蔬的维生素 C 含量差异较大，含量较高的果品有鲜枣、山楂、猕猴桃、草莓及柑橘类，蔬菜中的辣椒、绿叶蔬菜、花椰菜、番茄等含有较多的维生素 C。

（六）其他物质

1. 色素物质

色素物质是决定果蔬色泽的重要因素。果蔬色泽在一定程度上反映了果蔬新鲜度、成熟度和品质变化，它是评价产品品质和判断成熟度的重要外观指标。

果蔬中的色素物质主要有叶绿素、类胡萝卜素、花青素和花黄素。果蔬的绿色是由于叶绿素的存在而呈现的，大多数果实随着叶绿素含量降低，绿色消失，开始成熟。类胡萝卜素是一类脂溶性的色素，使果蔬产品呈现黄色、橙色或橙红色。类胡萝卜素常与叶绿素并存，成熟过程中叶绿素酶活性增强，叶绿素逐渐分解，类胡萝卜素显色。花青素是一类非常不稳定的糖苷型水溶性色素，一般在果实成熟时才合成，存在于表皮的细胞液中，是果蔬红紫色的重要来源。

贮运过程中，蔬菜中的叶绿素逐渐分解，而促进类胡萝卜素、类黄酮色素和花青素的显现，引起蔬菜发黄。叶绿素不耐光、不耐热，光照与高温均能促进贮藏中蔬菜体内叶绿素的分解。光和氧能引起类胡萝卜素的分解，使果蔬褪色。花青素不耐光、热、氧化剂与还原剂的作用，光照能加快其变为褐色。在贮运中应采取避光和隔氧措施。

2. 芳香物质

果蔬产品的香味来源于各种不同的芳香物质，它是决定果蔬品质的重要因素之一。芳香物质是成分繁多而含量极微的油状挥发性物质，醇、酯、醛、酮和萜类等化合物是构成香味的主要物质。香味物质多在成熟时开始形成，进入完熟阶段时大量积累，此时产品风味也达到最佳状态，但香味物质大多不稳定，在贮运加工过程中很容易挥发分解。

3. 矿物质

人体所需的矿物质主要来源于果蔬，果蔬中含有钙、磷、铁、硫、镁、钾、碘等矿物质。它们是保持人体生理功能必不可少的物质。

4. 含氮化合物

果蔬中的含氮化合物主要是蛋白质和氨基酸，有些氨基酸是具有鲜味的物质。虽然果蔬中含氮物质很少，但对果蔬的品质风味有着重要的影响。

5. 酶

酶是由生物活细胞产生的具有催化功能的蛋白质，果蔬中所有的生物化学反应，都是在酶的参与下进行的。果蔬成熟衰老中物质的合成与降解涉及众多的酶类，但主要有两大类：一类是氧化酶类，包括抗坏血酸氧化酶、过氧化物酶、多酚氧化酶等；另一类是水解酶，包括果胶酶、淀粉酶、蛋白酶等。

二、呼吸作用

果蔬从生长到成熟，经过完熟到衰老，是一个完整的生命周期。采收之后，果蔬脱离了母体，失去了水分和无机物的供应，同化作用基本停止，无法通过正常的光合作用合成有机物质，但仍然是有生理机能的有机体，利用自身的有机物进行呼吸，在贮运中继续进行一系列的复杂生理活动。这些生理活动包括呼吸生理、蒸发生理、成熟衰老生理、低温伤害生理和休眠生理，它们影响着果蔬的贮藏性和抗病性，必须进行有效的调控。

呼吸作用是果蔬贮藏中最重要的生理活动，也是果蔬产品采后最主要的代谢过程，它制约和影响着其他生理过程。合理地利用和控制呼吸作用这个生理过程，对于果蔬采后贮藏是至关重要的。

呼吸作用是果蔬细胞中复杂的有机物在一系列酶的催化下，经过许多中间反应环节，将体内复杂的有机物逐步分解成为简单物质，同时释放出能量的过程。果蔬的呼吸代谢分为有氧呼吸和无氧呼吸两种类型。

（一）有氧呼吸

有氧呼吸是植物的主要呼吸方式，也叫正常呼吸，它是在氧气充足的情况下，将本身复杂的有机物（如糖、淀粉、有机酸等）彻底氧化成二氧化碳和水，同时释放能量，维持生命活动的过程。其典型反应式为

$$C_6H_{12}O_6 + 6O_2 + 38ADP + 38H_3PO_4 \Longrightarrow 6CO_2 + 38ATP(1276.8kJ) + 6H_2O + 1544kJ$$

上述反应式说明当葡萄糖直接作为呼吸底物时，可释放能量 2820.8kJ，其中的 45%以生物能形式（38ATP）贮藏起来，55%以热能（1544kJ）形式释放到体外。

（二）无氧呼吸

无氧呼吸是植物在不良环境条件下形成的一种适应能力，使植物在缺氧条件下不会窒息。无氧呼吸是在缺氧条件下，呼吸底物不能彻底氧化，产生乙醇、乙醛、乳酸等产物，同时释放少量能量的过程。其典型反应式为

$$C_6H_{12}O_6 == 2C_2H_5OH + 2CO_2 + 87.9kJ$$

长时间的无氧呼吸对于果蔬长期贮藏是不利的。无氧呼吸产生的能量只有有氧呼吸的 1/32，为了获得维持生理活动所需的足够能量，与有氧呼吸相比，无氧呼吸就必须消耗更多的营养成分。同时产生的乙醛、乙醇等在果蔬体内过多积累，对细胞有毒害作用，使之产生生理机能障碍，产品质量恶化，影响贮藏寿命。事实上，正常呼吸条件下，也有微量的无氧呼吸存在，只是无氧呼吸在整个代谢中所占的比例较小而已。

（三）需要掌握的基本概念

1. 呼吸强度

呼吸强度是指在一定温度下，单位时间内单位质量产品呼吸所排出的二氧化碳量或吸入氧气的量，常用单位为 O_2 或 CO_2 mg（mL）/（kg·h）。呼吸强度是衡量呼吸作用强弱（大小）的指标。呼吸强度大，呼吸作用旺盛，营养物质消耗快，贮藏寿命短。

2. 呼吸系数（呼吸商）

呼吸系数（呼吸商）是指果蔬在一定时间内，其呼吸所排出的二氧化碳和吸收的氧气的体积比，用 RQ 表示。呼吸系数的大小，在一定程度上可以估计呼吸作用的性质和底物的种类。对以葡萄糖为底物的有氧呼吸，$RQ=1$；对以含氧多的有机酸为底物的有氧呼吸，$RQ>1$；对以含碳多的脂肪酸为底物的有氧呼吸，$RQ<1$。当发生无氧呼吸时，吸入的氧少，$RQ>1$，RQ 越大，无氧呼吸所占的比例也越大；RQ 越小，需要吸入的氧量越大，氧化时释放的能量越多。所以蛋白质、脂肪所供给的能量最高，糖类次之，有机酸最少。

3. 呼吸热

呼吸热是呼吸过程中产生的、除了维持生命活动以外散发到环境中的那部分热量。以葡萄糖为底物进行正常有氧呼吸时，每释放 1mg 二氧化碳相应释放近 10.68kJ 的热量。果蔬贮运时，常采用测定呼吸强度的方法间接计算它们的呼吸热。贮运过程中，通常要尽快排除呼吸热，降低产品温度。否则会使产品自身温度升高，刺激呼吸，放出更多的呼吸热，加速产品腐烂。

4. 呼吸温度系数

在生理温度范围内（0～35℃），温度升高 10℃时呼吸强度与原来温度下呼吸强度的比值称为呼吸温度系数，用 Q_{10} 来表示。它能反映呼吸强度随温度变化的程度，当 $Q_{10}=2～2.5$ 时，表示呼吸强度增加了 1～1.5 倍；该值越高，说明呼吸强度受温度影响越大。研究表明，果蔬产品的 Q_{10} 在低温下较大，因此，在贮藏中应严格控制温度，即维持适宜

而稳定的低温。

5. 呼吸跃变

在果实的发育过程中，呼吸强度随发育阶段的不同而不同。根据果实呼吸曲线的变化模式，可将果实分成两类，其中一类果实，在其幼嫩阶段呼吸旺盛，随着果实细胞的膨大，呼吸强度逐渐下降，达到一个最低值；开始成熟时，呼吸强度上升，达到一个高峰后，呼吸强度下降，直至衰老死亡，这一现象称为呼吸跃变，这一类果实称为跃变型果实。苹果、梨、猕猴桃、杏、桃、李、芒果、香蕉、柿子、无花果、甜瓜、番茄等都属于跃变型果实。伴随着呼吸跃变现象的出现，跃变型果实体内的代谢会发生很大变化，当达到呼吸高峰时，果实达到最佳鲜食品质，呼吸高峰过后果实品质迅速下降。

另一类果实在发育过程中没有呼吸高峰，呼吸强度一直下降，这类果实称为非跃变型果实，如柑橘、葡萄、菠萝、樱桃、柠檬、荔枝、草莓、枣、黄瓜、茄子、辣椒、葫芦等。果实生长曲线和呼吸曲线如图1-2所示。

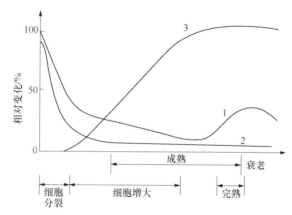

1. 跃变型果实呼吸曲线；2. 非跃变型果实呼吸曲线；3. 果实生长曲线。

图1-2　果实生长曲线和呼吸曲线

（四）影响呼吸强度的因素

1. 种类、品种

不同种类、品种的果蔬，采后的呼吸强度不同。在蔬菜中通常以花菜类的呼吸作用最强，叶菜类次之（散叶型蔬菜高于结球型），根茎类蔬菜如直根、块根、块茎、鳞茎的呼吸强度相对较小，果实类蔬菜介于叶菜和根茎类蔬菜之间。果品中呼吸强度依次为浆果类（葡萄除外）最大，核果类次之，仁果类较小。一般来说，同一种类果蔬，晚熟品种的呼吸强度小于中、早熟品种；夏季成熟品种的呼吸强度比秋冬成熟品种大；南方生长品种比北方的大。

2. 成熟度

在果蔬的系统发育过程中，幼嫩组织处于细胞分裂和生长代谢旺盛阶段，呼吸强度较高，随着生长发育，呼吸强度逐渐下降。成熟果蔬表皮保护组织如蜡质、角质加厚，新陈代谢缓慢，呼吸就较弱。在果实发育成熟过程中，幼果期呼吸旺盛，随果实长大而减弱。跃变型果实在成熟时呼吸强度升高，达到呼吸高峰后又下降；非跃变型果实成熟衰老时呼吸作用一直缓慢减弱，直到死亡。块茎、鳞茎类蔬菜在田间生长期间呼吸强度一直下降，采后进入休眠期，呼吸强度降到最低，休眠期过后重新上升。

3. 温度

在一定温度范围内，随温度的升高，呼吸强度增强。一般在 0℃ 左右时，酶的活性极低，呼吸很弱，跃变型果实的呼吸高峰推迟，甚至不出现呼吸峰；在 0~35℃，如果不发生冷害，多数产品温度每升高 10℃，呼吸强度增大 1~1.5 倍（$Q_{10}=2\sim2.5$）；高于 35℃ 时，呼吸作用涉及的各种酶的活性受到抑制或破坏，呼吸强度经初期的上升之后就大幅度下降。

因此，贮藏中尽可能维持较低的温度，将果实的呼吸作用抑制到最低限度。但温度过低，呼吸强度反而增大。不同品种的果蔬对低温的适应能力各不相同，但都有一定的限度。例如，番茄最适贮藏温度为 10~12℃，黄瓜为 10~13℃，蒜薹为 0℃，青椒为 8~10℃。贮藏中应根据果蔬的不同种类、品种对低温的忍耐性，在不发生冷害的前提下，尽量降低贮藏温度。另外，还要保持温度的稳定，贮藏环境的温度波动会刺激水解酶的活性，使呼吸强度增大，增加物质消耗。

4. 相对湿度

相对湿度和温度相比是一个次要因素，但仍会对果蔬呼吸产生影响。一般来说，轻微干燥较湿润可抑制呼吸作用。但贮藏环境的相对湿度过低，会刺激果蔬内部水解酶，使其活性增强，使呼吸底物增加，从而增强呼吸作用。

5. 气体成分

一般大气含氧气 21%，含二氧化碳约 0.03%，其余为氮气及其他一些微量气体。适当降低贮藏环境的氧气浓度和提高二氧化碳浓度，可抑制果实的呼吸作用，从而抑制其成熟和衰老过程。当氧气浓度低于 10% 时，呼吸强度明显降低，但氧气浓度过低，就会产生无氧呼吸，大量积累乙醇、乙醛等有害物质，造成缺氧伤害，不同种类的果蔬有差异。同样，提高二氧化碳浓度可以抑制呼吸，但二氧化碳浓度过高，反而会刺激呼吸作用和引起无氧呼吸，产生二氧化碳中毒。不同种类、品种的果蔬对二氧化碳的忍耐能力是有差异的，大多数果蔬适宜的二氧化碳浓度是 1%~5%，二氧化碳伤害可因提高氧气浓度而有所减轻，在较低的氧气浓度中，二氧化碳伤害则更严重。

乙烯是一种植物激素，有加强呼吸、促进果蔬成熟的作用。贮藏环境中的乙烯虽然含量很少，但对呼吸作用的促进作用是巨大的，所以贮藏中应尽量除去乙烯。

6. 机械损伤和病虫害

果蔬在采收、运输、贮藏过程中常会因挤压、碰撞、刺扎等产生损伤，任何损伤，即使是轻微的挤伤和压伤也会增加果蔬的呼吸强度，从而大大缩短贮藏时间，加快果蔬成熟和衰老。另外，果蔬表皮的伤口，容易被病菌侵染而引起腐烂，所以贮藏中应避免损伤。

三、乙烯与成熟衰老

果蔬采收后仍然在继续生长、发育，最后衰老死亡，在这个过程中，耐藏性和抗病性不断下降。

（一）果蔬的成熟衰老

果实在开花受精后的发育过程中，完成了细胞、组织、器官分化发育的最后阶段，充分长成时，达到生理成熟（也叫绿熟或初熟）。果实停止生长后还要经历一系列变化逐渐形成其固有的色、香、味和品质特征，达到最佳的食用阶段，称完熟。通常将生理成熟到完熟达到最佳食用品质的过程叫成熟（包括生理成熟和完熟）。有些果实如巴梨、猕猴桃等虽然已完成发育达到生理成熟，但果实风味不佳，并未达到食用最佳阶段，而需要存放一段时间，完成完熟过程，采后的完熟过程称为后熟。衰老是植物器官或整体生命的最后阶段，开始发生一系列不可逆的变化，最终导致细胞崩溃及整个器官死亡。果实中最佳食用阶段之后的品质劣变或组织崩溃阶段称衰老。

在园艺学上，经常根据产品的用途标准来划分成熟度，即果实达到最合适的利用阶段就称为成熟，又称为园艺学成熟或商业成熟。实际上这是一种可利用和可销售状态的指标，它在果实发育期和衰老期的任何阶段都可发生。

果蔬在成熟和衰老期间从外观品质、口感风味到呼吸生理等，会发生一系列变化。果蔬成熟期间叶绿素含量下降，呈现本品种固有的颜色（红色、黄色、橙色、紫色等）；果肉硬度下降；口感风味也发生明显的变化，成熟阶段果实变甜，含酸量最高，达到食用最佳阶段。但随后由于呼吸消耗，糖、酸含量逐渐下降，果实糖酸比增加，风味变淡。成熟过程中涩味消失。跃变型果实当达到完熟时呼吸急剧上升，出现跃变现象，品质达到最佳可食状态。果实内部乙烯含量急剧增加，促进成熟衰老进程。

（二）乙烯对成熟和衰老的影响

乙烯作为促进果蔬成熟衰老的主要激素物质，对果蔬的贮藏性、果蔬贮藏期间生理品质的影响主要有以下几个方面。一是对果蔬呼吸作用的影响。果实成熟时自身可以产生乙烯并且释放到空气中，又反过来促进果实的呼吸代谢，加速后熟。不同果蔬中内源乙烯的生成及对外源乙烯的反应也不同。二是对果实品质的影响。即促进淀粉转化为可溶性糖，使果实变甜；促使果胶酶活性增加，使原果胶含量下降，水溶性果胶含量增加，果实变软，叶绿素含量下降，有色物质增加。三是乙烯对果实特别是跃变型果实的贮藏寿命起决定性的作用，对植物其他组织影响较小，但是也有不利影响，可使绿叶菜和食用的嫩绿果失绿、失鲜。

（三）控制成熟和衰老的措施

在果蔬贮藏中，常采用控制贮藏条件，结合化学药剂处理等措施来控制其内部物质转化和乙烯合成，从而达到控制成熟与衰老的目的。

1. 合理选果，不能混藏

自身释放乙烯少的非呼吸跃变型果实不能与大量释放乙烯的果实混藏，以减少乙烯的影响；严格剔除有机械损伤、病虫害和成熟度较高的果蔬。

2. 温度

低温贮藏可以降低果蔬的呼吸强度，减少果蔬的呼吸消耗。对呼吸跃变型果实而言，降低温度，不但可降低其呼吸强度，还可延缓其呼吸高峰的出现。低温可减少果蔬中乙烯的产生，而且在低温下，乙烯促进衰老的生理作用也受到强烈的抑制。同时低温可以抑制果蔬蒸发失水，还能抑制病原菌的生长。因此，应尽可能维持适宜的低温。

3. 相对湿度

控制贮藏环境的相对湿度对于减轻果蔬失水，避免由于失水产生的不良生理效应，保持产品的耐贮性具有重要的作用。一般果蔬损失原有质量 5% 的水分时就会明显萎蔫，正常的呼吸作用受到破坏，酶活性增强，加速水解过程，促进衰老。

4. 气体成分

在低温条件下，及时排除乙烯，适当降低氧浓度和提高二氧化碳浓度比单纯降温对抑制果蔬的成熟与衰老更为有效。因此气调贮藏作为一种行之有效的果实贮藏保鲜方法被广泛使用。调节气体成分可以起到抑制呼吸、抑制叶绿素降解、减少乙烯生成、减少果实的失水率、保持果实硬度、减少腐烂率等作用。但需要注意的是，氧气浓度过低或二氧化碳浓度过高都会对产品产生伤害。

5. 化学药剂

化学药剂是控制成熟与衰老的重要辅助措施。细胞分裂素（BA）对叶绿素的降解有抑制作用；赤霉素（GA）可以降低呼吸强度，推迟呼吸高峰的出现，延迟变色；青鲜素（MH）处理可以增加硬度，抑制呼吸，防止大蒜等蔬菜在贮藏过程中发芽；B9（二甲氨基琥珀酸酰胺）用于增加果实的着色和硬度，并能抑制乙烯的产生。

6. 钙处理

钙在延缓果蔬衰老、提高品质和控制生理病害方面有较好的效果。缺钙会加剧产品的成熟衰老、软化和生理病害。采后钙处理可减轻某些生理病害的发生，如苹果苦痘病、柑橘浮皮病、油梨的褐变和冷害等。钙处理还可抑制呼吸作用和乙烯生成，从而延缓成熟和衰老。目前人们主要采用氯化钙溶液浸泡，使用浓度一般为 2%～12%。

四、蒸腾、冷害及休眠对果蔬贮藏的影响

（一）果蔬蒸腾生理

1. 水分蒸发对果蔬贮运的影响

果蔬含水量很高，大多为 65%～95%，这使得鲜活果蔬的表面具有光泽和弹性，组织呈现坚挺脆嫩状态，外观新鲜。贮运中水分的蒸发散失给果蔬造成以下不良影响：一是失重和失鲜。失重即自然损耗，包括水分和干物质的损失，其中主要是失水。失鲜使果蔬表面光泽消失、形态萎蔫，失去外观饱满、新鲜和脆嫩的质地，甚至失去商品价值。二是破坏果蔬的正常生理代谢过程，促进呼吸作用，加速营养物质的消耗，削弱组织耐藏性和抗病性，加速腐烂。

但是某些果蔬采后适度失水可抑制代谢，并延长贮藏期。例如，洋葱、大蒜在贮藏前必须经过适当晾晒，加速最外层鳞片干燥，可减少腐烂，也可抑制呼吸；大白菜、甘蓝经过晾晒，外层叶片轻度失水，耐低温能力增强，且组织柔软，韧性增强，有利于减少机械伤；柑橘贮藏前使果皮轻度失水，能减少贮藏中枯水病的发生。

2. 影响水分蒸发的因素

1）内在因素

表面积比：即单位质量或体积的果蔬具有的表面积（cm^2/g 或 cm^2/mL）。因为水分是从果蔬表面蒸发的，果蔬表面积比越大，蒸发就越强。小果、根或块茎比大果、根或块茎的表面积比大，蒸发失水快。

表面保护结构：水分在果蔬表面的蒸发途径有两个，一是通过气孔、皮孔等自然孔道，二是通过表皮层。气孔的蒸发速度远大于表皮层。表皮层的蒸发因表面保护层结构和成分的不同差别很大。角质层不发达，保护组织差，极易失水；角质层加厚，结构完整，有蜡质、果粉则利于保持水分。表面保护结构及完整性，与果蔬的种类、品种及成熟度有密切关系。

细胞持水力：原生质亲水胶体和固形物含量高的细胞有较高渗透压，可阻止水分向细胞壁和细胞间隙渗透，利于细胞保持水分。此外，细胞间隙大，水分移动的阻力小，会加速失水。

新陈代谢：呼吸强度高、代谢旺盛的组织失水较快。

2）贮藏环境因素

空气湿度：空气湿度是影响果蔬表面水分蒸发散失的直接因素。表示空气湿度的常见指标有绝对湿度、饱和湿度、饱和差和相对湿度。绝对湿度是单位体积空气中所含水蒸气的量（g/m^3）。饱和湿度是在一定温度下，单位体积空气中最多能容纳的水蒸气量。若空气中水蒸气超过此量，就会凝结成水珠。温度越高，容纳的水蒸气越多，饱和湿度越大。饱和差是空气达到饱和尚需要的水蒸气的量，即绝对湿度和饱和湿度的差值，直接影响果蔬水分的蒸发。贮藏中通常用空气的相对湿度（RH）来表示环境的湿度，相对湿度是绝对湿度与饱和湿度之比，反映空气和水分达到饱和的程度。在一定温度下，绝对湿度或相对湿度大时，达到饱和的程度高，饱和差小，蒸发就慢。

温度：温度的变化造成空气湿度发生改变而影响水分蒸发的速度。温度升高，饱和湿度增大，在绝对湿度不变的情况下，空气的相对湿度变小，则产品中的水分易蒸发。所以，贮藏环境的低温有利于抑制水分的蒸发。温度稳定，相对湿度则随着绝对湿度的改变而改变且成正比。贮藏环境加湿，就是通过增加绝对湿度达到提高环境相对湿度的目的。此外，温度升高，分子运动加快，产品的新陈代谢旺盛，蒸发也加快。

空气流动：贮藏环境中的空气流动会改变贮藏果蔬周围空气的相对湿度，从而影响水分蒸发。空气流动越快，水分蒸发散失越强。

3. 控制水分蒸发的主要措施

控制贮运中果蔬产品蒸发失水速率的方法主要是改善贮藏环境，为产品失水增加障碍。首先，严格控制果蔬采收成熟度，使保护层发育完全。其次，增大贮藏环境的相对湿度。贮藏中可以采用地面洒水、库内挂湿草帘等简单措施，或用自动加湿器加湿等方法，增加贮藏环境空气的含水量，抑制水分蒸发。再次，采用稳定的低温贮藏是防止失水的重要措施。低温抑制代谢，减少失水；同时低温下饱和湿度小，失水缓慢。最后，采用表面打蜡、涂膜、塑料薄膜等包装材料包装等方法，增加商品价值，减少水分蒸发。

　　果蔬贮运中，其表面或包装容器内壁上出现凝结水珠的现象，称为"结露"，俗称"发汗"。结露时产品表面的水珠十分有利于微生物生长、繁殖，从而导致腐烂发生，对贮藏极为不利，所以在贮藏中应尽可能避免结露现象发生。

（二）果蔬低温伤害生理

1. 冷害

　　冷害是指由果蔬组织在冰点以上不适宜的低温引起的生理代谢失调现象，它是果蔬贮藏中最常见的生理病害。

　　冷害的主要症状是出现凹陷、变色、成熟不均和产生异味。一些原产于热带、亚热带的果蔬，往往属于冷敏性，如香蕉、柑橘、芒果、菠萝、番茄、青椒、茄子、菜豆、黄瓜等，在低于冷害临界温度下，组织不能进行正常的代谢活动，耐藏性和抗病性下降，表现出局部表皮组织坏死、表面凹陷、颜色变深、水渍状斑点、果肉组织褐变、不能正常成熟、易被微生物侵染、腐烂等冷害症状。不同果蔬的冷害症状不同。常见果蔬的冷害症状如表 1-4 所示。

表 1-4　常见果蔬的冷害症状

果蔬种类	冷害临界温度/℃	冷害症状
香蕉	12～13	表皮有黑色条纹，不能正常后熟，中央胎座硬化
柠檬	10～12	表面凹陷，有红褐色斑
芒果	5～12	表面无光泽，有褐斑甚至变黑，不能正常成熟
菠萝	6～10	果皮褐变，果肉水渍状，有异味
西瓜	4.5	表皮凹陷，有异味
黄瓜	13	果皮有水渍状斑点，凹陷
绿熟番茄	10～12	褐斑，不能正常成熟，果色不佳
茄子	7～9	表皮呈烫伤状，种子变黑
食荚菜豆	7	表皮凹陷，有赤褐色斑点
柿子椒	7	表皮凹陷，种子变黑，萼上有斑
番木瓜	7	表皮凹陷，果肉水渍状
甘薯	13	表面凹陷，异味，煮熟发硬

　　防止冷害的措施如下。

　　（1）低温预贮调节：采后在稍高于临界温度的条件下放置几天，增加耐寒性，可缓解冷害。

　　（2）低温锻炼：贮藏初期，贮藏温度从高温到低温，采取逐步降温的方法，使之适应低温环境，减少冷害。这种方法只对呼吸跃变型果实有效，对非跃变型果实无效。

　　（3）间歇升温：低温贮藏期间，在果蔬产品还未发生伤害之前，将果蔬产品升温到冷害临界温度以上，使其代谢恢复正常，从而避免出现冷害，但应注意升温太频繁会加速代谢，反而不利于贮藏。

　　（4）提高成熟度：提高成熟度可减少果蔬冷害的发生。粉红期的番茄在 0℃下放置 6d 后，在 22℃下完全后熟而无冷害。绿熟期的番茄在 0℃贮藏 12d 后，大量发生冷害，使果实变味。

（5）提高相对湿度：相对湿度接近100%可以减轻冷害症状，相对湿度过低则会加重冷害症状。采用塑料薄膜包装，可以保持贮藏环境的相对湿度，减少冷害。

（6）采用气调贮藏：二氧化碳浓度从1.7%～7.5%都能够影响冷害的发生，贮藏中适当提高二氧化碳浓度，降低氧浓度可减轻冷害。对防止冷害来说，7%是最适宜的氧浓度。

（7）化学处理：氯化钙、乙氧基喹、苯甲酸钠等化学物质，通过降低水分的损失，可以修饰细胞膜脂类的化学组成和增加抗氧化物的活性，减轻冷害。

2. 冻害

1）冻害的概念

冻害是果蔬在组织冰点以下的低温下，细胞间隙内水分结冰的现象。

果蔬在其冰点下，细胞间隙内水分开始结冰，在缓慢冻结的情况下，水分不断从原生质和细胞液中渗出，细胞内水分外渗到细胞间隙内结冰，冰晶体体积不断增大，细胞脱水程度不断加大，严重脱水时会造成细胞质壁分离。果蔬受冻害后，组织最初出现水渍状，然后变为透明或半透明水煮状，有异味，色素降解，颜色变深、变暗，表面组织产生褐变，出库升温后，会很快腐烂变质。

2）冻害预防

冻害的发生需要一定的时间，如果贮藏温度只是稍低于果蔬冰点或时间很短，细胞膜没有受到机械损伤，原生质没有变性，则这种轻微冻害危害不大，采用适当的解冻技术，细胞间隙的冰又逐渐融化，被细胞重新吸收，细胞就可以恢复正常。在解冻前切忌随意搬动，已经冻结的产品非常容易遭受机械损伤，可采用缓慢解冻技术恢复正常。在4.5℃下解冻为好，温度过低，附着于细胞壁的原生质吸水较慢，冰晶体在组织内保留时间过长会伤害组织；温度过高，解冻过快，融化的水来不及被细胞吸收，细胞壁有被撕裂的危险。但是如果细胞内水分外渗到细胞间隙内结冰，损伤了细胞膜，原生质发生不可逆凝固（变性），加上冰晶体的机械伤害，即使产品外表不表现冻害症状，产品也会很快败坏。解冻以后不能恢复原来的新鲜状态，风味也遭受影响。

（三）果蔬休眠生理

1. 休眠的基本特性

休眠是植物在生长发育过程中遭遇严寒、酷热、干旱等不良环境条件时，为了保护自己的生活能力而出现的器官暂时停止生长的现象，它是植物在长期系统发育中形成的一种特性。

休眠是植物生命周期中生长发育暂时停顿的阶段，此阶段植物的新陈代谢降到最低水平，营养物质的消耗和水分蒸发都很少，一切生命活动进入相对静止状态，对不良环境条件的抵抗力增强，对贮藏是十分有利的。果蔬贮藏应充分利用休眠的特点，创造条件延长休眠期，从而延长产品的贮藏寿命。

具有生理休眠的蔬菜，其休眠期大致有三个阶段。第一阶段是休眠诱导期（休眠前期），此期蔬菜刚采收，生命活动还很旺盛，处于休眠的准备阶段，体内的小分子物质向大分子转化，若环境条件适宜可迫使其不进入休眠；第二阶段是深休眠期（生理休眠期），这个时期内的蔬菜新陈代谢下降到最低水平，蔬菜外层保护组织完全形成，即使恢复到适宜的环境条件，也不能停止休眠；第三阶段是休眠苏醒期（休眠后期），此期蔬菜由休眠向生长过渡，体内大分子物质向小分子转化，可利用的营养物质增加，若外界条件适宜生长，可终止休眠；若外界条件不适宜生长，则可延长休眠。

2. 休眠的控制

目前生产上常用的方法有以下几种。

1）控制贮藏条件

温度是控制休眠的主要因素，降低贮藏温度是延长休眠期最安全、最有效也是应用最广泛的一种措施。板栗、萝卜在 0℃ 能够长期处于休眠状态而不发芽，中断冷藏后才开始正常发芽。高温也可抑制萌芽，如洋葱、大蒜等蔬菜，当进入生理休眠以后，处于30℃的高温干燥环境中，也不利于萌芽。低氧、高二氧化碳浓度有利于抑制萌芽，延长休眠期。

2）辐照处理

用 ^{60}Co 发生的 γ 射线辐照处理可以抑制果蔬发芽。辐照处理抑制发芽的效果取决于辐照的时间和剂量。辐照处理一般在休眠中期进行，辐照的剂量因产品种类而异。

3）化学药剂处理

化学药剂有明显的抑制发芽效果。目前使用的主要有青鲜素（MH）、萘乙酸甲酯（NNA）等。洋葱、大蒜在采收前用 0.25%的青鲜素喷洒在植株叶片上，可抑制贮藏期萌芽。一般在采前两周使用较好。采收后的马铃薯用 0.003%萘乙酸甲酯粉拌撒，也可抑制萌芽。

五、果蔬商品化处理及运输

（一）果蔬采收

采收是果蔬商品化处理和贮藏加工的重要环节。果蔬采收的原则是适时与无伤。一般在判断果蔬采收成熟度时，可以从色泽、硬度、主要化学物质含量、生长期、果梗脱离的难易程度、成熟特征等几个方面来判断。采收过早，果蔬的大小和质量达不到标准，影响产量，而且色、香、味欠佳，品质也不好，贮藏中易失水，发生生理病害。采收过晚，产品已经成熟衰老，不耐贮藏和运输。果蔬的采收适期，主要决定于采收成熟度，同时应充分考虑采后用途、运输距离远近、贮藏和销售时间的长短及产品的生理特点等。

人工采收是世界上许多地区果蔬的主要采收方法，作为鲜销和长期贮藏的产品更是如此。这样既可以任意挑选产品，准确地掌握成熟度和分次采收，又可减少机械损伤，保证产品的质量。常用的采收工具有采果剪、采果梯、采果袋、采果篮、采果筐等，采果袋完全用布做成；采果篮是用细柳条编制或用钢板制成的无底半圆筐，筐底用布做成；采果筐用竹篾或柳条编制。

柑橘、枇杷、葡萄果实的果柄与枝条不易脱离，需要用特制的圆头采果剪采收，柑橘还需采用一果两剪，剪平果柄。苹果和梨成熟时，果梗与枝条间产生离层，采收时以手掌将果实向上一托，果实即可自然脱落。采收香蕉时，先用刀切断假茎，再切断果轴。采收枣、山楂等小型果实，可摇动树枝使之脱落。采收核桃、板栗，可用竹竿打落。

机械采收的效率高，可以节省很多劳动力，适合于那些在成熟时果梗与果枝之间形成离层的果实。为了便于机械采收，现在广泛研究用乙烯利、抗坏血酸、萘乙酸等化学物质促使果柄松动，让果实容易脱落。一般使用强风压或强力振动机械，迫使果实由离层脱落，但在树下必须铺满柔软的帆布篷和传送带，以承接果实，并自动将果实送到分级包装机内。美国用此类机械采收樱桃、葡萄和苹果，比人工采收成本降低很多，但是比人工采收腐烂率高。

采收时要注意避免损伤，采收人员采收时应剪平指甲，轻拿轻放，装果容器内要铺上柔软的衬垫物，以免损伤产品。同时采收时间应选择晴天的早晨，并在露水干后进行，避免雨天和正午采收。

（二）果蔬采后商品化处理

1. 分级

分级是指按一定的品质标准和大小规格将产品分为若干等级的措施，是果蔬产品商品化和标准化不可缺少的步骤。通过挑选分级，剔出有病虫害和机械伤的产品，减少贮藏中的损失，减轻病虫害的传播，并可将剔出的残次品及时加工处理，降低成本和减少浪费。分级是一个保证果蔬产品品质的质量控制方法，可使产品更符合市场的要求，获得较高的经济效益。

分级标准：我国的果蔬标准分为国家标准、行业标准、地方标准和企业标准四类。对于水果的分级，我国目前的做法是，在果形、新鲜度、颜色、品质、病虫害和机械伤等方面已符合要求的基础上，再按大小进行分级，即根据果实横径的最大直径，分为若干等级。例如，苹果、梨、柑橘（表 1-5）等大多按横径大小，每相差 5mm 为一个等级，共分为 3～4 个等级。

表 1-5 柑橘质量等级规格标准

项目名称		级别		
		优等品	一等品	二等品
果形		有该品种典型特征，形状一致	有该品种类似特征，形状较一致	有该品种类似特征，无明显畸形
表皮光滑度		果面洁净，果皮光滑	果面洁净，果皮尚光滑	果面洁净，果皮轻度粗糙
色泽	红皮品种	橙红色或朱红色	浅橙红色或红色	浅橙黄色
	黄皮品种	金黄色或橙黄色	黄色或浅黄色	浅黄色或黄绿色
缺陷		痕斑、网纹、锈螨蚧类、药和附着物，其分布面积合并计算不超过果皮总面积的1/5，不允许有未愈合的损伤、褐斑、枯水、水肿、冻伤等一切变质和有腐烂特征的果	痕斑、网纹、锈螨蚧类、药和附着物，其分布面积合并计算不超过果皮总面积的1/4，不允许有重伤、褐斑、枯水、水肿等一切变质和有腐烂特征的果	痕斑、网纹、锈螨蚧类、药和附着物，其分布面积合并计算不超过果皮总面积的1/3，不允许有严重枯水、水肿变质和腐烂的果

续表

项 目 名 称			级　　　别		
			优 等 品	一 等 品	二 等 品
果实最小横径 /mm	甜橙类	大果型	≥65	≥60	≥60
		中果型	≥60	≥55	≥55
		小果型	≥55	≥50	≥50
	宽皮橘类	大果型	≥65	≥55	≥55
		中果型	≥55	≥50	≥50
		小果型	≥50	≥45	≥45
		微果型	≥35	≥30	≥30
可溶性固形物（平均）/%			≥10	≥9.5	≥9
总酸量（平均）/%			≤0.9	≤1	≤1.2
固酸比			10∶1	9.5∶1	8∶1
可食率（平均）/%			≥70	≥65	≥65

蔬菜由于食用部位不同，成熟标准不一致，所以很难有一个固定统一的分级标准，可按照对各种蔬菜品质的要求制定个别的标准。蔬菜分级通常根据坚实度、清洁度、大小、质量、颜色、形状、鲜嫩度及病虫感染和机械伤等情况进行分级，一般分为三个等级，即特级、一级和二级。特级品质最好，具有本品种的典型形状和色泽，不存在影响组织和风味的内部缺点，大小一致，产品在包装内排列整齐，在数量或质量上允许有5%的误差。一级产品与特级产品有同样的品质，允许在色泽上、形状上稍有缺点，外表稍有斑点，但不影响外观和品质，产品不需要整齐地排列在包装箱内，可允许10%的误差。二级产品可以呈现某些内部和外部缺点，价格低廉，采后适合于就地销售或短距离运输。

果蔬的分级方法一般有人工分级和机械分级两种。人工分级主要是通过目测或借助分级板，按产品的颜色、大小将产品分为若干级，其优点是能够最大程度地减轻果蔬产品的机械伤害，但工作效率低，级别标准有时不严格。机械分级的最大优点是工作效率高，适用于那些不易受伤的果蔬产品。国外机械分级起步较早，我国在苹果、柑橘等水果上也逐步采用了机械分级机。主要的分级机械有果径大小分级机和果实质量分级机。前者是按果实横径的大小进行分级的，有滚筒式、传动带式和链条传送带式三种。后者是根据果实质量进行分级的，有摆杆秤式和弹簧秤式两种。

2. 预冷

预冷是将收获后的果蔬在运输或贮藏之前冷却到适当温度的降温处理，以除去产品田间热，迅速降低品温。预冷的主要目的：一是降低呼吸活性，延缓衰老进程；二是减少水分损失，保持鲜度；三是抑制微生物生长，减少病害；四是降低乙烯对果蔬产品的危害。同时预冷还具有较高的经济价值，通过预冷可减少贮藏和运输过程中制冷设备的能耗，减少蓄冷剂用量，降低了运输费用。预冷最好在产地进行，而且越快越好。特别是那些组织娇嫩、营养价值高、采后寿命短及具有呼吸跃变的果蔬，如果不快速预冷，很容易腐烂变质。预冷温度因果蔬的种类、品种而异，一般要求达到或者接近贮藏的适温水平。

预冷的方式有很多种，包括自然降温冷却、风冷、真空冷却、水冷却、冷库冷却等。

1）自然降温冷却

自然降温冷却是将采收的产品放在阴凉通风的地方，让其自然降温。例如，在我国北方和西北高原地区在窖藏果蔬前，由于夜间低温使库温下降，将果蔬产品夜间露天放置，白天遮盖，进行预冷。这种方法冷却时间长，降温效果差，但简便易行，可以散去部分田间热，是生产上经常采用的传统预冷方法。

2）风冷

风冷是使冷风迅速流经产品周围使产品冷却，即将果蔬放在预冷室内，利用制冷机制造冷气，使冷空气流经果蔬表面，将热量带走，从而达到降温的目的。预冷库中设置冷墙，在墙上开启通风孔把盛有果蔬的纸箱堆码在通风孔两侧或通风孔旁，除纸箱的气孔以外，要将其他的一切气体通道堵严，然后用鼓风机将冷墙中的冷空气推进预冷库内，这时便会在纸箱两侧形成压力差，为了增加冷却效果，果蔬箱必须留有通风孔，无内包装，也不要在纸箱内加设衬垫，并要保持预冷库内有较高的相对湿度。强制通风预冷成本较低，使用方便，冷却效率较高，冷却所用时间比一般冷库预冷快，但比水冷却和真空冷却所用的时间长。

3）真空冷却

真空冷却是将果蔬置于真空罐内降温的一种冷却方式。为了避免产品的水分损失，在进行真空预冷前应该往产品表面喷水，这样既可以避免产品的水分损失，又有助于迅速降温。随着真空罐内的气压下降，水的沸点下降，果蔬表面的水在真空负压下蒸发而使果蔬冷却降温，真空冷却速度极快。真空冷却的包装容器要求能够通风，便于水蒸气散发出来。由于被冷却果蔬的各部分是等量失水，所以不会出现萎蔫现象。真空冷却的效果在很大程度上取决于果蔬的表面积与体积之比、产品组织失水的难易程度及真空罐抽真空的速度。所以真空冷却适合于表面积大的叶菜类产品。

4）水冷却

将产品浸在冷水中或者用冷水冲淋产品，使其降温的一种冷却方式。水预冷所需时间较短、成本低，其冷水流量与冷却速度呈正相关，一般在20～50min就可使产品品温降低到所规定的温度，并可减少产品水分的损失。冷却水通常是循环使用的，但要注意消毒，常常在冷却水中加入一些防腐药剂，防止冷却水对产品的污染。

5）冷库冷却

冷库冷却是将产品放在冷库中降温的一种冷却方式。预冷期间，库内要保证足够的相对湿度，垛之间、包装容器之间都应该留有适当的空隙，保证气流通过。冷库冷却的特点是降温速度较慢，但其操作简单，成本低廉。

3. 化学药剂处理

目前，化学药剂防腐保鲜处理，在国内外已经成为果蔬商品化不可缺少的一个步骤。化学药剂处理可以延缓果蔬采后衰老，减少贮藏病害，防止品质劣变，提高保鲜效果。常用的有植物生长调节剂、化学药剂防腐等处理方法。

4. 包装

果蔬产品的包装是指新鲜的果蔬收获以后用适当的材料包裹或装盛，以保护产品，提高商品价值，便于贮藏、运输、销售的措施，是果蔬商品化处理的重要环节。合理的包装可以保护产品免受机械损伤、水分丧失，减小环境条件急剧变化造成的影响和其他有害影响，以便在运输和上市过程中保持产品的质量。

果蔬的包装容器应该美观、洁净，无异味、无有害化学物质，内壁光滑、质量轻、成本低，便于取材、易于回收及处理等。一般果蔬的包装容器主要有纸箱、木箱、塑料箱、筐类、麻袋和网袋等。为了减少机械损伤，在果蔬包装过程中，经常还在果蔬表面包纸或在包装箱内加填一些衬垫物及使用抗压托盘。随着商品经济的发展，包装标准化越来越受到人们的重视。国外在此方面发展较早，世界各国都有本国相应果蔬产品包装容器的标准。

果蔬在包装容器内要有一定的排列形式，这样既可防止它们在容器内滚动和相互碰撞，又能使产品通风换气，并充分利用容器的空间。苹果、梨用纸箱包装时，果实的排列方式有直线式和对角线式两种；用筐包装时，常采用同心圆式排列。马铃薯、洋葱、大蒜等蔬菜常常采用散装的方式等。包装应在冷凉的条件下进行，避免风吹、日晒和雨淋。包装时应轻拿轻放，装量要适度，防止过满或过少而造成损伤。包装不耐压的果蔬时，包装容器内应填加衬垫物，以减少产品的摩擦和碰撞。易失水的产品应在包装容器内加衬塑料薄膜等。果蔬销售包装可在批发或零售环节中进行，销售包装上应标明质量、品名、价格和日期。

净菜生产线

5. 其他处理

1）清洗

清洗的目的是除去果蔬表面的污物和农药残留及杀菌防腐。最简单的方法是用流水喷淋，去除污物常用 1%稀盐酸加 1%石油醚，浸洗 1～3min，或用 200～500mg/L 的高锰酸钾溶液清洗 2～10min。

2）愈伤

愈伤是指采后给果蔬产品提供高温、高湿和良好通风的条件，使其轻微伤口愈合的过程。果蔬产品特别是块根、块茎、鳞茎类蔬菜，在采收过程中常常会造成一些机械损伤，容易引起腐烂。果蔬种类不同，其愈伤能力不同。不同果蔬愈伤时的条件要求也有差异，大多数果蔬愈伤的适宜条件为 25～30℃，相对湿度为 90%～95%。

3）晾晒

果蔬含水量较高，对于大多数产品而言，在采后贮藏过程中应尽量减少其失水，以保持新鲜品质，提高耐贮性。但是对于某些果蔬，在贮前进行适当晾晒，反而可减少贮藏中病害的发生，延长贮藏期，如柑橘、哈密瓜、大白菜及葱蒜类蔬菜等。柑橘，特别是宽皮橘类，适当晾晒可明显减轻枯水病的发生。大白菜采后进行适当晾晒，可使其贮藏期延长，但晾晒过度，会降低其耐贮性。

4）催熟

香蕉、柑橘、菠萝、柿子、猕猴桃、番茄等果蔬，采收时成熟度往往不一致，为了使产品以最佳成熟度和风味品质提前上市，需要对其进行人工处理，促进其后熟，这就是催熟。用来催熟的果蔬必须达到生理成熟，催熟时一般要求较高的温度（21～25℃）、相对湿度（85%～90%）和充足的氧气，催熟环境应该有良好的气密性，还要有适宜的催熟剂。此外，催熟室内的气体成分对催熟效果也有影响，二氧化碳的累积会抑制催熟作用，因此催熟室要注意通风。乙烯是应用最普遍的果蔬催熟剂，乙醇、熏香等也能促使果蔬成熟。

5）脱涩

柿果等某些果实，含有较多的单宁物质，完熟以前有强烈的涩味而不能食用，必须经过脱涩处理才能上市。柿果的脱涩机理是将体内可溶性的单宁物质变为不溶性的单宁物质。影响脱涩的因素很多，一般来说温度高，果实呼吸作用强，产生乙醇、乙醛类物质多，脱涩就快。在一定浓度范围内，果实脱涩随着脱涩剂浓度的升高而加快。

6）涂膜处理

涂膜就是在果蔬表面人工涂一层薄膜。涂膜可抑制呼吸，减少水分散失，抑制病原微生物的侵入，改善果蔬外观，提高商品价值。目前涂膜剂种类很多，大多数都是以石蜡和巴西棕榈蜡作为基础原料，石蜡可以很好地控制失水，巴西棕榈蜡能使果实光泽很好。涂膜的方法有浸涂法、刷涂法和喷涂法，涂膜处理分为人工涂膜和机械涂膜两种。涂膜一定要厚薄均匀、适当，过厚会影响呼吸，导致呼吸代谢失调，引起生理病害，腐烂变质。一般情况下只是对短期贮运的果蔬或在果蔬上市之前进行涂膜处理。

（三）果蔬商品化运输

果蔬的运输是一个动态贮藏的过程，整个运输过程中产品的振动程度、环境的温度、相对湿度和空气成分都会对运输效果产生重要影响。所以这就要求运输环节要做到以下几点。

（1）快装快运。果蔬在进行新陈代谢时，不断消耗体内的营养物质并散发热量，必须快装快运，保持其品质及新鲜。

（2）轻装轻卸。果蔬表面保护组织差，很容易受到机械损伤，具有易腐性，从生产到销售要经过多次集聚和分配，所以要轻装轻卸。

（3）防热防冻。温度过高，呼吸强度增强，产品衰老加快；温度过低，产品容易产生冷害和冻害，应注意防热防冻。

常用的运输方式有公路、水路、铁路运输、空运等。其中公路运输是我国最常用的短途运输方式，其灵活性强、速度快，但成本高、运量小。利用各种轮船进行水路运输具有运输量大、行驶平稳、成本低等优点，尤其海运是最便宜的运输方式。铁路运输具有运输量大、速度快、连续性强等特点，适合于长途运输。目前我国铁路运输车有普通棚车、无冷源保温车、冷藏车、集装箱四种，其中集装箱是当今世界上发展非常迅速的一种运输工具，其抗压强度大，能反复使用，可机械化装卸，产品不易受伤害。集装箱按功能可分为普通集装箱、冷藏集装箱、冷藏气调集装箱、冷藏减压集装箱等。空运速度最快，但其成本高，适合经济价值高的果蔬产品的运输。

果蔬运输时需要注意：运输工具要彻底消毒，果蔬要合乎运输标准，快装快运，堆码稳当，注意通风，避免挤压；不同种类的果蔬最好不要混装；敞篷车船运输，果蔬堆上应覆盖防水布；最好使用冷链系统，以最大限度地保持果蔬的品质。

工作任务一　果蔬中主要化学成分的测定

一、果蔬中有机酸含量测定

果蔬中含有多种有机酸，如柠檬酸、苹果酸和酒石酸，通常也称为果酸。另外，还含有少量的草酸、乙酸、苯甲酸、水杨酸、琥珀酸、延胡索酸等。有机酸是果蔬特有的酸味物质，在果蔬组织中以游离态或酸式盐的形式存在。

（一）总酸度的测定

总酸度是指食品中所有酸性成分的总量，通常用所含主要酸的质量分数来表示，其大小可用滴定法来确定。在同一样品中，往往有几种有机酸同时存在，但在分析有机酸含量时，是以主要酸为计算标准的。通常仁果类、核果类及大部分浆果类以苹果酸计算；葡萄以酒石酸计算；柑橘类以柠檬酸计算。

1. 主要材料

苹果、桃、葡萄、柑橘、柠檬、莴苣等。

2. 仪器

分析天平、高速组织捣碎机。

3. 试剂及配制

（1）1%酚酞-乙醇溶液（酚酞指示剂）：称取 1g 酚酞溶解于 100mL 95%乙醇中。

（2）0.1mol/L 氢氧化钠标准溶液的配制与标定：称取 4g 氢氧化钠或吸取 1g/mL 氢氧化钠溶液 4mL，置于 1000mL 无二氧化碳的水中，摇匀。称取 0.6g 于 105～110℃烘至恒重的基准邻苯二甲酸氢钾（精确至 0.0001g），溶于 50mL 无二氧化碳的水中，加 2 滴酚酞指示剂，用配制好的氢氧化钠溶液滴定至溶液呈粉红色，同时做空白实验。按下式计算其浓度：

$$c_{\text{NaOH}} = \frac{m}{(V_1 - V_2) \times 0.2042}$$

式中，c_{NaOH}——氢氧化钠标准溶液的物质的量浓度，mol/L；

　　　　m——邻苯二甲酸氢钾的质量，g；

　　　　V_1——氢氧化钠溶液的用量，mL；

　　　　V_2——空白实验氢氧化钠溶液的用量，mL；

　0.2042——与 1.00mL 氢氧化钠标准溶液（c_{NaOH}=1.000mol/L）相当的以克表示的邻苯二甲酸氢钾的质量。

4. 测定步骤

1）样品处理

将果蔬原料去除非可食用部分后置于组织捣碎机中捣碎备用。

2）样品测定

称取捣碎并混合均匀的样品 20.00～25.00g 于小烧杯中，用 150mL 刚煮沸并冷却的蒸馏水分数次将样品转入 250mL 容量瓶中，充分振摇后加水至刻度，摇匀后用干燥滤纸过滤。准确吸取 50mL 滤液于锥形瓶中，加入酚酞指示剂 2～3 滴，用氢氧化钠标准溶液（c_{NaOH}=0.1mol/L）滴定至终点（微红色在 1min 之内不褪色为终点）。

5. 结果计算

样品中总酸度的计算公式如下：

$$X = \frac{VcKF}{m} \times 100\%$$

式中，X——样品中总酸的质量分数，%（或 g/100mL）；

V——滴定消耗标准溶液的体积，mL；

c——氢氧化钠标准溶液的浓度，g/mL；

F——稀释倍数，按上述操作，F=5；

m——样品质量，g；

K——折算系数，苹果酸为 0.067，酒石酸为 0.075，乙酸为 0.060，草酸为 0.045，柠檬酸为 0.064。

（二）有效酸度的测定

有效酸度是指溶液中 H^+ 的浓度，准确地说是指 H^+ 的活度，常用 pH 值表示，可用酸度计测定。由于原料品种、成熟度的不同，有效酸度（pH 值）的变动范围很大，常见果蔬的 pH 值参见表 1-6。

表 1-6　常见果蔬的 pH 值

果蔬种类	pH 值	果蔬种类	pH 值
苹果	3.0～5.0	甜橙	3.5～4.9
梨	3.2～4.0	甜樱桃	3.5～4.1
杏	3.4～4.0	青椒	5.4
桃	3.2～3.9	甘蓝	5.2
李	2.8～4.1	南瓜	5.0
葡萄	2.5～4.5	菠菜	5.7
草莓	3.8～4.4	番茄	4.1～4.8
西瓜	6.0～6.4	胡萝卜	5.0
柠檬	2.2～3.5	豌豆	6.1

测定 pH 值的方法有试纸法、比色法和电位法等，其中电位法（pH 计法）操作简便且结果准确，是最常使用的方法。以玻璃电极为指示电极，饱和甘汞电极为参比电极，插入待测溶液中组成原电池，该电池的电动势大小与溶液的氢离子浓度，即 pH 值有直接关系：$E=E_0+0.059\lg[H^+]=E_0-0.059pH$。

1. 主要材料

苹果、桃、葡萄、柑橘、柠檬、莴苣等。

2. 仪器

酸度计、甘汞电极（图 1-3，或复合电极）和玻璃电极（图 1-4）、电磁搅拌器、高速组织捣碎机。

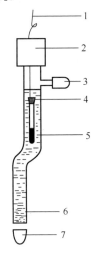

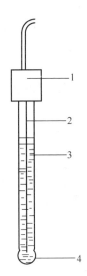

1. 导线；2. 绝缘体；3. 橡皮帽；4、7. 内部电极；

5. KCl 溶液；6. 多孔物质。

图 1-3　甘汞电极

1. 绝缘套；2. Ag-AgCl 电极；

3. 内部缓冲液；4. 玻璃膜。

图 1-4　玻璃电极

3. 试剂及配制

（1）pH 值为 4.01 的标准缓冲溶液（20℃）：准确称取在 110～120℃下烘干 2～3h 的优级纯邻苯二甲酸氢钾（$KHC_8H_4O_4$）10.12g 溶于不含二氧化碳的水中，稀释至 1000mL，摇匀。

（2）pH 值为 6.88 的标准缓冲溶液（20℃）：准确称取在 110～120℃下烘干 2～3h 的优级纯磷酸二氢钾（KH_2PO_4）3.39g 和优级纯磷酸氢二钠（Na_2HPO_4）3.53g 溶于水中，稀释至 1000mL，摇匀。

4. 测定步骤

将样品榨汁后，取其汁液直接测定。

1）电极的安装

玻璃电极接负端口，饱和甘汞电极接正端口。电极插入溶液时，甘汞电极下端位置应较玻璃电极下端低 2～3mm，以保护玻璃电极不被损坏。

2）pH 计的调零与校正、定位（校准）、检验

（1）调零与校正：按 pH 计使用方法操作。

（2）定位（校准）：选用邻苯二甲酸氢钾标准缓冲溶液，按 pH 计使用方法操作。

（3）检验：用定位好的 pH 计测量磷酸二氢钾标准缓冲溶液并记录测得值。如果测得检验用的标准缓冲溶液的 pH 值实测值与其实际 pH 值之差小于 0.02，则符合要求。如果 pH 值之差不符合要求，则需重新校正、定位、检验。

3）待测试液 pH 值的测定

用"定位"和"检验"后的 pH 计测定试液的 pH 值，记录测得的 pH 值。

二、果蔬中可溶性糖含量的测定

果蔬中的可溶性糖（soluble sugar）主要是指能溶于水及乙醇的单糖和寡聚糖。因为糖是果蔬组织中重要的能量贮藏物质，也是果蔬甜味的主要来源，是果蔬呼吸作用的主要底物，所以果蔬组织中可溶性糖含量的高低与其品质、成熟度和贮藏性密切相关。

由于果蔬采后的一切生命活动中需要的能量和中间物质主要来源于果蔬组织中糖类物质的氧化分解过程。因此，测定可溶性糖含量在果蔬品质评价和贮藏保鲜中具有重要意义。可溶性糖的测定方法有很多，大致可分为三类：物理法（包括旋光法、折光法、相对密度法）；物理化学法（点位法、极谱法、光度法、色谱法）；化学法（斐林氏法、高锰酸钾法、碘量法、铁氰化钾法、蒽酮比色法、咔唑比色法等）。

下面介绍几种可溶性糖的测定方法。

（一）手持糖量计法

手持糖量计（图 1-5）是生产上常用来测定果蔬中可溶性固形物含量的仪器，由于果实中的可溶性固形物主要是糖，故可用可溶性固形物含量代表果蔬的含糖量。这个方法简单易行，速度快，适于野外作业。

1. 主要材料

待测果蔬。

2. 仪器

手持糖量计、不锈钢小刀、镜头纸、压汁器。

3. 测定步骤

1）仪器校正

掀开照明棱镜盖板，用柔软的绒布或镜头纸仔细将手持糖量计棱镜擦拭干净，注意不能划伤镜面。取蒸馏水或清水 1～2 滴于折光棱镜上，合上盖板，使进光窗对准光源，调节校正螺钉将视场分界线校正为零。

2）测定

擦净折光棱镜，取果汁或菜汁液数滴于折光棱镜面上，合上盖板，同时进光窗对准光源，调节目镜视度圈，使视场内分划线清晰可见。视场中所见明暗分界线相应的读数，即为果蔬汁中可溶性固形物含量（百分数），用以代表果实的含糖量。

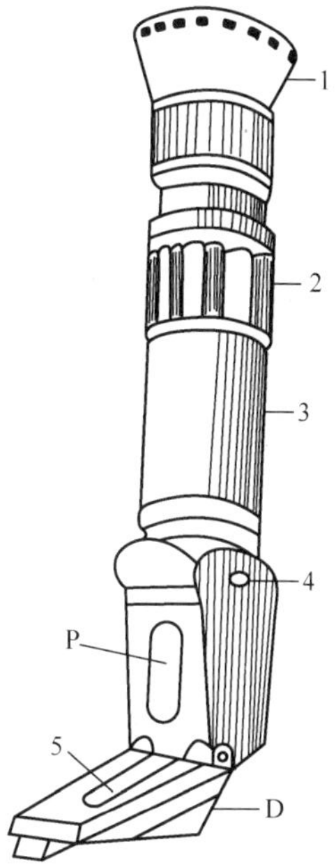

3）注意事项

手持糖量计的测定范围常为 0～90%，其刻度标准温度为 20℃，若测量时在非标准温度下，则需进行温度校正。测定时温度最好控制在 20℃，或者接近 20℃范围内观测，其准确性较好。

D. 盖板；P. 折光棱镜；

1. 目镜视度圈；2. 旋钮；

3. 望远镜；4. 校正螺钉；

5. 进光窗。

图 1-5　手持糖量计

（二）苯酚–硫酸法

糖在浓硫酸的作用下脱水生成的糖醛或羟甲基糠醛能与苯酚缩合成一种橙红色化合物。这种化合物在波长 485nm 处具有最大吸收峰，而在 10～100mg，该橙红色化合物的颜色深浅与糖含量呈正相关关系，故可通过比色法测定此波长下吸光度来计算出糖含量。苯酚–硫酸法可用于甲基化的糖、戊糖和多聚糖的测定，方法简单，试剂便宜，灵敏度高。实验时基本不受蛋白质杂质的影响，并且产生的颜色可稳定在 160min 以上。

1. 主要材料

各种果蔬组织。

2. 仪器

分光光度计、水浴锅、具塞刻度试管（25mL）、移液管（10mL）或移液器、研钵、容量瓶（100mL）、滤纸、漏斗、玻璃棒等。

3. 试剂及配制

（1）0.09g/mL 苯酚溶液：称取 90.0g 重结晶苯酚，加蒸馏水溶解、稀释至 100mL，即为 0.9g/mL 苯酚溶液，可在室温下保存数月。

取 10mL 0.9g/mL 苯酚溶液，加蒸馏水稀释至 100mL，混匀，即为 0.09g/mL 苯酚溶液，现配现用。

（2）浓硫酸（相对密度 1.84）。

（3）100μg/mL 蔗糖标准液。

将分析纯蔗糖在 80℃下烘至恒重，精确称取 1.000g，加少量蒸馏水溶解，转入 100mL 容量瓶中，加入 0.5mL 浓硫酸，再用蒸馏水定容至刻度，即为 0.01g/mL 蔗糖标准液。精确吸取 1mL 0.01g/mL 蔗糖标准液于 100mL 容量瓶中，加蒸馏水至刻度，摇匀，即为 100μg/mL 蔗糖标准液。

4. 测定步骤

1）标准曲线的制作

取 6 支 25mL 刻度试管（重复做两组），编号后按表 1-7 加入 100μg/mL 蔗糖标准液和蒸馏水。再按顺序向试管内加入 1.0mL 90g/L 苯酚溶液，摇匀，再从管液正面在 5～20s 内加入 5mL 浓硫酸，摇匀。混合液总体积为 8mL，在室温下放置 30min 进行反应。然后，以空白为对照，在波长 485nm 处比色测定混合反应液的吸光度。以蔗糖质量为横坐标，吸光度为纵坐标，绘制标准曲线，求出线性回归方程。

表 1-7　苯酚–硫酸法测定可溶性糖绘制蔗糖标准曲线的试剂量

项　　目	管　　号					
	0	1	2	3	4	5
100μg/mL 蔗糖标准液/mL	0	0.2	0.4	0.6	0.8	1.0
蒸馏水/mL	2.0	1.8	1.6	1.4	1.2	1.0
相当于蔗糖质量/μg	0	20	40	60	80	100

2）可溶性糖的提取

称取 1.0g 果蔬组织置于研钵中，研磨呈浆状后，加入少量蒸馏水，转入刻度试管中，再加入 5~10mL 蒸馏水，用塑料薄膜封口，于沸水中煮沸提取 30min，取出待冷却后过滤。将滤液直接滤入 100mL 容量瓶中，再将残渣回收到试管中，加入 5~10mL 蒸馏水再煮沸提取 10min，并过滤入容量瓶中，用水反复漂洗试管及残渣，过滤后一并转入容量瓶并定容至刻度。

3）可溶性糖的测定

取 1 支 25mL 刻度试管，吸取 0.5mL 样品液于试管中，加入 1.5mL 蒸馏水。测定步骤与制作标准曲线相同，按顺序分别加入 0.09g/mL 苯酚溶液、浓硫酸，显色并测定吸光度。重复 3 次求平均值。如果吸光度读数过高，可将样品液稀释后再吸取 0.5mL 进行反应和测定。

5. 结果与计算

根据显色液的吸光度值，在标准曲线上查出相应的蔗糖质量，按下式计算果蔬组织中可溶性糖的含量，以质量分数（%）表示。计算公式如下：

$$可溶性糖含量 = \frac{m' \times V \times N}{V_S \times m \times 10^6} \times 100\%$$

式中，m'——从标准曲线查得的蔗糖质量，μg；

　　　V——样品提取液总体积，mL；

　　　N——样品提取液稀释倍数；

　　　V_S——测定时所取样品提取液的体积，mL；

　　　m——样品质量，g。

注意事项：

（1）由于苯酚-硫酸法测定糖含量时受到多种因素的影响，重现性较差，所以在测定果蔬组织中糖含量时，对操作者要求很高。最好始终由一人操作，把每个细节都固定下来。要尽量多做平行实验，以减少个人操作习惯带来的误差。

（2）利用苯酚-硫酸法测定可溶性糖对苯酚的要求很高，最好利用经过重蒸馏、结晶的苯酚。

（3）浓硫酸的纯度、滴加方式和速度，如直接加在液面上还是慢加等，都会对实验结果产生影响。因此，只有操作方式一致，才能获得较好的重现性。

（4）果蔬组织糖含量很高，在测定时应注意进行适当的稀释。一般可以取 1mL 或 10mL 样品提取液，置于 100mL 容量瓶中，加蒸馏水稀释至刻度，即将样品液稀释 100 倍或 10 倍。

（5）样品中可溶性糖含量的测定过程必须与标准曲线的制作过程相同。

（6）如果样品中含有较多的葡萄糖，加热时间应延长至 45min，因为葡萄糖显色较慢。

三、果蔬中果胶含量的测定——分光光度法

由于果胶解后产物为半乳糖醛酸，在硫酸中与咔唑试剂产生缩合反应，生成紫红色化合物，该化合物在 525nm 处有最大吸收，其吸收值与果胶含量成正比，以半乳糖醛酸为标准物质，标准曲线法定量。

1. 主要材料

苹果、山楂、猕猴桃、柑橘、葡萄、胡萝卜等；标准注标纸。

2. 仪器

离心管、锥形瓶、100mL 容量瓶、分光光度计、组织捣碎机、恒温水浴振荡器、分析天平（感量为 0.0001g）、离心机（4000r/min）。

3. 试剂及配制

（1）无水乙醇。

（2）硫酸：优级纯。

（3）咔唑。

（4）67%乙醇：无水乙酸：水=2∶1。

（5）pH 值为 0.5 的硫酸溶液：用硫酸调节水的 pH 值至 0.5。

（6）40g/L 氢氧化钠溶液：称取 4.0g 氢氧化钠，用离子水溶解并定容至 100mL。

（7）1g/L 咔唑乙醇溶液：称取 0.1000g 咔唑，用无水乙醇溶解并定容至 100mL。做空白实验检测，即 1mL 水、0.25mL 咔唑乙醇溶液和 5mL 硫酸混合后应清澈、透明、无色。

（8）半乳糖醛酸标准贮备液：精确称取无水半乳糖醛酸 0.1000g，用少量离子水溶解，加入 0.5mL 氢氧化钠溶液（6），定容至 100mL，混匀。此溶液中半乳糖醛酸质量浓度为 1000mg/L。

（9）半乳糖醛酸标准使用液：分别吸取 0.0mL、1.0mL、2.0mL、3.0mL、4.0mL、5.0mL 半乳糖醛酸标准贮备液（8）于 50mL 容量瓶中，定容，溶液质量浓度分别为 0.0mg/L、20.0mg/L、40.0mg/L、60.0mg/L、80.0mg/L、100.0mg/L。

4. 测定步骤

（1）试样制备：新鲜水果取样品可食用部分，用自来水和去离子水依次清洗后，用干净纱布轻轻擦去其表面水分。苹果等个体较大的样品采用对角线分割法，取对角可食部分，将其切碎，充分混匀；山楂等个体较小的样品可随机取若干个体切碎混匀。用四分法取样或直接放入组织捣碎机中制成匀浆。少汁样品可按一定质量比例加入等量去离子水。将匀浆后的试样冷冻保存。

（2）预处理：称取 1.0～5.0g（精确至 0.001g）试样于 50mL 刻度离心管中，加入少量滤纸屑，再加入 35mL 约 75℃的无水乙醇，在 85℃水浴中加热 10min，充分振荡。冷却，再加无水乙醇使总体积接近 50mL，在 4000r/min 的条件下离心 15min，弃去上清液。在 85℃水浴中用 67%乙醇溶液洗涤沉淀，离心分离，弃去上清液，此步骤反复操作，直至上清液中不再产生糖的穆立虚反应为止〔检验方法：取上清液 0.5mL 注入小试管中，加入 5% α-萘酚的乙醇溶液 2～3 滴，充分混匀，此溶液稍有白色浑浊，然后使试管轻微倾斜，沿管壁慢慢加入 1mL 硫酸（优级纯），若在两液层的界面不产生紫红色色环，则证明上清液中不含有糖分〕，保留沉淀 A。同时做空白试验。

（3）果胶提取液制备。

酸提取方式：将上述制备出的沉淀 A，用 pH 值为 0.5 的硫酸溶液全洗入锥形瓶中，混匀，在 85℃水浴中加热 60min，其间应不时摇荡，冷却后移入 100mL 容量瓶中，用 pH 值 0.5 的硫酸溶液定容，过滤，保留滤液 B 供测定用。

碱提取方式：对于淀粉含量高的样品宜采用碱提取方式。将上述制备出的沉淀 A，用水全部洗入 100mL 容量瓶中，加入 5mL 氢氧化钠，定容，混匀。至少放置 15min，其间应不时摇荡。过滤，保留滤液 C 供测定用。

（4）标准曲线的绘制：吸取 0.0mg/L、20.0mg/L、40.0mg/L、60.0mg/L、80.0mg/L、100.0mg/L 半乳糖醛酸标准使用液各 1.0mL 于 25mL 玻璃试管中，分别加入 0.25mL 咔唑乙醇溶液，产生白色絮状沉淀，不断摇动试管，再快速加入 5.0mL 硫酸，摇匀。立刻将试管放入 85℃水浴振荡器内水浴 20min，取出后放入冷水中迅速冷却。在 1.5h 内，用分光光度计在波长 525nm 处测定标准溶液吸光度，以半乳糖醛酸浓度为横坐标、吸光度值为纵坐标，绘制标准曲线。

（5）样品的测定：吸取 1.0mL 滤液 B 或滤液 C 于 25mL 玻璃试管中，加入 0.25mL 咔唑乙醇溶液，同标准溶液显色方法进行显色，在 1.5h 内，用分光光度计在波长 525nm 处测定标准溶液吸光度，根据标准曲线计算出滤液 B 或滤液 C 中果胶含量，以半乳糖醛酸计。按上述方法同时做空白实验，用空白调零。如果吸光度超过 100mg/L 半乳糖醛酸的吸光度时，将滤液 B 或滤液 C 稀释后重新测定。

5. 结果计算

样品中果胶含量以半乳糖醛酸质量分数 X 计，单位为 g/kg，按下式计算：

$$X = \frac{\rho \times V}{m \times 1000}$$

式中，X——样品中果胶物质（以半乳糖醛酸计）质量分数，g/kg；

    p——滤液 B 或滤液 C 中半乳糖醛酸质量浓度，mg/L；

    V——果胶沉淀 A 定容体积，mL；

    m——试样质量，g。

四、果蔬中维生素 C 含量的测定

维生素 C 又称抗坏血酸，是人类营养中重要的维生素之一，人体不可缺少的营养物质，当人体缺乏时容易出现坏血病。水果和蔬菜是食品中维生素 C 的主要来源。因此，维生素 C 在果蔬中含量的多少，是鉴定果蔬营养价值的重要指标之一。

（一）2,6-二氯靛酚法

该法适用于测定还原性抗坏血酸，不适于有亚铁、亚锡、亚铜、亚硫酸盐或硫代硫酸盐共存的样品。还原型抗坏血酸可以还原染料 2,6-二氯靛酚。该染料在酸性溶液中呈粉红色，在中性或碱性溶液中呈蓝色，被还原后颜色消失。还原型抗坏血酸还原染料后，本身被氧化成脱氢抗坏血酸。在没有杂质干扰时，一定量的样品提取液还原标准染料液的量，与样品中抗坏血酸含量成正比。

1. 主要材料

柑橘、枣、猕猴桃、青椒、花椰菜、番茄、豌豆、黄瓜等。

2. 仪器

酸式滴定管、分析天平（0.1mg）等。

3．试剂及配制

（1）1%草酸溶液。

（2）2%草酸溶液。

（3）10g/L 淀粉溶液（1%淀粉溶液）。

（4）60g/L 碘化钾溶液（6%碘化钾溶液）。

（5）抗坏血酸标准溶液：准确称取 20mg 抗坏血酸，溶于 1%的草酸中，并稀释定容至 100mL，置冰箱中保存。用时取出 5mL，置于 50mL 容量瓶中，用 1%草酸溶液定容，配成 0.02mg/mL 的标准溶液。

标定：吸取标准使用液 5mL 于三角瓶中，加入 6%碘化钾溶液 0.5mL、1%淀粉溶液 3 滴，以 0.001mol/L 碘酸钾标准溶液滴定，终点为淡蓝色。计算公式如下：

$$c=0.088V_1/V_2$$

式中，c——抗坏血酸标准溶液的质量浓度，mg/mL；

V_1——滴定时消耗 0.001mol/L 碘酸钾标准溶液的体积，mL；

V_2——滴定时所取抗坏血酸标准溶液的体积，mL；

0.088——1mL 0.001mol/L 碘酸钾标准溶液相当于抗坏血酸的量，mg/mL。

（6）2,6-二氯靛酚溶液：称取 2,6-二氯靛酚 50mg，溶于 200mL 含有 52mg 碳酸氢钠的热水中，冷却，冰箱中过夜。次日过滤于 250mL 棕色容量瓶中定容，在冰箱中保存，每周标定一次。

标定：取 5mL 已知浓度的抗坏血酸标准溶液，加入 1%草酸溶液 5mL，摇匀，用 2,6-二氯靛酚溶液滴定至溶液呈粉红色，以 15s 内粉红色不消失为终点。计算公式如下：

$$c = c_1V_1/V_2$$

式中，c——每毫升染料溶液相当于抗坏血酸的质量，mg/mL；

c_1——抗坏血酸标准溶液的质量浓度，mg/mL；

V_1——抗坏血酸标准溶液的体积，mL；

V_2——消耗 2,6-二氯靛酚的体积，mL。

（7）0.001mol/L 碘酸钾标准溶液：精确称取干燥的碘酸钾 0.3567g，用水稀释至 100mL，再从中取出 1mL，用水稀释至 100mL，此溶液 1mL 相当于抗坏血酸 0.088mg。

4．测定步骤

1）提取

（1）鲜样制备。称 100g 鲜样，加等量的 2%草酸溶液，倒入组织捣碎机中打成匀浆。取 10～40g 匀浆（含抗坏血酸 1～2mg）于 100mL 容量瓶内，用 1%草酸稀释至刻度，混合均匀。

（2）干样制备。称 1～4g 干样（含抗坏血酸 1～2mg）放入研钵内，加入 1%草酸溶液磨成匀浆，倒入 100mL 容量瓶中，用 1%草酸稀释至刻度。过滤上述样液，不易过滤的可用离心机沉淀后，倾出上清液，过滤备用（如样品滤液颜色较深，会影响滴定终点观察，可加入白陶土过滤。白陶土使用前应测定回收率）。

2）滴定

吸取 5～10mL 滤液，置于 50mL 三角瓶中，快速加入 2,6-二氯靛酚溶液滴定，至红色不能立即消失，而后快速逐滴加入，以呈现的粉红色在15s内不消失为终点。同时做空白实验。

5. 结果计算

样品中抗坏血酸含量计算公式如下：

$$X = \frac{100 \times [(V - V_0)c]}{m}$$

式中，X——样品中抗坏血酸含量，mg/100g；

V——滴定样液时消耗染料的体积，mL；

V_0——滴定空白时消耗染料的体积，mL；

c——1mL染料溶液相当于抗坏血酸标准溶液的量，mg/mL；

m——滴定时所取滤液中含有样品的质量，g。

（二）荧光分光光度法

总抗坏血酸包括还原型、脱氢型和二酮古乐糖酸，样品中还原型抗坏血酸经活性炭氧化为脱氢抗坏血酸后，与邻苯二胺（OPDA）反应生成有荧光的喹喔啉，其荧光强度与脱氢抗坏血酸的浓度在一定条件下成正比，以此测定食物中抗坏血酸的总量。

脱氢抗坏血酸与硼酸可形成复合物而不与OPDA反应，以此排除样品中荧光杂质产生的干扰，最小检出限为0.022μg/mL。

1. 主要材料

同2,6-二氯靛酚测定法。

2. 仪器

高速组织捣碎机、荧光分光光度计或具有350nm及430nm波长的荧光计。

3. 试剂及配制

本实验用水均为蒸馏水。

（1）偏磷酸-乙酸溶液：称取15g偏磷酸，加入40mL冰乙酸及250mL水，加热搅拌，使之逐渐溶解，冷却后加水至500mL。于4℃冰箱可保存7～10d。

（2）0.15mol/L硫酸：量取10mL硫酸，小心加入水中，再加水稀释至1200mL。

（3）偏磷酸-乙酸-硫酸溶液：以0.15mol/L硫酸液为稀释液，其余同（1）配制。

（4）50%乙酸钠溶液：称取500g乙酸钠（$CH_3COONa \cdot 3H_2O$），加水至1000mL。

（5）硼酸-乙酸钠溶液：称取3g硼酸，溶于100mL乙酸钠溶液（4）中。临用前配制。

（6）邻苯二胺溶液：称取20mg邻苯二胺，于临用前用水稀释至100mL。

（7）抗坏血酸标准溶液（1mg/mL）（临用前配制）：准确称取50mg抗坏血酸，用溶液（1）溶于50mL容量瓶中，并稀释至刻度。

（8）抗坏血酸标准使用液（100μg/mL）：取100mL抗坏血酸标准液，用偏磷酸-乙酸溶液稀释至100mL。定容前测试pH值，如其pH值大于2.2，则应用溶液（3）稀释。

（9）0.04%百里酚蓝指示剂：称取0.1g百里酚蓝，加0.02mol/L氢氧化钠溶液，在玻璃研钵中研磨至溶解，氢氧化钠的用量约为10.75mL，磨溶后用水稀释至250mL。

变色范围如下：pH 值等于 1.2 为红色，pH 值等于 2.8 为黄色，pH 值大于 4 为蓝色。

（10）活性炭的活化：加 100g 炭粉于 750mL 1mol/L 盐酸中，加热回流 1～2h，过滤，用水洗至滤液中无铁离子为止。置于 110～120℃烘箱中干燥。备用。

4. 测定步骤

1）样品液的制备

称取 100g 鲜样，加 100g 偏磷酸-乙酸溶液（1），倒入捣碎机内打成匀浆，用 0.04% 百里酚蓝指示剂调匀浆酸碱度。若呈红色，即可用偏磷酸-乙酸溶液稀释；若呈黄色或蓝色，则用偏磷酸-乙酸-硫酸溶液稀释，使其 pH 值为 1.2。取适量匀浆（含 1～2mg 抗坏血酸）于 100mL 容量瓶中，用偏磷酸-乙酸溶液稀释至刻度，混匀，过滤，滤液备用。

2）测定前处理

（1）氧化处理：分别取样品滤液及抗坏血酸标准使用液（8）各 100mL 于 200mL 带盖三角瓶中，加 2g 活性炭，用力振摇 1min，过滤，弃去最初收集的数毫升滤液，分别收集其余全部滤液，即样品氧化液和标准氧化液，待测定。

（2）各取 10mL 标准氧化液于 2 个 100mL 容量瓶中，分别标明"标准"及"标准空白"。

（3）各取 10mL 样品氧化液于 2 个 100mL 容量瓶中，分别标明"样品"及"样品空白"。

（4）于"标准空白"及"样品空白"溶液中各加 5mL 硼酸-乙酸钠溶液，混合摇动 5min，用水稀释至 100mL，在 4℃冰箱中放置 2～3h，取出备用。

（5）于"样品"及"标准"溶液中各加入 5mL 50%乙酸钠液，用水稀释至 100mL，备用。

3）标准曲线的制作

取上述"标准"溶液（5）（抗坏血酸浓度 µg/mL）0.5mL、1.0mL、1.5mL 和 2.0mL 为标准系列，取双份分别置于 10mL 带盖试管中，再用水补充至 2.0mL。在暗室迅速向各溶液中加入 5mL 邻苯二胺溶液，振摇混合，在室温下反应 35min，于激发光波长 338nm、发射光波长 420nm 处测定荧光强度。以标准系列荧光强度分别减去标准空白荧光强度为纵坐标，对应的抗坏血酸含量为横坐标，绘制标准曲线或进行相关计算，其直线回归方程供计算时使用。

4）荧光反应

取（2）中"标准空白"溶液、（3）中"样品空白"溶液及"样品"溶液各 2mL，分别置于 10mL 带盖试管中。测定步骤与制作标准曲线相同，加入邻苯二胺溶液测定荧光强度。重复 3 次求平均值。

5. 结果计算

样品中抗坏血酸及脱氢抗坏血酸总含量计算公式如下：

$$X = \frac{cV}{m} \times F \times \frac{100}{1000}$$

式中，X——样品中抗坏血酸及脱氢抗坏血酸总含量，mg/100g；

　　c——由标准曲线查得或由回归方程算得的样品溶液浓度，µg/mL；

V——荧光反应所用试样的体积，mL；

m——试样质量，g；

F——样品溶液的稀释倍数。

 ## 工作任务二 果蔬呼吸强度的测定

呼吸作用是果蔬采收以后进行的重要生理活动，是影响贮运效果的重要因素。测定果蔬呼吸强度可衡量果蔬呼吸作用的强弱，了解果蔬采收后的生理变化，为低温贮藏、气调贮藏、果蔬贮运及呼吸热的计算提供必要的数据。

采用定量碱液吸收果蔬在一定时间内呼吸所释放出来的二氧化碳，再用酸滴定剩余的碱，即可计算出呼吸所释放出的二氧化碳量，求出其呼吸强度，单位为CO_2mg/（kg·h）。

主要反应式为

$$2NaOH+CO_2 \longrightarrow Na_2CO_3+H_2O$$
$$Na_2CO_3+BaCl_2 \longrightarrow BaCO_3 \downarrow +2NaCl$$
$$2NaOH+H_2C_2O_4 \longrightarrow Na_2C_2O_4+2H_2O$$

果蔬呼吸强度的测定方法有静置法和气流法两种。

（一）静置法

1. 主要材料

苹果、梨、柑橘、番茄、菜豆、土豆等。

2. 仪器

真空干燥器、吸收管、滴定管架、25mL滴定管、150mL锥形瓶、500mL烧杯、培养皿、小漏斗、10mL移液管、100mL容量瓶、洗耳球、试纸、台秤等。

3. 试剂及配制

0.4mol/L氢氧化钠、0.1mol/L草酸、饱和氯化钡溶液、酚酞指示剂、正丁醇、凡士林。

4. 测定步骤

（1）用移液管吸取0.4mol/L的氢氧化钠溶液20mL放入培养皿中。

（2）将培养皿放入呼吸室（图1-6），放置隔板，装入1kg果蔬封盖。

（3）静置1h后取出培养皿，把碱液移入烧杯中（冲洗4～5次），加饱和氯化钡溶液5mL、酚酞指示剂2滴。

（4）用0.1mol/L的草酸滴定。记录读数V_2。

（5）用同样的方法做空白滴定，在干燥器中不放果蔬样品。记录读数V_1。

5. 结果计算

样品呼吸强度的计算公式如下：

$$\omega = \frac{(V_1-V_2)\,c \times 44}{mt}$$

式中，ω——呼吸强度，CO_2 mg/（kg·h）；

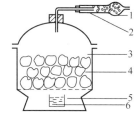

1. 钠石灰；2. 二氧化碳吸收管；3. 呼吸室；
4. 果实；5. 培养皿；6. 氢氧化钠。

图1-6 静置法测定呼吸强度

V_1——滴定空白时所消耗的草酸溶液的体积，mL；

V_2——滴定样品时所消耗的草酸溶液的体积，mL；

c——草酸浓度，mol/L；

m——样品质量，kg；

t——测定时间，h；

44——二氧化碳的摩尔质量。

（二）气流法

该法的特点是使果蔬处在气流畅通的环境中进行呼吸，比较接近自然状态。可以在恒定的条件下进行较长时间的多次连续测定。

1. 主要材料

主要材料同静置法。

2. 仪器

大气采样器，其他同静置法。

3. 试剂及配制

钠石灰，其他同静置法。

4. 测定步骤

（1）按照图1-7连接好大气采样器，暂不接吸收管，开动大气采样器的空气泵，如果在装有20%氢氧化钠溶液的净化瓶中有连续不断的气泡产生，说明整个系统的气密性良好，否则应检查接口是否漏气。

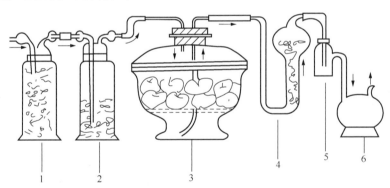

1. 钠石灰；2.20%氢氧化钠；3. 呼吸室；4. 吸收管；5. 缓冲瓶；6. 空气泵。

图1-7　气流法测定呼吸强度

（2）称取果蔬1kg放入呼吸室，先将呼吸室与安全瓶连接，拨动开关，把流量调到0.4L/min处，定时30min，使呼吸室抽空平衡0.5h，然后连接吸收管开始正式测定。

（3）取1支吸收管装入0.4mol/L的氢氧化钠溶液10mL，加1滴正丁醇，当呼吸室抽空平衡0.5h后，立即接上吸收管，调整流量到0.4L/min处，定时30min，待样品呼吸0.5h，取下吸收管，将碱液移入三角瓶中，加饱和氯化钡溶液5mL，酚酞指示剂2滴，然后用0.1mol/L的草酸滴定至粉红色完全消失即为终点，记下滴定时草酸的用量V_1。

（4）空白滴定是取一支吸收管装入0.4mol/L的氢氧化钠溶液10mL，加1滴正丁醇，稍加摇动后将碱液转移到三角瓶中，用蒸馏水冲洗 5 次，加饱和氯化钡溶液 5mL，酚酞指示剂 2 滴，用 0.1mol/L 的草酸滴定至粉红色完全消失即为终点，记下滴定时草酸的用量 V_2。

5. 结果计算

结果计算同静置法。

 ## 工作任务三　果蔬贮藏环境中氧气和二氧化碳含量的测定

测定果蔬贮藏保鲜环境中氧气和二氧化碳的方法有化学吸收法和物理化学测定法。本任务采用化学吸收法，即应用奥氏气体分析仪及氢氧化钾溶液吸收二氧化碳，以焦性没食子酸碱性溶液吸收氧气，从而测出它们的含量。

贮藏保鲜环境中氧气和二氧化碳的含量，影响果品的呼吸作用，若两者的比例不适，会破坏果品的正常生理代谢，缩短贮藏寿命。在气调贮藏时，随时掌握贮藏保鲜环境中氧气和二氧化碳含量的变化是十分重要的。

1. 主要材料

苹果、梨、香蕉、番茄、黄瓜等各种果蔬，2kg 塑料薄膜袋，乳胶管等。

2. 仪器

奥氏气体分析仪、胶管铁夹等。

3. 试剂及配制

（1）30%焦性没食子酸碱性溶液（氧吸收剂）的配制：通常使用的氧吸收剂是焦性没食子酸碱性溶液。配制时，可称取 33g 焦性没食子酸和 117g 氢氧化钾，分别溶于一定量的蒸馏水中，冷却后将焦性没食子酸溶液倒入氢氧化钾溶液中，再加蒸馏水至 150mL。也可将 33g 焦性没食子酸溶于少量水中，再将 117g 氢氧化钾溶解在 140mL 蒸馏水中，冷却后，将焦性没食子酸溶液倒入氢氧化钾溶液中，即配成焦性没食子酸碱性溶液。

（2）30%氢氧化钾溶液（二氧化碳吸收剂）的配制：称取 20～30g 氢氧化钾，放在容器内，加 70～80mL 蒸馏水，不断搅拌。配成的溶液浓度为 20%～30%。

（3）指示液配制：如图 1-8 所示，在调节液瓶 1（压力瓶）中，装入 200mL 80%的氯化钠溶液，再滴入两三滴 0.1～1.0mol/L 的盐酸和三四滴 1%甲基橙，此时瓶中即为玫瑰红色的指示液，以便于进行测量。同时，当操作时，吸气球管中碱液不慎进入量气筒内，即可使指示液呈碱性反应，由红色变为黄色，很快觉察出来。

4. 测定步骤

1）奥氏气体分析仪的装置及各部分的用途

奥氏气体分析仪（图 1-8）是由一个带有多个磨口活塞的梳形管，与一个有刻度的量气筒和几个吸气管相连接而成，并固定在木架上。

（1）梳形管在仪器中起着连接枢纽的作用，它带有几个磨口活塞连通管，其右端与量气筒 2 连接。左端为取样口 9，套上胶管即与欲测气样相连。两通活塞 5、6 各连接一个吸气球管，控制着气样进出吸气球管。三通活塞 7 起调节进气、排气或关闭的作用。

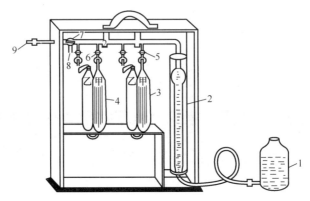

1. 调节液瓶；2. 量气筒；3、4. 吸气球管；

5、6. 两通活塞；7. 三通活塞；8. 排气口；9. 取样口。

图 1-8　奥氏气体分析仪

（2）吸气球管，即图中 3、4，又分甲、乙两部分，两者底部由一小的 U 形玻璃管连通，甲管内装有许多小玻璃管，以增大吸收剂与气样的接触面。甲管顶端与梳形管上的磨口活塞相连。吸收球管内装有吸收剂，用于吸收测定气样。

（3）量气筒，即图中 2，为一有刻度的圆管（一般为 100mL），底口通过胶管与调节液瓶 1 相连，用来测量气样体积。刻度管固定在一圆形套筒内，套筒上下应密封并装满水，以保证量气筒的温度稳定。

（4）调节液瓶，即图中 1，是一个有下口的玻璃瓶，开口处用胶管与量气筒底部相连，瓶内装有蒸馏水，由于它的升降，造成瓶内水位的变动而形成不同的水压，使气样被吸入或排出或被压进吸气球管，使气样与吸收剂反应。

（5）三通磨口活塞。三通磨口活塞是一个带有"┳"形通孔的磨口活塞，转动三通活塞 7 改变"┳"形通孔的位置呈⊥状、╟状、┧状，起着取气、排气或关闭的作用。两通活塞 5、6 的通气孔呈━状，则切断气体与吸气球管的接触；呈‖状，使气体先后进出吸气球管，洗涤二氧化碳或氧气。

2）清洗与调整

（1）将仪器的所有玻璃部分洗净，磨口活塞涂凡士林，并按图 1-8 装配好。

（2）在各吸气球管中注入吸收剂。吸气球管 3 注入浓度为 30%的氢氧化钾溶液，用于吸收二氧化碳。吸气球管 4 装入浓度为 30%的焦性没食子酸和等量的浓度为 30%的氢氧化钾混合液，用于吸收氧气。吸收剂要求达到吸气球管口。在调节液瓶 1 中和保温套筒中装入蒸馏水。最后将取样口 9 接上待测气样。

（3）将所有的（磨口）活塞 5、6、7 关闭，使吸气球管与梳形管不相通。转动三通活塞 7 呈╟状并高举调节液瓶 1，排出量气筒 2 中的空气，以后转动三通活塞 7 呈┧状，关闭取气孔和排气口，然后打开两通活塞 5 下降调节液瓶 1，此时吸气球管 3 中的吸收剂上升，升到管口顶部时立即关闭两通活塞 5，使液面停止在刻度线上，然后打开两通活塞 6 同样使吸收液面到达刻度线上。

3）洗气

右手举起调节液瓶 1，用左手同时将三通活塞 7 转至 ⊢ 状，尽量排除量气筒 2 内的空气，使水面到达刻度 100 时为止，迅速转动三通活塞 7 呈 ⊥ 状，同时放下调节液瓶 1 吸进气样，待水面降到量气筒 2 底部时立即转动三通活塞 7 回到 ⊢ 状，再举起调节液瓶 1，将吸进的气样再排出，如此操作 2～3 次，目的是用气样冲洗仪器内原有的空气，以保证进入量气筒 2 内的气样的纯度。

4）取样

（1）洗气后转动三通活塞 7 呈 ⊥ 状并降低调节液瓶 1，使液面准确达到零位，并将调节液瓶 1 移近量气筒 2，要求调节液瓶 1 与量气筒 2 两液面同在一水平线上并在刻度零处，这时吸收了 100mL 气样。记录初试体积 V_1。

（2）然后将三通活塞 7 转至 ⊢ 状，封闭所有通道，再举起调节液瓶 1 观察量气筒 2 的液面，如果液面不断上升，说明漏气，要检查各连接处及磨口活塞，堵塞后重新取样。若液面稍上升后停在一定位置上不再上升，说明不漏气，可以开始测定。

5）测定

（1）测定二氧化碳含量。转动两通活塞 5 接通吸气球管 3，举起调节液瓶 1 把气样尽量压入吸气球管 3 中，再降下调节液瓶 1，重新将气样抽回到量气筒 2，这样上下举动调节液瓶 1 使气样与吸收剂充分接触，4～5 次以后下降调节液瓶 1，待吸收剂升到吸气球管 3 的原来刻度线位置时，立即关闭两通活塞 5，把调节液瓶 1 移近量气筒 2，在两液面平衡时读数。记录后，重新打开两通活塞 5，来回举动调节液瓶 1，如上操作，再进行第二次读数。若两次读数相同，即表明吸收完全。否则重新打开两通活塞 5 再举起调节液瓶 1 直至读数相同为止。记录测定体积 V_2。

（2）测定氧气含量。转动两通活塞 6 接通吸气球管 4，用上述方法测出残留气体的体积 V_3。

5. 结果计算

气样中氧气和二氧化碳含量计算公式如下。

$$\omega_{O_2} = \frac{V_1 - V_2}{V_1} \times 100\%, \quad \omega_{CO_2} = \frac{V_2 - V_3}{V_1} \times 100\%$$

式中，V_1——量气筒初始体积，mL；

V_2——测定二氧化碳时残留气体体积，mL；

V_3——测定氧气时残留气体体积，mL。

6. 注意事项

（1）举起调节液瓶 1 时量气筒 2 内液面不得超过最高刻度；液面也不能过低，否则吸收剂流入梳形管时要重新洗涤仪器才能使用。

（2）举起调节液瓶 1 时动作不宜太快，以免气样受压过大冲击吸收剂成气泡状自乙管溢出。如发生这种现象，要重新测定。

（3）先测二氧化碳后测氧气。

（4）焦性没食子酸的碱性溶液在 15～20℃时吸收氧气效能最大，吸收效果随温度下降而减弱，0℃时几乎完全丧失吸收能力。

（5）吸收剂的浓度按百分比浓度配制，多次举起调节液瓶 1 读数不相等时，说明吸收剂的吸收性能减弱，需要重新配制吸收剂。

（6）吸收剂为碱性溶液，使用时应注意安全。

 工作任务四　果蔬贮藏原料的质量鉴定

一、果实硬度的测定

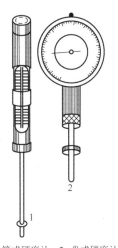

1. 筒式硬度计；2. 盘式硬度计。

图 1-9　果实硬度计

质地是果蔬的重要属性之一，它不仅与产品的食用品质密切相关，而且是判断许多果蔬贮藏性与贮藏效果的重要指标。果蔬硬度是判断质地的主要指标。

测定果实的硬度，目前多用硬度计法。在我国，常见的有天津津东机械厂生产的 HP-30 型硬度计（筒式硬度计）和 GY-1 型硬度计（盘式硬度计），如图 1-9 所示。HP-30 型硬度计的外壳是一个带有隙缝的圆筒，沿隙缝安有游标。隙缝两侧画有刻度，圆筒内装有轴，其一端顶着一个弹簧，另一端旋有压头。当压头受力时，弹簧压缩，带动游标，从游标所指的刻度读出果实硬度读数。这种硬度计一般只适用于苹果、梨等硬度较大的果实。压头有两种，一种压头的截面积为 1cm^2，另一种压头的截面积为 0.5cm^2。

GY-1 型硬度计虽然也采用压力来测定果实的硬度，但其读数标尺为圆盘式，当压力受到果实阻力，推动弹簧压缩，使齿条向上移动，带动齿轮旋转，与齿轮同轴的指针也同时旋转，指示出果实硬度的数值。此硬度计可测定苹果、梨等的硬度。测定前，转动表盘，使指针与刻度 2kg 处重合。压头有圆锥形压头和平压头两种，平压头适用不带皮果肉硬度的测定，圆锥形压头可用于带皮或不带皮的果实硬度的测定。测定方法与 HP-30 型硬度计相同。

1. 主要材料

各种果蔬。

2. 仪器

HP-30 型硬度计、GY-1 型硬度计。

3. 测定步骤

（1）去皮：将果实待测部分的果皮削掉。

（2）对准部位：硬度计压头与削去果皮的果肉相接触，并与果实切面垂直。

（3）加压：左手握紧果实，右手持硬度计，缓缓增加压力，直到果肉切面达压头的刻度线上为止。

（4）读数：这时游标刻度尺随压力增加而被移动，它所指的数值表示每平方厘米（或 0.5cm^2）上的磅数（1lb=0.4536kg）。

4. 注意事项

（1）测定果实硬度时，最好是测定果肉的硬度，因为果皮的影响往往掩盖了果肉的真实硬度。

（2）加压时，用力要均匀，不可转动加压，也不能用猛力压入。

（3）探头必须与果面垂直，不要倾斜压入。

（4）果实的各个部位硬度不同，所以测定各处理果实硬度时，必须采用同一部位，以减少处理间的误差。

二、果蔬贮藏保鲜品质的感官鉴定

果蔬产品贮藏后的品质好坏，是判断贮藏保鲜效果的重要依据。

1. 主要材料

选择当地有代表性的果蔬产品 2～3 种，如苹果、葡萄、柑橘、香蕉、猕猴桃、桃、李子、杏、马铃薯、胡萝卜、大白菜、花椰菜（菜花）、甘蓝、番茄等。

2. 仪器

天平、硬度计、手持糖量计、台秤、100mL 烧杯、纱布、不锈钢果刀等。

3. 测定步骤

1）苹果

（1）随机取贮藏后的苹果（包括腐烂和病果）20～30kg，平均分成 6 份，每组 1 份。

（2）鉴定内容：按照鉴定表（表 1-8）进行，并将鉴定结果填入表内。

表 1-8　苹果贮藏品质鉴定表

品种	贮藏期			硬度/(kg/cm²)		固形物/%		色泽			好果率/%	贮藏病害种类	风味	等级	备注
	入贮期	鉴定期	贮藏天数	贮藏前	贮藏后	贮藏前	贮藏后	果皮	果肉	果心					

2）柑橘

（1）随机取贮藏后柑橘（包括病果）20～30kg，平均分成 6 份，每组 1 份。

（2）鉴定内容：按照鉴定表（表 1-9）进行，并将鉴定结果填入表内。

表 1-9　柑橘贮藏品质鉴定表

品种	采后处理内容	贮藏期			色泽		果汁率/%	固形物/%		好果率/%	风味	贮藏病害种类
		入贮期	鉴定期	贮藏天数	果皮	橘瓣		贮藏前	贮藏后			

4. 注意事项

（1）在相同条件下鉴定，保证鉴定结果一致。

（2）果蔬贮藏要有一定时间，最好不要在贮藏初期进行鉴定。

（3）鉴定果蔬一定要随机取样。

（4）果蔬样品分份时注意做到随机和平均。

（5）鉴定做到仔细、认真，按顺序进行。

5. 作业

（1）填写好鉴定表。

（2）对鉴定结果进行综合分析和评价。

三、常见果蔬贮藏病害识别

1. 主要材料

1）生理性病害材料

苹果苦痘病、虎皮病、红玉斑点病，梨黑心病、鸭梨黑皮病，柑橘水肿病、褐斑病、枯水病，香蕉冷害，马铃薯黑心病，蒜薹褐斑病，黄瓜、甜椒、扁豆、番茄等果蔬类的冷害等症状标本和挂图。

2）侵染性病害材料

苹果、梨炭疽病、轮纹病，柑橘青霉病、绿霉病、蒂腐病，葡萄灰霉病，核果类褐腐病，香蕉炭疽病，菠萝黑腐病，马铃薯、洋葱等细菌性软腐病，叶菜类菌核病，洋葱黑霉病等标本、挂图及病原菌玻片标本。

2. 仪器

放大镜、挑针、刀片、滴瓶、载玻片、盖玻片、培养皿、显微镜等。

3. 测定步骤

（1）选择当地果蔬在贮运中的生理性病害，观察、记录主要生理性病害的症状特点，了解其致病原因。

（2）选择当地果蔬在贮运中的侵染性病害，观察、记录苹果、梨炭疽病和轮纹病的症状特点，镜下观察病原菌形态。观察、对比炭疽病和轮纹病的症状特点及区别；观察、记录果蔬灰霉病的症状特点，镜下观察病原菌形态特征；观察、对比柑橘的青霉病、绿霉病的症状特点及区别，镜下观察青霉、绿霉病原菌形态；观察、记录蔬菜细菌性软腐病的症状特点和病原菌的形态特征。

 知识拓展

一、判断果蔬成熟度的几种方法

（一）色泽

果实在成熟前多为绿色，成熟时显示出它们特有的色泽。因此，果皮的颜色可作为

判断果实成熟度的重要标志之一。甜橙果实在成熟时呈现出类胡萝卜素颜色，血橙呈现出花青素颜色；苹果、桃等的红色来自于花青素。一些果菜类的蔬菜也常用色泽变化来判断成熟度。例如，远距离运输或贮藏的番茄，应在绿熟阶段（果顶呈奶油色）采收；就地销售的番茄可在着色期（果顶呈粉红色或红色）采收；黄瓜应在瓜皮深绿时采收，甜椒一般在绿熟时采收，茄子应在表皮明亮而有光泽时采收。

虽然表面色泽能反映果蔬产品成熟度，但颜色的变化经常受到气候特别是光照条件的影响，有些果实在成熟前也会显色，有的果实已成熟但仍未显色。所以判断成熟度，不能全凭表面色泽。

（二）硬度

果实的硬度（坚实度）是指果肉抗压力的强弱，抗压力越强，果实的硬度就越大。果肉的硬度与细胞之间原果胶含量成正比，一般未成熟的果实硬度较大，随着果实成熟度的提高，不溶性的原果胶逐渐分解为可溶性的果胶或果胶酸，硬度会逐渐下降。因此，根据果实的硬度，可判断果实的成熟度。

采收的目的不同，对采收的硬度要求也不一样。果实硬度的测定，通常用手持硬度计在果实阴面中部去皮测定，其硬度大小以 kg/cm^2 来表示。红星苹果采收时，适宜的硬度在 $7.7kg/cm^2$ 以上，富士、国光苹果为 $9.1kg/cm^2$，酥梨为 $7.2\sim7.7kg/cm^2$，桃、李、杏的成熟度与硬度的关系也十分密切。

一般不测定蔬菜的硬度，而是用坚实度来表示其发育状况。有一些蔬菜的坚实度大，表示发育良好、充分成熟和达到采收的标准，如甘蓝的叶球和花椰菜的花球都应该在充实坚硬、致密紧实时采收。但也有一些蔬菜的坚实度高表示品质下降，如莴苣、荠菜应在叶变得坚硬前采收，黄瓜、茄子、豌豆、甜玉米等都应在幼嫩时采收。

（三）主要化学物质含量

果蔬器官内某些化学物质如糖、淀粉、有机酸、可溶性固形物含量可以作为衡量品质和成熟度的标志。可溶性固形物中主要是糖分，其含量高标志着成熟度高。例如，红富士含糖量达到 14%～17% 时采收。生产和科学试验中常用可溶性固形物含量的高低来判定成熟度，或以可溶性固形物与总酸之比（糖酸比）作为采收果实的依据。例如，四川甜橙采收时的糖酸比不低于 10：1，苹果和梨在糖酸比 30：1 时采收，风味品质好。淀粉也可以作为衡量成熟的标志，苹果成熟过程中，淀粉含量下降，含糖量上升；马铃薯、芋头在淀粉含量高时采收，耐藏性好。

（四）生长期

不同树种的果实从开花到成熟有一定的天数，如苹果早熟品种一般为 100d，中熟品种为 100～140d，晚熟品种为 140～175d，见表 1-10。应用生长期判断成熟度，有一定的地区差异，要根据树势、各地年气候变化和管理等进行判断。康乃馨、月季和菊花等切花的发育阶段在夏季，如在夏季采切则宜早，在冬季则宜晚，以保证它们在采后能正常发育。

表 1-10　不同树种的果实从开花到成熟所需的时间

树种	品种	天数/d	树种	品种	天数/d
苹果	红富士	180～190	柑橘	温州蜜柑	195
	嘎啦	100		伏令夏橙	392～427
	红星	180	葡萄	玫瑰露	76
梨	二十世纪	179		白玫瑰香	118
	黄金梨	180	柿	平核无	162

（五）果梗脱离的难易度

核果类和仁果类果实成熟时，果柄和果枝间形成离层，稍加振动，果实就会脱落，此类果实离层的产生也是其成熟的标志之一。但柑橘类的萼片与果实之间离层的形成比成熟期迟，不宜将果梗脱离的难易度作为其成熟的标志。

（六）成熟特征

有些果蔬产品成熟时会表现一些不同的特征。洋葱、芋头、马铃薯、大蒜和生姜等鳞茎、块茎类蔬菜应在地上部开始枯黄时采收。莴苣达到成熟时，茎顶与最高叶片尖端相平。黄瓜、丝瓜、茄子、菜豆应在种子膨大硬化之前采收，其食用和加工的品质才好。西瓜的瓜秧卷须枯萎，冬瓜、南瓜表皮上霜且出现白粉蜡质，果皮硬化时达到成熟。

在判断果蔬产品成熟度时，不能单纯依靠上述方法中的一个，应根据其特性综合考虑各种因素，抓住主要方面，判断其最适的采收期。

二、果蔬保鲜化学药剂处理

目前，化学药剂防腐保鲜处理，在国内外已经成为果蔬商品化不可缺少的一个步骤。化学药剂处理可以延缓果蔬产品采后衰老，减少贮藏病害，防止品质劣变，提高保鲜效果。常用的有植物生长调节剂处理、化学药剂防腐处理。

（一）植物生长调节剂处理

常用的植物生长调节剂有生长素类、细胞分裂素类、赤霉素（GA）和青鲜素（MH）。生长素类主要有 2,4-二氯苯氧乙酸（2,4-D）、吲哚乙酸（IAA）和萘乙酸（NAA）等，柑橘采后用 100～250mg/L 的 2,4-D 处理，可延长贮藏寿命。细胞分裂素类常用的有苄基腺嘌呤（BA）和激动素（KT），用 5～20mg/L 的 BA 处理花椰菜、石刁柏、菠菜等蔬菜，可明显延长它们的货架期。GA 能够抑制果蔬的呼吸强度，推迟呼吸高峰的到来。青鲜素可以抑制洋葱、萝卜、胡萝卜和马铃薯的发芽。

（二）化学药剂防腐处理

常用的化学防腐剂有仲丁胺、苯并咪唑类、山梨酸（2,4-己二烯酸）、异菌脲（扑海因）、联苯、戴挫霉、二溴四氯乙烷、二氧化硫及其盐类。仲丁胺的化学名称为 2-氨基丁烷，主要有克霉灵、保果灵、橘腐净等产品，对柑橘、苹果、梨、龙眼、番茄等果蔬的贮藏保鲜具有明显效果。苯并咪唑类主要包括特克多（TBZ）、苯来特、多菌灵、托布津等，它们对青霉、绿霉等真菌有良好的抑制效果。山梨酸毒性低，一般使用浓度为 2%左右，可破坏许多重要酶系统的作用，抑制酵母菌、霉菌和好气性细菌生长的效果好。异菌脲可用于香蕉、柑橘等采后防腐处理。联苯能强烈抑制青霉菌、绿霉菌、黑蒂腐菌、灰霉菌等多种病害，对柑橘类水果具有良好的防腐效果。戴挫霉对苯并咪唑类杀菌剂产生抗药性的青霉菌、绿霉菌有特效。二溴四氯乙烷也称溴氯烷，对青霉菌、轮纹病菌、炭疽病菌均有杀伤效果。二氧化硫及其盐类对葡萄防霉效果显著。

（三）其他处理

1）复方卵磷脂保鲜剂处理

卵磷脂广泛存在于动植物体中，以卵磷脂为主配成的生物保鲜剂，可作为治疗某些疾病的营养补助剂。

2）壳聚糖处理

常温下用低浓度壳聚糖处理苹果、猕猴桃、黄瓜，可明显减少腐烂，延缓衰老，保鲜效果很好。

3）钙处理

钙在调节果蔬组织的呼吸作用，延缓衰老，防止生理病害等方面效果显著。钙处理常用的化学药剂有氯化钙、硝酸钙、过氧化钙和硬脂酸钙等。一般用浓度为 3%～5%的钙盐溶液浸果，也可将钙盐制成片剂装入果箱。

4）抗氧化剂处理

二苯胺（DPA）、乙氧基喹和丁基羧基苯甲醚（BHA）等抗氧化剂具有较好的防病效果。

三、1-甲基环丙烯（1-MCP）在果蔬保鲜上的作用机理与生理效应

研究发现，果蔬的成熟衰老受乙烯控制。因此，阻止果蔬内源乙烯的产生或抑制其相关的生化反应，可推迟果蔬成熟衰老的进程。20 世纪 90 年代，Serek 和 Sisler 在研究重氮基环戊二烯（DACP）阻止乙烯的作用时，发现它的光解产物对乙烯的作用效果更好。在分析这些光解产物时，发现其含有环丙烯（cyclopropene，CP）、1-甲基环丙烯（1-methylcyclopropene，1-MCP）、3,3-二甲基环丙烯（3,3-dimethylcyclopropene，3,3-DMCP）等。这些环丙烯类化合物都能阻止乙烯的作用，其中 CP 和 1-MCP 的作用浓度比 3,3-DMCP 的作用浓度约低 1000 倍，由于 1-MCP 比 CP 的化学性质稳定，更适合于商业应用。因此，1-MCP 作为一种新型高效的乙烯作用抑制剂备受关注，并首先在美国被开发成商品并广泛应用。由于 1-MCP 具有无毒、高效、使用简便等优点，广泛用于鲜切花和果蔬等园艺产品的商业化保鲜过程中。1-MCP 的发现，为延缓果蔬衰老、提高保鲜水平开辟了一条新路径。

（一）1-MCP 的作用机理

1-MCP 属环丙烯类小分子化合物，常温下为气态，无异味，沸点约 10℃，在液体

状态下不太稳定。1-MCP 通过与乙烯受体蛋白的金属离子结合，使乙烯作用信号的传导和表达受阻。因此，1-MCP 是乙烯受体的竞争抑制剂，且竞争力较强，一经结合，则不易脱落，从而形成不可逆的竞争性抑制。1-MCP 所具有的较强竞争力来源于 1 碳位上的一个氢离子被一个甲基所取代，使得整个分子呈平面结构，形成比乙烯更高的双键张力和化合能。1-MCP 还可以通过调节乙烯生物合成途径中的 ACS 基因和 ACO 基因的表达来调节乙烯的生物合成，当用 1-MCP 处理番茄时发现乙烯合成和传导中的 LE-ACS2、LE-ACS4 和 LE-ACO1、LE-ACO4 及 NR 基因的表达完全受到抑制。由此可以认为，1-MCP 是通过与乙烯竞争受体蛋白和抑制乙烯生物合成的基因表达两条途径来实现延缓果蔬衰老的目的的。

（二）1-MCP 的生理效应

1）对乙烯释放量和呼吸的影响

由于 1-MCP 抑制了乙烯的生物合成及其与果实成熟相关的生化反应，从而抑制果实的呼吸，延迟呼吸高峰的到来。

2）对 SOD、POD、CAT 活性的影响

超氧化物歧化酶（SOD）、过氧化物酶（POD）、过氧化氢酶（CAT）都具有清除细胞内活性氧的功能，从而使细胞膜免受伤害，延迟果实细胞的衰老进程。用 1-MCP 处理后的果实均可保持较高的 SOD、POD、CAT 活性水平。

3）对 ACC 合成酶和 ACC 氧化酶的影响

已有研究表明，ACC 合成酶（ACS）催化 SAM 转化成 ACC，ACC 在 ACC 氧化酶（ACO）的作用下转化成乙烯。因此，ACS 和 ACO 是乙烯生物合成过程中最重要的两种调控酶。李富军等（2004 年）用 1-MCP 处理苹果果实，结果提高了 ACC 的积累量，延迟了 ACO 活性高峰的出现，并抑制了果实乙烯跃变期间蛋白激酶活性的提高。关于 1-MCP 对 ACS 和 ACO 的影响，国内目前研究得还比较少，在调控机理方面尚不清楚，有待进一步研究。

4）对 LOX、PPO 和 PG 活性的影响

脂氧合酶（LOX）、多酚氧化酶（PPO）、多聚半乳糖醛酸酶（PG）的活性高低和果实成熟衰老的程度有关，它们是果实成熟衰老的副产物，其活性高峰过后，果实即进入衰老期或过熟期。李志强等（2006 年）用 0.6μL/L 的 1-MCP 处理草莓果实，明显抑制了 LOX 的活性及其峰值。魏建梅等（2008 年）用 500μL/L 1-MCP 处理红富士、金冠和嘎啦三个品种的苹果果实，结果 LOX 的活性明显被抑制，且没有出现明显的峰值。钟秋平等（2006 年）用 1-MCP 处理油梨，在一定程度上抑制了 PPO 和 PG 的活性。而李学文等（2006 年）用 0.25μL/L 和 1.5μL/L 两个浓度的 1-MCP 处理蟠桃果实后，对 PPO 活性没有明显的抑制，这也可能与 PPO 不是果实成熟衰老的关键酶有关。田长河等（2005 年）用 10mg/L 1-MCP 处理柿果，明显延迟了 PG 的峰值出现时间，其最大峰值仅为对照的 71%。

5）对果实内外品质的影响

1-MCP 可减缓果实有机酸的下降和叶绿素的降解，而对可溶性固形物的影响则不明显。陈莉等（2014 年）用 1-MCP 处理红富士苹果明显抑制了叶绿素的降解，直到货

架期叶绿素含量才出现下降，并保持了较高的有机酸含量，从而保持了较好的果实风味。多数研究表明，1-MCP 处理可减缓果实硬度的下降，延迟果实衰老进程。陈延等（2006年）用 0.3mg/L 和 0.5mg/L 两个浓度的 1-MCP 处理冬枣，很好地保持了果实硬度，与对照相比达极显著水平。王赵改等（2005 年）用 1-MCP 处理红粉女士苹果，贮至 150d 时对照果的硬度下降了 $2.9kg/cm^2$，而处理过的果实硬度仅下降了 $0.6kg/cm^2$，使贮藏品质得到很大提高。

 练习及作业

1. 什么叫呼吸作用、呼吸强度、呼吸热、温度呼吸系数、田间热、呼吸商、呼吸跃变？

2. 在果蔬贮藏中控制水分蒸发的主要措施有哪些？

3. 试述乙烯的作用机理、生物合成途径及影响其合成作用的因素。

4. 何为冷害？其症状主要有哪些？如何控制冷害的发生？

5. 什么是预冷？预冷的生理意义是什么？

6. 影响果蔬呼吸强度的因素有哪些？如何利用这一原理延长果蔬的贮藏寿命？

7. 怎样确定果蔬的采收成熟度？

8. 果蔬在采收过程中应注意哪些问题？

9. 果蔬采后商品化的主要内容有哪些？

10. 果蔬运输中应注意哪些事项？

11. 果蔬采后商品化在贮运中有何重要意义？

12. 测定环境气体成分时，为什么要先测定二氧化碳，后测定氧气？

项目二 主要果蔬贮藏技术

☞ **预期学习成果**

①能根据不同情况，提出果蔬贮藏库的初步设计方案；②能对当地主要果蔬产品贮藏库种类、贮藏方法、贮藏量、贮藏效益进行调查，并形成调查报告；③能阅读并编制各种果蔬贮藏技术方案；④能进行果蔬贮藏组织工作及现场技术指导；⑤能准确判断果蔬贮藏过程中常见的质量问题，并采取有效措施解决或预防；⑥会对果蔬产品贮藏保鲜效果进行质量鉴定。

☞ **职业岗位**

保鲜员。

☞ **典型工作任务**

(1) 清扫贮藏库，并对库房及库内设备、用具进行消毒。

(2) 对库内的蒸发器、送风管道、气体净化系统、氮气发生系统、库温调节系统和库内气体循环系统等设备进行检查。

(3) 对气调库进行气密性检查。

(4) 对入库贮藏的果品、蔬菜进行抽样检查、挑选整理。

(5) 检查并记录库内温度、相对湿度及气体指标的变化。

(6) 根据不同季节、不同品种、不同贮藏方法及其技术要求，控制、调节库内的温度、相对湿度。

(7) 检查库内果品、蔬菜的质量，发现问题及时处理。

 相关知识准备

主要果蔬贮藏
技术（相关知识）

一、果蔬简易贮藏

简易贮藏是果蔬产品传统的贮藏手段，主要包括堆藏、沟藏、窖藏、窑洞贮藏和通风库贮藏等基本形式。简易贮藏的特点在于利用气候的自然低温冷源对果蔬进行贮藏，虽受季节、地区、贮藏产品等因素的限制，但设施结构简单、操作方便、成本低，只要运用得当也能获得较好的贮藏效果，故在果蔬产地得到广泛使用，至今仍占有一席之地。

（一）沟藏

1. 特点与性能

沟藏又称埋藏，即在符合要求的地点，根据贮藏量的多少挖沟或坑，将果蔬产品堆放于沟坑中，然后再覆土、秸秆或塑料薄膜等，并随季节改变（外界温度的降低）增加

覆盖物厚度。沟藏的特点是利用土壤的保温性来维持贮藏环境中相对稳定的贮温,同时封闭式贮藏环境又具有一定的保湿和自发气调的作用,可获得较适宜的贮藏综合环境。其代表性果蔬有苹果、梨、萝卜、板栗等。

2. 形式与管理

用于沟藏的贮藏沟,应选择平坦干燥、地下水位较低的地方;沟深视当地冻土层而定,一般为 1.2～1.5m,应避免产品受冻;宽度一般为 1～1.5m;沟的方向要根据当地气候条件确定,在较寒冷地区以南北向为宜,以减少冬季寒风的直接袭击;在较温暖地区,多为东西向,以减少阳光的照射和增大外迎风面,从而加快贮藏初期的降温速度。沟藏主要利用分层覆盖、通风换气和风障、荫障设置等措施调节贮藏温度。随着外界气温的变化,逐步进行覆草或覆土、设立风障和阴障、堵塞通风设施,以防降温过低,产品受冻。

(二)窖藏

1. 特点与性能

窖藏与沟藏相比,既能利用土壤的隔热保温性和窖体的密闭性来保持其稳定的温度和较高的相对湿度,又可利用简单的通风设施调节和控制窖内温度和相对湿度,并能及时检查贮藏情况和随时将果蔬放入或取出,操作较方便。适于窖藏代表性果蔬有苹果、梨、葡萄、柑橘、大白菜、马铃薯等。

2. 形式与管理

窖藏的形式很多,主要有棚窖和井窖。

(1)棚窖:棚窖即在地面挖一长方形的窖身,以南北长为宜,并用木料、秸秆、泥土覆盖成棚顶的窖型。根据入土深浅可分为半地下式和地下式两种类型(图 2-1)。在温暖或地下水位较高的地方多用半地下式,一般入土深 1.0～1.5m,地上堆土墙高 1.0～1.5m。在寒冷地区多用地下式,宽度有 2.5～3.0m 和 4.0～6.0m 两种,长度不限,视贮量而定。

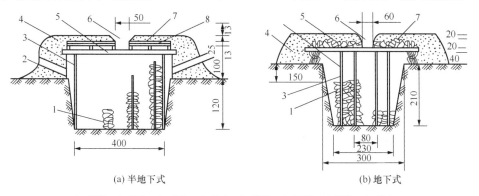

(a) 半地下式　　　　　　　(b) 地下式

1. 白菜;2. 气孔;3. 支柱;4. 覆土;5. 横梁;6. 天窗;7. 秫秸;8. 檩木。

图 2-1　棚窖结构示意图(单位:cm)

棚窖内的温度、相对湿度可通过通风换气来调节,故在窖顶开设若干个窖口(天窗),供果蔬产品出入和通风之用。对大型棚窖,还可在两端或一侧开设窖门,以便蔬下窖,并加强贮藏初期的通风降温作用。

（2）井窖：井窖是一种深入地下的封闭式土窖，窖身全部在地下，而窖口在地上，窖身可以是一个，也可以是几个连在一起。通常在地下挖直径 1m 的井筒，深 3～4m，底宽 2～3m。南充吊井窖是目前普遍采用的井窖形式。

井窖的特点主要是通过控制窖盖的开、闭进行适当通风，将窖内热空气和积累的二氧化碳排出，同时引新鲜空气进入。一般在窖藏期间应根据外界气候的变化而采用不同的方法管理。初期：应在夜间打开窖口和通风孔，加大通风换气量，以尽量利用外界冷空气，快速降低窖内及产品温度。中期：应注意保温防冻，适当通风。后期：应严格管理窖口和通风孔，以保持窖内低温环境，同时及时检查，剔除腐烂变质产品。

（三）窑洞贮藏

1. 特点与性能

窑洞贮藏主要利用比较深厚的土层来稳定窑内的温度，且土层越厚，窑内温度变化就越小。与其他简易贮藏相比，具有较好的保温性能，其贮藏效果接近于现代的机械冷藏和气调贮藏，且结构简单，造价低。北方苹果土窑洞在年平均温度为 10℃ 左右的地区，窑洞年平均温度低于 5℃，入贮初期的最高月平均温度不超过 8℃，其效果堪称"苹果的天然低温通风贮藏库"。目前，在太行山以西、秦岭以北，东起洛阳、西至兰州的西北黄土高原地区，仍普遍应用。其代表性果蔬有苹果、梨、马铃薯等。

2. 形式与管理

一般土窑洞多建在丘陵山坡处，要求土质坚实，可作为永久性的贮藏场所。目前，生产上推广使用的窑洞主要有大平窑和母子窑两种。大平窑主要由窑门、窑身和通气孔三部分构成（图 2-2）；而母子窑又称侧窑，是从大平窑发展而来的，主要由母窑窑门、母窑窑身、子窑窑门、子窑窑身和母窑通气孔五部分构成。

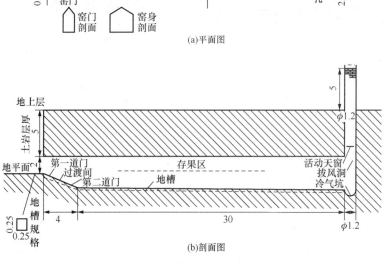

图 2-2 大平窑结构示意图（单位：m）

　　窑洞从建造方式上可分为掏挖式和开挖式两种。建造掏挖式土窑洞的前提是窑顶土层深厚，至少在 5m 以上，有时达几十米；开挖式土窑洞则通过开挖取土，砖砌建窑，深入地下，窑顶覆土或覆以保温材料。

　　窑洞管理以温度管理为主。在入窑初期，即秋季果实入窑至窑温降至 0℃ 左右，因入窑果蔬的田间热较高，且呼吸强度大，时常出现窑温回升现象，故应尽可能利用外界冷空气，对土窑洞进行通风降温。在中期，即冬季窑温降至 0℃ 到翌年窑温回升至 4℃，此时应在保证果蔬不受冷害和冻害的前提下，采取通风降温措施，以降低窑洞四周土层的相对湿度；加厚低温土层，尽可能将自然冷量蓄存在窑洞四周的土层中，即窑洞管理上所谓的"冬冷春用"技术。在进入窑藏后期，即翌春窑温上升至 4℃ 以上到窑藏产品全部出库为止，由于翌春外界气温逐渐上升，故应尽量减少外界高温对窑温的不利影响，减慢窑温和窑壁土温的回升速度，使窑温保持在相对较低的范围内。

　　简易贮藏虽然投资少，管理费用低，但受自然环境影响大，不易控制，若处理不当，往往造成大量损耗。所以，在生产上利用简易贮藏时还应注意以下几点：①根据当地的地形、气候条件及所贮藏果蔬的种类，确定能否采用简易贮藏保鲜，并选择适宜的方式；②贮藏初期的重点是通风降温管理，而入冬后要控制通风量。例如，沟藏采用分次分层覆盖的措施，而窖藏、窑洞贮藏则可采用减小通风面积和通风量的措施；③贮藏的果蔬一般应选择优质晚熟耐藏品种，贮藏期间应精细管理，巧用自然冷源；④为避免由于外界气温回升而对简易贮藏场所中温度和果蔬品质的影响，在果蔬贮藏期间应经常检查货品并适时出库。

二、果蔬机械冷藏

　　机械冷藏是目前国内外应用最广的一种新鲜果蔬的贮藏方式。机械冷藏是利用制冷剂的相变特性，通过制冷机械的循环运动使制冷剂产生冷量并将其导入有良好隔热效能的库房中，根据不同贮藏商品的要求，将库房内的温度、相对湿度条件控制在合理的水平，并适当加以通风换气的一种贮藏方式。

　　机械冷藏采用坚固耐用的贮藏冷库，且库房设置有隔热层和防潮层以满足人工控制温度和相对湿度等贮藏条件的要求，适用果蔬产品和地域广大，库房可周年使用且贮藏效果好。机械冷库根据制冷要求不同可分为高温库（0℃ 左右）和低温库（低于 -18℃）两类，用于贮藏新鲜果蔬产品的冷藏库为前者。

　　（一）机械冷库的设计与构建

　　机械冷库建好后应具有良好的隔热性、防潮性和牢固性。其设计与构建主要由库房结构和机械制冷系统及辅助性建筑等组成。有些大型冷库可分出控制系统、电源动力和仪表系统。小型冷库和一些现代化的新型冷库（如挂机自动冷库）无辅助性建筑。

　　机械冷库围护结构是冷库的主体结构之一，以提供一个结构牢固、温湿度稳定的贮藏空间。围护结构主要由支撑系统、隔热保温系统和防潮系统构成。

　　1. 支撑系统

　　支撑系统是冷库的骨架，是保温系统和防潮系统赖以敷设的主体。目前，围护支撑系统主要有三种基本形式，即土建式、装配式及土建装配复合式。土建式冷库的围护结构采用夹层保温形式（早期的冷库多是这种形式）。装配式冷库的围护结构是由各种复合保温板现场装配而成，可拆卸后异地重装，又称活动式冷库。土建装配复合式冷库的围护结构中，承重和支撑结构为土建形式，而保温结构则是各种保温材料内装配形式，如常用的保温材料有聚苯乙烯泡沫板多层复合贴敷或聚氨酯现场喷涂发泡。目前，现代冷库结构正向着组装式发展，其库体由金属构架和预制成（包括防潮层和隔热层）的彩镀夹心板拼装而成，虽然施工方便、快速，但造价较高。

2. 隔热保温系统

冷库的隔热性要求比通风库更高，库体的六个面都要隔热，以便在高温季节也能很好地保持库内的低温环境，尽可能降低能源的消耗。隔热层的厚度、材料选择、施工技术等对冷藏库的隔热性有重要影响。冷藏库隔热材料应选择隔热性能好（导热系数小）、造价低廉、无毒无异味、难燃或不燃、保持原形不变的隔热材料。各种隔热材料的隔热性能参照表 2-1。

表 2-1　一些材料的隔热性能

材料	导热系数 / [W/(m·℃)]	热阻 /[(m²·℃)/W]	材料	导热系数 / [W/(m·℃)]	热阻 /[(m²·℃)/W]
静止空气	0.025	40.0	加气混凝土	0.08～0.12	12.5～8.3
聚氨酯泡沫塑料	0.02	50.0	泡沫混凝土	0.14～0.16	7.1～6.2
聚苯乙烯泡沫塑料	0.035	28.5	普通混凝土	0.25	0.8
聚氯乙烯泡沫塑料	0.037	27.0	普通砖	0.68	1.47
膨胀珍珠岩	0.03～0.04	33.3～25.0	玻璃	0.68	1.47
软木板	0.05	20.0	干土	0.25	4.0
油毛毡、玻璃棉	0.05	20.0	湿土	3.25	0.31
纤维板	0.054	18.5	干沙	0.75	1.33
锯屑、稻壳、秸秆	0.061	16.4	湿沙	7.50	0.13
刨花	0.081	12.3	雪	0.4	2.5
炉渣、木料	0.18	5.6	冰	2.0	0.5

根据我国冷库设计规范（GB 50072—2010）的规定，冷库外围护结构的单位面积的热流量一般控制在 7～11W/m²，冷库冷间隔墙之间的热流量控制在 10～12W/m²。冷库外围护结构（墙体、屋面或顶棚）的热阻值根据设计采用的室内外两侧温度差，结合面积热流量而确定，如一般的果蔬冷藏库，设计采用的室内外温差为 40℃，单位面积热流量为 7W/m²，则冷库外围护结构的热阻值应达到 5.71(m²·℃)/W。一般来讲，选取确定的单位面积热流量越小，冷库外围护结构的热阻值越大，冷库的保温性越好，反之亦然。

结合冷库外围护结构及冷间隔墙隔热材料厚度的要求，依据确定的热阻值及隔热材料的导热系数进行计算，其计算公式为

$$d=\lambda R_0$$

式中，d——隔热材料厚度，m；

λ——隔热材料的导热系数，W/（m·℃）；

R_0——围护结构总热阻，（m^2·℃）/W。

在隔热材料的选择上，除考虑其导热系数小、吸湿性小之外，还应考虑造价。20世纪80年代以前，冷库常用的隔热材料有稻壳、软木、炉渣和膨胀珍珠岩等；80年代后，新型保温材料迅速发展，岩棉、玻璃棉、聚苯乙烯泡沫塑料和聚氨酯泡沫塑料等应用越来越广泛，施工方法也多种多样。目前冷库广泛使用的保温材料主要有聚苯乙烯泡沫塑料、挤塑聚苯乙烯泡沫塑料和聚氨酯泡沫塑料。

3. 防潮系统

冷库的防潮系统用来防止隔热层表面结露。空气中的水蒸气分压随气温升高而增大，由于冷库内外温度不同，水蒸气不断由高温侧向低温侧渗透，通过围护结构进入隔热材料的空隙，当温度达到或低于露点温度时，就会产生结露现象，导致隔热材料受潮，导热系数增大，隔热性能降低，同时也使隔热材料受到侵蚀或发生腐烂。因此防潮性能对冷藏库的隔热性能十分重要。

通常在隔热层的外侧或内外两侧敷设防潮层，形成一个闭合系统，以阻止水气的渗入。常用的防潮材料有塑料薄膜、金属箔片、沥青、油毡等。无论何种防潮材料，敷设时都要完全封闭，不能留有任何缝隙，尤其是在温度较高的一面。如果只在绝热层的一面敷设防潮层，就必须敷设在绝热层温度较高的一面。

目前，现代冷库的结构正向组装式发展，库体由金属构架和预制成包括防潮层和隔热层的彩镀夹心板拼装而成。这种冷库施工方便、快速，但造价较高。

（二）制冷系统及冷却方式

1. 制冷系统

制冷系统是机械冷库的核心部件，机械冷库主要依赖于制冷系统持续不断运行，排除冷库内各种来源的热能，从而使库温达到并保持适宜的低温。制冷系统（图 2-3）是由压缩机、冷凝器、蒸发器和调节阀等制冷设备组成的一个密闭循环系统，其工作原理是具有低沸点、高气化潜热的制冷剂，从蒸发器进入压缩机时为气态，经加压后成为高温高压气体，再经冷凝器与冷却介质进行热交换而液化，液化后的制冷剂通过节流阀的节流作用和压缩机的抽吸作用，使制冷剂在蒸发器中汽化吸热，并与蒸发器周围介质进行热交换而使介质冷却。制冷系统是冷藏库最重要的设备。

（1）蒸发器。蒸发器是由一系列蒸发排管构成的换热器，液态制冷剂由高压部分经调节阀进入低压部分的蒸发器时达到沸点而蒸发，吸收载冷剂所含的热量。蒸发器可

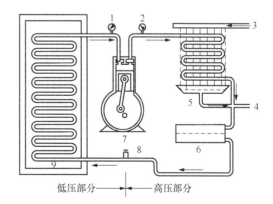

1. 回路压力；2. 开始压力；3. 冷凝水入口；
4. 冷凝水；5. 冷凝器；6. 贮液（制冷剂）器；
7. 压缩机；8. 调节阀（膨胀阀）；9. 蒸发（制冷）器。

图 2-3　制冷循环原理图（直接蒸发系统）

安装在冷库内，也可安装在专门的制冷间。

（2）压缩机。在整个制冷系统中，压缩机起着心脏的作用，是冷冻机的主体部分。目前常用的是活塞式压缩机，压缩机通过活塞运动吸进来自蒸发器的气态制冷剂，将制冷剂压缩成高压状态而进入冷凝器中。

（3）冷凝器。冷凝器有风冷和水冷两类，主要是通过冷却水或空气，带走来自压缩机的制冷剂蒸气的热量，使之重新液化。

（4）调节阀。又叫膨胀阀，它装在贮液器和蒸发器之间，用来调节进入蒸发器的制冷剂流量，同时起到降压作用。

2. 制冷剂

在制冷系统中，蒸发吸热的物质称为制冷剂，制冷系统的热传递任务是靠制冷剂来进行的。制冷剂要具备沸点低、冷凝点低、对金属无腐蚀作用、不易燃烧、不爆炸、无刺激性、无毒无味、易于检测、价格低廉等特点。

制冷系统中使用的制冷剂有很多种，归纳起来大体上可分 4 类，即无机化合物、甲烷和乙烷的卤素衍生物、碳氢化合物、混合制冷剂。目前在实际生产中常用的制冷剂主要有氨（R717）、氟利昂等。

氨是目前使用最为广泛的一种中压、中温制冷剂。氨的凝固温度为-77.7℃，标准蒸发温度为-33.3℃，在常温下冷凝压力一般为 1.1～1.3MPa。氨的单位标准体积制冷量大约为 520kW/m^3，蒸发压力和冷凝压力适中。氨有很好的吸水性，即使在低温下水也不会从氨液中析出而冻结，故系统内不会发生"冰塞"现象。氨对钢铁没有腐蚀作用，但氨液中含有水分后，对铜及铜合金有腐蚀作用，且使蒸发温度稍许提高。因此，氨制冷装置中不能使用铜及铜合金材料，并规定氨中含水量不应超过 0.2%。

氟利昂属于甲烷和乙烷的卤素衍生物，是小型制冷设备中较好的制冷剂，最早使用的氟利昂制冷剂有 R12（CF$_2$Cl$_2$）、R22（CHF$_2$Cl），但是其对臭氧层有破坏作用，目前已限制使用。许多国家在生产制冷设备时已采用了代用品，目前常用的主要有氟利昂 502（R502）、氟利昂 134a（R134a，四氟乙烷）等。R502 是由质量分数为 48.8% 的 R22 和 51.2% 的 R115 组成，属共沸制冷剂。R502 与 R115、R22 相比具有更好的热力学性能，更适用于低温。其标准蒸发温度为-45.6℃，正常工作压力与 R22 相近，用于全封闭、半封闭或某些中、小型制冷装置，其蒸发温度可低至-55℃，R502 在冷藏柜中使用较多。R134a 是一种新开发的制冷剂，在标准大气压下沸点为-26.25℃，凝固点为-101℃，临界温度为 101.05℃，临界压力为 4.06MPa。R134a 的热力学性质与 R12 非常接近，安全性好、无色、无味、不燃烧、不爆炸、基本无毒性、化学性质稳定，不会破坏空气中的臭氧层，是近年宣传的一种环保制冷剂，但会造成温室效应，是比较理想的 R12 替代品。生产中开发的不破坏大气臭氧层的环保新型制冷剂还有 R407C、R410A、R417A、R404A 等。

3. 冷库的冷却方式

冷库的冷却方式有直接冷却、间接冷却、鼓风冷却三种方式。现代新鲜果蔬产品贮藏库普遍采用鼓风冷却方式，即将蒸发器安装在空气冷却器内，借助鼓风机的吸力将库内的热空气抽吸进入空气冷却器而降温，冷却的空气由鼓风机直接或通过送风管道（沿冷库长边设置于天花板）输送至冷库的各部位，形成空气的对流循环。这种方式冷却速度快，库内各部位的温度较为均匀一致，并且通过在冷却器内增设加湿装置可调节空气相对湿度。这种冷却方式由于空气流速较快，如不注意对湿度的调节，会加重新鲜果蔬产品的水分损失，导致产品新鲜程度和质量下降。

（三）果蔬机械冷藏的技术管理

1. 库房清洁与消毒

果蔬贮藏环境中的病、虫、鼠害是引起果蔬产品贮藏损失的主要原因之一。果蔬贮藏前库房及用具均应认真彻底地清洁消毒，做好防虫、防鼠工作。用具（包括垫仓板、贮藏架、周转箱等）用漂白粉水认真清洗，并晾干后入库。用具和库房在使用前需进行消毒处理，常用的方法有硫磺熏蒸、福尔马林熏蒸、过氧乙酸熏蒸、0.3%~0.4%有效氯漂白粉或 0.5%高锰酸钾溶液喷洒等。以上处理对虫害有良好的抑制作用，对鼠类也有驱避作用。

2. 入贮与堆放

新鲜果蔬入库贮藏时，如已经预冷可在一次性入库后建立适宜贮藏条件贮藏。若未经预冷处理则应分次、分批进行，入贮量第一次应不超过该库总量的 1/5，以后每次以 1/10~1/8 为好。果蔬入贮时堆放的科学性对贮藏有明显影响。堆放的总要求是"三离一隙"，"三离"指的是离墙、离地坪、离天花板。离墙指一般产品堆放距墙 20~30cm。离地坪指的是产品不能直接堆放在地面上，用垫仓板架空可以使空气在垛下形成循环，保持库房各部位温度均匀一致。离天花板指应控制堆的高度不要离天花板太近。一般原则是离天花板 50~80cm，或者低于冷风管道送风口 30~40cm。"一隙"是指垛与垛之间及垛内要留有一定的空隙，以保证冷空气进入垛间和垛内，排除热量。留空隙的多少与垛的大小、堆码的方式密切相关。"三离一隙"的目的是使库房内的空气循环畅通，避免存在死角，及时排除田间热和呼吸热，保证各部分温度稳定均匀。商品堆放时要防止倒塌情况的发生（底部容器不能承受上部重力），可在搭架或堆码到一定高度时（如 1.5m）用垫仓板衬一层再堆放的方式解决。

新鲜果蔬堆放时，要做到分等、分级、分批次存放，尽可能避免混贮情况的发生。不同种类的产品其贮藏条件是有差异的，即使同一种类，品种、等级、成熟度不同，栽培技术措施不一样等也可能对贮藏条件选择和管理产生影响。混贮对于产品是不利的，尤其对于需长期贮藏，或相互间有明显影响的如串味、对乙烯敏感的产品等，更是如此。

3. 温度的控制

温度是决定新鲜果蔬贮藏成败的关键。冷库温度管理要把握"适宜、稳定、均匀及产品进出库时合理升降温"的原则。各种不同果蔬冷藏的适宜温度是有区别的，即使同一种类，品种不同也存在差异，甚至成熟度不同也会产生影响（表 2-2）。例如，苹果和梨，前者贮藏温度稍低些，苹果中晚熟品种如国光、红富士、秦冠等应采用 0℃，而早熟品种则应采用 3~4℃。选择和设定的温度太高，贮藏效果不理想；太低，则易引起冷害，甚至冻害。

为了达到理想的贮藏效果和避免田间热的不利影响，绝大多数新鲜果蔬在贮藏初期降温速度越快越好。对于有些果蔬，由于某种原因应采取不同的降温方法，如中国梨中的鸭梨应采取逐步降温方法，避免贮藏中冷害的发生。另外，在选择和设定贮藏温度时，适藏环境中水分过饱和会导致结露现象，这一方面增加了相对湿度管理的困难，另一方面液态水的出现有利于微生物的活动繁殖，致使病害发生，腐烂率增加。因此，贮藏过程中温度的波动应尽可能小，最好控制在±0.5℃以内，尤其是相对湿度较高时（0℃空气的相对湿度为95%时，温度下降至-1.0℃就会出现凝结水）。

表 2-2　主要果蔬机械冷藏的适宜条件（参考值）

果蔬种类	温度/℃	相对湿度/%	果蔬种类	温度/℃	相对湿度/%
苹果	-1.0～4.0	90～95	猕猴桃	-0.5～0	90～95
杏	-0.5～0	90～95	柠檬	11.0～15.5	85～90
鸭梨	0	85～90	枇杷	0	90
香蕉（青）	13.0～14.0	90～95	荔枝	1.5	90～95
香蕉（黄）	13.0～14.0	85	芒果	13.0	85～90
草莓	0	90～95	油桃	-0.5～0	90～5
酸樱桃	0	90～95	甜橙	3～9	85～90
甜樱桃	-1.0～-0.5	90～95	桃	-0.5～0	90～95
无花果	-0.5～0	85～90	中国梨	0～3	90～95
葡萄柚	10.0～15.5	85～90	西洋梨	-1.5～-0.5	90～95
葡萄	-1.0～-0.5	90～95	柿	-1.0	90
菠萝	7.0～13.0	85～90	菠菜	0	95～100
宽皮橘	4.0	90～95	绿熟番茄	10.0～12.0	85～95
西瓜	10.0～15.0	90	硬熟番茄	3.0～8.0	80～90
黄瓜	10.0～13.0	95	石刁柏	0	95～100
茄子	8.0～12.0	90～95	青花菜	0	95～100
大蒜头	0	65～70	大白菜	0	95～100
生姜	13	65	胡萝卜	0	98～100
生菜（叶）	0	98～100	花菜	0	95～98
蘑菇	0	95	芹菜	0	98～100
洋葱	0	65～70	甜玉米	0	95～98
青椒	7.0～13.0	90～95	花椰菜	0	90～95

　　此外，库房所有部分的温度要均匀一致，这对于长期贮藏的新鲜果蔬产品来说尤为重要。因为微小的温度差异，长期积累也会对产品造成影响。

　　最后，当冷藏库的温度与外界气温有较大（通常超过5℃）的温差时，冷藏的新鲜果蔬在出库前需经过升温过程，以防止"出汗"现象的发生。升温最好在专用升温间或在冷藏库房穿堂中进行。升温的速度不宜太快，维持气温比品温高3～4℃即可。出库前需催熟的产品可结合催熟进行升温处理。综上所述，冷藏库温度管理的要点是适宜、稳定、均匀及合理的贮藏初期降温和商品出库时升温的速度。对冷藏库房内温度的监测和控制可人工或采用自动控制系统进行。

4. 相对湿度的控制

对于绝大多数新鲜果蔬来说，相对湿度应控制在 80%～95%，较高的相对湿度对于控制新鲜果蔬的水分散失十分重要。水分损失除直接减轻了质量以外，还会使果蔬新鲜度和外观质量下降（出现萎蔫等症状），食用价值降低（营养含量减少及纤维化等），促进成熟衰老和病害的发生。与温度控制相似，相对湿度也要保持稳定。要保持相对湿度的稳定，维持温度恒定是关键。建造库房时，增设能提高或降低库房内相对湿度的湿度调节装置是维持相对湿度符合规定要求的有效手段。人为调节库房相对湿度的措施：当相对湿度低时需对库房增湿，如地坪洒水、空气喷雾等；对果蔬进行包装，创造高相对湿度的小环境，如用塑料薄膜单果套袋或以塑料袋作内衬等是常用的手段。库房中空气循环及库内外的空气交换可能会造成相对湿度的改变，管理时对这些方面应引起足够的重视。蒸发器除霜时不仅影响库内的温度，还常引起相对湿度的变化。当相对湿度过高时，可用生石灰、草木灰等吸潮，也可以通过加强通风换气来达到降湿的目的。

5. 通风换气

通风换气是机械冷库管理中的一个重要环节。新鲜果蔬由于是有生命的活体，贮藏过程中仍在进行各种活动，需要消耗氧气，产生二氧化碳等气体。另外，有些气体对于新鲜果蔬贮藏是有害的，如果蔬正常生命过程中形成的乙烯、无氧呼吸的乙醇、苹果中释放的 α-法尼烯等，因此需将这些气体从贮藏环境中除去，其中简单易行的方法是通风换气。通风换气的频率视果蔬产品种类和入贮时间的延长而有差异。对于新陈代谢旺盛的对象，通风换气的次数可多些。产品入贮时，可适当缩短通风间隔的时间，如 10～15d 换气一次。一般当建立起符合要求、稳定的贮藏条件后，通风换气一个月一次即可。通风时要求做到充分彻底。确定通风换气时间时，要考虑外界环境的温度，理想的情况是在外界温度和贮温一致时进行，防止库房内外温度不同带入热量或过冷对果蔬带来不利影响。生产上常在每天温度相对最低的晚上到凌晨这一段时间进行通风换气。

6. 日常检查

新鲜果蔬在机械冷藏过程中，不仅要注意对贮藏条件（温度、相对湿度）及相关制冷和通风系统进行检查、核对和控制，还要根据实际需要记录、绘图和调整等。同时，要对入贮果蔬的外观、颜色、硬度、品质风味进行定期检查，以了解果蔬的质量状况和变化。若发现问题，应及时采取相应的解决措施。对于不耐贮的新鲜果蔬，每间隔 3～5d 检查一次，耐贮性好的可 15d 甚至更长时间检查一次。

三、果蔬气调贮藏

对气调贮藏技术的研究，源于 19 世纪的法国。到 1916 年，英国人在前人成果的基础上，于 1928 年将气调贮藏应用于商业，20 世纪 50 年代初得到迅速发展，70 年代后得到普遍应用。在许多发达国家，气调贮藏在苹果、猕猴桃等果品的长期贮藏中得到了广泛应用，且气调贮藏的量达到了很高比例（＞50%）。我国的气调贮藏开始于 20 世纪

70 年代，经过 20 多年的不断研究探索，气调贮藏技术得到迅速发展，现已具备了自行设计、建设各种规格气调库的能力。近年来，全国各地兴建了一大批规模不等的气调库，气调贮藏的新鲜果蔬的量不断增加。

（一）气调贮藏的概念与原理

气调贮藏是在冷藏的基础上，将果蔬放在特殊的密封库房内，同时改变贮藏环境气体成分的一种贮藏方法。在一定的范围内，降低果蔬贮藏环境中氧的浓度，提高二氧化碳的浓度，可以大幅度降低果蔬的呼吸强度和底物的氧化作用，减少乙烯的生成量，降低不溶性果胶物质的分解速度，延缓后熟衰老进程和叶绿素的分解速度，提高抗坏血酸保存率，明显抑制果蔬和微生物的代谢活动，延长果蔬的贮藏寿命。

当然气调贮藏也必须考虑温度、相对湿度等因素，仅靠调节气体组成难以达到预期贮藏效果，特别是温度对延缓呼吸作用、减少物质消耗、延长贮藏及保鲜期的决定性作用，是其他手段不可替代的。因此对气调贮藏来说，控制和调节最适宜的贮藏温度是气调贮藏的先决条件。气体成分的控制只能是对冷藏的有利补充，而不能取代冷藏。此外，气体成分一旦控制不当，易使产品受到高浓度二氧化碳或低浓度氧的伤害，导致生理失调、成熟异常，产生异味、加重腐烂。

（二）气调贮藏的形式

气调贮藏（gas storage）自进入商业应用以来，大致可分为两大类，即自发气调（modified atmosphere storage，MA）和人工气调（controlled atmosphere storage，CA）。

1. 自发气调

自发气调又称限气气调，是指利用果蔬呼吸自然消耗氧气和自然积累二氧化碳的一种贮藏方式。自发气调贮藏方法比较简单，但达到设定的氧和二氧化碳浓度水平所需时间较长，要维持要求的氧和二氧化碳比例较困难，故贮藏效果不如人工气调贮藏。目前自发气调贮藏在国内最成功的范例应当是大蒜的塑料袋密封气调贮藏和苹果的硅胶窗气调贮藏。自发气调贮藏的主要方式有塑料薄膜小袋气调贮藏、塑料大帐气调贮藏、硅胶窗袋气调贮藏等。

1）塑料薄膜小袋气调贮藏

将产品装在塑料薄膜袋内（一般为厚 0.02～0.08mm 的聚乙烯薄膜），扎紧袋口或热合密封后放于库房中贮藏的一种简易气调贮藏方法。袋的规格、容量不一，大的有 20～30kg，小的一般一袋不足 10kg，但苹果、梨、柑橘类等水果在贮藏时大多为单果包装。在贮藏中，经常出现袋内氧浓度过低而二氧化碳浓度过高的情况，故应定期放风，即每隔一段时间将袋口打开，换入新鲜空气后再密封贮藏。

2）塑料大帐气调贮藏

将贮藏产品用透气的包装容器盛装，码成垛，垛底先铺一层薄膜，在薄膜上摆放垫木，使盛装产品的容器架空。码好的垛用塑料薄膜帐罩住，帐和垫底的薄膜的四边互相重叠卷起并埋入垛四周的土沟中，或用其他重物压紧，使帐密封（图 2-4）。塑料大帐一般为长方体，在帐的两端分别设置进气袖口和排气袖口，供调节气体之用。在帐的进气袖口和排气袖口的中部设置取气口，供取气样分析之用。大帐多选用 0.07～0.2mm 的聚乙烯或无毒的聚氯乙烯薄膜制成，可置于普通冷库中，也可在常温库或阴棚内。

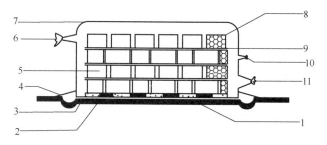

1. 垫砖；2. 石灰；3. 帐底；4. 卷边；5. 贮藏箱；
6. 进气袖口；7. 帐顶；8. 贮藏产品；9. 木杆；10. 取气口；11. 排气袖口。

图 2-4 塑料大帐气调贮藏示意图

3）硅胶窗袋气调贮藏

硅胶窗袋气调贮藏是将果蔬产品贮藏在镶有硅胶窗的聚乙烯薄膜袋内，利用硅胶膜特有的透气性自动调节气体成分的一种简易的自发气调贮藏方法。

利用硅胶膜特有的性能，在较厚的塑料薄膜（如 0.23mm 聚乙烯膜）做成的袋或帐上镶嵌一定面积的硅胶膜，袋内的果蔬产品进行呼吸作用释放的二氧化碳可通过硅胶窗排出袋外，而消耗的氧则可由大气通过硅胶窗进入而得以补充。因硅胶膜具有较大的氧和二氧化碳的透气比，而且袋内二氧化碳的透出量与袋内的浓度成正比。因此，从理论上讲，贮藏一段时间后，一定面积的硅胶窗，能调节和维持袋内的氧和二氧化碳含量在一定的范围（图 2-5）。

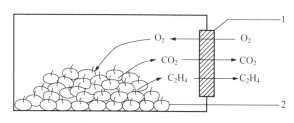

1. 硅胶窗；2. 贮藏产品。

图 2-5 硅胶窗袋气调贮藏示意图

不同产品贮藏气体组成不同，各自适宜的硅胶窗面积也不同。硅胶窗的面积决定于产品的种类、成熟度、单位容积的贮藏量、贮藏温度和贮藏质量等。关于硅胶窗面积的大小，根据产品的质量和呼吸强度，可参考以下公式：

$$S = 1013.25 \times \frac{m \cdot RI_{CO_2}}{P_{CO_2} \cdot Y}$$

式中，S——硅胶窗面积，cm^2；

m——贮藏产品质量，kg；

RI_{CO_2}——贮藏产品呼吸强度，$L/kg \cdot d$；

P_{CO_2}——硅膜渗透 CO_2 的速度，$L/(cm^2 \cdot d \cdot atm)$；

Y——设定的 CO_2 的浓度，%。

总之，应用硅胶窗袋气调贮藏，需要从贮藏温度、产品质量、膜的性质与厚度和硅胶窗面积等多方面综合考虑，才能获得理想的效果。

2. 人工气调

人工气调贮藏是指根据产品的需要和人为要求调节贮藏环境中各气体成分的浓度并保持稳定的一种气调贮藏方法。人工气调贮藏由于氧和二氧化碳的比例得到严格控制而可与贮藏温度密切配合，故其比自发气调贮藏先进，贮藏效果好，是当前发达国家采用的主要气调贮藏方式，也是我国今后发展气调贮藏的主要目标。

人工气调贮藏主要是通过气调贮藏库来实现调节气体成分的。气调贮藏库的库房结构与冷藏库基本相同，但在气密性和维护结构强度方面要求更高，并且要易于取样和观察，能脱除有害气体和自动控制气体成分的浓度。

1）气调贮藏库的基本结构

（1）围护结构。围护结构主要由墙壁、地坪、天花板组成。要求具有良好的气密性、抗温变、抗压和防震功能。其中墙壁应具有良好的保温隔湿性能和气密性。地坪除具有保温隔湿和气密功能外，还应具有较大的承载能力，它由气密层、防水层、隔热层、钢层等组成。天花板的结构与地坪相似。气调贮藏库的围护结构必须具有良好的热惰性。为使墙体保持良好的整体性和克服温变效应，在施工时应采用特殊的新墙体与地坪和天花板联成一体，以避免"冷桥"的产生。常用的气密介质有钢板、铝合金板、铝箔沥青纤维板、胶合板、玻璃纤维、增强塑料等。

（2）气调系统。气调系统主要包括制氮机、二氧化碳脱除系统、乙烯脱除系统等。

制氮机（也叫降氧机、保鲜机）通过制氮可快速降低氧浓度，2～4d 即可将库内氧气降至预定指标，然后在水果耗氧和人工补氧之间，建立起一个相对稳定的平衡系统，以达到控制库内氧含量的目的。新一代制氮设备——膜分离制氮机，可将洁净的压缩空气通过膜纤维组件将氧气和氮气分开。这种制氮机所产氮气比催化燃烧式更纯净，其机械结构比碳分子筛制氮机更加简单，也更易于自动控制和操作，但目前在价格上仍稍高于碳分子筛制氮机。

二氧化碳脱除系统主要用于控制气调贮藏库中二氧化碳的含量。通常的二氧化碳脱除装置大体上有 4 种形式，即消石灰脱除装置、水清除装置、活性炭清除装置、硅橡胶膜清除装置。活性炭清除装置利用活性炭较强的吸附力，对二氧化碳进行吸附，待吸附饱和后鼓入新鲜空气，使活性炭脱吸附，恢复吸附性能，是当前气调贮藏库脱除二氧化碳普遍采用的装置。二氧化碳脱除系统应根据贮藏果蔬的呼吸强度、气调贮藏库内气体自由空间体积、气调贮藏库的贮藏量、库内要求达到的二氧化碳气体的浓度确定脱除系统的工作能力。

乙烯脱除系统目前普遍采用且相对有效的方法为化学除乙烯法和空气氧化去除法。化学除乙烯法是在清洗装置中充填乙烯吸收剂，即将饱和高锰酸钾溶液吸附在碎砖块、蛭石或沸石分子筛等多孔材料上，使乙烯与高锰酸钾接触，因氧化而被清除。该方法简单，费用极低，但除乙烯效率低，且高锰酸钾为强氧化剂，会灼伤皮肤。目前，空气氧化去除法是利用乙烯在催化剂和高温条件下与氧气反应生成二氧化碳和水的原理去除乙烯的，与化学除乙烯法相比投资费用高，但除乙烯效率高，可除去库内气体中所含乙烯量的99%，可将贮藏间内乙烯浓度控制在1～5μL/L，在去除乙烯的同时，可对库内气体进行高温杀菌消毒，因而得到广泛应用。

（3）调压设备。气调贮藏库内常常会发生气压的变化，正压、负压都有可能。如脱除二氧化碳时，库内就会出现负压。为保障气调贮藏库的安全运行，保持库内压力的相对平衡，须设置压力平衡装置。常见的压力平衡装置有缓冲气囊和压力平衡器，前者是一个具有伸缩功能的塑胶袋，库内压力通过此囊的膨胀或收缩进行调节。压力平衡器是采用水封栓装置来调压的，当库内外压差较大时（如大于±10mmH2O），压力平衡器的水封即可自动鼓泡泄气，以保持库内外的压差在允许范围之内，使气调库得以安全运转。

（4）自动检测控制系统。气调贮藏库内检测控制系统的主要作用是对气调贮藏库内的温度、相对湿度、氧和二氧化碳浓度进行实时监测和显示，以确定是否符合气调技术指标要求，并进行自动（人工）调节，使之处于最佳气调参数状态。在自动化程度较高的现代气调贮藏库中，一般采用自动检测控制设备，它由传感器、控制器、计算机及取样管、阀门等组成。整个系统由一台中央控制计算机实现远距离实时监控，既可以获取各个分库内的氧和二氧化碳浓度、温度、相对湿度数据，显示运行曲线，自动打印记录和启动或关闭各系统，又能根据库内物料情况随时改变控制参数，使技术人员可以方便直观地获取各方面的信息。

（5）加湿系统。与普通果蔬冷库相比，由于气调贮藏库果蔬的贮藏期长，果蔬水分蒸发较多，为抑制果蔬水分蒸发，降低贮藏环境与贮藏果蔬之间的水蒸气分压差，要求气调贮藏库环境中应具有最佳的相对湿度，这对于减少果蔬的干耗和保持果蔬的鲜脆有着重要意义。一般库内相对湿度最好能保持在90%～95%。常用的气调贮藏库加湿方法有地面充水加湿、冷风机底盘注水、喷雾加湿、离心雾化加湿、超声雾化加湿。

（6）气密性标准与检验。气调贮藏库建成后或在重新使用前都要进行气密性检查，检查结果如不符合要求，要查明原因，进行修补，直到气密性达标后方可使用。GB 50274—2010规定：气调贮藏库在库体安装后，应进行库体气密性实验。实验应符合下列要求：启动鼓风机，当库内压力达到100Pa后停机，并开始计时，当实验到10min时库内压力应大于50Pa，即半降压时间为10min。在检验和补漏时，应尽量保持库房处于静止状态（包括相邻的库房）；维持库房内外温度的稳定；注意围护结构、门窗接缝处等重点部位，发现渗漏部位应及时做好记号，同时要保持库房内外的联系，以保证人身安全和工作的顺利进行。找到泄漏部位后，通常对现场喷涂密封材料进行补漏。

2）气调贮藏库的管理

气调贮藏库的管理在许多方面与机械冷库相似，包括库房的消毒，商品入库后的堆码方式，温度、相对湿度的调节和控制等，但也存在一些不同。

（1）新鲜果蔬原始质量。用于气调贮藏的新鲜果蔬的原始质量要好。没有贮前优质的原始质量为基础，就不可能获得果蔬气调贮藏的效果。贮藏用的果蔬最好在专用基地生产，且加强采前管理。另外，要严格把握采收的成熟度，并注意采后商品化处理措施的综合应用，以利于气调效果的充分发挥。

（2）产品入库和出库。新鲜果蔬入库时要尽可能做到按种类、品种、成熟度、产地、贮藏时间要求等分库贮藏，不要混贮，以避免相互间的影响，确保提供最适宜的气调贮藏条件。气调条件解除后，应在尽可能短的时间内一次出库。

（3）温度、相对湿度管理。新鲜果蔬采收后应立即预冷，排除田间热后再入库贮藏。经过预冷可使果蔬一次入库，缩短装库时间及尽早达到气调条件。另外，在封库后应避免因温差太大导致内部压力急剧下降，从而增大库房内外压力差而造成对库体的伤害。贮藏期间的温度管理与机械冷藏相同。通常气调贮藏库的温度比冷藏库的温度高约1℃。

气调贮藏过程中由于能保持库房处于密闭状态，且一般不进行通风换气，故能使库内维持较高的相对湿度，有利于产品新鲜状态的保持。气调贮藏对库房的相对湿度的要求一般比冷藏库的要高，要求在90%～93%。气调贮藏期间可能会出现短时间的高湿情况，一旦发生这种现象即需除湿（如氧化钙吸收等）。

（4）空气洗涤。在气调贮藏条件下，果蔬易挥发出有害气体和异味物质且逐渐积累，甚至达到有害的水平，而这些物质又不能通过周期性的库房内外通风换气被排除，故需增加空气洗涤设备（如乙烯脱除装置、二氧化碳洗涤器等），使其定期工作来保证空气的清新。

（5）气体调节。气调贮藏的核心是对气体成分的调节。根据新鲜果蔬的生物学特性、温度与湿度的要求决定气调的气体组分，通过调节使气体指标在尽可能短的时间内达到规定的要求，并且整个贮藏过程中维持在合理的范围内。气调贮藏采取的调节气体组分的方法有调气法和气流法两类。在气调库房运行时，要定期对气体组分进行监测。不管采用何种调气方法，气调条件都要尽可能与设定的要求一致，气体浓度的波动最好能控制在0.3%以内。

（6）安全性。由于新鲜果蔬对氧气、二氧化碳等的耐受力是有限度的，产品长时间贮藏在超过规定限度的低氧浓度、高二氧化碳浓度等气体条件下会受到伤害，导致损失。因此，气调贮藏时要注意对气体成分的调节和控制，并做好记录，以防止意外情况的发生，以及有助于意外发生后原因的查明和责任的确认。另外，气调贮藏期间应坚持定期通过观察窗和取样孔对产品质量进行检查。

除了果蔬产品安全性之外，工作人员的安全性也不可忽视。气调库房中的氧浓度一般低于10%，这样的氧浓度会危及人的生命安全，且危险性随氧浓度降低而增大。所以，气调贮藏库在运行期间门应上锁，工作人员不得在无安全保证的情况下进入气调贮藏库。解除气调条件后应进行充分彻底的通风，然后工作人员才能进入库房操作。

表2-3列举了常见果蔬的气调贮藏指标，以供参考。

表2-3　果蔬的气调贮藏条件

果蔬种类	温度/℃	氧浓度/%	二氧化碳浓度/%	潜在效益	商业应用
苹果	0.5	2～3	1～2	极好	40%应用
杏	0.5	2～3	2～3	尚好	无
甜樱桃	0.5	3～10	10～12	好	应用

续表

果蔬种类	温度/℃	氧浓度/%	二氧化碳浓度/%	潜在效益	商业应用
无花果	0.5	5	15	好	应用
葡萄	0.5	2~4	3~5	略微	结合 SO_2 杀菌
猕猴桃	0.5	2	5	极好	应用
桃	0.5	1~2	5	好	应用
梨	0.5	1~2	5	好	应用
草莓	0.5	10	15~20	极好	应用
油梨	5~13	2~5	3~10	好	应用
香蕉	13~14	2~5	2~5	极好	应用
葡萄柚	10~15	3~10	5~10	尚好	无
柠檬	10~15	5	0~5	好	应用
橙类	5~10	10	5	尚好	无
芒果	10~15	5	5	尚好	无
菠萝	10~15	5	5	尚好	无
绿熟番茄	12~20	3~5	0	好	应用
红熟番茄	8~12	3~5	0	好	应用
石刁柏	0~5	空气	5~10	好	微
豆类	5~10	2~3	5~10	尚好	有潜力
花椰菜	0~5	2~5	2~5	尚好	无
蘑菇	0~5	空气	10~15	好	微
甜玉米	0~5	2~4	10~20	好	微
洋葱	0~5	1~2	10~20	尚好	无
卷心菜	0~5	3~5	5~7	好	应用
韭葱	0~5	1~2	3~5	好	无
芹菜	0~5	2~4	0	尚好	微
结球莴苣	0~5	2~5	0	好	应用

工作任务一　北方水果贮藏技术

一、苹果贮藏技术

（一）贮藏特性

苹果是比较耐贮藏的果品，但因品种不同，贮藏特性差异较大。其中晚熟品种生长期长，多于 9 月下旬到 10 月采收，干物质积累丰富，质地致密，保护组织发育良好，呼吸代谢低，故其耐贮性和抗病性都较强，在适宜的低温条件下，贮藏期至少可以达 8 个月，并保持良好的品质。

主要果蔬贮藏技术（工作任务）

苹果属于典型的呼吸跃变型果实，成熟时乙烯生成量很大，导致贮藏环境中有较多的乙烯积累。一般采用通风换气或者脱除技术降低贮藏环境中的乙烯。在贮藏过程中，通过降温和调节气体成分，可推迟呼吸跃变的发生，延长贮藏期。另外，采收成熟度对苹果贮藏的影响很大，对需要长期贮藏的苹果，应在呼吸跃变之前采收。

（二）贮藏条件

大多数苹果品种的适宜贮藏温度为-1～0℃。对低温比较敏感的品种如红玉、旭等在 0℃贮藏易发生生理失调现象，故贮藏温度可提高 2～4℃。在低温下应采用高湿度贮藏，库内相对湿度保持在 90%～95%。如果是在常温库贮藏或者采用自发气调贮藏方式，库内相对湿度可稍低些，保持在 85%～95%即可，以减少腐烂损失。对于大多数苹果品种而言，2%～5%氧和 3%～5%二氧化碳浓度是比较适宜的贮藏环境气体组合，个别对二氧化碳敏感的品种，如红富士，应将二氧化碳浓度控制在 3%以下。而人工气调贮藏时，应将乙烯浓度控制在 10μL/L 以下。

（三）采收及采后处理

苹果采收成熟度对贮藏影响很大，富士系要求采收时果实硬度≥7.0kg/cm^2，可溶性固形物含量≥13%；嘎啦系果实硬度≥6.5kg/cm^2，可溶性固形物含量≥12%；元帅系果实硬度≥6.8kg/cm^2，可溶性固形物含量≥11.5%；澳洲青苹果实硬度≥7.0kg/cm^2，可溶性固形物含量≥12%；国光果实硬度≥7.0kg/cm^2，可溶性固形物含量≥13%。

苹果采后处理主要包括分级、包装和预冷。苹果要严格按照产品质量标准进行分级，出口苹果必须按照国际标准或者协议标准分级。包装采用定量大小的木箱、塑料箱和瓦楞纸箱包装，每箱装 10kg 左右。机械化程度高的贮藏库，可用容量大约 300kg 的大木箱包装，出库时再用纸箱分装。预冷处理是提高苹果贮藏效果的重要措施，国外果品冷库都配有专用预冷间，而国内则不然，一般将分级包装的苹果放入冷藏间，采用强制通风冷却，迅速将果温降至接近贮藏温度后再堆码贮藏。

（四）主要贮藏方式及管理

1. 沟藏

选择地势平坦的地方挖沟，深 1.3～1.7m，宽 2m，长度随贮藏量而定。当沟壁已冻结 3.3cm 时，即把经过预冷的苹果入沟贮藏。先在沟底铺约 33cm 厚的麦草，放下果筐，四周填约 21cm 厚麦草，筐上盖草。到 12 月中旬沟内温度达-2℃时，再覆 6～7cm 厚的土，以盖住草根为限。要求在整个贮藏期不能渗入雨、雪水，沟内温度保持在-4～-2℃。至 3 月下旬沟温升至 2℃以上时，即不能继续贮藏。

2. 窑窖贮藏

苹果在北方常采用窑窖（土窑洞）贮藏。一般采收后的苹果先经过预冷，待果温和窖温下降到 0℃左右再入贮。将预冷的苹果装入箱或筐内，在窑的底部垫木枕或砖，苹果堆码在上面，各果箱（筐）要留适当的空隙，以利于通风。码垛离窑顶要有 60～70cm 的空隙，与墙壁、通气口之间要留空隙。

3. 机械冷藏

苹果机械冷藏入库时果筐或果箱采用"品"或"井"字形码垛。码垛时要充分利用库房空间，且不同种类、品种、等级、产地的苹果要分别码放。为了便于货垛空气环流散热降温,有效空间的贮藏密度不应超过 $250kg/m^3$,货垛排列方式、走向及间隙应与库内空气环流方向一致。货位垛码要求:距墙 0.2～0.3m,距顶 0.5～0.6m,距冷风机不少于 1.5m,垛间距离 0.3～0.5m,库内通道宽 1.2～1.8m,垛底垫木(石)高 0.1～0.2m。为了确保降温速度,每天的入库量应控制在库容量的 8%～15% 为宜,入满库后要求 48h之内降至苹果适宜的贮藏温度。

入贮后,库房管理技术人员要严格按冷藏条件及相关管理规程定时检测库内的温度和湿度,并及时调控,维持贮温在 -1～0℃,上下波动不超过 1℃。适当通风,排除不良气体,贮藏环境的乙烯浓度应控制在 $10\mu L/L$ 以下。及时冲霜,并进行人工或自动的加湿、排湿处理,调节贮藏环境中的相对湿度为 85%～90%。

苹果出库前,应有升温处理,以防止结露现象的产生。升温处理可在升温室或冷库预贮间进行,升温速度以每次高于果温 2～4℃ 为宜,相对湿度以 75%～80% 为好,当果温升到与外界相差 4～5℃ 时即可出库。

4. 气调贮藏

(1)塑料薄膜袋贮藏:在苹果箱中衬以 0.04～0.07mm 厚的低密度 PE 或 PVC 薄膜袋,装入苹果,扎口封闭后放置于库房,每袋构成一个密封的贮藏单位。初期二氧化碳浓度较高,以后逐渐降低,在贮藏初期的 2 周内,二氧化碳的上限浓度为 7% 较为安全,但富士苹果贮藏环境的二氧化碳浓度应不高于 3%。

(2)塑料薄膜大帐贮藏:在冷库内,用 0.1～0.2mm 厚的聚氯乙烯薄膜粘合成长方形的帐子将苹果贮藏垛封闭起来,容量可根据需要而定。用分子筛充氮机向帐内充氮降氧,取帐内气体测定氧和二氧化碳浓度,以便准确控制帐内的气体成分。贮藏期间每天取气体分析帐内氧和二氧化碳的浓度,当氧浓度过低时,向帐内补充空气;二氧化碳浓度过高时,可用二氧化碳脱除器或消石灰脱除二氧化碳,消石灰用量为每 100kg 苹果0.5～1.0kg。

在大帐壁的中、下部粘贴上硅胶窗,可以自然调节帐内的气体成分,使用和管理更为简便。硅胶窗的面积是依贮藏量和要求的气体比例来确定的。如贮藏 1t 金冠苹果,为使氧浓度维持在 2%～3%、二氧化碳浓度在 3%～5%,在 5～6℃ 条件下,硅胶窗面积为0.6m×0.6m 较为适宜。苹果罩帐前要充分冷却和保持库内稳定的低温,以减少帐内凝水。

(3)人工气调库贮藏:苹果人工气调库贮藏要根据不同品种的贮藏特性,确定适宜的贮藏条件,并通过调气保证库内所需要的气体成分及准确控制温度、相对湿度。对于大多数苹果品种而言,控制氧浓度为 2%～5% 和二氧化碳浓度为 3%～5% 比较适宜,而温度可较一般冷藏高 0.5～1℃。在苹果气调贮藏中容易产生二氧化碳中毒和缺氧伤害。贮藏过程中,要经常检查贮藏环境中氧和二氧化碳浓度的变化,及时进行调控,以防止伤害发生。

二、梨贮藏技术

(一)贮藏特性

梨有秋子梨、白梨、砂梨和西洋梨四大系统。一般来说,大多白梨系统的品种耐贮藏，如苹果梨、秦酥、秋白、密梨、红霄等极耐贮藏。在同一系统中不同品种耐贮性也不同，中晚熟品种耐贮性较好，而早熟品种不耐贮藏。同一品种的梨因产地不同，耐贮性也有差异。还有一些品种的梨，采收时果肉酸涩、粗糙（石细胞多），必须经过长期贮藏，品质才有所改善，食用价值才能得以充分体现。

梨属于呼吸跃变型果实，温度与呼吸强度有很大关系。选择适宜的贮藏温度和相对湿度，是保证贮藏质量的重要因素。不同品种的梨采收期各异，一般采收较早的贮藏后腐烂损失较少，采收较晚的贮藏中易产生生理病害和增加腐烂率。

（二）贮藏条件

大多数梨的适宜贮藏温度为 $0\sim3℃$，相对湿度为 $90\%\sim95\%$，气体成分为氧（$3\%\sim5\%$）、二氧化碳（$2\%\sim5\%$）。这样可以推迟呼吸高峰的出现，有利于贮藏。具体气体成分的控制，因贮藏品种的不同而异，可依相关资料和小样实验确定。

（三）采后处理

1. 分级

梨的分级可参照苹果进行。一般主要依据外观、单果重量等等级规格指标、理化指标和卫生指标进行。

2. 包装

内包装采用单果包纸、套塑料发泡网套或者先包纸再外套发泡网套，以有效缓冲运输碰撞，减少机械损伤。包装纸须清洁完整、质地柔软、薄而半透明，具有吸潮及透气性能。另外，也可用油纸或符合食品卫生要求的药纸包果。外包装可用纸箱、塑料箱、木箱等。塑料箱、木箱可作贮藏箱或周转箱，纸箱可作贮藏箱和销售包装箱。

3. 预贮或预冷处理

用于长期贮藏的梨的品种，采收期一般在 9～10 月上旬，此期产地的白天温度较高。进行长期冷藏或气调贮藏的品种，采后应尽快入库进行预贮或预冷处理，以排出田间热。在预贮或预冷处理时，可采取强制通风方式和机械降温方式。在降温处理时速度不宜过快，温度也不宜过低。一般预冷至 $10\sim12℃$ 时就应采取缓慢降温方式逐渐达到适宜贮藏温度，以避免黑心病和黑皮病的发生。

（四）主要贮藏方式及管理

1. 窖藏

在梨的产地多采用窖藏。采收后的梨经适当处理后，当果温和窖温都接近 0℃ 时即可入窖。梨在窖内码垛存放时，要注意垛间、垛的四周要留有通风间隙。产品入库前期主要是控制通风，导入库外的冷空气，以降低库内的温度；中期的管理以防冻为主，这一时期的管理要注意防寒，在关闭通风系统的同时，要适当更换库内的空气，但只能在中午库外气温高于冻结温度时进行适当的换气；当春季来临时，库外的气温逐渐回升，库内已难以维持低温条件时，可以开启进出气口，引入冷空气调节库内的温度。

2. 通风库贮藏

通风库贮藏是利用昼夜温差大及有隔热保温性能的通风库，使梨处于相对稳定的较低的温度条件下，以延缓果实衰变的贮藏方法。即梨果采收后，装筐入库，通风堆码，根据库内外温差及时灵活地进行开窗或关窗，调节库内的温度，使温度尽量维持在-3～1℃，相对湿度维持在80%～90%。严寒季节要注意防冻，尤其对低温比较敏感的品种。

　　3. 机械冷藏

　　经预冷至0℃的梨果可直接入冷库冷藏；未经预冷的梨果不能直接进入冷库内冷藏，否则容易发生黑心病。一般在10℃以上入库，每周降低1℃，降至7～8℃以后，每3d再降低1℃，直至降至0℃，这一段时间为30～50d。在冷库内，纸箱有品字形和蜂窝形两种摆放方式，纸箱码得不能太长，垛内纸箱间应留有空隙，垛与垛之间应留通风道，通风道的方向与风筒走向垂直或与风筒出风方向平行。在冷库贮藏过程中，要注意冷害的发生。

三、猕猴桃贮藏技术

　　（一）贮藏特性

　　猕猴桃属呼吸跃变型果实，并且呼吸强度大，是苹果的几倍。由于猕猴桃的这一生理特性，贮藏用猕猴桃应在呼吸高峰出现之前采收，采后尽快入库降温至0～2℃，以延长贮藏寿命。猕猴桃对乙烯非常敏感，贮藏环境中0.1μL/L的乙烯也会引起猕猴桃软化早熟，所以贮藏环境中不能有乙烯存在，并避免与产生乙烯的果蔬及其他货物混存，避免病、虫、伤果入库。在贮藏过程中要及时挑检出已提前软化的果实，以减少对其他果实的影响。

　　（二）贮藏条件

　　猕猴桃的适宜贮藏环境温度为-1～0℃，相对湿度为85%～95%，气体成分为氧（2%～3%）和二氧化碳（3%～5%），乙烯浓度小于0.1μL/L。另外，采后快速降温也是猕猴桃贮藏的必要条件。

　　（三）采收及采后处理

　　1. 采收

　　贮藏用猕猴桃采收前10d果园不能灌水，或者雨后3～5d不能采收。采收成熟度要求果肉硬度为6.0～7.0kg/cm^2，可溶性固形物含量为6.5%～8%。采收时要轻拿轻放，避免产生机械损伤。

　　2. 预贮（预冷）

　　果实采收运回以后，先放在阴凉处过夜，第二天再入库，这一过程叫预贮。经预贮的果实，可直接进入冷库，但一次进库量应掌握在库容量的20%～30%。最好能在预冷间先预冷后，再进入冷贮库。预冷时心达到0℃的时间越短越好。例如，新西兰要求从采摘到果心温度降到0℃的预冷过程必须在36h内完成，以8～12h完成最好。预冷时库内相对湿度应保持在90%左右。

3. 保鲜剂处理

在入库堆垛之前，在每果箱中直接夹放 1 包保鲜剂，以吸附乙烯气体，杀菌保鲜，延长贮藏期。

4. 分级和包装

猕猴桃分级通常按果实大小划分。依品种特性，剔除过小过大、畸形有伤及其他不符合贮藏要求的果实，一般将单果重 80～120g 的果实用于贮藏。包装可用木箱、塑料箱或纸箱装盛，还可在箱内衬塑料薄膜保鲜袋。

5. 分垛堆码

入库堆垛排列方式的走向及间隙，应力求与库内空气环流方向一致。果箱应距库墙10～15cm，垛顶距库顶 50～60cm，垛与垛之间留出 30～50cm 空隙，库内通道留出 70～80cm 空隙，垛底垫木高度为 10～15cm，以利通风换气、检查和果品进出。另外，由于不同种、不同品种的猕猴桃贮藏性有较大差异，因此不同品种的果实应分库贮存。

（四）主要贮藏方式及管理

1. 自发气调贮藏

采用塑料薄膜袋或薄膜帐将猕猴桃封闭在机械冷库内贮藏是目前生产中采用的最普遍的方式，其贮藏效果与人工气调贮藏相差无几。塑料薄膜袋用 0.03～0.05mm 厚聚乙烯或无毒聚氯乙烯袋，每袋装 12.5kg 或 15.0kg 果实，袋子规格为口径 80～90cm，长80cm。具体做法是：当库温稳定在（0±0.5）℃时，将果实装入衬有塑料袋的包装箱内，在装量达到要求后，扎紧袋口。贮藏过程中，将袋内温度和空气相对湿度分别控制在 0～1℃和 95%～98%。塑料薄膜帐用厚度为 0.1～0.2mm 的聚乙烯或无毒聚氯乙烯制作，每帐贮量 1～2t。具体做法是：将猕猴桃装入包装箱，堆码成垛，当库温稳定在 0～1℃时罩帐密封，贮藏期间帐内温度和空气湿度分别控制在 0～1℃和 95%～98%。帐内氧和二氧化碳浓度分别控制在 2%～4%和 3%～5%，并定期检查果实的质量，及时检出软化腐烂果。严禁与苹果、梨、香蕉等释放乙烯的水果混存。贮藏结束出库时，要进行升温处理，以免因温度的突然上升产生结露现象，影响货架期和商品质量。

2. 人工气调贮藏

在意大利、新西兰等猕猴桃主产国，大多采用现代化的气调贮藏库，此为最理想的贮藏方法，能够调整贮藏指标在最佳状态。气调贮藏库应做到适时无伤采收，及时入库预冷贮藏，严格控制氧浓度在 2%～5%，二氧化碳浓度在 3%～5%，乙烯浓度在 0.1μL/L以下，温度在 0℃±0.5℃，相对湿度在 90%～95%，可贮藏 5～8 个月。

3. 低温冷藏

低温能降低猕猴桃的呼吸强度，延缓乙烯产生。适合猕猴桃果实贮藏的温度为 0～1℃，而新西兰猕猴桃的适宜贮藏温度为 0.3～0.5℃。低温贮藏要求相对湿度在 95%左右。在高湿条件下，库温低于-0.5℃，果实就会受冷害。为了准确测定库内的温度，每15～20m^2 应放置 1 支温度计，温度计应放置在不受冷凝、异常气流、冲击和振动影响的地方。对有温控设备的冷库，要定期对温控器温度和实际库温进行校正，保证每周至少1 次。

四、葡萄贮藏技术

（一）贮藏特性

葡萄与其他水果一样，品种间差异很大，因品种不同，耐贮性也有很大差异。一般欧亚种较美洲种耐贮藏，欧亚种中东方品种群尤耐贮藏，如我国原产的龙眼、牛奶和日本的玫瑰香、新玫瑰等都较耐贮藏。欧美杂交种白香蕉、吉香、意斯林和巨峰、大宝等，因果皮厚韧，果面及果轴覆层蜡质果粉，含糖量较高，故较耐贮藏。

通常整穗葡萄为非呼吸跃变型果实，采后呼吸呈下降趋势，成熟期间乙烯释放量少，但在相同温度下穗轴尤其是果梗的呼吸强度比果粒高 10 倍以上，且出现呼吸高峰，果梗及穗轴中的 IAA、GA、ABA 的含量均明显高于果粒。葡萄果梗、穗轴是采后物质消耗的主要部位，也是生理活跃部位，所以葡萄贮藏保鲜的关键就在于推迟果梗和穗轴的衰老，控制果梗和穗轴的失水变干及腐烂。

（二）贮藏条件

大多数葡萄品种的适宜贮藏温度为-1～0℃，且贮藏温度应保持恒定，同时维持90%～98%的相对湿度。因为低温可降低果实的呼吸强度和抑制微生物活动，高湿能防止果实脱水萎蔫，以长期保持葡萄果实的新鲜状态。

（三）采收及采后处理

1. 采收

采前 3～30d 用植物生长调节剂等处理果穗。喷洒乙烯利等催熟剂的果穗不适于长期贮藏。采前 10～15d 停止灌溉，雨天要推迟采收时间。采收成熟度可依据葡萄的可溶性固形物含量、生育期、生长积温、种子的颜色或有色品种的着色深浅等综合确定，一般要求可溶性固形物含量达到 16%～19%。采收时间应在早晨露水干后或 15:00 以后、气温凉爽时进行，不宜在阴天、雾天、雨天、烈日暴晒下采收。

2. 包装

外包装可采用厚瓦楞纸板箱、木条箱、塑料周转箱等。箱体不宜过高，应呈扁平形。纸箱容重不超过 8kg 为宜，箱体应清洁、干燥、坚实牢固耐压，内壁平滑，箱两侧上、下有 4 个直径 1.5cm 的通气孔。木条箱和塑料周转箱，容重不超过 10kg，内衬包装纸，放 1～2 层葡萄。内包装宜采用洁白无毒、适于包装食品的 0.02～0.03mm 厚的高压低密度聚乙烯塑料袋。袋的长度和宽度与箱体一致，长度要便于扎口，袋的上面、底面内铺纸便于吸湿。装箱时先内衬塑料袋，葡萄要排列整齐，穗梗朝上，穗尖朝下，单层斜放，装妥后扎紧塑料袋口，每箱重量要一致。

3. 预冷

采后立即对葡萄进行预冷，暂不能进行预冷的，需把葡萄放置在阴凉通风处，但不得超过 24h，预冷时打开箱盖及包装袋，温度可在-1～0℃。巨峰等欧美杂交品种，预冷时间过长容易引起果梗失水，因此应限定预冷时间在 12h 左右；预冷超过 24h，贮藏期间容易出现干梗脱粒。欧洲种中晚熟、极晚熟品种在预冷时，要求果实温度接近或达到0℃时再放药封袋。为实现快速预冷，应在葡萄入贮前3d开机，空库降温至-1℃。另外，入贮葡萄要分批入库，避免集中入库导致库温骤然上升和降温困难。

4. 防腐保鲜剂处理

防腐保鲜剂处理是葡萄保鲜的必要环节，在生产上应用较广泛的是释放二氧化硫的各种剂型的保鲜剂，即亚硫酸盐或其络合物，一般分为粉剂和片剂两种。粉剂是将亚硫酸盐或其络合物用纸塑复合膜包装而成的，片剂是将亚硫酸盐或其络合物加工成片，再用纸塑复合膜包装而成的。实际生产应用的主要有以下几种：

（1）亚硫酸氢钠和吸湿硅胶混合粉剂。亚硫酸氢钠的用量为果穗质量的0.3%，硅胶为0.6%。两者在应用时经混合后分成5包，按对角线法放在箱内的果穗上，利用其吸湿反应生成的二氧化硫保鲜贮藏。一般每20～30d换1次药包，在0℃条件下即可贮藏到春节以后。

（2）焦亚硫酸钾和硬脂酸钙、硬脂酸与明胶或淀粉混合保鲜剂。保鲜剂配制方法是97%焦亚硫酸钾加1%硬脂酸钙和1%硬脂酸，与1%淀粉或明胶混合溶解后制成片状。在贮藏8kg葡萄的箱子里，放5g（每片0.5g）防腐保鲜剂，置于葡萄上部，在0～1℃和相对湿度为87%～93%的条件下，贮藏210d后，只有6%腐烂率。

（3）S-M和S-P-M水果保鲜剂，每千克葡萄只需2片药（每片药重0.62g），能贮存3～5个月，可降低损耗率70%～90%，适于贮藏龙眼、巨峰、新玫瑰等葡萄品种。

（4）二氧化硫熏蒸。二氧化硫处理的方法之一是燃烧硫磺粉，即在葡萄入库后，按每立方米容积用硫磺1.5～2g，使之完全燃烧生成二氧化硫，密闭20～30min以后，开门通风，熏后10d再熏一次，以后每隔20d熏一次。另一种方法是从钢瓶中直接放出二氧化硫气体充入库中，在0℃下，每千克二氧化硫气化后体积约为0.35m^3，熏蒸时可使库内的二氧化硫浓度达0.6%，熏20～30min。以后熏蒸可把二氧化硫浓度降至0.2%。为了使箱内葡萄均匀吸收二氧化硫，包装箱应具有通风孔。

采用药剂处理方法时，一般于入贮预冷后放入药剂，扎口封袋。但在进行异地贮藏或经过较长时间运输才能到冷库时，应采收后立即放药。片剂型的保鲜剂放药时，每包药袋上用大头针扎2个透眼，最多不超过3个透眼（即袋两面合计4～6个眼）。在异地贮藏或采收葡萄距冷库较远时，应扎3个透眼，虽然这样可能会使受伤果粒产生不同程度药害，但为防止霉菌引起的腐烂，仍需这样做。由于保鲜剂释放出的二氧化硫的密度比空气大，所以保鲜剂应放在葡萄箱的上层。

（四）主要贮藏方式及管理

1. 塑料袋小包装低温贮藏

选择晚熟耐贮品种，如龙眼、玫瑰香等品种，在9月下旬至10月上旬天气转冷时，选择充分成熟且无病、无伤的葡萄果穗，立即装入宽30cm、长10cm、厚0.05mm的无毒塑料袋（或大食用袋）中，每袋装2～2.5kg，扎紧袋口，轻轻放在底面垫有碎纸或泡沫塑料的硬纸箱或浅篓中，每箱只摆一层装满葡萄的小袋。然后将木箱移入0～5℃的暖屋、楼房北屋或菜窖中，室温或窖温控制在0～3℃为好。发现袋内有发霉的果粒时，立即打开包装袋，提起葡萄穗轴，剪除发霉的果粒，晾晒 2～3h 再装入袋中，且要在近期食用，不能长期贮藏。用此方法贮藏龙眼、玫瑰香等品种，可以保鲜到春节。

2. 机械冷藏

产品入库前选择食品卫生相关法律规定使用的消毒剂对库房进行消毒，入库葡萄箱要按品种和不同入库时间分等级码垛，以不超过 200kg/m^3 的贮藏密度排列。一般纸箱依其抗压程度确定堆码高度，多为 5～7 层，垛间要留出通风道。入满库后应及时填写货位标签，并绘制平面货位图。在冷库不同部位摆放 1～2 箱观察果，扎好塑料袋后不盖箱盖，以便随时观察箱内变化。多数葡萄品种的最佳贮藏温度为-1～0℃，在整个冷藏期间要保持库温稳定，波动幅度不得超过±0.5℃；贮藏期间库房内相对湿度保持在90%～95%。为确保库内空气新鲜，要利用夜间或早上低温时进行通风换气，但要严防库内温度、湿度波动过大。定期检查贮藏期间葡萄的质量变化情况，如发现霉变、腐烂、裂果、二氧化硫伤害、冻害等变化，要及时销售。

五、板栗贮藏技术

（一）贮藏特性

板栗属呼吸跃变型果实，特别在采后第一个月内，呼吸作用十分旺盛。板栗在贮藏中既怕热、怕干，又怕水、怕冻，贮运中常因管理不当，发生霉烂、发芽和生虫等。一般北方品种板栗的耐藏性优于南方品种，中、晚熟品种优于早熟品种。例如，山东晚熟种焦扎、青扎、薄壳、红栗和湖南虎爪栗及河南油栗耐藏性较强，而宜兴、溧阳的早熟种处暑红、油光栗不耐藏。在同一地区，干旱年份的板栗较多雨年份的耐藏。

（二）贮藏条件

温度是影响栗果贮藏成败的关键因素之一。板栗从入库至次年 1 月底前的贮藏温度为 0℃±0.5℃，2 月份以后贮藏温度调整为-3℃±0.5℃，贮藏环境的相对湿度为85%～95%，采用气调贮藏的气体成分为氧（2%～3%）、二氧化碳（10%～15%）。

（三）采后处理

1. 脱苞选果

采收后苞果温度高，水分多，呼吸强度大，不可大量集中堆积，否则容易引起发热腐烂。应选择凉爽通风的场所，将苞果堆成 0.6～1m 厚的堆，不可压实，以利通风降温。经 7～10d，将坚果从栗苞中取出，剔除病虫果以及其他不合格果，再摊晾 5～7d 即可入贮。

2. 防腐处理

用 0.1%的高锰酸钾溶液浸果 30min 或 0.1%的高锰酸钾和 0.125%的敌百虫混合浸果1～2min，有较好的防腐效果。用托布津 500 倍液浸果 3min，晾干后贮藏，对减少腐烂有一定效果。

3. 灭虫处理

灭虫处理有浸水灭虫和熏蒸灭虫。浸水灭虫是将板栗浸没水中 5～7d，每 1～2d 换水一次，可使害虫窒息死亡；或者用 50～55℃温水浸果 30～45min，或用 90℃热水浸果 15～20s，取出晾干后贮藏，其杀虫率可达 90%以上。熏蒸灭虫就是根据板栗数量，对塑料帐或库房密闭后进行熏蒸处理，常用药物为二硫化碳（用量 20～50g/m^3，熏蒸时间 18～24h）、溴甲烷（用量为 40～56g/m^3，时间为 3～10h）、磷化铝（用量 20～50g/m^3，时间 18～24h）。此外，用 1Gy 的 γ 射线辐照板栗果实，也可控制虫害。

4. 防止发芽处理

板栗在适宜的温、湿度条件下容易发芽。因此，在贮藏中采用 1%的比久（B$_9$）、青鲜素或 2,4-D、萘乙酸及其衍生物浸泡板栗果实，有较好的抑制发芽的效果。此外，用漂白虫蜡、混合蜡等进行涂膜处理或辐照处理等也能抑制板栗发芽。

5. 贮藏包装

冷藏和气调贮藏应选用塑料周转箱和木箱包装，箱内应铺垫聚乙烯塑料薄膜。当采用麻袋包装时，应使用双层麻袋，内层为干麻袋，外层为湿麻袋。自发气调贮藏应选用 0.03～0.04mm 厚的聚乙烯塑料保鲜袋包装，再将塑料袋码在木箱或塑料周转箱内。应在板栗充分预冷降温后再装袋（每袋质量不超过 25kg），并在袋内温度稳定后再扎口。

（四）主要贮藏方式及管理

1. 沙藏法

南方多在阴凉室内的地面铺一层高粱秆或稻草，在其上铺沙约 6cm，沙的湿度以手握不成团为宜。然后在沙上以 1 份栗 2 份湿沙混合堆放，或栗和沙交互层放，每层 3～7cm 厚。最上层覆沙 3～7cm，用稻草覆盖，高度约 1m，每隔 20～30d 翻动检查一次。

2. 栗球贮藏

南方板栗采收时，正值秋播农忙季节，可将栗球收回妥善保管，等农闲时（多在 12 月底）再脱壳，分期外运。方法是选择晴天采收，选果大、色浓、饱满完整、无病虫害的坚果，贮藏在阴凉、干燥、通风的室内。先在地面堆 10～13cm 河沙，然后将栗球堆成高 1～1.3m 的堆，堆上面加盖一层栗壳。每月翻动一次，保持上下湿度均匀。用此法栗球可从 9 月下旬贮藏到 12 月底，栗果色泽新鲜，霉烂率仅 2%。

3. 架藏

在阴凉的室内或通风库中，用毛竹制成贮藏架，每架三层，长 3m、宽 1m、高 2m。架顶用竹制成屋脊形。栗果散热 2～3d 后，连筐浸入清水 2min，捞出，每筐 25kg 堆码在竹架上，再用 0.08mm 厚的聚乙烯大帐罩上，每隔一段时间揭帐通风 1 次，每次 2h。进入贮藏后期，可用 2%的食盐水加 2%的纯碱混合液浸泡栗果，捞出后放入少量松针，罩上聚乙烯薄膜继续贮藏。一般贮藏栗果 144d，好果率在 85%，且无发芽现象。

4. 冷藏和气调贮藏

短期贮藏（4 个月以内）的板栗可采用冷藏方式；中长期贮藏（4～6 个月）的板栗可采用冷藏结合自发气调贮藏方式；需要进行长期贮藏（6 个月以上）时，可采用气调贮藏方式。从入库至次年1月底前的贮藏温度（品温）为0℃±0.5℃，2月份以后贮藏温度（品温）调整为（-3±0.5）℃。贮藏环境的相对湿度为85%～95%。贮藏环境的气体条件：氧浓度为2%～3%，二氧化碳浓度为10%～15%。每天早、中、晚三次测定记录贮藏库内不同方位的温度及库内湿度变化情况。采用气调贮藏方式时，应每天测定和记录氧和二氧化碳浓度，保证气体浓度在要求范围内；采用自发气调贮藏方式时，应定期测定保鲜袋内气体成分的变化，保证氧浓度不低于要求的下限，二氧化碳浓度不高于要求的上限，否则应及时开袋通风。

5. 涂膜保鲜

选用较耐贮藏品种，经发汗、预贮1个月后，用500倍托布津或多菌灵浸洗8～10min，阴干后用虫胶4号、虫胶6号或虫胶20号原液加水稀释2倍，搅匀后浸果5s捞出，晾干后装入内衬塑料薄膜的筐或篓内，置常温条件下贮藏。贮藏时每隔10d检查1次，及时剔除坏果，经贮藏100d后好果率达85%以上；若在0～3℃低温条件下贮藏，好果率可达90%以上。

六、柿子贮藏技术

（一）贮藏特性

通常晚熟品种比早熟品种耐贮藏；同一品种中，晚采收的比早采收的耐贮藏，含水量低的柿果比含水量高的耐贮藏；老龄树果实较小且不耐贮藏，盛果期柿树生长果实耐贮藏。柿子属于呼吸跃变型果实。果实采收后，经过一定时间可以自然软化，软化一旦发生就无法控制。柿果对乙烯十分敏感，外源乙烯可诱发呼吸高峰，导致柿果软化，因此柿果可采用脱除贮藏环境中乙烯的气调贮藏。另外，柿果的脱涩处理能促进果实后熟衰老，脱涩后极易软化，不耐贮运。

（二）贮藏条件

柿果的贮藏温度以0℃为好，温度变幅应控制在±0.5℃。为了使柿果逐渐适应这一贮藏温度，在柿果采收后，应使果温降至5℃后入贮。如果采收后立即放入0℃贮藏，因氧的吸收受到抑制，造成柿果中心部分氧不足，进而发生无氧呼吸，产生乙醇、乙醛，可促使果实脱涩成熟，不利于长期贮藏。空气湿度对贮藏柿果很重要，适宜的相对湿度为85%～90%。柿果对乙烯非常敏感，受其影响易软化。柿果对高二氧化碳浓度和低氧浓度有较高的忍耐性，而二氧化碳又具有保硬和抑制呼吸、延缓衰老的作用。柿果气调贮藏的适宜气体成分是氧(2%～5%)和二氧化碳(3%～8%)，二氧化碳伤害阈值是20%。

（三）采后处理

柿子贮藏保鲜的采后处理是预冷处理，这是保证柿果鲜活品质的前提，目的是快速散去大量的田间热，减少入贮的冷负荷，还可避免因立即入贮而出现的冷害现象。柿果采收后短期内预冷至5℃，可抑制柿果的生理活动，防治果肉褐变和软化。

（四）主要贮藏方式及管理

1. 室内堆藏

选阴凉、干燥、通风好的窑洞或房屋等，清扫干净，在地面上铺软物（麦秸秆、谷草等）15～20cm厚，将柿果整齐排码3～5层，过高容易引起下层果被压伤变软。数量不多时，可装入筐内，置冷凉处，做短期贮藏。初期注意通风散热。

2. 露天架藏

选择阴凉、温度变化不大的地方，用木柱搭架，架高1m，架面大小依贮藏量而定。架上铺玉米秆，然后再铺15～20cm厚的谷草，将柿果依次平放于草上，果层厚度不超过30cm，便于通风，避免软化和压伤。柿果上面用谷草覆盖保温，最后设置防雨篷，以防雨水渗入，引起霉烂。贮藏期间要经常检查，及时剔除变质柿果。

3. 自然冻藏

在阴凉通风处的干燥平地上挖几条平行沟，沟宽30～50cm、深30～40cm，长度因贮藏量和地面而定，或者用木头搭成柿床，上面铺一层7～10cm厚的玉米秸秆。霜冻后将准备贮藏的柿果放于玉米秸秆上，共5～6层，上面覆盖一层席子，以防日晒及鸟害。利用自然低气温，任其冻结。柿果冻结后，上面再盖稻草（厚30～60cm）防寒，以保持贮藏期间温度恒定。冬季下雪后，要及时扫积雪，冻藏期间不需翻动柿果。此法一般可贮藏到翌年2～3月，柿果色泽、风味不变。

4. 液体贮藏（矾柿法）

将成熟较晚或皮较厚、水分少、耐贮藏的品种，在着色变黄时，细心采收，轻放于筐中。盐矾水配制：前一天将水烧开，每100kg水加食盐2kg、明矾250g，溶化后冷却备用。将配好的盐矾水倒入干净缸内，再将鲜柿放入，并用柿叶盖好，以竹条压住，使柿果完全浸没在液体中。当水分减少时，须及时添加，这样能贮藏到春节前后，甚至翌年的4～5月份。

5. 自发气调贮藏

选用厚度为0.06～0.08mm的聚乙烯薄膜袋或硅胶窗气调保鲜袋（硅胶窗面积按1.0～1.6cm^2/kg计算），装入7.5～10.0kg柿果。在这种条件下，袋内的气体环境足以保证柿果维持正常的生命活动。贮藏前每千克柿果喷35%乙醇2.6mL，加去氧剂0.8～1.6g，可保持袋内氧浓度为3%～5%，二氧化碳浓度为4%～7%。袋内放入饱和高锰酸钾载体（按17g/kg的标准），用于吸收乙烯，相对湿度保持在85%左右，在0℃±1℃冷库中贮藏，可贮藏3～6个月。

 工作任务二　南方水果贮藏技术

一、香蕉贮藏技术

（一）贮藏特性

香蕉是典型的呼吸跃变型果实，采收后在20℃的条件下，呼吸强度在硬绿果实中于

2~4d 内二氧化碳释放量约从 20mg/(kg·h)逐渐升至 175mg/(kg·h)（最高峰），至成熟时逐渐降至约 100mg/(kg·h)。温度升高时呼吸强度也升高，温度升高 10℃，呼吸系数增加 2.2。香蕉逐渐后熟，发热量也有个高峰过程。果胶物质的互相作用使香蕉果实后熟期间呈现软熟的特性，香蕉果实后熟时果肉中不溶性原果胶从 0.7%（鲜果）降至 0.3%，可溶性果胶则随之增加。香蕉果实至少含有 200 种挥发性物质，香蕉在成熟时挥发性综合体浓度的增加和香蕉风味的变浓是相一致的。

（二）贮藏条件

香蕉贮藏的温度应以 11~13℃为宜，贮藏温度过高（18℃以上），香蕉容易黄熟腐烂；贮藏温度过低（10℃以下），又会产生低温伤害。气调贮藏适宜的气体成分是氧气（2%~4%）和二氧化碳（3%~5%）。香蕉对乙烯敏感，贮藏环境中乙烯浓度应低于 0.2μL/L，否则香蕉易变黄腐烂。

（三）采后处理

1. 去轴落梳

带轴落梳的方法是横切。蕉轴组织疏松，含水分多，微生物容易滋生繁殖，造成腐烂。去轴落梳的方法是纵切，落梳刀为月牙形的锋利切刀。成梳香蕉去轴装运，除可减少机械损伤的机会外，还可减少霉烂，节省车辆，增加商品运输量，降低运输成本。据统计，蕉轴占条蕉的质量分数为 8.4%~9.6%，蕉轴占梳蕉的质量分数为 4.2%~4.8%。去轴落梳后，每装 25 辆火车车皮就可多运一车香蕉。

2. 药物防腐

香蕉采收后容易出现变质腐烂，大多是由于果端的真菌腐烂、炭疽病和茎腐病。病害病原体主要是刺盘孢菌、镰刀菌、长喙壳菌。目前，常用的防腐药物有甲基托布津、多菌灵、苯菌灵等。用药浓度要根据季节不同而有所不同，夏季用药浓度为 2000mg/L，冬季用药浓度为 1000mg/L。浸药方法是先将防腐药剂按照所需要的浓度配制好，然后去轴落梳放入药液浸湿，沥去多余的药液，即可包装运输。

3. 聚乙烯薄膜包装

采用聚乙烯薄膜袋包装后进行贮运，利用香蕉自身呼吸作用使聚乙烯薄膜袋内的氧气浓度逐渐降低从而抑制香蕉的呼吸作用，能够延缓后熟，使蕉果硬，皮色新鲜，梳蕉切口颜色好看，为浅棕色，而且可提高对梳蕉切口的防腐效果。用聚乙烯薄膜袋包装贮运香蕉还能降低运输过程中的自然损耗，聚乙烯薄膜袋中含有一定浓度的二氧化碳，可减轻香蕉的冷害。聚乙烯薄膜的厚度为 0.4~0.6mm。

（四）主要贮藏方式及管理

1. 机械冷藏

香蕉先经预冷，达到一定温度后，即可在冷库中进行贮藏。在香蕉入库前，必须将库温降至香蕉的适宜贮藏温度（11~13℃）。要控制每天或每次的出入库量，避免由于过多货物的进出而影响库房温度，导致温度大幅度的波动。假如香蕉直接在冷库内预冷，则以上两项可不考虑。预冷后，要把分散的香蕉重新堆叠码垛。为使香蕉在贮藏过程中降温均匀和温度恒定，在堆码上有一定的要求，一般码成长方形的堆，堆与堆之间的距离为 0.5～1m，堆高不能超过风道喷风口，距风口下侧 0.2～0.3m，距冷风机至少 1.5m，与冷库壁和库顶应距 0.3～0.5m，特别是库顶，多留空间对冷空气的流通很有必要。通常，冷库地面要铺垫 0.1～0.15m 高的地台板，库内中间走道应有 1.5～1.8m 宽，方便搬运与堆叠。

2. 气调贮藏

聚乙烯薄膜袋小包装内主要是自然降氧，即靠香蕉自身的呼吸把袋内氧气浓度降低，但氧气浓度不能低于 1%，否则出现低氧伤害，甚至造成无氧呼吸即发酵。袋内二氧化碳不能超过 5%，过高浓度的二氧化碳会使香蕉中毒，因此必须设法脱除二氧化碳。脱除二氧化碳的方法是用消石灰吸收。乙烯用高锰酸钾吸收，也有用臭氧发生器放出的臭氧来分解乙烯的，臭氧既能灭菌，又能分解乙烯，一举两得。控制好氧气、二氧化碳、乙烯浓度，就可以延缓香蕉呼吸高峰的到来，从而延长贮藏期。香蕉气调贮藏适宜的气体组成是氧气（2%～4%）和二氧化碳（3%～5%）。

二、柑橘贮藏技术

（一）贮藏特性

柑橘类果实种类繁多，不同种类、品种柑橘的贮藏性相差很大。总的来说，柠檬较耐贮藏；其次为柚子、甜橙、柑、橘。同一种类不同品种的耐贮性也有差别。例如，宽皮柑橘类中，蕉柑较耐贮藏，砂糖橘、有柑不耐贮藏。晚熟品种比早熟品种耐贮藏。另外，柑橘果实的大小、结构与耐贮藏性也有密切关系。同一种类或同一品种的果实，常常是大果实不如中等大小果实耐贮藏。特别是宽皮柑橘类，如有柑和蕉柑，在贮藏过程中很容易出现枯水病。随着果实的成熟度提高，果皮的蜡质层增厚，有利于防止水分的蒸发和病菌的侵染。因此，成熟度较低的青果往往比成熟度高的果实容易失水。

（二）贮藏条件

不同种类和品种的柑橘，对低温的敏感性差异极大，其中最不耐低温的是柠檬、葡萄柚，适合的贮藏温度为 10～15℃；其次是宽皮柑橘类，适合的贮藏温度为 5～10℃；甜橙类一般较耐低温，可耐 1～5℃的低温，也有不耐低温的，如广东的椪柑，适合的贮藏温度为 10～12℃。

不同种类柑橘对贮藏环境的相对湿度的要求各不相同。大多数柑橘品种贮藏的适宜相对湿度为 80%～90%，甜橙可稍高，为 90%～95%，宽皮柑橘类为 80%～85%。另外，确定相对湿度时还应考虑环境温度，温度高时相对湿度可低些，而温度低时相对湿度可相应提高。如采用高温高湿条件，则柑橘腐烂病害和枯水病发生严重。

（三）采后处理

1. 防腐处理

目前防腐处理常用 2,4-D（200mg/L）混合各类杀菌剂进行。常用的杀菌剂有苯并咪唑类,如特克多、苯莱特、多菌灵、托布津(500~1000mg/L),抑霉唑(500~1000mg/L),施保功(250~500mg/L)。

2. 预贮

进行防腐处理后,将柑橘送入预贮库进行预贮处理。在入库前要对库房进行清扫和消毒处理。预贮处理有利于"愈伤"和"发汗",长期贮藏以果实失水率达 3%~5%为宜。预贮时间可根据预贮条件而定,温度高、相对湿度小时,预贮时间可短,否则可适当延长。鉴别时,一般以手轻压果实,果皮已软化,但仍有弹性为标准。

3. 包装

经预贮处理后的果实,要进一步挑选,剔除伤害果、病虫果、无蒂果以及其他残次果,同时可参照分级标准进行分级。挑选、分级后的果实可用聚乙烯薄膜或保鲜纸进行单果包装。另外,结合挑选、分级也可进行相应的涂被处理。即在蜂胶、虫胶、明胶、淀粉胶、高级蛋白乳胶等高分子化合物中加入杀菌、抑菌、生长调节剂等物质制成涂被液进行涂被处理,以延缓果实衰老和增强防腐保鲜效果。

(四)主要贮藏方式及管理

1. 常温自发气调贮藏

柑橘常温自发气调贮藏可采用架贮法,即在房屋内用木板搭架,将经药物处理后的塑料薄膜单果袋包装的果实堆放在木板上,一般放果 5~6 层,用塑料薄膜覆盖,但不能盖得太严,天气太冷的地方,顶部可覆盖稻草保温;也可采用箱贮法,即将单果袋包装好的果实装箱后堆码在室内贮藏。贮藏期间检查 2~3 次,发现烂果立即捡出。

2. 通风库贮藏

果实入库前 2~3 周,库房要彻底消毒。果实入库后 15d 内,应昼夜开着门窗和排气扇,加强通风,降温排湿。12 月至次年 2 月上旬气温较低,库内温度、相对湿度比较稳定,应注意保暖,防止果实遭受冷害和冻害。当库内相对湿度过高时,应进行通风排湿或用消石灰吸潮。当外界气温低于 0℃时,一般不通风。开春后气温回升,白天关闭门窗,夜间开窗通风,以维持库温恒定。若库内相对湿度不足,可洒水补湿。

3. 机械冷藏

柑橘经过装箱,最好先预冷再入库贮藏,以减少结露和冷害发生。不同种类、品种的柑橘不能在同一个冷库内贮藏。设定冷库贮藏温度和相对湿度时,要根据不同柑橘种类和品种的适宜贮藏条件而定。柑橘适宜温度都在 0℃以上,冷库贮藏时要特别注意防止冷害的发生。柑橘出库前应进行升温,相对湿度以 55%为好,当果温升至与外界温度相差不到 5℃时即可出库。

4. 地窖贮藏

四川南充地区的甜橙主要采用地窖贮藏。贮藏前先将窖内整平,入窖前一个月,适当给窖内灌水,保持相对湿度为 90%~95%。入窖前 15d 用乐果 200 倍喷洒灭虫,密封 7d 后敞开。入窖前 2~3d 再用托布津 800 倍稀释液杀菌,喷后关闭窖口。在产品入窖前,窖底铺一层稻草,将果实沿窖壁排成环状,果蒂向上依次排列放置 5~6 层,在果实交接处留 25~40cm 的空间,供翻窖时移动果实。窖底中央留空间,供工作人员站立。窖藏初期，果实呼吸旺盛，窖口上的盖板需留孔隙以降温排湿，当果面无水汽后再将窖口封闭。贮藏期间，每隔 2～3 周检查一次，及时剔除腐烂、褐斑、霉蒂、细胞下陷等果实。如温度过高，相对湿度过大，应揭开盖板，敞开窖口调节温、湿度。此法可贮藏 6 个月，腐烂率仅 3%。

三、荔枝贮藏技术

（一）贮藏特性

荔枝果实成熟时果肉增厚，营养物质迅速积累。果皮从蒂部开始逐渐变红，龟裂片渐开，成熟荔枝果皮主要色素花色昔等的浓度随果实成熟而逐渐增加，其合成与叶绿素降解同时发生。荔枝属于无呼吸跃变型果实，成熟期间没有明显的跃变期，也不出现释放高峰。荔枝果实采后的释放率和释放量随衰老过程的发展而增加，释放量最高时，果实劣变加快，因此释放量的多少可作为果实衰老程度的标志。

（二）贮藏条件

低温是降低荔枝呼吸强度，延长其贮藏期的重要条件。在 1～5℃下，荔枝可贮 1 个月，色、香、味基本不变。荔枝的贮藏条件因品种不同而有一定差异，但一般低温贮藏适宜温度为 2～4℃，相对湿度为 90%～95%。温度过低易发生冷害，过高则腐烂加重。相对湿度过低易导致失水褐变。

气调贮藏可保持一定的相对湿度，抑制多酚氧化酶活性，因而对保持色、香、味具有显著效果。但在气调贮藏下，其适宜温度比普通低温贮藏略高 1～2℃。荔枝对气体条件的适应范围较广，只要二氧化碳浓度不超过 10%，即不致发生生理伤害。适宜的气调条件为：温度为 4℃，二氧化碳浓度为 3%～5%，氧浓度为 3%～5%。在此条件下可贮藏 40d 左右。

（三）采后处理

荔枝采后应迅速移至阴凉处，进行预冷散热，并及时剔出腐烂果、病伤果及褐变果。整个过程要仔细操作，轻拿轻放，避免一切机械损伤，并注意防止病菌传播。气调贮藏的荔枝果实要尽快进入气调环境，要远距离运输和低温贮藏的荔枝经预冷及采后杀菌处理，待果温降低，果面药液干后再包装贮运。同时，贮运荔枝采用小包装（0.25～0.5kg）比大包装（15～25kg）效果好，包装、入贮越及时，保鲜效果越好，从采收到入贮一般在 12～24h 完成为佳。

由于荔枝果实采后极易褐变发霉，感染霜疫霉、酸腐病、青绿霉和炭疽病等，所以无论采用哪种保鲜法，都需要用高效低毒药剂对果实进行杀菌处理。可用 $250×10^{-6}$ 苯莱特、多菌灵、抑霉唑或特克多浸果，也可用 $500×10^{-6}$ 仲丁胺、涕必灵。

（四）主要贮藏方式及管理

1. 低温贮藏
低温贮藏是依靠低温的作用抑制荔枝果实的呼吸作用和乙烯释放，在 0℃下果实几乎不产生乙烯。适当的低温能有效地抑制多酚氧化酶的活性和微生物的活动，降低果实的呼吸强度，延长荔枝果实的贮藏期。贮藏低温要求 3～5℃较佳，相对湿度为 90%～95%，且温湿度相对稳定，该条件下荔枝保鲜期约 30d。但这种方法不适于远距离运输、销售，而且一旦进入常温环境，往往褐变速率更快。

2. 化学药剂贮藏

化学药剂贮藏即化学药剂处理与其他的荔枝贮藏保鲜方法联用，具有经济、简便等特点，因此成为应用最为广泛的方法之一。该方法是将药剂作用于荔枝，起到防腐、杀菌作用，所以存在药物残留的问题。有的药剂能在荔枝表面迅速形成一种不可见的透明膜，有效封闭果实气孔，从而降低呼吸强度，延缓果实衰老。常见的化学药剂有施保克、特克多以及一些国产保鲜剂。

3. 气调贮藏

气调贮藏即通过减少氧气，按需增加二氧化碳气体来抑制新鲜荔枝果皮中多酚氧化酶活性，以延长贮藏期限的方法。但不同品种的荔枝对二氧化碳浓度的适应能力有差异，一般认为二氧化碳浓度以 2%～5%为最佳。若二氧化碳浓度过高，如超过 10%时会引起荔枝果实二氧化碳中毒，使果实产生乙醇积累，产生酒味，果肉口感变差。

（1）小袋包装法：荔枝于八成熟时采收，当天用 52℃的 500×10^{-6} 苯莱特，1000×10^{-6} 多菌灵或托布津，或 500×10^{-6}～1000×10^{-6} 苯莱特加乙磷铝浸 20s。沥去药液，晾干后装入聚乙烯薄膜小袋或盒中，袋厚 0.02～0.04mm，每袋 0.2～0.5kg，并加入一定量的乙烯吸收剂（高锰酸钾或活性炭）后封口，置于装载容器中贮运。在 2～5℃下可保鲜 45d，在 25℃下可保鲜 7d。

（2）大袋包装法：按上述小袋包装法进行采收及浸果，沥干稍晾干即选好果装入衬有聚乙烯薄膜袋的果箱或箩筐等容器中，每箱装果 15～25kg，并加入一定量的高锰酸钾或活性炭，将聚乙烯薄膜袋基本密封，在 3～5℃下可保鲜 30d 左右。若袋内气体中氧浓度为 5%，二氧化碳浓度为 3%～5%，则可以保鲜 30～40d，色、香、味较好。

4. 辐射保鲜法

由于 ^{60}Co γ 射线对病原微生物有很强的杀伤力，可抑制荔枝果皮中多酚氧化酶的活性，减缓果皮褐变，同时抑制乙烯的产生，抑制其呼吸作用，因此可增强荔枝的抗逆性。用 50～100Gy γ 射线辐照后的荔枝，在常温下可贮藏 1 周左右，低温下贮藏时间更长。

四、龙眼贮藏技术

（一）贮藏特性

龙眼是一种不耐贮藏的果实。龙眼果实采收后暴露在高温空气中，极易失水褐变、果肉变软，5～6d 后果肉失水收缩，成乳白色，后逐渐变质至完全腐烂、发酸、流水、发霉、出现酒味，果皮结构崩溃。龙眼自身保护能力差，其外果皮表面蜡质少，有的地方无蜡质，未形成连续的蜡质带，不能起到保护层的作用。果皮表面具疣状突、凹凸不平，使表面积增大，且易聚集脏物，角质层薄，皮孔通道与石细胞间隙相通，石细胞多，间隙大。这种结构导致龙眼果皮保水性差，采后不久，即失水褐变。果皮结构疏松，细胞间隙大，外界空气容易进入果实，使高温下本来较强的呼吸作用更加旺盛，内含物消耗增多，衰老过程加速。

（二）贮藏条件

采后温度的高低是影响龙眼贮藏寿命的一个关键要素，龙眼对贮藏温度敏感，较适合低温贮藏，其适宜贮藏温度为2～4℃。同时对环境的相对湿度要求为85%～95%，最适气体浓度配比为：氧浓度为6%～8%，二氧化碳浓度为4%～6%。

（三）采后处理

1. 选果

不同品种的龙眼的耐贮性不同，一般厚壳、高糖的品种较耐贮藏，而薄皮、低糖的品种较不耐贮藏。在采收后，及时剔除已破裂、机械损伤果和病虫果，选取成熟度较一致的果实，并摘掉果穗上的叶子及过长的穗梗，使果穗整齐。

2. 预冷

预冷对龙眼贮藏保鲜特别重要，尤其是要冷藏的龙眼必须经过预冷处理，以保持其耐贮性和品质。通常既可以在药液防腐处理时以冰水配药，使预冷和防腐处理同时进行，又可以在药液防腐处理后进行强制冷风冷却，然后再包装。

3. 防腐保鲜处理

（1）药物防腐处理：通常用仲丁胺0.05mL/kg或0.15mL/kg熏蒸龙眼，或用仲丁胺15～30倍稀释液浸果，然后用塑料袋包装，置于6～8℃下贮藏。另外，特克多、多菌灵、甲基托布津、乙磷铝、苯甲酸钠等都有一定的防腐保鲜效果，使用浓度一般为0.01%。

（2）涂膜处理：用可食性魔芋葡甘聚糖对龙眼进行涂膜处理后，置于常温（29～31℃）条件下保存10d，好果率为82%；低温（3℃）条件下贮藏60d，好果率为88%，并基本上防止了果皮失水、褐变、果肉长霉，保持了果实的原有风味，有效地延长了贮藏期和货架期。

4. 包装

龙眼含水量高，果皮易被挤破，易脱粒，易受机械损伤，故包装与否对果实保鲜影响很大。实践表明，内包装采用薄膜小袋，外包装采用塑料周转箱效果较好。

（四）主要贮藏方式及管理

1. 常温贮藏

龙眼在常温下一般只能短期贮藏，通常需与其他保鲜措施（如涂膜、硫处理、辐照、气调等）相结合，才能使龙眼保鲜。果实经防腐处理后，再用聚乙烯保鲜薄膜包装，置于放有果冰比为（2～3）：1的聚苯乙烯泡沫箱或瓦楞纸箱内，后用有棚普通车贮运，在常温下可保鲜7～8d，好果率95%以上。其技术流程为：采果→选果→装入周转箱→辅助保鲜处理→风干→包装→贮运→销售。

2. 机械冷藏

低温贮藏是目前国内外应用最广泛的龙眼果实保鲜方法。龙眼果实的适宜贮藏温度一般为 2～4℃,可保鲜 30～45d,若与涂膜等保鲜辅助技术结合使用,贮藏时间可达 60d,但品种不同,对温度的要求会有所差异。其技术流程为:采果→初步选果→装入周转箱→冰水药物防腐处理→吹干→辅助保鲜处理→预冷、再选果、包装、冷藏→冷链流通→销售。注意低温虽然有利于延长龙眼果实的贮藏寿命,但不适宜的低温可能使果实发生冷害,导致生理代谢失调,有毒物质积累,细胞结构受损,抗病能力下降,果实发病率和烂果率比适温条件下增高。

 工作任务三　主要蔬菜贮藏技术

一、蒜薹贮藏技术

(一)贮藏特性

蒜薹又名蒜苗或蒜毫,是大蒜的花茎。大蒜可分为抽薹和不抽薹大蒜两种。蒜薹是抽薹大蒜经春化后在鳞茎中央形成的花薹和花序。蒜薹在全国各地均有栽培。收获期一般为 4～7 月。由于气温高,若不及时处理,蒜薹极易失水、老化和腐烂,薹苞即膨大或开散。老化的蒜薹因叶绿素减少而黄化,因营养物质大量消耗、转移而变糠和纤维化,失去食用品质。一般来说,生长健壮、无病害、皮厚、干物质含量高,表面蜡质较厚,薹梗绿色,基部黄白色短的蒜薹较耐贮藏。

(二)贮藏条件

1. 温度

常温条件下,蒜薹极易老化,一般只能贮藏 10～20d,而在 0℃下可贮藏 1 年。但温度也不能过低,尤其蒜薹的冰点随贮藏时间的延长而逐步降低。根据这一特点,蒜薹前期贮藏温度以 0℃为宜;后期则可偏低一些,以-0.5～0℃为宜。当蒜薹长期贮藏在-1.5 ℃时,会发生冻结而造成冻害。

2. 相对湿度

蒜薹贮藏的适宜相对湿度为 85%～95%。较高的相对湿度对蒜薹保鲜也很重要。一般来说,只有保持贮藏蒜薹适当的含水量,才能保持其正常的呼吸作用和鲜嫩度。当采用气调贮藏方式时,由于环境相对湿度较大,一般失水较少,但要注意温度不能波动过大,否则会造成结露现象,容易引起腐烂。

3. 气体成分

蒜薹对低浓度氧有很强的耐受能力,尤其当二氧化碳浓度很低时,蒜薹长期处于低浓度氧气(1%以下)环境下,仍能保持正常。但蒜薹对高浓度二氧化碳的耐受能力较差,当二氧化碳浓度高于 10%时,贮藏期超过 3～4 个月时,就会发生高浓度二氧化碳的伤害。但当二氧化碳浓度在 5%以下时,蒜薹比处在高浓度二氧化碳下含有更多的叶绿素,表现为鲜嫩青绿。蒜薹在贮藏期间,贮藏环境的氧浓度控制在 2%～4%,二氧化碳的浓度控制在 6%～8%时较适宜。在一定范围内,氧浓度越低,二氧化碳和氧的比值越大,抑制衰老的效果越好。

（三）采后处理

选择色泽深绿、粗壮、厚皮的蒜薹贮藏。原料在贮藏前要进行细致的整理，去掉薹裤，剔除病薹、伤薹、短薹，将合格的蒜薹整理好，薹苞对齐，在薹苞之下3cm处用绳捆扎好，每捆0.5～1kg。将整理好的蒜薹及时预冷，使蒜薹迅速降温，最好到0℃时再进行包装贮藏。

（四）主要贮藏方式及管理

1. 冰窖贮藏

冰窖贮藏是采用冰来降低温度和维持低温高湿条件的一种方式。蒜薹收获后，经分级、整理、包装后送入冰窖。先在窖底及四周放两层冰块，再一层蒜薹一层冰块交替码至3～5层蒜薹，上面再压两层冰块，各层空隙用碎冰块填实。

贮藏期间应保持冰块缓慢融化，窖内温度在0～1℃，相对湿度接近100%。贮藏至第二年，损耗约为20%。但冰窖贮藏时不易发现蒜薹的质量变化，所以蒜薹入窖后每3个月检查一次，如个别地方下陷，必须及时补冰。如发现异味，则要及时处理。用冰窖贮藏蒜薹的优点是环境温度较为稳定，相对湿度接近饱和湿度，蒜薹不易失水，色泽较好。缺点是冰窖容量小，工作量大，贮藏中出现问题不易处理，一旦发生病害，损失较大。

2. 气调贮藏

（1）聚乙烯薄膜袋贮藏：采用0.06～0.08mm的聚乙烯薄膜做成长100～110cm、宽70～80cm的袋子，将蒜薹装入袋中，每袋装18～20kg，待蒜薹温度稳定在0℃后扎紧袋口，每隔1～2d，随机检测袋内氧和二氧化碳浓度，当氧浓度降至1%～3%，二氧化碳浓度升至8%～13%时，松开袋口，每次放风换气2～3h，使袋内氧浓度升至18%，二氧化碳浓度降至2%左右。如袋内有冷凝水，要用干毛巾擦干，然后再扎紧袋口。贮藏前期可15d左右放风一次，贮藏中后期，随着蒜薹对二氧化碳的忍耐能力减弱，放风周期逐渐缩短，中期约10d一次，后期7d一次。贮藏后期，要经常检查，观察蒜薹质量变化情况，以便采取适当的对策。

（2）聚乙烯薄膜大帐贮藏：先将捆成小捆的蒜薹薹苞朝外均匀地码在架上预冷，每层厚30～35cm，待蒜薹温度降至0℃时，即可罩帐密封贮藏。具体做法是：先在地面上铺长5～6m，宽1.5～2.0m，厚0.23mm的无毒聚氯乙烯薄膜。将处理好的蒜薹放在箱中或架上，箱或架成并列两排放置。在帐底放入消石灰，每10kg蒜薹放约0.5kg的消石灰。每帐可贮藏2500～4000kg蒜薹，大帐比贮藏架高40cm，以便帐身与帐底卷合密封。

大帐密封后，降低氧气浓度的方法有两种：一种是利用蒜薹自身呼吸使帐内氧浓度降低；另一种是快速充氮降氧，即先将帐内的空气抽出一部分，再充入氮气，反复几次，使帐内的氧浓度下降至4%左右。此时，由于蒜薹的呼吸作用，帐内的氧浓度进一步下降。当降至2%左右时，再补充新鲜空气，使氧浓度回升至4%左右。如此反复，使帐内的氧浓度控制在2%～4%，二氧化碳气体也会在帐内逐步积累，当二氧化碳浓度高于8%时可被消石灰吸收或气调机脱除。用此法贮藏比较省工，贮藏期可长达8～9个月，质量良好，好菜率可达90%，且薹苞不膨大，薹梗不老化，贮藏量大。缺点是帐内的相对湿度较高，包装材料易感染病菌而引起蒜薹腐烂。

（3）硅胶窗袋或大帐贮藏：采用硅胶窗袋或大帐贮藏时，最主要的是计算好硅胶的面积，因不同品种不同产地的蒜薹的呼吸强度不同，所以硅胶的规格也有差别。中国科学院兰州化学物理研究所研制成功 FC-8 硅胶气调保鲜膜，按每 1000kg 蒜薹用 0.38～0.45m^2 硅胶，制成不同大小的硅胶袋或硅胶帐，在 0℃条件下，可使袋内或帐内的氧浓度达到 5%～6%，二氧化碳浓度达 3%～7%。蒜薹贮藏前应经过预冷、装袋、扎口，再放置在 0℃的架上。贮藏期一般可达 10 个月，损失率在 10%左右。

3. 机械冷藏

将选择好的蒜薹经充分预冷（12～14h）后，装入箱中，或直接码在架上。库温控制在 0～1℃。采用这种方法，贮藏期较长，但容易脱水及失绿老化。

二、番茄贮藏技术

（一）贮藏特性

番茄属呼吸跃变型果实，成熟时有明显的呼吸高峰及乙烯释放高峰，同时对外源乙烯反应也很敏感。番茄性喜温暖，不耐 0℃以下的低温，但不同成熟度的果实对温度的要求不一样，且不同品种的番茄，其耐贮性也不同。一般来说，黄色品种最耐贮藏，红色品种次之，粉红色品种最不耐贮藏。此外，早熟的番茄不耐贮藏，中晚熟的较耐贮藏。适于贮藏的品种有满丝、苹果青、农大 23、橘黄佳辰、大黄一号、日本大粉、厚皮小红、台湾红等。

（二）贮藏条件

番茄贮藏最适温度取决于其成熟度及预计的贮藏天数。一般来讲，成熟果实能承受较低的贮藏温度，故可根据果实的成熟度来确定贮藏温度。绿熟期或变色期的番茄贮藏温度为 12～13℃，红熟前期及中期的番茄贮藏温度为 9～11℃，红熟后期的番茄贮藏温度为 0～2℃。但绿熟番茄贮藏温度低于 8℃时会造成低温伤害，而冷害果往往不能转红或着色不均匀，果面出现凹陷、腐烂。

番茄贮藏的适宜相对湿度为 85%～95%。相对湿度过高，易受病菌侵染造成腐烂；相对湿度过低，水分易蒸发，同时还会加重低温伤害。在 10～13℃条件下，绿熟番茄气调成分的氧和二氧化碳浓度均为 2%～5%，可抑制后熟，延长贮藏期。当氧浓度过低或二氧化碳浓度过高时会产生生理伤害。

（三）采后处理

采收的番茄应先在阴棚中预冷，以散去田间热。在散热过程中，可同时进行分级、挑选。果实的大小、颜色对贮藏期的长短、损耗量均有很大影响，剔除裂果、病果、伤果、未成熟的嫩果、过熟果以及过大过小的果实。

（四）主要贮藏方式及管理

1. 常温贮藏

在夏秋季节，利用土窑、防空洞、地下室、通风贮藏室等阴凉场所，保持较低的温度。许多地方还采用架藏，即将番茄置于架上，一般用木料或竹子搭架，层高 40cm、宽 70～80m，每层架上可码 4～5 层番茄。架藏的优点是在贮藏过程中，容易观察后熟变化及腐烂情况，便于及时处理，损耗较少，但成本较高。

2. 机械冷藏

番茄贮藏一周前，贮藏库可用硫磺熏蒸（$10g/m^3$）或用 1%～2%的甲醛（福尔马林）喷洒，也可用臭氧（浓度为 $40mg/m^3$）处理，熏蒸时密闭 24h，再通风排尽残药。所有的包装和货架等用 0.5%的漂白粉或 2%～5%的硫酸铜液浸渍，晒干备用。番茄的包装容器必须清洁、干燥、牢固、透气、美观、无异味，纸箱无受潮、离层现象。包装容器内的高度不要超过 25cm，单位包装质量以 15～20kg 为宜。

在贮藏过程中，要保持稳定的贮藏温度，上下波动小于 1℃，相对湿度维持在 85%～95%。为此，应安装通风设备，使贮藏库内的空气流通，适时更换新鲜空气。在贮藏期间要进行定期检查，出库前应根据其成熟度和商品类型进行分级处理。

3. 气调贮藏

番茄贮藏采用较多的为简易自发气调和充氮快速降氧气调。聚乙烯薄膜大帐自发气调贮藏：聚乙烯薄膜厚度为 0.04mm，将绿熟番茄先装入消毒的塑料筐或箱中，再将塑料筐或箱放在聚乙烯薄膜大帐内，每个聚乙烯薄膜大帐可贮藏 500～2000kg 番茄。为防止大帐内二氧化碳浓度过高，可在大帐底部放一些生石灰，若结合通风贮藏库使用，可贮藏 45d 左右。另外，聚乙烯薄膜大帐充氮快速降氧气调贮藏：通过聚乙烯薄膜的两端通气口抽出空气，同时充入氮气，使大帐内的氧气浓度迅速下降至 2%～5%，再通入少量氯气（按每千克番茄通入 100mL 计算）防腐，每隔 2 周检查一次，然后重新密封和补充氮气，使大帐内氧气降到要求的浓度，这样可贮藏 40～50d。

三、洋葱贮藏技术

（一）贮藏特性

洋葱的食用部分是肥大的鳞茎，有明显的休眠期。收获后外层鳞片干缩成膜质，能阻止水分进入内部，有耐湿耐干的特性。洋葱在夏季收获后，即进入休眠期，生理活动减弱，即使遇到适宜的环境条件，鳞茎也不发芽。洋葱的休眠期一般为 1.5～2.5 个月，因品种不同而异。休眠期过后，遇适宜条件便萌芽生长。一般在 9～10 月份鳞茎中的养分向生长点转移，致使鳞茎发软中空，品质下降，失去食用价值。因此，使洋葱长期处于休眠状态，抑制其发芽是贮藏洋葱的关键技术。休眠期后的洋葱适应冷凉干燥的环境，温度维持在-1～0℃，相对湿度低于 80%才能减少贮藏中的损耗。如收获后遇雨，或未经充分晾晒，以及贮藏环境相对湿度过高，都易造成腐烂损失。

（二）贮藏条件

洋葱腐烂的主要原因是相对湿度偏高，相对湿度高还会促使洋葱发芽和生根。贮藏的适宜温度为-3～0℃，相对湿度在 80%以下。

（三）采后处理

洋葱收获后应及时晾晒，一般就地将葱头放在畦埂上，叶片朝下呈覆瓦状排列。一般晒 3～4d，中间翻动 1 次，当叶绵软能编辫子即可。晾晒过的葱头经再次挑选后，将发黄、绵软的叶子互相编成长约 1m 的辫子，两条辫子结在一起成为一挂。每挂约 60 个葱头，重 10kg 左右。如晾晒后的叶子少而短，可用微湿的稻草与叶子一起编辫。编辫的洋葱，还需晾晒数日，晒至葱头充分干燥、叶片全黄即可贮藏。注意，若中午阳光过于强烈，可用苇席稍盖一段时间再揭开晾晒，而遇雨时应予以覆盖。

（四）主要贮藏方式及管理

1. 挂藏

选阴凉、干燥、通风的房屋或阴棚，将洋葱辫挂在木架上，不接触地面，四周用席子围上，防止淋雨。此法通风好、腐烂少，但休眠期过后会陆续发芽，因此要在休眠期结束前上市。

2. 垛藏

采用垛藏方式贮藏洋葱在天津、北京、河北唐山一带有悠久的历史，此种方式贮藏期长，效果好。垛藏应选择地势高而干燥、排水良好的场所。先在地面上垫上枕木，上面铺一层秸秆，秸秆上面放葱辫，纵横交错摆齐，码成长方形垛。一般垛长 5～6m、宽 1.5～2m、高 1.5m，每垛 5000kg 左右。垛顶覆盖 3～4 层席子或加一层油毡，四周围上 2 层席子，用绳子横竖绑紧。用泥封严洋葱垛，防止日晒雨淋，保持干燥，如发现漏雨应拆垛晾晒。封垛后一般不倒垛，如垛内太湿可视天气情况倒垛 1～2 次，必须注意倒垛要在洋葱出休眠期前进行，否则会引起发芽。贮藏到 10 月份以后，视气温情况，加盖草帘防冻，寒冷地区应转入库内贮藏。

3. 机械冷藏

通常在 8 月中下旬洋葱出休眠期之前入库贮藏。筐装码垛或架藏，或装入编织袋内架藏或码垛贮藏。维持 0℃ 左右，可以较长期贮藏。但由于冷藏库相对湿度较高，鳞茎常会长出不定根。

4. 自发气调贮藏

在洋葱出休眠期之前 10d 左右，将洋葱装筐在通窖或阴棚下码垛，用塑料薄膜大帐封闭，每垛 500～1000kg，维持 3%～6% 的氧浓度和 8%～12% 的二氧化碳浓度，抑芽效果明显。如在冷库内气调贮藏，并将温度控制在 -1～0℃，则贮藏效果更好。

四、大蒜贮藏技术

（一）贮藏特性

大蒜具有明显的休眠期，一般为 2～3 个月。在休眠期过后，设法创造适宜休眠的环境条件，可达到抑制幼芽萌发生长和腐烂的目的，是大蒜贮藏的关键。北方大蒜可耐受 -7℃ 低温，高于 5℃ 易萌芽，高于 10℃ 易腐烂；空气相对湿度超过 85% 时，大蒜容易生根；贮藏环境中氧气的浓度（在不低于 2% 的情况下）越低，抑制发芽的效果越明显；

大蒜能耐高浓度的二氧化碳，二氧化碳浓度在 12%～16% 时有较好的贮藏效果。

（二）贮藏条件

大蒜耐寒性强，鳞茎可抵抗 -7～-6℃ 的低温。贮藏的适宜温度为 -3～-1℃。大蒜喜干燥，贮藏环境的相对湿度以 70%～75% 为宜。大蒜的冰点是 -3℃，若贮藏温度低于 -7℃ 时，大蒜会受到冻害。贮藏量波动应尽量小。温度波动大，容易引起生理病变。另外，大蒜对温度的要求比较严格，相对湿度过高，鳞茎吸水受潮，大蒜表面易霉变，并逐渐影响内部质量；相对湿度过低，干耗大，大蒜易干瘪。

大蒜贮藏的适宜气体成分：氧（2.2%～4.3%），二氧化碳（3%～5%）。若氧浓度低于 1%、二氧化碳浓度高于 7% 时，贮藏效果差。

（三）采后处理

适时收获是贮藏大蒜的重要条件。采收后的大蒜，要选择蒜瓣肥大、色泽洁白、无病斑、无机械损伤的进行贮藏。剔除发黄、发软、腐烂的蒜瓣，然后及时给予高温干燥条件，使叶鞘、鳞片充分干燥失水，促使蒜头迅速进入休眠期，这个过程也叫预藏，是大蒜任何一种贮藏方式必不可少的环节。

（四）主要贮藏方式及管理

1. 简易贮藏

（1）挂藏：将采收后的大蒜，选蒜瓣肥大、色泽洁白、无病斑、无伤口的进行贮藏。先在阳光下晾晒 2～4d，然后每 40～60 个蒜头编成一组，每两组合在一起，切忌打捆。在阴凉、干燥、通风好的房屋或阴棚下支架，将大蒜瓣挂在架上，四周围上席子，不能靠墙，防止淋雨或水浸。

（2）架藏：对贮藏场地要求比较高，通常选择通风良好、干燥的室内场地，室内放置木制或竹制的梯架，有台形和锥形两种。

（3）窖藏：贮藏窖多数为地下式或半地下式。窖址宜选在干燥、地势高、不积水、通风好的地方。窖内的温度由窖的深浅决定，窖的形式多种多样，采用较多的是窑窖、井窖，大蒜在窖内可以散堆，也可以围垛。最好是窖底铺一层干麦秆或谷壳，然后一层大蒜一层麦秆或谷壳码放，不要堆得太厚，窖内设置通风孔，要经常清理窖，及时剔出病变烂蒜。

2. 机械冷藏

机械冷藏是借助机械制冷系统来降低贮藏环境的温度的一种贮藏方式，它是大蒜实现安全贮藏的高级形式。冷库的管理主要是库内温度、相对湿度的控制和调节通风。冷库内的温度要保持恒定，库内不同位置要分别放置温度计，保持温度在 -1～3℃ 且分布均匀。库内空气相对湿度也需经常测定，相对湿度保持在 50%～60% 的，若相对湿度过高可在库内墙根处放吸湿剂，如氧化钙、氯化钙。库内通风装置在设计时解决，或在过道上安放电风扇，加强空气流通。出库时，大蒜应先缓慢升温，并注意通风，以缩小库内外温度差，防止大蒜鳞茎表层结露。

3. 自发气调贮藏

在大蒜贮藏的适宜温度下，改变贮藏环境的气体成分，降低贮藏环境中的氧浓度和提高二氧化碳气体的浓度，可抑制大蒜的呼吸、发芽及致病微生物繁殖。自发气调贮藏的适应性强，应用范围广，抑芽效果好，成本低，在窖内和通风库内一般采用 $0.23\sim0.4\text{mm}$ 厚的耐压聚乙烯或聚氯乙烯薄膜贮藏大蒜，帐底为整片薄膜，帐顶黏结成蚊帐形式，并在其间加衬一层吸水剂，帐上应设有采气和充气口，容积大小视贮藏量而定。

 **知识拓展**

果蔬在采收后到贮藏期间，易受到不适宜的环境条件或理化因素的影响而造成生理障碍，称为果蔬生理性病害。生理性病害是由非生物因素诱发的病害，无侵染蔓延迹象，只有病状，其病状因病害种类而异。大多数果蔬生理性病害都在果蔬表面或内部出现凹陷、褐变、异味或不能正常成熟等。

生理性病害的病因很多，一是收获前因素，如果蔬生长发育阶段营养失调、采收成熟度不当、气候异常等；二是采后贮藏因素，如贮藏期间温湿度失调、气体组分控制不当等。

以下为果蔬贮藏中常见的生理性病害。

一、冷害

冷害是指由冰点以上的不适宜低温引起的果蔬组织生理代谢失调现象，它是果蔬贮藏中最常见的生理病害。

冷害的主要症状是出现凹陷、变色、成熟不均和产生异味。一些原产于热带、亚热带的果蔬，往往属于冷敏性，如香蕉、柑橘、芒果、菠萝、番茄、青椒、茄子、菜豆、黄瓜等，在低于冷害临界温度下，组织不能进行正常的代谢活动，耐藏性和抗病性下降，表现出局部表皮组织坏死、表面凹陷、颜色变深、水渍状斑点、果肉组织褐变，不能正常成熟、易被微生物侵染、腐烂等冷害症状。果蔬冷害损伤程度与低温的程度和持续时间的长短密切相关。冷害还可以累积，如果果菜类在采前受到 5d 冷害温度的影响，采后又经历 5d 冷害温度，其表现的受害程度与连续 10d 的冷害相仿。采前持续的低温（处于冷害临界温度以下）会造成采后冷害的发生，因此果菜类在田间遭霜打后不耐贮藏，严重的很快表现出冷害症状，导致腐烂。果蔬对冷害的敏感程度与栽培地区及其生长季节有关，温暖地区生长的果蔬比冷凉地区的果蔬敏感，夏季产品比秋季产品敏感。果蔬对冷害的敏感程度还与其成熟度有关，提高果蔬的成熟度，可降低果蔬对冷害的敏感度。

二、气体伤害

适宜的低浓度氧和高浓度二氧化碳对果蔬贮藏有益，但如果氧浓度过低或二氧化碳浓度过高，则会造成生理伤害。二氧化碳伤害最明显的症状是产生褐色斑点、凹陷，受害组织的水分很容易被附近组织消耗产生空腔，严重时大面积凹陷，果实变软、坏死，并有很浓的乙醇味。低氧伤害的症状与其相似。不同的果蔬贮藏时能耐受的低氧和高二氧化碳浓度有差异，因此贮藏时应选择透气量不同的保鲜袋包装，以免因气体不适造成伤害，这也是不同的果蔬要采用不同品种的保鲜袋的主要原因。上述由不适宜温度和气体条件造成的生理性病害通常无传染性，但由于环境对果蔬的影响是均匀的，其受害带有普遍性。果蔬产生生理性病害后往往易感染病原菌，导致传染性病害发生，因此应尽量避免。

三、其他生理性病害

1. 矿物质过量或缺乏

矿物质过量或缺乏均会导致一系列的生理性病害。例如，氮素过量会使果蔬组织疏松，口味变淡，引起西瓜白硬心，诱发苹果虎皮病等；钙缺乏易造成苹果苦痘病、水心病，柑橘浮皮病，番茄脐腐病及马铃薯黑心病等。

2. 乙烯毒害

乙烯是一种催熟激素，能增加呼吸强度，促进淀粉水解，加速果实成熟和衰老。但如乙烯使用不当，则会引起果蔬中毒，使果色变暗、失去光泽、出现斑块并软化腐败等。

3. 氨伤害

在果蔬机械冷藏中，又由于制冷剂——氨气的泄露，使氨气与果蔬直接接触，引起果蔬产品变色、水肿、呈凹陷斑等。故生产中应注意经常检查制冷设备，严防气体泄漏。

典型果品贮藏期间的生理性病害及其控制措施见表 2-4。

表 2-4　典型果品贮藏期间的生理性病害及其控制措施

果品种类	病害名称	表现症状	发病原因	控制措施
苹果	虎皮病	发病初期，果皮变为淡黄色，果面平坦或果点周围略有突起，或呈不规则斑块，以后颜色逐渐变深，呈褐色或暗褐色，病部微凹陷；严重时病斑遍及整个果面，但不深入果肉	果实着色差，贮藏环境温度过高，通风不良	①适当提高采收成熟度，选择着色好的果实贮藏；②利用气调贮藏，加强库内通风换气；③用石蜡油纸单独包裹；或用每张含 1.5～2mg 二苯胺的包果纸包装
	苦痘病	病果皮下果肉首先变褐，干缩成海绵状，逐渐在果面上出现圆形稍凹陷的变色斑，病斑在黄色和绿色品种上为暗绿色，在红色品种上为暗红色。病斑接近圆形，四周有深红色和黄绿色晕圈，随后病部干缩下陷，变成暗褐色	生理缺钙和氮、钙营养失调	①多施有机肥，防止偏施氮肥；②注意雨季及时排水，并合理灌水；③在果实生长中后期喷洒 0.5%氯化钙或 0.8%硝酸钙溶液 3～4 次；④采后用 2%～6% 的钙盐浸果
梨	黑心病	果心变褐，果皮色泽暗黄，果肉组织松散，严重时部分果肉变褐，并有乙醇味	贮藏温度过低，衰老引起；梨果中氮素过高、钙素过低	①加强梨树综合管理，多施有机肥，适当少用氮肥；②适期采收；③防止窖温过高或过低，应分期逐步降温，控制乙烯生成，延缓果实衰老

续表

果品种类	病害名称	表现症状	发病原因	控制措施
葡萄	SO_2中毒	果皮出现漂白色，以果蒂与果粒连接处周围的果梗或在果皮有裂痕伤处最严重，有时整穗葡萄受害	二氧化硫用量过多	①增加预冷时间，降低贮藏温度，控制药剂施用量和保鲜剂扎眼数量或使用复合保鲜剂；②适当减少二氧化硫释放量；③减少人为碰伤
柑橘	褐斑病（干疤）	多数发生在果蒂周围，初期为浅褐色不规则斑点，以后颜色变深，病斑扩大；病斑处油胞破裂，凹陷干缩，部位仅限于有色皮层，但长时间后，病斑逐渐扩大到白皮层，使果肉产生异味	贮藏温、湿度过低	①适当晚采；②维持高湿、低氧气和高二氧化碳浓度，避免贮藏温度过低；③采用聚乙烯薄膜单果包装
	枯水病	在宽皮橘上表现为果皮发泡，皮肉分离，沙囊失水干缩。在甜橙类上表现为油胞突出，果色变淡无光泽，手触坚实无柔韧感；果皮变厚，白皮层疏松，油胞层色淡透明，皮易剥离，中心柱空隙大，囊瓣壁变厚和变硬，果实逐渐失去固有风味	尚不明	①采前喷赤霉素；②适当提早采收；③适当预贮；④适当降低贮藏相对湿度，维持适宜低温
	水肿病	发病初期果皮无光泽，颜色变淡，稍有绵软，口尝果肉稍有异味。后期果皮颜色变为白色，其中局部果皮出现不规则的、半透明的水渍状，食之有煤油味。病情严重时，整个果实为半透明水渍状，表面泡胀，松浮软绵，易剥皮，食之有浓厚的乙醇味	贮藏温度过低；通风不良，二氧化碳积累过多	①保持适宜的贮藏温度和相对湿度；②加强库房的通风换气，防止二氧化碳气体积累过多
香蕉	冷害	轻度冷害的果实果皮发暗，不能正常成熟，催熟异常，果皮呈灰黄色。严重时，果皮变黑，果肉生硬无味，极易感染病菌，完全丧失商品价值	温度过低	维持适宜而稳定的低温
荔枝	褐变病	外果皮颜色变褐、变黑	果皮失水、酶褐变	①减少机械损伤；②采用护色处理；③用PE袋包果；④低温贮藏
	冷害病	内果皮出现水渍状或烫伤斑点，外果皮色变暗，抗病力下降	贮藏温度过低	维持适宜而稳定的低温
	二氧化碳伤害病	果肉中乙醇含量增多，食用时有明显的乙醇味	二氧化碳浓度过高	在包装袋中放置熟石灰，以降低二氧化碳浓度

典型蔬菜贮藏期间的生理性病害及其控制措施见表2-5。

表 2-5　典型蔬菜贮藏期间的生理性病害及其控制措施

蔬菜种类	病害名称	表现症状	发病原因	控制措施
蒜薹	高浓度二氧化碳危害	薹条萎软，色泽变暗、变黄，薹条表面有不规则的向下凹陷的黄褐色病斑。开袋后有乙醇味，严重时导致蒜薹腐烂。二氧化碳伤害往往和低氧伤害同时发生	二氧化碳浓度过高	在贮藏过程中维持适宜的二氧化碳浓度，如用硅胶窗袋气调贮藏，二氧化碳浓度不能高于10%
	高温病害	蒜薹贮藏温度过高，呼吸强度大，促使体内营养由薹梗向薹苞转移，以致薹苞膨大，结出小蒜，薹梗纤维化，空心发糠，品质迅速下降。蒜薹适宜的贮藏温度为-1～0℃。最好低温结合气调贮藏	贮藏温度过高	在0℃低温下贮藏，避免温度过高
黄瓜	冷害	在瓜面上出现大小不同的凹陷斑或水浸状斑点，以后扩大并受病菌感染而腐烂	贮藏温度过低	①根据品种选取适宜贮藏温度；②维持高湿状态；③采用适当的气调
马铃薯	黑心病	块茎外表正常而薯肉内部变为褐色或黑色	高温、缺氧、二氧化碳浓度过高	控制适宜的贮藏环境条件，避免高温、缺氧和二氧化碳浓度过高

 练习及作业

1. 果蔬贮藏的方式有哪些？各有什么特点？
2. 比较机械冷藏和气调库贮藏在技术管理上的异同。
3. 调查某一果蔬贮藏库，总结和分析其管理经验及存在的问题，并提出合理化建议。
4. 简述机械冷藏中温度和相对湿度管理的要点。
5. 简述提高苹果、葡萄、猕猴桃贮藏保鲜效果的综合技术。
6. 了解主要蔬菜的贮藏技术和措施。
7. 选择当地某一果蔬产品，编制其贮藏保鲜的最佳技术方案。

项目三　果蔬干制品加工技术

相关知识准备

一、水分的扩散作用

干制是干燥（drying）和脱水（dehydration）的统称，就是在自然或人工控制的条件下促使果蔬原料中水分蒸发脱除的工艺过程。通过脱水将果蔬原料可溶性固形物的浓度提高，并将水分活度降低到微生物不能利用的程度，同时果蔬本身所含酶的活性也受到抑制，使产品得以长期保存。

果蔬干制实质上就是水分蒸发的过程，水分的蒸发是依靠水分外扩散和内扩散完成的。外扩散是指水分由原料表面向周围介质中蒸发的过程，而内扩散是指水分由原料的内层向外层转移的过程。当原料与干燥介质相接触时，由于原料所含的水分超过该温湿度条件下的平衡水分，促使自由水分由表面向干燥介质中转移，即外扩散。随着这种水分的转移，又使原料外层与内层之间存在湿度梯度，促使水分由原料内层向外层扩散，即内扩散。由于水分不断蒸发，而使原料内容物浓度逐渐增加，水分向外扩散的速度也逐渐缓慢，直至原料与干燥介质之间达到扩散平衡，干燥作用结束，完成干制过程。

在整个干制过程中，水分的外扩散和内扩散是同时进行的，二者相互促进，不断打破旧的平衡，建立新的平衡，完成干制过程。在生产中要合理控制干燥介质的条件，使内、外扩散互相衔接，保持相对平衡，促使原料内、外水分均匀、快速蒸发。一方面要避免原料表面因过度干燥而形成硬壳，即"结壳"现象；另一方面，又要避免因过多水分集结于原料表面产生较大膨压，造成原料表面出现胀裂现象。

不同种类、不同形状的果蔬原料在不同的干燥介质作用下，其水分扩散的方式和速度不同。一般可溶性固形物含量低、切片薄的果蔬，如胡萝卜片、黄花菜等，在干燥时内部水分的扩散速度往往大于表面水分的蒸发速度，这时干燥速度就取决于水分的外扩散作用。而对于可溶性固形物含量高、体积较大的果蔬，如枣、柿等，在干燥时内部水分的扩散速度小于表面的蒸发速度，这时干燥速度就取决于水分的内扩散作用。

二、干燥过程

按照水分蒸发的速度可将干燥过程分为两个阶段，即恒速干燥阶段和降速干燥阶段。果蔬在干制时，当干燥介质的温度、相对湿度等条件不变时，原料自身的温度、含水量和干燥速度与干燥时间的关系可用图 3-1 表示。

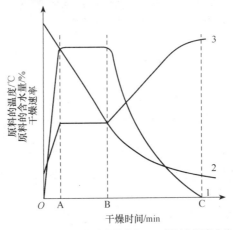

1. 干燥曲线；2. 原料的含水量曲线；3. 原料的温度曲线。

图 3-1　果蔬干燥过程曲线图

在干燥初始阶段，果蔬原料温度升高，达到干燥介质的湿球温度，原料的含水量也开始沿曲线逐渐下降，干燥速度由零增大到最高值。这一阶段（O-A）被称为初期加热阶段。接着进入恒速干燥阶段（A-B），物料表面的温度依然恒定。干燥介质传递给物料的全部热量都消耗于水分的蒸发，物料的含水量呈直线下降，干燥速度达到最大值，且稳定不变。当原料中的游离水分基本被排除后，则由于剩余水分所受束缚力较大，且含水量越来越少，干燥速度就随着干燥时间的延长而减慢，呈曲线下降趋势，进入降速干燥阶段，直到干燥结束（C 点）。

原料的含水量在干燥过程中呈下降趋势。在恒速干燥阶段，由于原料中游离水含量高,水分易蒸发,含水量呈直线下降。当大部分游离水被蒸发,原料失水 50%~60%(到 B 点),此后干燥脱除的主要是胶体结合水,含水量呈曲线缓慢地下降,进入降速干燥阶段。干燥结束到达 C 点时,所含水分为平衡水分。

在干燥过程中原料的温度变化可用干湿球温度表示。在恒速干燥阶段,原料的温度较低,保持在恒定的湿球温度,这是由于水分蒸发速度快并且恒定,干燥介质传递的热量多数被用于水分的蒸发。而进入降速干燥阶段,随着水分蒸发速度的减慢,热量除了用于水分蒸发外,更多地用于物料自身温度的升高,当水分不再蒸发时,物料的温度则接近或达到干球温度(干燥介质的温度)。

三、影响果蔬干制速度的主要因素

干制速度的快慢对于成品品质起决定性的作用。一般来说,干制越快,制品的质量越好。干制速度常受许多因素的影响,这些因素归纳起来有两个方面,一是原料本身的性质和状态;二是干制的环境条件。

（一）果蔬种类

不同果蔬原料,由于所含各种化学成分的保水力不同,组织和细胞结构性的差异,在同样的干燥条件下,干燥速度各不相同。一般来说,可溶性固形物含量高、组织致密的产品,干燥速度慢;反之,干燥速度快。叶菜类由于具有较大的表面积(蒸发面),所以比根菜类或块茎类易干燥。果蔬表皮有保护作用,能阻止水分蒸发,特别是果皮致密而厚,且表面有蜡质,因此干制前必须进行适当除蜡质、去皮和切分等处理,以加速干制过程,否则干制时间过长,有损品质。

（二）果蔬干制前预处理

果蔬干制前预处理包括去皮、切分、热烫、浸碱、熏硫等,对干制过程均有促进作用。去皮使果蔬原料失去表皮的保护,有利于水分蒸发;原料切分后,比表面积(表面积与体积之比)增大,水分蒸发速度也增大,切分越细越薄,则需时越短;热烫和熏硫,均能改变细胞壁的透性,降低细胞持水力,使水分容易移动和蒸发,如热烫处理的桃、杏、梨等干制所需要的时间比不进行热烫处理的缩短 30%~40%。果面有蜡质的果品如葡萄,干制前需用碱液处理以除去蜡质,从而使干燥速度显著提高。如经浸碱处理的葡萄,完成全部干燥过程只需 12~15d,而未经浸碱处理的则需 22~23d。

（三）原料装载量

物料的装载量和装载厚度,对于果蔬的干制速度影响也很大。载料盘上物料装载过多、厚度过大时,不利于空气流通,影响水分的蒸发。因此,装载量的多少和装载厚度要以不妨碍空气流通为原则,以便于热量的传递和水蒸气的外逸。但在干燥过程中可以随着物料体积的变化,调整其厚度,干燥初期宜薄些,干燥后期可适当厚些。用自然气流干燥的宜薄,用鼓风干燥的可厚些。

（四）干燥介质的温度

果蔬干制多用热空气作为干燥介质。当热空气与湿的物料接触时，就会将所带热量传递给被干燥物料，物料吸收这部分热量后会使其所含的部分水分汽化，干燥介质的温度就会下降，这时的干燥介质是空气与水蒸气的混合物。要使果蔬干燥就需不断地提高空气和水蒸气的温度。温度升高，空气所能够容纳的水蒸气就会增多，果蔬的水分就容易蒸发，干燥速度就会加快。反之，温度低，空气所能够容纳的水蒸气就少，干燥速度就慢。

干制过程中，所采用的高温是有一定限度的，温度过高会加快果蔬中糖分和其他营养成分的损失或致焦化，影响制品外观和风味；此外，干燥初期，高温还易使果蔬组织内汁液迅速膨胀，细胞壁破裂，内容物流失；如果开始干燥时，采用高温低湿条件，则容易造成硬壳现象。相反，干燥温度过低，会使干燥时间延长，产品容易氧化变色。因此，干燥时应选择适合的干燥温度。

不同种类和品种的果蔬，其适宜的干燥温度不同，一般在40～90℃。凡富含淀粉和挥发油的果蔬，通常宜用较低的温度。蔬菜干制时，为了更好地抑制酶活性，除进行必要的预处理外，干燥初期还可在75～90℃下干燥，后期（将近终点）则使干燥温度降至50～60℃，这样既有利于加速干燥进行，又能提高制品质量。

（五）干燥介质的相对湿度

一般来说，空气的相对湿度越小，水分蒸发的速度就越快。相对湿度又受温度的影响，空气温度升高，相对湿度就会减小；反之，温度降低，相对湿度就增大。在温度不变时，相对湿度越低，则空气的饱和差就越大。

在干制过程中，可以通过升高温度和降低相对湿度来提高果蔬的干燥速度。干燥介质的相对湿度不仅与干燥速度有关，而且也决定干制品的终点含水量。相对湿度越低，干制品的含水量也越低。例如，红枣在干制后期，分别在2个60℃的烘房中干制，一个烘房的相对湿度为65%，红枣干制后的含水量为47.2%；另一个烘房的相对湿度为56%，红枣干制后的含水量为34.1%。甘蓝干燥后期若相对湿度为30%，则干制品含水量为8.0%；若相对湿度为8%～10%，则干制品含水量可达1.6%。

（六）空气的流动速度

干燥空气的流动速度越大，果蔬的干燥速度就越快。因为加大空气流速，可以将表面蒸发出的、聚集在果蔬周围的水蒸气迅速带走，及时补充未饱和的空气，使果蔬表面与其周围干燥介质始终保持较大的相对湿度差，从而促使水分不断地蒸发；同时促使干燥介质将所携带的热量迅速传递给果蔬原料，以维持水分蒸发所需的温度。但空气流速不能过快，过快会造成热能与动力的浪费，前期风速过快还易出现表面"结壳"现象。据测定，风速在3m/s以下时，水分的蒸发速度与风速大体成正比。

此外，干制设备的类型及干制工艺也是影响干制速度的主要因素。应该根据原料的特性，选择理想的干制设备，控制合理的工艺参数，以提高干制效率，保证干制品的质量。

四、果蔬干制的主要方法

一般果蔬干制方法有自然晾晒和人工脱水两种。人工脱水是在人工控制的条件下利用各种能源向物料提供热能，并造成气流流动环境，促使物料水分蒸发。其特点是不受气候限制，干燥速度快，产品质量高。目前，果蔬干制生产中主要采用热风干燥（AD干燥）和真空冷冻干燥（FD干燥）。

（一）热风干燥

热风干燥是采用合适温度和热风来促进果蔬内部水分通过毛细管向外扩散，以达到脱水的目的。这种干燥方式投资少，成本低，操作简单，经济效益好，应用范围广。由于能控制干制环境的温度、湿度和空气的流速，因此干燥时间短，制品质量好。

1. 隧道式干燥

隧道式干燥利用狭长的隧道形干燥室对物料进行干燥，即将装好原料的载车，沿铁轨经隧道完成干燥，然后从隧道另一端推出，下一车原料又沿铁轨再推入。干燥室一般长 12～18m、宽 1.8m、高 1.8～2m。隧道式干燥可根据被干燥的原料和干燥介质的运行方向分为逆流式、顺流式和混合式（又称复式或对流式）三种形式。

（1）逆流式干燥：原料车前进的方向与干热空气流动的方向相反。原料由隧道低温高湿的一端进入，完成干燥过程后由高温低湿的一端出来。适合于桃、杏、李、葡萄等含糖量高的果实的干制。

（2）顺流式干燥：原料车的前进方向和干热空气流动的方向相同。原料从高温低湿的热风一端进入，而干制品从较低温和潮湿的一端取出。适合于含水量高的蔬菜的干制。

（3）混合式干燥：它综合了逆流和顺流式干燥的优点，将隧道分为两段，即前 1/3顺流，后 2/3 逆流。原料车首先进入顺流式隧道，将高温低湿的热风吹向原料，加快原料水分的蒸发。随着载车向前推进，温度逐渐下降，相对湿度也逐渐增大，水分蒸发趋于缓慢，有利于水分的内扩散，不致发生硬壳现象。待原料大部分水分蒸发以后，载车又进入逆流隧道，之后越往前推进，温度越高，相对湿度渐低，最终在相对高温低湿的环境条件下完成干燥，使原料干燥比较彻底。混合式干燥具有能连续生产，温湿度易控制，生产效率高，产品质量好等优点。目前，果蔬干制大多采用混合式（图 3-2）。

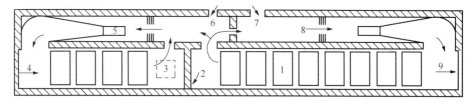

1. 运输车；2. 活动隔门；3. 空气出口；4. 新鲜品入口；5. 电扇；6、7. 空气入口；8. 加热器；9. 干燥品出口。

图 3-2　混合式干燥机

2. 带式干燥

带式干燥是使用环带作为输送原料装置的干燥机。常用的传送带有帆布带、橡胶带、涂胶布带、钢带和钢丝网带等。将原料铺在带上，借机械力向前转动，与干燥室内的干燥介质接触，而使原料干燥。图 3-3 所示为四层传送带式干燥机，能够连续转动。当上层部位温度达到 70℃时，将原料从柜子顶部的一端定时装入，随着传送带的转动，原料依次由最上层逐渐向下移动，至干燥完毕后，从最下层的一端出来。这种干燥机用蒸汽加热，暖管装在每层金属网的中间，新鲜空气由下层进入，通过暖管变成热气，使原料水分蒸发，湿气由顶部出气口排出。带式干燥机适用于单品种、整季节的大规模生产。苹果、胡萝卜、洋葱、马铃薯和甘薯都可在带式干燥机上进行干燥。

3. 流化床干燥

流化床干燥多用于颗粒状物料的干制。如图 3-4 所示，干燥用流化床呈长方形或长槽状。它的底部是用不锈钢丝编织的网板、多孔不锈钢板或多孔性陶瓷板。颗粒状的原料由进料口分布在多孔板上，热空气由多孔板下面送入，流经原料，对其加热干燥。当空气的流速适宜时，干燥床上的颗粒状物料则呈流化状态，即保持缓慢沸腾状，显示出与液体相似的物理特性。流化作用将被干燥的物料向出口方向推移。调节出口处挡板的高度，即可保持物料在干燥床停留的时间和干制品的含水量。流化床式干燥设备可以进行连续化生产，设计简单，在设备中物料颗粒和干燥介质密切接触，并且不经搅拌就能达到干燥均匀的要求。

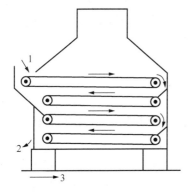

1. 原料进口；2. 原料出口；3. 原料运动方向。

图 3-3　带式干燥机

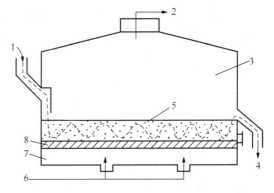

1. 物料入口；2. 排气窗；3. 干燥室；4. 出料口；5. 沸腾床；
6. 空气入口；7. 强制通风室；8. 多孔板。

图 3-4　流化床式干燥设备

（二）真空冷冻干燥

1. 冷冻干燥的基本原理及特点

真空冷冻干燥，也叫升华干燥，就是将待干燥的湿物料在较低温度下（-50~-10℃）冻结成固态后，在高真空度（干燥压力 0.133~133Pa）的环境下，将已冻结的物料中的水分，不经过融化而直接从固态升华为气态，从而达到干燥的目的。

冷冻干燥的特点：①温度低，并且处于真空状态之下，特别适用于热敏性食品和易氧化食品的干燥，可以保留新鲜食品的色、香、味及维生素 C 等营养物质；②由于物料中水分存在的空间在水分升华以后基本维持不变，故干燥后制品仍不失原有的固体框架结构，复水后易于恢复原有的性质和形状；③冷冻干燥因在真空下操作，氧气极少，所以一些易氧化的物质（如油脂类）得到保护，产品能长期保存而不变质；④多孔疏松结构的干燥产品一旦暴露在空气中易吸湿、氧化，最好用真空或充氮包装，并采用具有一定保护作用的包装材料和包装形式。由于操作是在高真空和低温下进行的，需要有一整套高真空获得设备和制冷设备，而设备购置费用和操作费用都很高，因而产品成本高。

2. 真空冷冻干燥过程

冷冻干燥过程分为冷冻、升华、解析三个阶段，每一个阶段都有相应的要求，不同的物料其要求各不相同。各阶段工艺设计及控制手段的差异直接影响冻干产品的质量和冻干设备的性能。

（1）冷冻阶段：冷冻干燥首先要把原料冻结，使原料中的水变成冰，为下一阶段的升华做好准备。在该阶段，重点要控制冻结温度及冻结速度，温度要达到物料的冻结点以下，不同的物料其冻结点各不相同。冻结速度的快慢直接关系到物料中冰晶颗粒的大小，冰晶颗粒的大小对固态物料的结构及升华速度有直接影响。一般情况下，要求 1～3h 完成物料的冻结，进入升华阶段。

（2）升华阶段：升华干燥是冷冻干燥的主要过程，其目的是将物料中的冰全部汽化，整个过程中不允许出现冰融化，否则冻干失败。升华的两个基本条件：一是保证冰不融化；二是冰周围的水蒸气压必须低于 610Pa。升华干燥一方面要不断移走水蒸气，使水蒸气压低于要求的饱和蒸汽压；另一方面为加快干燥速度，要连续不断地提供维持升华所需的热量，这便需要对水蒸气压和供热温度进行最优化控制，以保证升华干燥能快速、低能耗完成。

（3）解析阶段：物料中所有的冰晶升华干燥后，物料内会留下许多空穴，但物料的基质内还留有残余的未冻结水分（它们以结合水和玻璃态形式存在）。解析干燥就是要把残余的未冻结水分除去，最终得到干燥物料。

五、干制品生产工作程序

（一）热风干燥（AD）生产工作程序

1. 原料处理

原料处理主要是分级、清洗、去皮、热烫和熏硫等。有的原料需切片、切条、切丝或颗粒状，以加快水分的蒸发；有的还要进行浸碱脱蜡、护色等处理。

1）热烫处理

热烫可以钝化酶活性，减少氧化变色；可以增强细胞透性，有利于水分蒸发，缩短干制时间；可以排除组织中的空气，使制品呈半透明状态，改善制品外观。热烫可采用热水或蒸汽处理。热烫的温度和时间应根据原料种类、品种、成熟度及切分大小不同而异。一般热烫水温为 80～100℃，时间为 2～8min，以烫透而不软烂为宜。热烫过度使组织腐烂，影响质量；反之会促进褐变。例如，白洋葱热烫不完全，变红的程度比未热烫的还要严重。可用愈创木酚或联苯胺检查热烫是否达到要求，方法是：将以上化学药品的任何一种用乙醇溶解，配成 0.1% 的溶液，取已烫过的原料横切，随即浸入药液中，然后取出。在横切面上滴 0.3%双氧水（H_2O_2），数分钟后，如果愈创木酚变成褐色或联苯胺变成蓝色，说明酶未被破坏，热烫未达到要求；如果不变色，则表示热烫完全。

热烫会损失一部分可溶性物质，特别是用沸水热烫的损失更大。切分越细，损失越多。将热水重复使用，可减少热烫的损失，热烫水的浓度随热烫次数增多而增大，因此越到后来，热烫原料的可溶性物质的流失也就越少。热烫后的水，可收集起来综合利用。

绿色蔬菜要保持其绿色，可在热水中加入 0.5%的碳酸氢钠，使水呈中性或微碱性。因为叶绿素在碱性介质中会生成叶绿酸、甲醇和叶醇，叶绿酸仍为绿色，若进一步与碱反应形成钠盐，则绿色更稳定。

2）硫处理

硫处理是许多果蔬干制的一种必要的预处理。苹果、梨、杏、黄花菜、竹笋、甘蓝、马铃薯、番薯等，经过切片热烫后，都要进行硫处理。但有些果蔬，如青豌豆，干制时则不做硫处理，否则会破坏它所含的维生素。

熏硫处理时，可将装果蔬的果盘送入熏硫室中，利用硫磺粉燃烧进行熏蒸。二氧化硫的浓度一般为 1.5%～2.0%，有时可达到 3%。1t 切分的原料，需硫磺粉 2～4kg，要求硫磺粉纯净，品质优良，易于燃烧，砷含量不得超过 0.015%。含油质的硫磺粉不能使用，因其影响干制品的风味。硫磺粉燃烧要完全，残余量不应超过 2%。如果硫磺粉不易点燃，可加入相当于硫磺质量 5%的硝酸钠或硝酸钾。熏硫处理一般需要在密闭的熏硫室进行，此外，也可采用亚硫酸或亚硫酸盐类进行浸硫。为提高硫处理的效果，应将溶液 pH 值调到酸性范围。

3）浸碱脱蜡

对于果皮上含有蜡质的果蔬，应进行浸碱处理，以除去附着在表面的蜡质，有利于水分蒸发，促进干燥。浸碱可用氢氧化钠、碳酸氢钠或碳酸钠来处理。碱液处理的时间和浓度依果实附着蜡粉的厚度而异，葡萄一般用 1.5%～4.0%的氢氧化钠处理 1～5s，李用 0.25%～1.50%的氢氧化钠处理 5～30s。

2. 升温干燥

在热风干燥时，应依据原料的种类和品种，选择适宜的干燥温度和升温方式（表 3-1）。干燥温度一般为 50～70℃，升温方式有低温→较高温→低温、高温→较高温→低温、恒定较低温三种。

第一种：在干制期间，干燥初期为低温 55～60℃；中期为高温，为 70～75℃；后期为低温，温度逐步降至 50℃左右，直到干燥结束。这种升温方式适宜于可溶性固形物含量高的果蔬，或整果干制的红枣、柿饼。操作较易掌握，能量耗费少，生产成本较低，干制质量较好。例如，红枣采用这种升温方式干燥时，要求在 6～8h 内温度平稳上升至 55～60℃，持续 8～10h；然后温度升至 68～70℃持续 6h 左右；之后温度再逐步降至 50℃，干燥大约需要 24h。

第二种：在干制初期急剧升高温度，最高可达 95～100℃，当物料进入干燥室后吸收大量的热能，温度可降低 30℃左右，此时应继续加热使干燥室内温度升到 70℃左右，维持一段时间后，视产品干燥状态，逐步降温至干燥结束。此法适宜于可溶性固形物含量较低的果蔬，或切成薄片、细丝的果蔬，如苹果、杏、黄花菜、辣椒、萝卜丝等。这种方法干燥时间短，产品质量好，但技术较难掌握，能量耗费多，生产成本较大。依据实验，采用这种升温方式干制黄花菜时，先将干燥室升温至 90～95℃，送入黄花菜，温度会降至 50～60℃，然后加热使温度升至 70～75℃，维持 14～15h，然后逐步降温至干燥结束，干制时间需 16～20h。

　　第三种：其升温方式介于以上两者之间。即在整个干制期间，维持温度在 55～60℃，直至干燥临近结束时再逐步降温。此法操作技术容易掌握，成品质量好。因为在干燥过程中需长时间维持较均衡的温度，所以耗能比第一种多，生产成本也相应高一些。这种升温方式适宜于大多数果蔬的干制加工。

　　另外，升温速度对于产品质量也很重要。升温速度过快会导致表面脱水过快，外观形态发生变化，同时对于一些含糖分较高的原料，会发生表面结焦现象而阻碍内部水分的蒸发。如果升温速度太慢，干燥时间过长，既浪费能量，提高成本，也使果蔬营养成分损失较多。因此，要控制合适的升温速度，以提高产品质量。

表 3-1　常见果蔬热风干燥的工艺参数

果蔬种类	原 料 处 理	干燥温度/℃	干燥时间/h
桃干	切半，去核，热的 1%～1.5%氢氧化钠溶液中漂烫 30～60s，去皮，冲洗，蒸烫 5min	55～65	14
洋梨干	切成两半、去柄、去心，热烫 15～25min	55～65	30～36
葡萄干	用 1.5%～4.0%氢氧化钠浸果 1～5s，薄皮品种可用 0.5%碳酸钠处理 3～6s 后冲洗干净	45～75	16～24
柿饼	去皮，烘烤 12～18h，果面结皮稍呈白色时，回软后进行第一次捏饼，以后用间歇法烘制，并再捏饼 2 次	40～65	36～48
红枣	挑选分级，沸水热烫 5～10min	55～75	24
桂圆	挑选，加细沙摩擦果皮蜡质，洗净、沥干果实后，熏硫 30min 后间歇式烘制	60～70	30～36
蒜片	剥蒜瓣，去薄蒜衣，用切片机切成厚度为 0.25cm 的蒜片，漂洗 3～4 遍，置于离心机中沥水 1min，装入烘盘烘制	65～70	6.5～7
香菇	按大小、菇肉厚薄分别铺放在烘盘上，不重叠，菇盖向上，菇柄向下	40～60（低→高→中）	10～16
洋葱片	切除葱梢、根蒂，剥去葱衣、老皮至露出鲜嫩肉，将洋葱横切成厚 4～4.5mm 薄片，漂洗，沥干后烘制	58～60	6～7

　　3. 通风排湿

　　在干燥过程中，由于水分的大量蒸发，使烘房内的相对湿度急剧上升，而要使原料尽快干燥，就必须及时进行通风排湿。一般当相对湿度达到 70%以上时，就需通风排湿。具体的方法和时间，应根据烘房内相对湿度的高低和外界风力的大小来决定。一般每次通风 10～15min 为宜。

　　4. 倒换烘盘

　　采用非真空干燥时，当干制一段时间后，由于干燥机或烘房内温度、相对湿度不完全一致，应将烘盘上下、内外倒换。倒换烘盘时，要保证干制品受热均匀，干制程度一致。

（二）真空冷冻干燥（FD）生产工作程序

1. 原料预处理

真空冷冻干燥的原料预处理和常规热风干燥相同，需要进行挑选、清洗、去皮、切分、漂烫、冷却等处理。

2. 冻结

冻结是把经预处理的原料进行冷冻处理，是真空冷冻干燥的重要工序。由于果蔬在冷冻过程中会发生一系列复杂的生物化学及物理化学变化，因此冻结的好坏将直接影响到冻干果蔬的质量，且重点考虑被冻结果蔬的冻结速度对其质量和干燥时间的影响。实际生产中应根据果蔬特性加以综合考虑，选择一个最优的冻结速度，在保证冻干果蔬质量的同时，尽量降低所需的冷冻能耗。

3. 升华干燥

升华干燥是冻干果蔬生产过程中的核心工艺。

（1）装载量：干燥时，冻干机的湿重装载量即单位面积干燥板上被干燥的质量是决定干燥时间的重要因素。被干燥果蔬产品的厚度也是影响干燥时间的因素。冷冻干燥时，果蔬干燥是由外层向内层推进的，故被干燥果蔬较厚时，需要较长的干燥时间。在实际干燥时，被干燥果蔬均被切成 15～30mm 的薄片。单位面积干燥板所应装载的物料量，应根据加热方式及干燥果蔬种类而定。在采用工业化大规模装置进行干燥时，若干燥周期为 6～8h，则干燥板物料装载量为 5～15kg/m^2。

（2）干燥温度：冷冻干燥时，为能缩短干燥时间，必须有效地供给冰晶升华所需要的热量，因此设计出各种实用的加热方式。干燥温度必须控制在不引起被干燥物料中冰晶融解且已干燥部分不会因过热而发生热变性的范围内。因此，在单一加热方式中，干燥板的温度在升华旺盛的干燥初期应控制在 70～80℃，干燥中期在 60℃，干燥后期在 40～50℃。

（3）干燥终点判断：干燥终点可用下列四点来判定：物料温度与加热板温度基本趋于一致并保持一段时间；泵组（或冷阱）真空计与干燥室真空计趋于一致，并保持一段时间；干燥室真空计冷阱温度基本上恢复到设备空载时的指标并保持一段时间；对有大蝶阀的冻干机，可关闭大蝶阀，真空计读数基本不下降或下降很少。以上 4 个判定依据，既可单独使用，也可组合或联合使用。

4. 后处理

后处理包括卸料、半成品选别等工序。冻干结束后，往干燥室内注入氮气或干燥空气以破除真空，然后立即将果蔬干制品移至相对湿度在 50% 以下、温度为 22～25℃、尘埃少的密闭环境中卸料，并在相同的环境中进行半成品的选别及包装。因为冻干后的物料具有庞大的表面积，吸湿性非常强，因此需要在一个较为干燥的环境下完成这些工序的操作。

六、果蔬干制品的包装与贮存

（一）包装前的处理

为了防止果蔬干制品发生虫害，改进制品品质，便于包装，一般经过干燥之后的果蔬干制品需要进行一些处理才能包装和保存。

（1）回软：非真空系列干燥和喷雾干燥的产品在干燥后一般要进行回软处理，即堆积起来或放在密闭容器中（一般菜干 1～3d，果干 2～5d），以使产品呈适宜的柔软状态，便于产品处理和包装运输。

（2）挑选分级：目的是使干制品符合有关规格标准。按照干制品质量，一般将干制品分为标准品、未干品和废品。分级时，根据品质和大小分为不同等级，软烂的、破损的、霉变的均须剔除。

（3）压块：压块是将干燥后的产品压成砖块状。脱水蔬菜大多要进行压块处理，可使体积大为缩小（蔬菜压块后可缩小 3～7 倍，同时减少了与空气的接触，降低氧化作用，也便于包装和运输）。压块可采用螺旋压榨机，机内另附特制的压块模型，也可用专门的水压机或油压机。压块压力一般为 $70kg/cm^2$，维持 1～3min，含水量低时，压力要加大。

（二）包装材料

果蔬干制品常用的包装材料为 PE 袋及复合铝箔袋，PE 袋常用于大包装，复合铝箔袋常用于小包装，外包装通常选用牛皮瓦楞纸板箱，其大小应符合集装箱运输之需要，用 PE 袋作内包装时，为强化其隔绝氧、水、汽的作用，常做成双层，必要时，还可采用铁罐包装，但价格较高，应用并不普遍。对于真空冷冻干燥制品，无论采用何种包装材料，均需抽真空充氮，并添加除氧剂或干燥剂。

（三）包装方法

（1）普通包装：多采用纸盒、纸箱或普通 PE 袋包装，即先在容器内衬防潮纸或涂防潮涂料，后将制品按要求装入，上盖防潮纸，扎封。多用于自然干燥和热风干燥制品的包装。

（2）不透气包装：采用不透气的铝箔复合薄膜袋包装。其内也可放入脱氧剂，将脱氧剂包装成小包，与干制品同时密封于不透气的袋内，以提高耐藏性。适用于真空干燥、真空冷冻干燥制品的包装。

（3）充气包装：采用 PE 袋或铝箔复合薄膜袋包装，将干制品按要求装入容器后，充入二氧化碳、氮气等气体，以抑制微生物和酶的活性。适用于真空冷冻干燥制品的包装。

（4）真空包装：将制品装入容器后，用真空泵抽出容器内的空气，使袋内形成真空环境，以提高制品的保存性。多用于含水量较高的风干制品，如红枣、湿柿饼的包装。

（四）贮藏

果蔬干制品应贮藏在阴凉、干燥处，如有条件，最好放置在低温低湿的环境中，保质期通常为 1～2 年，采用铁罐包装时可适当延长。

工作任务一　柿饼加工技术

果蔬干制品加工
技术（工作任务）

1. 主要材料

新鲜柿子、硫磺、谷壳、乙烯利。

2. 工艺流程

采收→分级→果实清洗→脱涩→削皮→熏硫→干制→捏果回软（捏饼定型）→上霜→成品检验→包装。

3. 操作步骤

1）采收

一般在霜降节气过后，待柿子呈黄色时采摘。采摘过早，成熟度低，糖分少，加工出来的柿饼浆少，出品率低，上不满霜；采摘过晚，成熟度高，体软，皮厚，损耗大。采时将果柄剪短，留 T 字形果柄。选择果皮黄化、已充分成熟且肉质硬的柿子采下，要轻剪轻放。剔除软烂果、病虫果、破裂果等。

2）分级

将采收回来的柿子，先去掉向上翘起的萼片，并把过长的果柄剪去，再按柿果大小分为三级。分级标准：果重 250g 以上为一级果；150～250g 为二级果；150g 以下为三级果。

3）果实清洗

加工柿子前，要用清水清洗果实，以除去果面灰尘和杂质，确保果实干净卫生。清洗后的柿子，要立即进行加工削皮。

4）脱涩

在洁净的大陶缸或者用白瓷砖建造的水泥池中，配制浓度为 400～500mg/kg 的乙烯利溶液，另加 0.2%洗衣粉作展布剂。在室温（19～23℃）条件下，将晾干的柿子在配制的乙烯利溶液中浸泡 10min，捞取后堆放在聚乙烯薄膜上（禁用铁钢质容器），脱涩48～60h。室温高时，脱涩时间短；室温低时，脱涩时间长。经过脱涩处理的柿子，用水清洗后转入下一道工序。

5）削皮

先摘除萼片，再齐果蒂剪去果柄，留下萼盘，趁鲜削皮，皮要削得薄而净，基部周围留宽不超过 1cm。

6）熏硫

柿子熏硫有漂白、防腐作用，但熏硫应适度，熏硫不足达不到效果；熏硫过量，不仅制成的产品风味不足，而且还有残毒，对人体有害。正确的操作是将柿子连同烘烤筛一同置于熏硫室，逐层架好后，点燃硫磺粉并置于底层，关好门和排气孔，熏蒸时间为10～15min。硫磺粉用量随柿子品种和大小不同而异，通常 250kg 鲜柿用硫磺 10～20g。

7）干制

将经过熏硫的柿果萼盘朝下均匀摆放在柿筛上，准备干制。干制的方法有两种。

（1）日晒法：晾晒前，在空气流通、阳光充足的地方，支起 80～90cm 高的架子，铺上竹帘或苇席即可晒柿。晾晒时要勤翻动，使柿果上下干度一致。

（2）烘干法：先将 25kg 谷壳平铺在灶中，将松叶 50kg 平铺在谷壳上，再把 25kg 谷壳铺在松叶上，将装有柿子的竹筛放到灶上的横梁上，盖上草苫保温，后点火烘烤（注意经常翻动以防烤焦）。在烘烤中要及时捏软成圆饼形。

8）捏果回软

当晒或烘烤至柿子外层果肉稍软，结成"薄皮"时，开始进行第一次整形捏果揉软，捏果要捏得均匀，不应留有硬块，捏时两手握柿，纵横捏之，随捏随转，直到内部变软为止。通过揉捏把果肉揉碎揉软，并向外围挤，是使柿饼成形，肉质柔软的重要工序。每次捏的时间最好在晴天、有微风的上午，午后和夜间不宜捏果。因为白天晒后果皮干燥，捏之易破，经过夜间果实水分渗透平衡，果面返潮有韧性，上午捏果不易破。每次捏果后都要把果实上下面轮换，使果实受光均匀，干湿一致。一般捏果整形3～5次即可。

9）上霜

柿霜是柿子中的糖随水分渗出果面，糖凝结成的白色结晶。其主要成分是甘露糖醇、葡萄糖和果糖。柿饼出烘房时含水量适中，则柿霜出得快而厚；出房时含水量过低，柿饼不易回软，则出霜慢而薄，呈粉末状，甚至不出霜；含水量过高，水分大多外渗，也不容易出霜，即使出霜也呈污黄色，影响柿饼质量。因此，严格控制柿饼出烘房时的含水量是提高柿饼质量的重要措施。出霜是烘干后的柿饼经多次反复堆捂和晾摊而形成的。

首先，将出烘房的柿饼冷却后装入陶缸、箱或者堆放在平板上，高度为30～40cm，用清洁的塑料布盖好，经2～5d 堆捂，柿饼回软，糖分随水分渗透到柿饼表面。然后，将表面渗出糖和水分的柿饼摊在阴凉、通风的干燥环境中，有条件的可用风机对摊开的柿饼吹风。经过多次反复堆捂、晾摊的出霜过程后，当柿饼的含水量低于27%时，可进行分级包装。

10）成品检验

柿饼质量标准见表3-2。

表 3-2　柿饼质量标准

项　　目	质　量　标　准
感官品质	柿饼完整，不破裂，柿霜白、厚且均匀，果肉橘红色至棕褐色，有光泽，肉质软糯潮润，味甜，无涩味
含水量	≤30%
总酸量	≤6%
致病菌	不得检出
包装物	塑料袋、塑料箱

11）包装

柿饼包装的主要目的是防潮和防虫蛀。一般用既能防虫蛀又对水分有较好隔绝性能的聚乙烯薄膜封装，或者选用具有印刷光泽的透明复合膜包装，也可选用能充气或真空、易装的高性能复合膜包装。

工作任务二　洋葱干制加工技术

1. 主要材料

新鲜洋葱。

2. 工艺流程

原料挑选→切梢、挖根、剥衣、清洗→切片→漂洗→沥水→摊筛、烘干→精选→成品检验→包装。

3. 操作步骤

1）原料挑选

原料要选用充分成熟的洋葱，其茎叶已开始变干，鳞茎外层已经老熟，水分含量低，干物质含量高，葱头横径在 6.0cm 以上，以大、中个体为佳。葱肉呈白色或淡黄白色；红洋葱为红白色，肉汁辛辣。无霉烂、抽芽、虫蛀和严重损伤的洋葱，均可作为加工原料。

2）切梢、挖根、剥衣、清洗

用小刀切除葱梢，挖掉根蒂，剥去葱衣、老皮、鳞片，直至露出鲜嫩白色或淡黄白色；红洋葱为露出红白色的内层为止。同时削去有损伤的部分，并将葱头在清水中冲洗一次，以洗去外表的泥沙、衣膜等杂质。

3）切片

将洗净的洋葱，采用切片机横切成不同直径的环状片，葱片条宽度为 4.0～4.5mm，刚收获的洋葱片条可切宽些，经过贮藏时间较长的洋葱，片条可切窄些，为便于切片，大个的洋葱可先切成两半后，再上机进行切片。片条大小要均匀，切面要平滑整齐。片形过宽，干燥速度慢，干品外观色泽差；片形窄小，容易干燥，干品色泽佳，但碎片率高，片形不挺。在切片过程中，边切边加水冲洗，同时把重叠的圆片抖散开。

4）漂洗

洋葱切片后，流出的胶质物和糖液黏附在洋葱片表面上，在烘干时葱片内部水分不易蒸发出来，影响干燥速度，所附糖液也极易焦糖化造成褐变，使干洋葱片色泽不均匀。故切片后洋葱片必须进行漂洗，以缩短干燥时间，提高干品外观色泽。

漂洗用水水质必须符合生活饮用水标准。漂洗时将洋葱片放入竹筐或有孔塑料筐中，每筐装半筐洋葱片，置于流动清水池中，用漏勺将洋葱片上下翻动进行漂洗，通常经过三池清水漂洗，以洗净洋葱片表面的可溶性物质。在漂洗过程中，要经常更换新水，以保持水质清洁卫生。漂洗要适度，过分漂洗会使洋葱片营养成分流失，风味降低。为保持洋葱片外观色泽良好，可将洋葱片浸入 0.2% 柠檬酸中 2min 进行护色。

5）沥水

原料经过漂洗后，洋葱片所带水分较多，必须放入离心机把葱面所带水分甩干。首先在离心机槽内铺上一层清洁纱布，然后装入洋葱片，装量不宜过多，每次 15～20kg。离心机开动时间控制在 30s 左右，把原料表面水分基本甩干为止。随后将纱布连同洋葱片一齐取出，摊铺于烘筛上。甩水时间要严格掌握，转速不宜太快，通常控制在 1300r/min，否则干品的条形不挺直，碎片增多，影响成品质量。

6）摊筛、烘干

（1）原料摊筛。洋葱经过预处理，沥尽水分后，随即摊铺于烘筛上。烘筛近方形，规格为 100cm×93cm。采用尼龙线编织的网筛用竹木条作边框；采用不锈钢丝编织的网筛用铝合金作边框。网筛孔眼一般以 3mm×3mm 或 5mm×5mm 为宜。洋葱片摊筛时，操作要快速，铺放要均匀，要严格控制好烘量，若铺放过多，会延长干燥时间；铺量过少，会降低干燥机生产能力，使干品色泽变劣。摊铺时，最好用专门的计量斗或配量器，按一定量铺放于烘筛上，按上述规格，每只烘筛可铺放鲜洋葱片 3.5～4.0kg。

（2）装车。当每只烘筛铺料完毕，随即装在烘车层架上。烘车为用角铁和钢筋焊制成的层架式小车，车长 190cm、宽 100cm、高 190cm，每架烘车 15 层，每层相距 10cm，装有 4 个旋转脚轮，安置在地面轨道上。烘车每层可放置 2 只烘筛，一架烘车可放置 36 只烘筛。

（3）入烘。干燥机在未进料前，先行预热升温达 60℃左右，先连续进入 3 架载料烘车，随即关闭进料门，接着每铺满一架烘车，进入一架，直至一条烘道装满 8 架烘车时，关闭进料门，继续升温。烘干温度控制在 58～60℃，持续时间为 6～7h。经过一定时间，当洋葱片含水量降至 5.0%以下时，即可从干燥机出口处卸出一架干品烘车，从进料口进入一架鲜洋葱烘车，这样卸出干品，进入原料连续不断地进行干燥作业。

7）精选

精选是保证成品质量最后的关键工序。精选车间光线要充足，房间要干净，卫生条件要好，同时还要密闭门窗，做好防鼠、防蝇、防虫、防雀“四防”措施，要严格工人卫生检查，防止带菌、带病进入精选车间，杜绝传播病菌或昆虫污染产品。在气温高的季节里，车间必须具有空调或通风设施，以降低车间温度，这对保证质量非常重要。

精选工序分三道进行，先将烘干洋葱片半成品移入分选机，筛除碎屑杂质，然后在传送带上初步拣除不合格的黄皮片、青皮片、焦褐片、异色片、花斑片和杂质。为检查清除葱片中偶然混入的金属夹杂物，在第一道分选机出料口传送带上安装一台金属检测仪，如有金属反应则停机拣除，同时在传送带出料口安装磁吸设备，以彻底清除干品中混入的铁质夹杂物。

干洋葱片经第一、二道处理后，还必须将干品倒在不锈钢台板或无毒白色塑料板上，进行最后一道仔细拣选，以拣净不合格的低劣片，同时按成品质量标准分级。拣选时操作要迅速，防止干品停留在拣选台上时间过久，因为洋葱片含糖分高容易吸湿，水分升高会造成干品不合格，因此，拣选完毕后应立即检验、包装。

8）成品检验

洋葱片质量标准见表 3-3。

表 3-3　洋葱片质量标准

项　　目	质　量　标　准
感官品质	呈白色和绿色的 5～10mm 的片状或圆筒；无霉烂、变质及异色斑点。具有洋葱特有的芳香，无不良异味，无杂质

项　　目	质　量　标　准
含水量/%	≤5.0
总灰粉（质量分数）/%	≤5.8
不溶于酸的灰粉（质量分数）/%	≤0.8
微生物指标	菌落总数 1.0×10⁴ 个/g 以下，大肠埃希菌菌群阴性/0.1g，霉菌、酵母菌≤300 个/g，金黄色葡萄球菌阴性/0.1g，沙门氏菌阴性/5g
污染物指标	铅≤20μg/g，总砷≤20μg/g，二氧化硫≤30μg/g，农药残留符合产品出口国食品卫生法
异物	不得检出
包装物	塑料袋、塑料箱

9）包装

可采用真空小袋包装后再装入大纸箱。

 工作任务三　脱水蒜片加工技术

1. 主要材料

新鲜大蒜。

2. 工艺流程

原料挑选→清理→去皮→护色→切片、漂洗→脱水（烘干）→平衡水分→分选→成品检验→包装。

3. 操作步骤

1）原料挑选

选择无霉变、无机械损伤的直径 6cm 以上的干燥大蒜，在原料进入工厂后做农药残留化验，确保原料符合国家标准和出口国产品的要求，把好原料关。

2）清理

先用清水清除蒜头附着的泥沙、杂质等。然后用不锈钢刀切除蒜蒂，用水进行浸泡，浸泡的目的是使大蒜容易去皮，时间保持在 2～3h。

3）去皮

将大蒜放入大蒜去皮机，打开机器开关，机器边转动边注水，靠机器内的橡胶辊摩擦，去掉大蒜皮。

4）护色

去皮后的大蒜含有多酚氧化酶（PPO）和过氧化物酶（POD），很容易被空气中的氧气所氧化，引起酶促褐变，使大蒜变为黄色，严重地影响产品的感官指标，达不到出口标准的品质要求。可采用柠檬酸、亚硫酸盐等方法进行护色处理，将去皮后的大蒜倒入护色保鲜溶液中即可，这样处理不仅能护色，还有漂白作用，使大蒜保持洁白的色泽。

5）切片、漂洗

经护色处理的大蒜放在清水中进行漂洗，然后进行切片。切片时，要求刀片锋利，刀盘平稳，速度适中，以保证蒜面平滑、片条厚薄均匀。蒜片厚度以 1.5mm 为宜。片条过厚，则干燥脱水慢，色泽差；片条过薄，色泽虽好，但碎片率高，片形不挺。切片时须不断加水冲洗，以洗去蒜瓣流出的胶质汁液及杂质。将切出的蒜片立即装入竹筐内，用流动水清洗。清洗时可用手或竹、木耙将蒜片自筐底上下翻动，直至将胶汁漂洗净为止。

6）脱水（烘干）

将洗净的蒜片装入纱网袋内，采用甩干机甩净附着水，将甩净水的蒜片摊在晾筛上，放入烤炉或烤房内，于 55℃左右下持续 6～7h。烘干过程中，注意保持干燥，室内温度、热风量、排湿气量稳定，并严格控制烘干时间及烘干水分。若烘干时间过长、温度过高，会使干制品变劣，影响其商品价值。一般经脱水处理的烘干品的水分含量控制在 4%～4.5%即可。

7）平衡水分

由于蒜片大小不匀，其含水量略有差异，所以烘干后的蒜片，待稍冷却后，应立即装入套有聚乙烯袋的箱内，保持 1～2d，使干品内水分相互转移，达到均衡。

8）分选

将烘干后的大蒜片过筛，筛去碎粒、碎片，根据蒜片完整程度划分等级。

另外，筛下的碎片、碎粒可另行包装销售，也可添加糊精、盐、糖等置粉碎机中粉碎为大蒜粉。

9）成品检验

脱水蒜片质量标准见表 3-4。

表 3-4　脱水蒜片质量标准

项　　目	质　量　标　准
感官品质	呈乳白色、乳黄色的片状；片形完整，大小均匀，无碎片。具有大蒜特有的辛辣味，无异味，无杂质
含水量/%	≤8.0
总灰粉（质量分数）/%	≤5.8
不溶于酸的灰粉（质量分数）/%	≤0.8
微生物指标	菌落总数 $1.0×10^4$ 个/g 以下，大肠埃希菌菌群阴性/0.1g，霉菌、酵母菌≤300 个/g，金黄色葡萄球菌阴性/0.1g，沙门氏菌阴性/5g
污染物指标	铅≤20μg/g，总砷≤20μg/g，二氧化硫≤30μg/g，农药残留符合产品出口国食品卫生法
异物	不得检出
包装物	塑料袋 、塑料箱

10）包装

采用无毒塑料袋真空密封，然后用纸箱或其他包装材料避光包装销售、贮运。

11）注意事项

（1）整个加工过程中，切忌使用铁、铜容器，但可用不锈钢器具。

（2）脱水蒜成品为白色略带淡黄色，无深色。蒜片成品的水分不得超过 6%。

（3）成品蒜片必须贮藏在干燥、凉爽的库房内。在贮运过程中不得与有毒有害物质接触。

工作任务四　干制加工过程中主要设备及使用

现代果蔬干制主要依赖各种设备来完成，干制过程中常涉及的设备有切根切顶机、回转分拣机、浸泡清洗机、网带输送机、冲浪清洗机、高压喷淋机、灭菌机、振动沥水机、双层分拣输送机、切片机、蔬菜漂烫机、上料机、脱水干燥机和包装机等。有的采用由多种设备组成的自动化程度较高的成套蔬菜脱水生产线。

一、果蔬干制预处理设备

（一）WD 型网带式清洗机

WD 型网带式清洗机（图 3-5）机体采用 304 优质不锈钢严格按照国家食品出口标准制作。它采用高压汽泡水浴清洗，全程网带输送，清洗能力大、清洗率高，物料经网带输送到高压水流下实现二次清洗，最后传送进下一道工序。WD 型网带式清洗机的主要技术参数见表 3-5。主要适用于根茎类等较大、较重物料的清洗，如芥头、萝卜等。

图 3-5　WD 型网带式清洗机

表 3-5　WD 型网带式清洗机主要技术参数

型号	WD-300	WD-520
外形尺寸/mm	3000×900×1450	3600×900×1450
电源/(V/Hz)	380/50	380/50
功率/kW	3.37	4.37
洗涤能力/(kg/h)	500～1000	1000～2000
输送速度/(m/min)	无级可调	无级可调

（二）GT 型鼓泡式清洗机

GT 型鼓泡式清洗机（图 3-6）主要由喷淋清洗管路装置、气流翻浪装置、出料输送装置、箱体框架等组成，整机结构紧凑合理。该设备用机械代替手工操作，简化了生产工序；并且机器全部采用不锈钢制作，符合食品加工卫生要求；整机操作简便、便于清洗，具有工作平稳可靠、噪声低、工作效率高等优点。GT 型鼓泡式清洗机的主要技术参数见表 3-6。主要用于叶类蔬菜，如白菜、青菜、菠菜、莴苣、番茄、真菌类等的清洗。

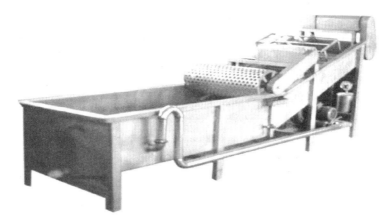

图 3-6　GT 型鼓泡式清洗机

表 3-6　GT 型鼓泡式清洗机主要技术参数

型号	GT-360	GT-520
外形尺寸/mm	3600×900×1450	5200×900×1450
电源/(V/Hz)	380/50	380/50
功率/kW	3.5	3.5
洗涤能力/(kg/h)	500～1000	1000～2000
输送速度/(m/min)	8	8

（三）LPT 型链式漂烫（预煮）机

LPT 型链式漂烫（预煮）机（图 3-7）适用于蔬菜、水果等脱水、速冻前的预煮、漂烫、杀青，特别适合易损伤的和长条状产品。该机在实际生产过程中得到广泛应用，其主要技术参数如表 3-7 所示。

图 3-7　LPT 型链式漂烫（预煮）机

表 3-7　LPT 型链式漂烫（预煮）机主要技术参数

型号	LPT-2	LPT-5
生产能力/(kg/h)	500~2000	2500~5000
配用功率/(kW)	1.5	2.2
耗用蒸汽量/(kg/h)	500	1000
耗用水量/(kg/h)	500	1000
外形尺寸/mm	5500×810×1100	6500×1200×1100

（四）切分设备

LG-550 型多用切菜机（图 3-8）是根据多种进口机在国内实际使用中存在的不足之处，反复改进设计后制造的。采用不锈钢和全滚动轴承结构，具有外形美观、使用维修方便等特点。适用于脱水、速冻、保鲜、腌渍等，蔬菜加工工序如大葱（香葱）、韭菜、韭蒜、芹菜、香菜、缸豆、刀豆切段；甘蓝（卷心菜）、青梗菜、菠菜切块；青红椒、洋葱切圈；胡萝卜切片、丝；芦荟切粒、条等。其主要技术参数如下所述。

图 3-8　LG-550 型多用切菜机

（1）切段：装上弧刀总成，切茎秆类物料，段长 2~30mm，如需切长 10~60mm 段，主轴电动机由 0.75kW-4 换为 0.75kW-6。

（2）切块：装上订制刀盘总成，切茎叶类物料，块形为 10mm×10mm~25mm×25mm。如需切成 20mm×20mm 以上方块，则要安装备用的刀盘窗口蒙板，单窗口切割。

（3）切丝：更换订制刀盘总成，可切底面尺寸 3mm×3mm~8mm×8mm，长 30mm 以内的丝、条、丁。

（4）斜切：改变刀具与送料槽安装角，可切 30°~45°斜形，分水平式和削切式斜两种。

（5）切料长度：主轴正常转速为 810r/min，送料槽由 0.75kW 电磁调速电动机或变频器通过 1:8.6 减速箱、带轮传动，操作时只需旋动调速表旋钮即可获得长短不同的切料。

（6）产量：500~2000kg/h。

（7）外形尺寸：1200mm×680mm×1350mm，送料槽 140mm×1000mm。

（8）质量：220kg。

二、果蔬干制主体设备（干燥机）

（一）隧道式干燥机

隧道式干燥机是生产中最常用的干燥设备。隧道烘干是利用鼓风通过散热加温，使脱水菜半成品中大量的水分蒸发，由引风机吸收散发，最终将产品脱水烘干。常见的隧道式干燥机如图 3-9 和图 3-10 所示。隧道式干燥机在设计建造过程中应注意下列问题：

按隧道的长、宽、高，配以合适的鼓风机、散热器、引风机。

隧道进风口的高度以及风口的大小要适当，确保隧道在生产运行时有足够的风量。

安装鼓风机散热器时，相互间的位置要正确，否则风量不均匀。

引风机功率要与鼓风机功率成一定比例，否则隧道生产效率低。

生产操作时，摊铺在烘盘上的原料力求均匀、厚度合理，并按照各种产品所需的温度固定下来，切忌时高时低。

按照各产品的水分要求，定时出隧道，否则产品质量将受到影响。注意保持隧道内外的清洁卫生。

图 3-9　隧道式干燥机　　　　　　　　图 3-10　隧道式干燥机炕车

（二）JY-G2000 型箱式干燥机

JY-G2000 型箱式干燥机（图 3-11）利用强制通风作用，使物料干燥均匀。即通过散热器，使常温空气升温，获得 100℃的高温干燥热空气，以干热空气通过对流作用将热量传递给湿物料，同时散出物料因受热而蒸发的水蒸气，达到干燥的目的。该干燥方式具有速度快、蒸发强度高、产品质量好的优点。JY-G2000 型箱式干燥机主要适用于透气性较好的片状、条状、颗粒果蔬的干燥，如葱、菠菜、香菜、芹菜、甘蓝、番茄、茄子、大蒜片、生姜片、南瓜片、胡萝卜片、土豆片等根茎、茎叶菜。

图 3-11　JY-G2000 型箱式干燥机

JY-G2000 型箱式干燥机主要技术参数：风量 15500m²/h；全压为 732Pa；动力 4kW；散热器由四排 76 根管、带组成；箱体有效尺寸为 2m×2m，高 880mm；外形尺寸 3600mm×2100mm×1510mm；手动风门调节风量大小。

（三）DWC 系列带式脱水干燥机

DWC 系列带式脱水干燥机具有较强的针对性、实用性，能源效率高，如图 3-12 所示。其主要技术参数见表 3-8。能满足根、茎、叶类条状、块状、片状、大颗粒状等蔬菜物料的干燥和大批量连续生产，同时能最大限度地保留产品的营养成分及颜色等。主要适用于蔬菜、果品的脱水干燥，如蒜片、南瓜、魔芋、白萝卜、山药、竹笋等。

图 3-12　DWC 系列带式脱水干燥机

表 3-8　DWC 系列带式脱水干燥机技术参数

型号	DWC1.6-Ⅱ	DWC1.6-Ⅲ	DWC2-Ⅰ	DWC2-Ⅱ	DWC2-Ⅲ
网宽带/m	1.6	1.6	2	2	2
干燥段长/m	10	8	10	10	8
铺料厚/mm	≤100	≤100	≤100	≤100	≤100
使用温度/℃	50～150	50～150	50～150	50～150	50～150
换热面积/m²	398	262.5	656	497	327.5
蒸汽压力/MPa	0.2～0.8	0.2～0.8	0.2～0.8	0.2～0.8	0.2～0.8
干燥时间/h	0.2～1.2	0.2～1.2	0.2～1.2	0.2～1.2	0.2～1.2
传动功率/kW	0.75	0.75	0.75	0.75	0.75
外形尺寸/m	12×1.81×1.9	12×1.81×1.9	12×2.4×1.92	12×2.4×1.92	10×2.4×1.92

一、果蔬干燥新技术

随着食品干燥新技术的发展，果蔬干制迎来新的发展机遇。由于在传统干燥脱水过程中，长时间高温干燥会使果蔬品质发生不良变化，所以选择合适的干燥方法是果蔬脱水干制的客观要求。目前，在果蔬干制生产中除了热风干燥和真空冷冻干燥得到广泛应用外，正在开发和推广的干燥新技术主要有低温真空油炸干燥、低温气流膨化干燥、微波干燥、冲击干燥、二氧化碳干燥和流化床干燥等。

（一）低温真空油炸干燥技术

1. 低温真空油炸干燥技术的原理

低温真空油炸干燥技术是在真空条件下把果蔬切块后投入高温油槽，均匀地脱去果蔬组织中所含的大量水分，再继续用油抽取装置进行部分脱油。这样所得的果蔬脆片的含油量一般小于25%，含水率小于6%，而常压油炸食品的含油率为40%～50%。在低温真空中进行油炸，可以防止油脂劣化变质，故不必加入其他抗氧化剂，油脂可以反复使用。

2. 低温真空油炸干燥的优点

与冷冻、热风干燥相比，该方法有如下优点：①灭菌效果好；②在真空条件下，使原料在80～110℃脱水，可有效避免高温对果蔬营养成分及品质的破坏；③由于在真空状态下，果蔬细胞间隙的水分急剧汽化膨胀，体积迅速增加，间隙扩大，因此具有良好的膨化效果，产品的口感脆，复水性好；④可大幅度降低成本；⑤干燥果蔬质量稳定，在空气中吸水性小，可长期保存。

（二）低温气流膨化干燥技术

1. 低温气流膨化干燥技术的原理

低温气流膨化干燥也称变温压差膨化干燥。变温是指物料膨化温度和真空干燥温度不同，在干燥过程中温度不断变化；压差是指物料在膨化瞬间经历了一个由高压到低压的过程；膨化是通过原料组织在高温与高压下瞬间泄压时内部产生的水蒸气剧烈膨胀来完成的。干燥是膨化的原料在真空（膨化）状态下抽除水分。低温气流膨化干燥技术是近几年刚刚兴起的一种新型果蔬干燥技术，采用气流膨化法生产果蔬脆片，是继油炸果蔬脆片、真空油炸果蔬脆片之后的第三代膨化果蔬产品。

2. 低温气流膨化干燥的优点

低温气流膨化干燥的优点：干燥的产品绿色天然，口感酥脆，不但解决了真空油炸果蔬脆片含油量多的问题，而且最大限度地保持了原果蔬的风味、色泽和营养，并且不含任何添加剂。另外，低温气流膨化干燥设备节约能源、价格低廉，因而该项技术应用前景广阔。

（三）微波干燥技术

1. 微波干燥技术的原理

微波是具有穿透特性的电磁波，常用的微波频率为 915MHz 和 2450MHz。微波干燥技术是依靠以每秒几亿次速度进行周期变化的微波透入物料内，与物料的极性分子相互作用，物料中的极性分子（如水分子）吸收了微波能以后，改变其原有的分子极性，也以同样的速度做电场极性运动，致使彼此间频繁碰撞而产生大量的摩擦热，在宏观上表现为物料的温度升高，从而发生水分的蒸发，实现物料的干燥。

2. 微波干燥的优点

（1）选择性加热：物质对微波的吸收与物质的性质有关，即不同的物质在同一个微波场中加热，所吸收的热量是不同的。因此，微波加热干燥具有选择性加热的特性。

（2）穿透性强：微波比红外线和远红外线等其他用于辐射加热的电磁波波长更长，具有更好的穿透能力，作用于物料上的电磁波一部分被物料吸收，一部分向物料内部深入，容易使被干燥的物料表里一致。

（3）能量利用率高：微波干燥可以直接把能量发射到物料上，不需要中间介质。因此，微波干燥比热风干燥在热量传递上少一个环节，干燥过程中能量损耗比热风干燥小。与传统干燥法相比，微波干燥不但加热效率高，而且处理温度低，能够较好地保持物料中原有的物质成分不被破坏，同时具有独特的杀菌杀虫作用。

（4）加热时间短且干燥速度快：由于微波对粮食物料有较强的穿透性，可以做到整体加热，干燥时间仅为常规热风干燥时间的十几分之一，大大地缩短了物料干燥所用的时间。

（四）冲击干燥技术

1. 冲击干燥技术的原理

冲击干燥技术是利用单个或多个蒸汽喷嘴向物料表面垂直喷射气流使物料干燥的。干空气和过热蒸汽是冲击干燥中最主要的两种干燥介质。用过热蒸汽作为干燥介质时，在干燥开始的瞬间，会有部分水蒸气凝结在产品的表面，就像过热蒸汽与冷的固体接触时发生的现象一样。冲击干燥的特征：干燥速度快，使用普遍，有多种喷嘴可供选择，喷射温度为 100~350℃，速度为 10~100m/s。喷嘴产生的高速气流可以产生一个空气床，使产品处于悬浮状态，从而形成一个虚拟的颗粒流化床。

2. 冲击干燥技术的优点

颗粒状食品将获得更高的干燥速度，并且含水量分布均匀，通过提高干燥空气的温度可以显著提高干燥速度。在生产过程中，蒸汽可能引起产品质地的变化，如过热蒸汽用于冲击干燥可以改善食品的质地，故冲击干燥技术可以生产出比热风干燥技术更脆的油炸产品。在国外的食品工业中，冲击干燥技术被用在焙烤和烹饪中，主要产品有玉米粉圆饼、土豆、饼干、面包和蛋糕等。这些产品比在对流烤箱中焙烤得更快、更均匀。这项技术已经应用在咖啡、可可、大米和坚果等颗粒状产品的干燥中。

（五）二氧化碳干燥技术

1. 二氧化碳干燥技术的原理

二氧化碳干燥技术是用二氧化碳代替空气作为干燥介质对果蔬进行干燥的方法。只要将传统的热风干燥设备稍加改造，增加二氧化碳循环管路、冷凝和加热装置，便可组成二氧化碳干燥果蔬系统。用该工艺得到的干制果蔬质量好。

2. 二氧化碳干燥技术的优点

与热风干燥技术、真空冷冻干燥技术相比，二氧化碳干燥技术有以下优点：①设备投资费用低，对热空气干燥设备进行改造即可；②可在较低的温度及隔绝空气的状态下操作，不用油炸，不需使用抗氧剂及烟熏灭菌剂等化学药品，是生产纯天然绿色食品的理想干燥方法；③干燥后的产品质量好，不仅保留了原果蔬产品的色泽及风味，而且干燥过程中对果蔬的物理化学性质影响很小。

（六）流化床干燥技术

1. 流化床干燥技术的原理

在一个典型的流化床系统中，热空气被强制以高速穿过床层，克服了颗粒状物料重力的影响，使颗粒暂时处在一个流化状态。流化床干燥技术已经被证明是一个在有限干燥空间下实现最优效果的方法。流化床干燥技术已经在食品颗粒状物料、医药和其他农产品干燥中得到了实际应用。

2. 流化床干燥技术的优点

流化床干燥容易操作且具有以下优点：①由于气体和颗粒状物料充分接触，实现了最佳的热、质传递效率，从而获得了较高的干燥速度；②节省空间；③具有较高的热效率；④工艺条件容易控制，很多物料都适合于流化床干燥，如豆类、块状蔬菜、水果颗粒、洋葱片和果汁粉等。

二、蔬菜干制品生产许可证审查细则

（一）发证产品范围及申请发证单元

实施生产许可证管理的蔬菜干制品包括所有以蔬菜为主要原料进行选剔、清洗、粉碎、调理等预处理，采用了自然风干、晒干、热风干燥、低温冷冻干燥、油炸脱水等工艺除去其所含的大部分水分，添加或不添加辅料制成的产品或以蔬菜干制品为原料经过混合、粉碎、调理等工序制成的产品。具体包括自然干制蔬菜、热风干燥蔬菜、冷冻干燥蔬菜、蔬菜脆片、蔬菜粉及制品等5个小类。

（二）基本生产流程及关键控制点

1）蔬菜干制品生产基本流程

（1）自然干燥流程：原料选剔分级→清洗→修整→（烫漂）→晾晒→包装→成品。

（2）热风干燥流程：原料选剔分级→清洗→修整→（烫漂）→热风干燥→回软→（压块）→成品检验→包装。

（3）冷冻干燥流程：原料选别分级→清洗→修整→（烫漂）→沥干→速冻→升华干燥→成品检验→包装。

（4）蔬菜脆片生产流程：原料选别分级→清洗→修整→（烫漂）→速冻→（真空）油炸→脱油→冷却→成品检验→包装。

（5）蔬菜粉及制品生产流程。原料选别分级→清洗→粉碎→过滤→沉淀→干燥→（成型）→冷却→成品检验→包装。

2）关键控制环节

蔬菜干制品生产关键控制环节：原料选择、原料清洗、干燥、包装。

3）容易出现的质量安全问题

蔬菜干制品容易出现的质量安全问题：超限量、超范围使用食品添加剂，重金属含量超标，水分超标，微生物超标，农药残留超标，虫卵及夹杂物。

（三）必备的生产资源

1. 生产场所

蔬菜干制品生产企业除必须具备通则要求的生产环境外，其厂房与设施的设计应当根据不同蔬菜干制品的工艺流程进行合理布局，并便于卫生管理，便于清洁、清理、消毒。企业应具备原辅材料验收场所、原辅材料及包装材料库房、原材料处理车间、加工车间、包装车间、成品库房等生产场所，并根据原料要求设置原料冷库及半成品冷库。

分装企业应该具备原辅材料仓库、包装车间、成品仓库。

2. 必备的生产设备

直接用于生产加工的设备、设施及用具均应采用无毒、无害、无腐蚀、不生锈、易清洗消毒，不易于滋生微生物的材料制成。生产企业必备的生产设备的机械化程度、规模可依据企业的实际情况而定，但必须满足生产需求。

（1）自然干燥蔬菜生产必备设备：原料清洗设施、原料处理设施、分选设施、晾晒场、包装设备。采用自然晾晒方式进行干燥的产品，晾晒场四周要有围墙或纱网等防护措施，产品不得直接接触地面，地面用水泥或坚硬材料铺砌，便于清洗和排水。

（2）热风干燥蔬菜生产必备设备：原料清洗设施、原料处理设施、分选设施、干燥设施、包装设备。

（3）冷冻干燥蔬菜生产必备设备：原料清洗设施、原料处理设施、分选设施、冻干设备、包装设备。

（4）蔬菜脆片生产必备设备：原料清洗设施、原料处理设施、分选设施、（真空）油炸设备、包装设备。

（5）蔬菜粉及制品生产必备设备：原料清洗设施、原料处理设施、粉碎设备、干燥设施、包装设备。根据工艺不同还需配置磨浆机、造粒机、成型设备、筛分设备、分离设备等。

分装企业必须具备分选设施、干燥设施和包装设备。

（四）产品相关标准

果蔬干制品相关标准：《水果、蔬菜脆片》（QB/T 2076—1995）；《脱水蔬菜 叶菜类》（NY/T 960—2006）；《脱水蔬菜 根菜类》（NY/T 959—2006）；《脱水蔬菜通用技术条件》（NY/T 714—2003）；《番茄粉》（NY/T 957—2006）；备案有效的企业标准。

（五）原辅材料的有关要求

蔬菜干制品所选用的蔬菜原料应新鲜、无异味、无腐烂现象，农药残留及污染物限量应符合相应国家标准、行业标准的规定。

蔬菜干制品加工过程中所选用的辅料应符合相应的国家标准、行业标准的规定。如加工过程中使用的原辅料为实施生产许可证管理的产品，则必须选用获得生产许可证企业生产的产品。

（六）必备的出厂检验设备

蔬菜干制品生产企业必备的出厂检验设备：分析天平（0.1mg）、天平（0.1g）、干燥箱、微生物培养箱、无菌室或超净工作台、灭菌锅、生物显微镜、马福炉（执行标准中有总灰分项目的企业必备）。

（七）检验项目

蔬菜干制品的发证检验、监督检验、出厂检验分别按照表3-9中所列出的相应项目进行。出厂检验项目中标有"*"标记的检验项目，企业应当每年检验2次。

表 3-9　蔬菜干制品质量检验项目表

序号	检验项目	发证	监督	出厂	备注
1	净含量	√	√	√	—
2	感官	√	√	√	—
3	水分	√	√	√	—
4	总灰分（以干基计）	√	√	√	产品明示标准中有此项目规定的
5	酸不溶性灰分（以干基计）	√	√	*	
6	每100g番茄中番茄红素	√	√	*	番茄粉
7	总酸	√	√	*	番茄粉
8	酸价	√	√	*	蔬菜脆片
9	过氧化值	√	√	*	蔬菜脆片
10	砷	√	√	*	企业标准中应制定限量要求
11	铅	√	√	*	
12	镉	√	√	*	

续表

序号	检验项目	发证	监督	出厂	备注
13	汞	√	√	*	—
14	铜	√	√	*	产品明示标准中有此项目规定的
15	亚硝酸盐	√	√	*	
16	粒度	√	√	*	—
17	二氧化硫或亚硫酸盐（以 SO_2 计）	√	√	*	—
18	抗氧化剂（BHA、BHT）	√	√	*	蔬菜脆片
19	甜味剂（甜蜜素、糖精钠）	√	√	*	根据产品的色泽、口味，此项目有要求时必检
20	着色剂（胭脂红、苋菜红、柠檬黄、日落黄、亮蓝）	√	√	*	
21	菌落总数	√	√	√	产品明示标准中有此项目规定的
22	大肠埃希菌菌群	√	√	√	
23	致病菌（沙门氏菌、志贺氏菌、金黄色葡萄球菌）	√	√	*	
24	霉菌计数（视野）	√	√	*	番茄粉
25	霉菌与酵母计数	√	√	*	
26	六六六（六氧环己烷）	√	√	*	企业标准中应制定限量要求
27	滴滴涕	√	√	*	
28	甲胺磷	√	√	*	
29	敌敌畏	√	√	*	
30	杀螟硫磷	√	√	*	
31	氯菊酯	√	√	*	
32	标签	√	√	*	—

（八）抽样方法

对于现场审查合格的企业，在企业的成品库内随机抽取申请发证检验样品。根据企业申请发证产品的品种，对每个申证小类随机抽取 1 种产品进行发证检验。

所抽样品须为同一批次保质期内的产品，抽样基数不得低于 100 个最小包装，总质量不低于 30kg，抽取样品不少于 20 个最小包装，质量不低于 2kg。样品分成 2 份，1 份检验，1 份备查。样品确认无误后，由核查组抽样人员与被抽样单位负责人在抽样单上签字、盖章，当场封存样品，并加贴封条。封条上应当有抽样人员签名、抽样单位盖章及封样日期。

（九）其他要求

本产品允许分装。

练习及作业

1. 简述果蔬干燥的基本原理。
2. 影响果蔬干制速度的因素有哪些？这些因素是如何影响干制速度的？
3. 果蔬热风干燥有哪几种方法？各有什么特点？
4. 试述冷冻干燥的基本原理及特点。
5. 试分析比较果蔬热风干燥和真空冷冻干燥的优缺点。
6. 根据相关知识，选择本地区某一特有果蔬，试设计其干燥工艺技术方案。

项目四　果蔬罐头加工技术

☞　**预期学习成果**

　　①能正确解释果蔬罐头加工的基本原理；②能准确叙述果蔬罐头加工的基本技术（工艺）；③能看懂并编制各种果蔬罐头加工技术方案；④能利用实训基地或实训室进行果蔬罐头的加工生产；⑤能正确判断果蔬罐头加工中常见的质量问题，并采取有效措施解决或预防；⑥会对产品进行一般质量鉴定；⑦能操作果蔬罐头加工中的主要设备。

☞　**职业岗位**

　　果蔬罐头加工(工)、产品质量检验员（工）。

☞　**典型工作任务**

　　(1) 根据生产任务，制订果蔬罐头制品生产计划。

　　(2) 按生产质量标准和生产计划组织生产。

　　(3) 正确选择果蔬罐头制品加工原料，并对原料进行质量检验。

　　(4) 按工艺要求对果蔬罐头加工原料进行去皮、漂烫、护色等预处理。

　　(5) 按工艺要求配制果蔬罐头制品填充液。

　　(6) 操作排气、密封、杀菌设备，对预处理原料进行排气、密封、杀菌处理。

果蔬罐头加工技术（相关知识）

　　(7) 监控各工艺环节技术参数，并进行记录。

　　(8) 对生产设备进行清洗并杀菌。

　　(9) 按罐头产品质量标准对成品进行质量检验。

相关知识准备

一、罐头食品与微生物的关系

　　微生物的生长繁殖是导致食品败坏的主要原因之一，罐头食品如杀菌不够，残存在罐头内的微生物当环境条件转变到适宜于其生长活动时，或密封不严而造成微生物重新侵入时，就会造成罐头食品败坏。

　　食品中常见的微生物主要有霉菌、酵母和细菌。霉菌和酵母广泛分布于大自然中，耐低温能力强，但不耐高温，一般在热力杀菌后的罐头食品中不能生存，加之霉菌不耐密封条件，因此，这两种菌在罐头生产中是比较容易控制和杀死的。导致罐头败坏的微生物主要是细菌，因而热力杀菌都是以杀死某类细菌为目的的。

　　罐藏食品中的微生物种类很多，但杀灭的对象主要是致病菌和腐败菌。在致病菌中危害最大的是肉毒梭状芽孢杆菌，其耐热性很强，其芽孢要在100℃、6h或120℃、4min

的加热条件下才能被杀死，而且这种菌在食品中出现的概率较高，所以常以肉毒梭状芽孢杆菌的芽孢作为 pH 值 4.6 的低酸性食品杀菌的对象菌。

腐败菌是能引起食品腐败变质的各种微生物的总称，种类也很多。各种腐败菌都有其不同的生活习性，导致不同食品的各种类型的腐败变质。例如，嗜热脂肪芽孢杆菌常出现在蘑菇、青豆等 pH 值>4.6 的食品中；凝结芽孢杆菌常出现在番茄及番茄制品等 pH 值<4.6 的食品中，若不予以杀灭就会引起这些食品酸败。

二、排气、密封对罐头食品的影响

罐头在保藏期间发生的腐败变质、品质下降以及罐内壁的腐蚀等不良变化，很大程度上是由于罐内残留了过多的氧气，所以在罐头生产工艺中排气处理对罐头产品质量也有着至关重要的影响。

排气处理达不到一定要求，容易使需氧菌特别是其芽孢生长发育，从而使罐内食品腐败变质而不能较长时间贮藏。过多的氧也对食品色、香、味及营养物质保存产生影响，如苹果、蘑菇及马铃薯等果蔬的果肉组织与氧气接触特别容易产生酶促性变色。就维生素而言，在 100℃ 以上加热时，如有氧存在，它就会缓慢地分解，而无氧存在时就比较稳定。同时，罐内和食品内如有空气存在，则罐内壁常会在其他食品成分的影响下出现严重腐蚀现象，从而大大影响了保藏性。

罐头食品之所以能长期保存，除了充分杀灭了能在罐内环境生长的腐败菌和致病菌外，主要是依靠罐头的密封，使罐内食品与罐外环境完全隔绝，不再接触外界空气及受到微生物污染。由于罐头密封性的好坏直接影响着罐头保质期的长短，故不论何种包装容器，如果未能严格密封，就不能达到长期保存的目的，因此，在罐头生产过程中严格控制密封操作，保证罐头的密封效果是十分重要的。

三、罐头食品与酶的关系

果蔬原料中含有各种酶，它参加并能加速果蔬中有机物质的分解，如对酶不加控制，就会使原料或制品发生质变。因此，必须加强对酶的控制，使其不对原料及制品发生不良作用而造成品质变坏和营养成分损失。

酶的活性和温度有着密切的关系。大多数酶适宜的活动温度为 30~40℃，如果超过适宜活动温度，酶的活性就开始遭到破坏。当温度达到 80~90℃ 时，受热几分钟后，几乎所有的酶的活性都遭到了破坏，它们所催化的各种反应的速度也会随之下降。

然而生产实践中还发现，有些酶还会导致罐藏的酸性或高酸性食品变质，甚至某些酶经热力杀菌还能促使其再度活化，如过氧化物酶。这一问题是在超高温热力杀菌（121~150℃ 瞬时处理）时发现的。微生物虽全被杀死，但某些酶的活力却依然存在。因此加工处理中，要完全破坏酶活性，防止或减少由酶引起的败坏，还应综合考虑采用不同的措施。

四、罐头食品杀菌工艺的确定

罐头食品之所以能长期保存，是因为通过热力杀菌将罐内的微生物杀死了。所以了解高温对微生物的影响以及热量在杀菌时的传递情况，然后制定出合理的杀菌条件，才能达到杀菌目的。

（一）罐头食品杀菌的意义

罐头食品杀菌的目的，一是杀死一切对罐内食品起败坏作用和产毒致病的微生物；二是起到一定的调煮作用，改进食品质地和风味，使其更符合食用要求。罐头食品的杀菌不同于细菌学上的杀菌，不是杀死所有的微生物，而是在罐藏条件下杀死造成食品败坏的微生物，即达到"商业无菌"状态，同时罐头在杀菌时也破坏了酶活性，从而保证了罐内食品在保质期内不发生腐败变质。

（二）杀菌对象菌的选择

各种罐头食品，由于原料的种类、来源、加工方法和加工卫生条件等不同，使罐头食品在杀菌前存在着不同种类和数量的微生物，我们不可能也没有必要对所有的细菌进行耐热性试验。生产上总是选择最常见的耐热性最强并有代表性的腐败菌或引起食品中毒的细菌作为主要的杀菌对象菌。

罐头食品的酸度（pH 值）是选定杀菌对象菌的重要因素。不同 pH 值的罐头食品中，腐败菌及其耐热性各不相同。一般来说，在 pH 值 4.5 以下的酸性或高酸性食品中，将酶类、霉菌和酵母菌这类耐热性低的物质或微生物作为主要杀菌对象，所以是比较容易控制和杀灭的。而在 pH 值 4.5 以上的低酸性罐头食品，杀菌的主要对象是那些在无氧或微氧条件下，仍然活动而且产生芽孢的厌氧性细菌，这类细菌的芽孢抗热力是很强的。在罐头食品工业上一般认可的试验菌种，是将产生毒素的肉毒梭状芽孢杆菌的芽孢作为杀菌对象菌。

（三）罐头食品杀菌条件的确定

合理的杀菌工艺条件，是确保罐头食品质量的关键，而确定杀菌工艺条件主要是确定杀菌温度和时间。杀菌工艺条件制定的原则是在保证罐藏食品安全性的基础上，尽可能缩短杀菌时间，以减少热力对食品品质的影响。

杀菌温度的确定是以对象菌为依据的，一般以对象菌的热力致死温度作为杀菌温度。杀菌时间的确定则受多种因素的影响，要在综合考虑的基础上，通过计算确定。

1. 微生物耐热性的常见参数

实验证明，细菌被加热致死的速率与被加热体系中现存细菌数成正比。这表明热致死规律按对数递减进行，它意味着在恒定热力条件下，在相等的时间间隔内，细菌被杀死的百分比是相等的，与现存细菌多少无关。也就是说，在一定致死温度下，若第一分钟杀死原始菌数的 90% 的细菌，第二分钟杀死剩余细菌数的 90% 的细菌，以此类推。这个原理如图 4-1 所示，据此，我们给出"D 值"的概念，即在一定的环境和一定热致死温度条件下，杀死 90% 原有微生物芽孢或营养体细菌数所需的时间（min）。D 值的大小，与微生物的耐热性有关，D 值越大，它的耐热性越强。

各类罐头食品中常见的腐败菌及其习性见表 4-1。

表 4-1　按 pH 值分类的罐头食品中常见的腐败菌

食品 pH 值范围	腐败菌温度习性	腐败菌类型	罐头食品腐败类型	腐败特征	抗热性能	常见腐败对象
低酸性和中酸性食品 pH 值 4.5 以上	嗜热菌	嗜热脂肪芽孢杆菌	平盖酸坏	产酸（乳酸、甲酸、乙酸），不产气或产微量气体，不胀罐，食品有酸味	$D_{121.1℃}=40\sim50min$	青豆、青刀豆、芦笋、蘑菇
		嗜热解糖梭状芽孢杆菌	高温缺氧发酵	产气（CO_2+H_2）、不产硫化氢，胀罐，产酸（酪酸），食品有酪酸味	$D_{121.1℃}=30\sim40min$（偶尔达 50min）	芦笋、蘑菇
		致黑梭状芽孢杆菌	致黑（或硫臭）腐败	产 H_2S，平盖或轻胖，有硫臭味，食品和罐壁有黑色沉积物	$D_{121.1℃}=20\sim30min$	青豆、玉米
	嗜温菌	肉毒杆菌 A 型和 B 型	缺氧腐败	产毒素、产酸（酪酸）、产气（H_2S），胀罐，食品有酪酸味	$D_{121.1℃}=6\sim12s$（$0.1\sim0.2min$）	青刀豆、芦笋、青豆、蘑菇
酸性食品 pH 值 3.5～4.5	嗜温菌	耐酸热芽孢杆菌（或凝结芽孢杆菌）	平盖酸坏	产酸（乳酸），不产气，不胀罐，变味	$D_{121.1℃}=1\sim40s$　$0.01\sim0.07min$	番茄及番茄制品（番茄汁）
		巴氏固氮梭状芽孢杆菌	缺氧发酵	产酸（酪酸），产气（CO、H_2），胀罐，有酪酸味	$D_{121.1℃}=6\sim30s$　$0.1\sim0.5min$	菠萝、番茄
		酪酸梭状芽孢杆菌				整番茄
		多黏芽孢杆菌、软化芽孢杆菌	发酵变质	产酸、产气，也产丙酮和乙醇，胀罐	$D_{100℃}=6\sim30s$　$0.1\sim0.5min$	水果及制品（桃、番茄）
高酸性食品 pH 值 3.7 以下	非芽孢嗜温菌	乳酸菌、明串珠菌	—	产酸（乳酸）、产气（CO_2），胀罐		果汁
		酵母	—	产乙醇、产气（CO_2），有的食品表面形成膜状物	$D_{65.6℃}=0.5\sim1.0min$	果汁，酸渍食品
		霉菌（一般）	发酵变质	食品表面长霉菌		果酱、糖浆水果
		纯黄丝衣霉、雪白丝衣霉		分解果腔至果实瓦解，发酵产生二氧化碳，胀罐	$D_{90℃}=1\sim2min$	水果

若以热力致死时间的对数值为纵坐标，以温度变化为横坐标，则可得到一条直线，即热力致死温度-时间曲线，如图 4-2 所示。把热力致死温度-时间曲线横过一个对数循环周期，即加热致死时间变化 10 倍时所需的温度称为"Z 值"。Z=10，表示杀菌温度提高 10℃，则杀死时间就减为原来的 1/10。Z 值越大，说明微生物的抗热性越强。

在恒定的加热标准温度条件下（121℃或 100℃），杀灭一定数量的细菌营养体或芽孢所需的时间（min），称为 F 值，也称为杀死效率值、杀死致死值或杀菌强度。

F 值包括安全杀菌 F 值和实际杀菌条件下的 F 值。安全杀菌 F 值是在瞬时升温和降温的理想条件下估算出来的。安全杀菌 F 值也称为标准 F 值，作为判别某一杀菌条件是否合理的标准值，它是通过对罐头杀菌前罐内微生物检测，选出该种罐头食品常被污染的对象菌的种类和数量，并以对象菌的耐热性参数为依据，用计算方法估算出来的。其计算方法如下：

$$F_{安}=D_{T}(\lg a-\lg b)$$

式中，$F_{安}$——在恒定的加热致死温度下，每杀死 90%的对象菌所需的时间，min；

　　　　a——杀菌前对象菌的总数；

　　　　b——罐头食品允许的腐败率。

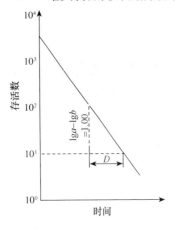

图 4-1　杀灭细菌速率曲线（恒温）

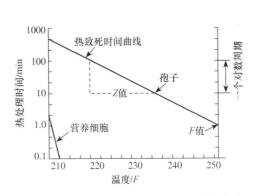

图 4-2　细菌芽孢及营养体的热致死时间曲线

　　而实际生产中，罐头杀菌都有一个升温和降温的过程。在该过程中，只要在致死温度下都有杀菌作用，所以可根据估算的安全杀菌 F 值和罐头内食品的导热情况制定杀菌公式来进行实际实验，并测其杀菌过程中罐头中心温度的变化情况，来算出实际杀菌 F值。实际杀菌 F 值应略大于安全杀菌 F 值，如果小于安全杀菌 F 值，则说明杀菌不足，应适当提高杀菌温度或延长杀菌时间；如果大于安全杀菌 F 值很多，则说明杀菌过度，应适当降低杀菌温度或缩短杀菌时间，以提高和保证食品品质。

　　2. 罐头杀菌条件的表达方法

　　罐头热力杀菌的工艺条件主要是温度、时间两项因素，在罐头厂通常用"杀菌公式"来表示，即把杀菌温度、时间及所采用的反压力排列成公式的形式。一般的杀菌公式为

$$\frac{T_1-T_2-T_3}{t}$$

式中，T_1——升温时间，min，表示杀菌釜内的介质由初始温度升高到规定的杀菌温度时所需要的时间，采用蒸汽杀菌时是指从进蒸汽开始至达到规定的杀菌温度时的时间，采用热水浴杀菌时是指通入蒸汽开始加热热水至水温达到规定的杀菌温度时的时间；

　　　　T_2——恒温杀菌时间（保持杀菌温度时间），min，即杀菌釜内的热介质达到规定的杀菌温度后在该温度下所持续的杀菌时间；

　　　　T_3——降温时间，min，表示恒温杀菌结束后，杀菌釜内的热介质由杀菌温度降到开釜出罐时的温度所需要的时间；

　　　　t——规定的杀菌温度，即杀菌过程中杀菌釜达到的最高温度，一般用℃表示。

　　热力杀菌工艺的确定，也就是确定其必要的杀菌温度、时间。工艺条件制定的原则是在保证罐藏食品安全性的基础上，尽可能地缩短热力杀菌时间，以减少热力对食品品质的

影响。换句话说，正确合理的杀菌条件应该是既能杀灭罐内的致病菌和能在罐内环境中生长繁殖引起食品变质的腐败菌，使酶失活，又能最大限度地保持食品原有品质。

五、罐头杀菌及影响杀菌的主要因素

罐头杀菌的方法很多，有热力杀菌、火焰杀菌、辐射杀菌等，但目前应用最多的仍然是热力杀菌。影响罐头热力杀菌的因素可以从两大方面考虑：一是影响微生物耐热性的因素；二是影响罐头传热的因素。

（一）影响微生物耐热性的因素

微生物的耐热性随其种类、菌株、数量、所处环境及热处理条件等的不同而异。就罐头的热力杀菌而言，微生物的耐热性主要受下列因素的影响。

1. 食品杀菌前的污染情况

不同的微生物的抗热能力有很大差异，嗜热性细菌耐热性最强，芽孢又比营养体更耐热。而食品中所污染的细菌数，尤其是芽孢数越多，在同样的致死温度下杀菌所需的时间越长，如表4-2所示。

表4-2　孢子数量与致死时间的关系

每毫升的孢子数/个	在100℃下的致死时间/min	每毫升的孢子数/个	在100℃下的致死时间/min
72 000 000 000	230～240	650 000	80～85
1 640 000 000	120～125	16 400	45～50
320 000 000	105～110	328	35～40

食品中细菌数的多少取决于原料的新鲜程度和杀菌前的污染程度。所以一方面，采用的原料要新鲜洁净，从采收到加工及时，加工的各工序之间要紧密衔接而不拖延，尤其是装罐以后到杀菌之间不能积压，否则，罐内微生物数量将大大增加而影响杀菌效果。另一方面，工厂要注意卫生管理、用水质量以及与食品接触的一切机械设备和器具的清洁和处理，使食品中的微生物减少到最低限度。

2. 食品的酸度（pH值）

食品的酸度对微生物耐热性的影响很大。对于绝大多数微生物来说，在pH值中性范围内耐热性最强，pH值升高或降低都会减弱微生物的耐热性。特别是在偏向酸性时，促使微生物耐热性减弱作用更明显。食品的酸度越高，pH值越低，微生物及其芽孢的耐热性越弱。使微生物耐热性减弱的程度随酸的种类而异，一般认为乳酸对微生物的抑制作用最强，苹果酸次之，柠檬酸更弱。

由于食品的酸度对微生物及其芽孢的耐热性的影响十分显著，所以食品酸度与微生物耐热性的关系在罐头杀菌的实际应用中具有相当重要的意义。对酸度高、pH值低的食品，杀菌温度可低一些，时间可短一些；而酸度低、pH值高

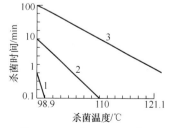

1. pH值3.5；2. pH值4.5；3. pH值5～7。

图4-3　pH值与芽孢致死时间的关系

的食品，杀菌温度要高一些，时间长一些（图 4-3）。所以在罐头生产中常根据食品的 pH 值，将其分为酸性食品和低酸性食品两大类，一般以 pH 值 4.6 为分界限，pH 值＜4.6 的为酸性食品，pH 值＞4.6 的为低酸性食品。也可将食品分为低酸性食品（pH 值 5.0～6.8）、酸性食品（pH 值 3.7～4.5）和高酸性食品（pH 值 2.3～3.7）。低酸性食品一般应采用高温高压杀菌，即杀菌温度高于 100℃；酸性食品则可采用常压杀菌，即杀菌温度不超过 100℃。部分罐头食品的 pH 值见表 4-3。

表 4-3　部分罐头食品的 pH 值

食品种类	pH 值	食品种类	pH 值	食品种类	pH 值
柠檬汁	2.4	巴梨（洋梨）	4.1	橙汁	3.7
甜酸渍品	2.7	番茄	4.3	桃	3.8
葡萄汁	3.2	番茄汁	4.3	李	3.8
葡萄柚汁	3.2	番茄酱	4.4	杏	3.9
苹果	3.4	无花果	5.0	紫褐樱桃	4.0
蓝莓	3.4	南瓜	5.1	菠菜	5.4
黑莓	3.5	甘薯	5.2	芦笋（绿）	5.6
红酸樱桃	3.5	胡萝卜	5.2	芦笋（白）	5.5
菠萝汁	3.5	青刀豆	5.4	马铃薯	5.6
苹果沙司	3.6	甜菜	5.4	蘑菇	5.8

3. 食品的化学成分

食品中含有的糖、酸、脂肪、蛋白质、盐等成分对微生物的耐热性有不同程度的影响。

（1）糖：糖有增强微生物耐热性的作用。糖的浓度越高，杀灭微生物芽孢所需的时间越长；浓度很低时，对芽孢耐热性的影响很小。

（2）脂肪：脂肪能增强微生物的耐热性。

（3）盐类：一般认为低浓度的食盐对微生物的耐热性有保护作用，高浓度的食盐对微生物的耐热性有削弱作用。

（4）蛋白质：食品中的蛋白质在一定的低含量范围内对微生物的耐热性有保护作用，高浓度的蛋白质对微生物的耐热性影响极小。

（5）食品中的植物杀菌素：某些植物的汁液和它所分泌的挥发性物质对微生物具有抑制和杀灭作用，这种具有抑制和杀菌作用的物质称为植物杀菌素。含有植物杀菌素的蔬菜和调味料很多，如番茄、辣椒、胡萝卜、芹菜、洋葱、大葱、萝卜、大黄、胡椒、丁香、茴香、芥籽和花椒等。如果在罐头食品杀菌前加入适量的具有杀菌素的蔬菜或调料，可以降低罐头食品中微生物的污染率，从而使杀菌条件适当降低。

4. 罐头的杀菌温度

罐头的杀菌温度与微生物的致死时间有着密切的关系，因为对于某一浓度的微生物来说，它们的致死条件是由温度和时间决定的。试验证明，微生物的热致死时间随杀菌温度的提高而缩短（呈指数关系）。

（二）影响罐头传热的因素

1. 罐内食品的物理性质

与传热有关的食品的物理特性主要是形状、大小、浓度、黏度、密度等。食品的这些性质不同，传热方式就不同，传热速度自然也不同。

热传递方式有传导、对流和辐射三种，罐头加热时的传热方式主要是传导和对流两种。传热方式不同，罐内热交换速度最慢一点的位置（常称其为冷点）就不同，传导传热罐头的冷点在罐头的几何中心，对流传热罐头的冷点在罐头的中心轴上，距罐底 20～40mm 处。对流传热的速度比传导传热快，冷点温度的变化也较快，因此热力杀菌需要的时间较短；传导传热速度较慢，冷点温度的变化也慢，故需要较长的热力杀菌时间。

2. 罐藏容器的物理性质

（1）容器材料的物理性质和厚度：罐头热力杀菌时，热量从罐外向罐内食品传递，罐藏容器的热阻自然要影响传热速度。容器的热阻 σ 取决于罐壁的厚度 δ 和热导率 λ，它们的关系为 $\sigma = \delta / \lambda$，可见罐壁厚度的增加和热导率的减小都将使热阻增大。

（2）容器的几何尺寸和容积大小：容器的大小对传热速度和加热时间也有影响，其影响取决于罐头单位容积所占有的罐外表面积（S/V）及罐壁至罐中心的距离。罐体大，其单位容积所占有的罐外表面积小，即 S/V 小，单位容积的受热面积小，单位时间单位容积所接受的热量就少，升温就慢；同时，大型罐的罐表面至罐中心的距离大，热由罐壁传递至罐中心所需的时间就要长，而小型罐则相反。

3. 罐内食品的初温

罐内食品的初温是指杀菌开始时，也即杀菌釜开始加热升温时罐内食品的温度。一般来说，初温越高，初温与杀菌温度之间的温差越小，罐中心加热到杀菌温度所需要的时间越短，这对于传导传热型罐头来说更为显著，而对对流传热型罐头影响较小。

4. 杀菌釜的形式和罐头在杀菌釜中的位置

目前，我国罐头工厂多采用静止式杀菌釜，即罐头在杀菌时静止于釜内。静止式杀菌釜又分为立式和卧式两类。由于传热介质在釜内的流动情况不同，立式杀菌釜传热介质的流动较卧式杀菌釜相对均匀。杀菌釜内各部位的罐头由于传热介质的流动情况不同，传热效果相差较大。尤其是远离蒸汽进口的罐头，传热较慢。

罐头工厂除使用静止式杀菌釜外，还使用回转式或旋转式杀菌釜。这类杀菌釜由于罐头在杀菌过程中处于不断的转动状态，罐内食品易形成搅拌和对流，故传热效果较静止式杀菌要好得多。回转杀菌时，杀菌釜回转的速度也将影响传热效果。转速过慢或过快都起不到促进传热的作用。选用回转转速时，不仅要考虑传热速度，还应注意食品的特性，以保证食品品质。对娇嫩食品，转速不宜太快，否则容易破坏食品原有的形态。

5. 罐头的杀菌温度

杀菌温度是指杀菌时规定杀菌釜应达到并保持的温度。杀菌温度越高，杀菌温度与罐内食品温度之差越小，热的穿透作用越强，食品温度上升越快。

六、罐头生产工作程序

（一）空罐准备

1. 罐藏容器应具备的条件

罐藏容器首先应对人体没有毒害，不污染食品，保证食品符合卫生要求；并且具有良好的密封性能，保证食品经消毒杀菌之后与外界空气隔绝，防止微生物污染，使食品能长期保存而不致变质；同时具有良好的耐腐蚀性；适合工业化生产，能承受各种机械加工，能适应工厂机械化和自动化生产的要求；容器规格一致，生产率高，质量稳定，成本低；容器应易于开启，取食方便，体积小、质量轻，便于携带，利于消费。

2. 常用的罐藏容器

常用罐藏容器的特性见表 4-4。生产罐头食品时，根据原料特点、罐藏容器特性及加工工艺选择不同的罐藏容器。

表 4-4　罐藏容器特性表

项　　目	容　器　种　类			
	马口铁罐	铝罐	玻璃罐	软包装
材料	镀锡（铬）薄钢板	铝或铝合金	玻璃	复合铝箔
罐形或结构	两片罐、三片罐，罐内壁有涂料	两片罐，罐内壁有涂料	螺旋式、卷封式、旋转式、爪式	外层：聚酯膜 中层：铝箔 内层：聚烯烃膜
特性	质轻、传热快，避光，抗机械损伤	质轻、传热快，避光，易成形，易变形，不适于焊接，耐大气腐蚀。成本高，使用寿命短	透光，可见内容物，易破损，耐腐蚀，成本高，可重复利用，传热慢	质软而轻，传热快，避光、阻气，密封性能好，包装、携带、食用方便

3. 选罐

先根据食品的种类、特性、产品的规格要求及有关规定选择容器，再进行清洗、消毒、罐盖打印等处理。

4. 清洗与消毒

金属罐的清洗采用洗罐机进行，洗罐机有链带式、滑动式、旋转式、滚动式等。玻璃瓶中的新瓶要进行刷洗、清水冲净、用蒸汽或热水（95～100℃，3～5min）消毒；旧瓶先用 40℃，浓度为 2%～3% 的氢氧化钠溶液浸泡 5～10min，然后用清水冲净晾干。瓶盖先用温水冲洗，烘干后以 75% 的乙醇消毒。

5. 罐盖的打印

按照《罐头产品代号打印办法》，以简单的字母或阿拉伯数字标明罐头厂家所在省（市或自治区）、罐头厂家名称、生产日期、罐头产品名称代号和生产班次，某些还需打印原料品种、色泽、大中小级别或不同的加工规格代号。用机械方法打出凸形代号，也可用不褪色的印字液戳印。

（二）原料处理

果蔬原料装罐前的处理包括原料的分选、洗涤、去皮、修整、热烫与漂洗等，其中分选、洗涤是所有的原料均必须进行的，其他处理则视原料品种及成品的种类等具体情况而定。

1. 原料的分选与洗涤

原料的分选包括选择和分级。原料在投产前必须先进行选择，剔除不合格的和虫害、腐烂、霉变的原料，再按原料的大小、色泽和成熟度进行分级。这样既便于后续工序去皮、热烫等加工操作，又能提高劳动生产率，降低原料消耗，更重要的是可以保证和提高产品的质量。

原料的大小分级多采用分级机，常用的有振动式和滚筒式两种。振动式分级机适合于体积较小、质量较小的果蔬的分级。滚筒式分级机有单级式和多级式两种。所谓单级式就是只分大小两级，而多级式的则可分若干等级。滚筒式分级机适合于体积较小的圆形果蔬的分级，如蘑菇、青豆等。色泽和成熟度的分级国内目前主要用人工来进行。

果蔬原料在加工前必须经过洗涤，以除去其表面附着的尘土、泥沙、部分微生物及可能残留的农药等。洗涤果蔬可采用漂洗法，一般在水槽或水池中用流动水漂洗或喷洗，也可用滚筒式洗涤机清洗，具体的方法视原料的种类、性质等而定。对于杨梅、草莓等浆果类原料，应小批淘洗或在水槽中通入压缩空气翻洗，防止机械损伤及在水中浸泡过久而影响色泽和风味。采收前喷洒过农药的果蔬，应先用 0.5%～1.0% 的稀盐酸浸泡，再用流动水洗涤。

2. 原料的去皮与修整

果蔬种类、品种繁多，其表皮状况也各不相同，有的表皮粗厚、坚硬，不能食用；有的具有不良风味或在加工中容易引起不良后果，这样的果蔬在加工时必须去除表皮。去皮的基本要求是去净表皮而不伤及果肉，同时要求去皮速度快，效率高，费用少。去皮的方法主要有机械去皮、化学去皮、热力去皮和手工去皮。

1）机械去皮

机械去皮一般用去皮机。去皮机的种类很多，但去皮方式主要有两种：一种是利用机械作用使原料在刀下转动，削去表皮的旋皮机。这种旋皮机适用于形状规则且表皮具有一定硬度的果蔬，如苹果、梨等；另一种是利用涂有金刚砂、表面粗糙的转筒或滚轴，借助摩擦力擦除表皮的擦皮机，这种擦皮机适用于大小不匀、形状不规则的原料，如马铃薯、荸荠等。

机械去皮具有效率高、节省劳力等优点。但也存在着如下一些缺点：①需要一定的机械设备，投资大；②表皮不能完全除净，还需要人工修整；③去除的果皮中还带有一些果肉，因而原料消耗较高；④不适合皮薄、肉质软的果蔬。由于存在上述缺陷，因而机械去皮的应用范围不广。

2）化学去皮

通常用氢氧化钠、氢氧化钾或两者的混合物，或用盐酸处理果蔬，利用酸、碱的腐蚀能力将果蔬表皮或表皮与果肉间的果胶物质腐蚀溶解而去掉表皮。碱液去皮方法使用方便、效率高、成本低，适应性好，故应用广泛。使用此法时，要控制好碱液的浓度、温度和作用时间三要素。碱液去皮要求达到原料的表面不留皮的痕迹，皮层下肉质不腐蚀，用水冲洗稍加搅拌或搓擦即可脱皮。常见果蔬原料的碱液去皮条件如表 4-5 所示。

表 4-5　常见果蔬的碱液去皮条件

果蔬种类	氢氧化钠溶液浓度 / %	溶液温度 / ℃	处理时间 / s
桃	2.0～6.0	>90	36～60
李	2.0～8.0	>90	60～120
橘囊	0.8	60～75	15～30
杏	2.0～6.0	>90	30～60
胡萝卜	4.0	>90	60～120
马铃薯	10～11	>90	约120

碱处理后的果蔬应立即投入流动水中彻底漂洗，以漂净果蔬表面的余碱，必要时可用 0.1%～0.3%的盐酸中和，以防果蔬变色。目前碱液去皮的设备很多，除了简单的夹层锅外，还有形式多样的全自动、半自动碱液去皮机。

除了用酸、碱去皮外，配合使用表面活性剂可以增加去皮的效率。还有一些专用的果蔬去皮剂（液），可用于各种果蔬的去皮。

3）热力去皮

一般用高压蒸汽或沸水将原料进行短时加热后迅速冷却，果蔬表皮因突然受热软化膨胀与果肉组织分离而去除。此法适用于成熟度高的桃、杏、番茄等。沸水去皮可用夹层锅，也可用连续式去皮机。蒸汽去皮多用连续式去皮机。

4）手工去皮

手工去皮是一种最原始的去皮方法，但目前仍被不少工厂使用，这是因为手工去皮除了去皮速度慢、效率低、消耗大这些缺点外，还具有设备费用低、适合于各种果蔬的优点，尤其适合于大小、形状等差异较大的原料的去皮。此外，手工去皮还是机械去皮后补充修整的主要方法。

除上述 4 种去皮方法外，还有红外线去皮、火焰去皮、冷冻去皮、酶法去皮及微生物去皮等方法。无论采用哪一种去皮方法，都以去皮干净而又不伤及果肉为好。否则去皮过厚，伤及果肉，增加了原料的消耗，又影响了制成品的品质。

去皮后的果蔬要注意护色，否则一些去皮果蔬直接暴露在空气中会迅速褐变或红变。一般采用稀盐水、柠檬酸水溶液、亚硫酸盐水溶液等护色。

3. 原料的热烫与漂洗

热烫也叫预煮、烫漂，就是将果蔬原料用热水或蒸汽进行短时间加热处理。其目的主要有破坏原料组织中所含酶的活性，稳定色泽，改善风味；软化组织，便于以后的加工和装罐；脱除部分水分，以保证开罐时固形物的含量；排除原料组织内部的部分空气，以减少氧化作用，减轻金属罐内壁的腐蚀作用；杀灭部分附着于原料的微生物，提高罐头的杀菌效果；改进原料的品质，某些原料带有特殊气味，经过热烫后可除掉这些不良气味。

原料热烫的方法有热水处理和蒸汽处理两种。热水热烫具有设备简单、操作方便而且物料受热均匀的特点,可在夹层锅或热水池中进行,也可采用专用的预煮机在常压下操作。但热水热烫存在着原料的可溶性物质流失量大的缺点。蒸汽热烫通常是在密闭的情况下,借蒸汽喷射来进行的,必须有专门设备。采用蒸汽热烫,原料的可溶性物质的流失量较热水热烫要小,但也不可避免。

热烫的温度、时间视果蔬的种类、块形大小及工艺要求等而定。热烫的终点通常以果蔬中的过氧化物酶完全失活为准。

果蔬中过氧化物酶的活性可用1.5%的愈疮木酚乙醇溶液和3%的双氧水（H_2O_2）等量混合液检查。方法是将试样切片浸入混合液中,或将混合液滴于样片上,在几分钟内如不变色,即表明过氧化物酶的活性已被破坏。其反应机理是:愈创木酚（邻甲氧基苯酚）可在过氧化物酶的催化下生成褐色的四愈创木醌。也可用愈创木脂酸做检测剂,生成的则是蓝色的愈创木脂酸过氧化物。

果蔬热烫后必须急速冷却,以停止热作用,保持果蔬的脆嫩度。一般采用流动水漂洗冷却。热烫、漂洗用水必须符合罐头生产用水要求,尤其是水的硬度更要严格控制,否则会使果蔬组织坚硬、粗糙。某些果蔬如青豆、笋等热烫后需要进行漂洗,以漂除一些对制成品质量有影响的成分,如淀粉、酪氨酸等。漂洗要注意卫生,防止变质。

对于一般的果蔬来说,用热水热烫和流动水漂洗冷却,会使可溶性营养物质流失多,从而使成品的品质有所下降。可以考虑采用热风热烫、冷风冷却,且在热风中喷入少量蒸汽、冷风中喷入少量水雾的方法。

（三）填充液配制

果蔬罐藏时,除了液态（果汁、菜汁）和黏稠态食品（如番茄酱、果酱等）外,一般都要向罐内加注液汁,称为罐液或汤汁。果品罐头的罐液一般是糖液,蔬菜罐头的罐液多为盐水。

加注填充液的主要作用是填充罐内除果蔬以外的空隙,目的在于增进风味,排除空气,以减少热力杀菌时的膨胀压力,防止封罐后容器变形,减少氧化对内容物带来的不良影响,增进果蔬风味,提高初温并加强热传递效率。

1. 糖液配制

糖水水果罐头所用的糖液主要是蔗糖溶液。蔗糖应该是以甘蔗或甜菜为直接或间接原料生产的符合GB/T 317—2018的优质白砂糖。

1）糖液的浓度

装罐用糖水的浓度一般根据装罐前果肉的可溶性固性物含量、产品开罐后要求达到的糖液浓度、每罐果肉装入量和糖液注入量通过计算获得。我国目前生产的糖水水果罐头,一般要求开罐糖度为14%～18%。每种水果罐头加注糖液的浓度,可根据下式计算:

$$Y = \frac{m_3 Z - m_1 X}{m_2}$$

式中,m_1——每罐装入果肉的质量,g;

　　　m_2——每罐注入糖液的质量,g;

　　　m_3——每罐净重,g;

　　　　X——装罐时果肉可溶性固形物质量分数，%；

　　　　Z——要求开罐时的糖液浓度（质量分数），%；

　　　　Y——需配制的糖液浓度（质量分数），%。

　　2）糖液的配制方法

　　糖液的配制有直接法和稀释法两种。直接法就是根据装罐所需的糖液浓度，直接按比例称取白砂糖和水，置于溶糖锅中加热搅拌溶解并煮沸 5～10min，以去除白砂糖中残留的二氧化硫并杀灭部分微生物，然后过滤、调整浓度。例如，装罐需用浓度为 30%的糖水，则可按白砂糖 30kg、清水 70kg 的比例入锅加热配制。稀释法就是先配制高浓度的糖液，也称为母液，一般浓度在 65%以上；装罐时再根据所需浓度用水或稀糖液稀释。例如，用 65%的母液配制 30%的糖液，则以母液：水=1：1.17 混合，就可得到 30%的糖液。

　　3）糖液浓度的测定

　　生产现场使用的糖液的浓度测定方法有两种，一种是用手持式糖量计测量，一种是用糖度表测量。测定糖液浓度时，要注意糖液的温度，必要时对糖度进行校正。

　　4）配制糖液时应注意的问题

　　（1）煮沸过滤。使用硫酸法生产的白砂糖中或多或少会有二氧化硫残留，糖液配制时若煮沸一定时间（5～15mim），就可使糖中残留的二氧化硫挥发掉，以避免二氧化硫对果蔬色泽的影响。煮沸还可以杀灭糖中所含的微生物，以减少罐头内的原始菌数。糖液必须趁热过滤，滤材要选择得当。

　　（2）糖液的温度。对于大部分糖水水果而言，都要求糖液维持一定的温度（65～85℃），以提高罐头的初温，确保后续工序的效果。而个别生装产品如梨、荔枝等罐头所用的糖液，加热煮沸过滤后应急速冷却到 40℃以下再行装罐，以防止果肉变色。

　　（3）糖液加酸后不能积压。糖液中需要添加酸时，注意不要过早加入，应在装罐前加入为好，以防止或减少蔗糖转化而引起果肉变色。

　　（4）配制糖液用水的水质控制。配制糖液用水必须符合罐头生产装罐用水要求，特别要注意控制水的硬度和水中硝酸根和亚硝酸根离子的含量。硬度高会使果蔬组织硬化，硝酸根和亚硝酸根离子的含量高会加速金属罐内壁的腐蚀速度。

　　2. 盐液配制

　　所用食盐应选用精盐，食盐中氯化钠含量应在98%以上。配制时常用直接法按要求称取食盐，加水煮沸过滤即可。一般蔬菜罐头所用盐水浓度为1%～4%。

　　3. 调味液的制备

　　调味液的种类很多，但配制的方法主要有两种，一种是将香辛料先经一定的熬煮制成香料水，然后再将香料水与其他调味料按比例制成调味液；另一种是将各种调味料、香辛料（可用布袋包裹，配成后连袋去除）混合一次配成调味液。

　　（四）装罐

　　装罐的一般要求：使每一罐中食品的大小、色泽、形态等基本一致；原料准备好后应尽快装罐。若不赶快装罐，易造成污染，使细菌繁殖，给杀菌造成困难。若杀菌不充分，严重情况下，造成腐败，不能食用。

1. 装罐净含量

净含量是指罐头食品质量减去容器质量后所得的质量，包括液态和固态食品。一般要求内销罐头果肉装量达到 55%（净重），外销罐头达到 65%，一般每罐净含量允许公差为 +3%。

2. 装罐质量

要求同一罐内的内容物大小、色泽、成熟度等基本一致。内容物须进行合理搭配，既保证产品质量，又能提高原料的利用率，降低成本。

3. 保持一定的顶隙

顶隙是指实装罐内由内容物的表面到盖底之间所留的空间叫顶隙。罐内顶隙的作用很重要，需要留得恰当，不能过大也不能过小，顶隙过大、过小都会造成一些不良影响。顶隙过小，杀菌期间内容物加热膨胀，将顶盖顶松，造成永久性凸起，有时会和由于腐败而造成的胀罐弄混，也可能使容器变形，或影响缝线的严密度。有的易产生氢气的产品，易引起氢胀，因为没有足够的空间供氢气的累积。有的材料因装罐量过多，挤压过稠，使热的穿透速度降低，可能引起杀菌不足。顶隙过大，引起装罐量的不足，不合规格，造成伪装，同时保留在罐内的空气增加，氧气含量相应增多，氧分子易与铁皮产生铁锈蚀，并引起表面层上食品的变色、变质。杀菌冷却后，罐外压大大高于罐内压，易造成瘪罐。因而装罐时必须留有适度的顶隙，一般装罐时顶隙在 6~8mm，封盖后为 3.2~4.7mm。

4. 装罐时间控制

装罐速度要快尽可能缩短装罐时间，原料预处理完成后，尽快装罐，不能积压，否则影响杀菌效果、影响产品质量，使热灌装产品起不到排气作用，影响成品真空度，使温度升高导致成品出现质量问题。

5. 装罐方法

装罐的方法包括人工装罐与机械装罐两种。水果、蔬菜等块状、固体产品可以用人工装罐。颗粒状、糜状、流体或半流体产品大多使用机械装罐。除了液体食品，糊状、糜状及干制食品外，大多数食品装罐后都要向罐内加注液汁。

（五）排气

排气是指食品装罐后，密封前将罐内顶隙间的、装罐时带入的和原料组织内的空气尽可能从罐内排除，使密封后罐头顶隙内形成部分真空的过程。

1. 排气的作用

排气的作用：防止需氧菌和霉菌的生长繁殖；防止或减轻因热力杀菌时内容物的膨胀而使容器变形，影响罐头卷边和缝线的密封性；避免或减轻罐内食品内容物色香味的不良变化和营养物质的损失；防止或减轻罐头在贮藏过程中罐内壁的腐蚀；有助于"打检"，即检查识别罐头质量的好坏。因此，排气是罐头食品生产中维护罐头的密封性和延长贮藏寿命的重要措施。

排气应达到一定的真空度。罐头真空度是指罐外大气压与罐内残留气压的差值，一般要求在 26.7～40kPa（200～400mmHg）。罐内残留气体越多，它的内压越高，而真空度就越低，反之则越高。罐头内保持一定的真空状态，能使罐头底盖维持一平坦或向内陷的状态，这是正常罐头食品的外表特征，常作为检验识别罐头好坏的一个指标。

2. 排气的方法

常用的排气方法有热力排气、真空密封排气、蒸汽喷射排气三种。

（1）热力排气：采用热膨胀原理进行排气，有热装罐排气和加热排气两种。热装罐排气适用于流体、半流体或组织形态不会因加热时搅拌而受到破坏的食品。一般将罐内食品或汤汁加热到 70～75℃（有的要求达到 85℃），然后立即装罐密封。加热排气是将装罐后的食品送入排气箱，在具有一定温度的排气箱内经一定时间的排气，使罐头的中心温度达到要求的温度（一般在 80℃左右）。加热排气的设备有链带式排气箱和齿盘式排气箱。

（2）真空密封排气：是一种将罐头置于真空封罐机的真空仓内，在抽气的同时进行密封的排气方法。采用此法排气，真空度可达到 33.3～40kPa。

（3）蒸汽喷射排气：在封罐的同时向罐头顶隙内喷射具有一定压力的高压蒸汽，用蒸汽驱赶、置换顶隙内的空气，密封、杀菌冷却后顶隙内的蒸汽冷凝而形成一定的真空度。顶隙的大小直接影响罐头的真空度，没有顶隙就形不成真空度。此法不能抽除食品组织内部的气体，因此组织内部气体含量高的食品、表面不允许湿润的食品不适合用此法排气。

（六）密封

罐头食品的密封是借助于封罐机将罐身和罐盖紧密封合，使罐内长期保持高度的密封状态，从而罐内食品与外界完全隔绝而不再受外界环境和微生物的侵染。密封是罐头食品能长期保存而不变质的原因之一，是罐头食品生产加工的一道重要工序。根据罐头食品密封容器的不同，而有不同的密封要求和方法。

1. 金属罐的密封

金属罐的密封是指罐身的翻边和罐盖的圆边在封口机中进行卷封，使罐身和罐盖相互卷合，压紧而形成紧密重叠的卷边的过程。金属罐密封形成的卷边多为二重卷边，部分金属罐密封形成三重卷边。金属罐的密封设备有半自动封罐机、全自动封罐机和手扳式封罐机。手扳式封罐机不配备抽空装置，加热排气后便进行密封。

2. 玻璃罐的密封

玻璃罐罐身材料是玻璃，罐盖材料是镀锡薄钢板，玻璃罐的密封靠镀锡薄钢板和密封圈紧压在玻璃罐口而形成密封。玻璃罐瓶口边缘的造型多种多样，镀锡薄钢板罐盖与玻璃罐罐口的紧压方式与密封方法随之而不同。通常根据不同的紧压方式和密封方法对玻璃罐进行分类，有采用卷边密封法进行密封的卷封式玻璃罐、有采用旋转式密封法进行密封的旋转式玻璃罐和采用揿压式密封法进行密封的揿压式玻璃罐。玻璃罐的密封设备也相应的有卷封式玻璃罐封罐机、旋转式玻璃罐封罐机和揿压式玻璃罐封罐机。

3. 软罐头的密封

软罐头密封常采用脉冲热合法。即在低压条件下，极细的电阻丝瞬间通过高密度的电流，使加热板温度瞬间上升到需要的高温，使封边内的两膜层因受热而相互黏合。

（七）杀菌

罐头的杀菌是指杀灭罐藏食品中能引起疾病的致病菌和能在罐内环境中生长并引起食品变质的腐败菌，这种杀菌称为"商业灭菌"。罐头在杀菌的同时也破坏了食品中酶的活性，从而保证罐内食品在保存期内不发生腐败变质。此外，罐头的热力杀菌还具有一定的烹调作用，能增进风味，软化组织。

罐头的热力杀菌根据其原料品种的不同、包装容器的不同等采用不同的杀菌方法。罐头的杀菌可以在装罐前进行，也可以在装罐密封后进行。装罐前进行杀菌，即所谓的无菌装罐，需先将待装罐的食品和容器均进行杀菌处理，然后在无菌的环境下装罐、密封。

1. 静止间歇式杀菌

静止间歇式杀菌根据杀菌压力的不同，而分为静止高压杀菌和静止常压杀菌两种。

（1）静止高压杀菌。静止高压杀菌是部分蔬菜等低酸性罐头食品所采用的杀菌方法，根据其热源的不同，又分为高压蒸汽杀菌和高压水浴杀菌。大多数低酸性金属罐头常采用高压蒸汽杀菌。其主要杀菌设备为静止高压杀菌釜，通常是批量式操作，并在不搅动的立式或卧式密闭高压容器中进行。这种高压容器一般用厚度为 6.5mm 以上的钢板制成，其耐受压强至少能达到 0.196MPa。高压水浴杀菌就是将罐头投入水中进行加压杀菌。一般低酸性大直径罐、扁形罐和玻璃罐常采用此法杀菌，因为用此法较易平衡罐内外压力，可防止罐头的变形、跳盖，从而保证产品质量。高压水浴杀菌的主要设备也是高压杀菌釜，形式虽相似，但它们的装置、方法和操作却有所不同。

（2）静止常压杀菌。静止常压杀菌常用于水果、蔬菜等酸性罐头食品的杀菌。最简单、最常用的是常压沸水浴杀菌。批量式沸水浴杀菌设备一般采用立式敞口杀菌釜或长方形杀菌车（槽），杀菌操作较为简单，但必须注意实际的沸点，并保证在恒温杀菌过程中杀菌温度的恒定。

2. 连续杀菌

连续杀菌同样有高压和常压之分，必须配以相应的杀菌设备。常用的连续杀菌设备主要有常压连续杀菌器、水封式连续杀菌器、静水压杀菌器等。

（1）常压连续杀菌器常以水为加热介质，多采用沸水，在常压下进行连续杀菌。杀菌时，罐头由传送带送入连续作用的杀菌器内进行杀菌，杀菌时间通过调节传送带的速度来控制，按杀菌工艺要求达到时间后，罐头由传送带送入冷却水区进行冷却，整个杀菌过程连续进行。我国现有的常压连续沸水杀菌器有单层、三层和五层几种。

（2）水封式连续杀菌器是一种旋转杀菌和冷却联合进行的装置，可以用于各种罐型如铁罐、玻璃罐以及塑料袋的杀菌。杀菌时，罐头由链式传送带送入，经水封式转动阀门进入杀菌器上部的高压蒸汽杀菌室内，然后在该杀菌室内水平地往复运动，在保持稳定的压力和充满蒸汽的环境中杀菌。杀菌时间可根据要求通过调整传送带的速度来控制。杀菌完毕，罐头经分隔板上的转移孔进入杀菌釜底部的冷却水内进行加压冷却，然后再次通过水封式转动阀门送往常压冷却，直至罐温达到40℃左右。

（3）静水压杀菌器是利用水在不同的压力下有不同沸点而设计的连续高压杀菌器。杀菌时，罐头由传送带经过预热水柱送入蒸汽加热室进行热力杀菌，经冷却水柱离开蒸汽室，再接受冷水喷淋进一步冷却。蒸汽加热室内的蒸汽压力和杀菌温度通过预热水柱和冷却水柱的高度来调节。如果水柱高度为15m，蒸汽加热室内的压力可高达0.147MPa，温度相当于126.7℃。杀菌时间根据工艺要求可通过调整传送带的传送速度来调节。

静水压杀菌器具有加热温度调节简单，省汽、省水且时间均匀等优点，但存在外形尺寸大、设备投资费用高等不足，故对大量生产热处理条件相同的产品的工厂最为适用。

3. 其他杀菌技术

（1）回转式杀菌器。回转式杀菌器是运动型杀菌设备，在杀菌过程中罐头不断地转动，转动的方式有两种，一种是做上下翻动旋转，另一种是做滚动式转动。罐内食品的转动加速了热传递，缩短了杀菌时间，也改善了食品的品质，特别是对以对流为主的罐头食品效果更显著。回转式杀菌器根据放入罐头的连续程度不同，可分为批量式和连续式两种。批量式回转杀菌器的热源是处于高压下的蒸汽或水。连续式回转杀菌器能连续地传递罐头，同时使罐头旋转，适合于多种食品的杀菌。

（2）火焰杀菌器。火焰杀菌是使罐头在常压下直接通过煤气或丙烷火焰而杀菌。适用于以对流为主的罐头，如青豆、玉米、胡萝卜、蘑菇等。火焰杀菌器由三部分组成，即蒸汽预热区、火焰加热区和保温区。罐头在蒸汽预热区加热至100℃后滚动进入火焰加热区，罐头滚动时，传热很快，在直接火焰加热下罐头的温度每3s约可升高1.5℃，一般2min左右就能升至规定的杀菌温度，进入保温区保温一定时间后进行冷却。

（八）冷却

罐头在杀菌完毕后，必须迅速进行冷却，否则罐内食品仍保持相当高的温度继续烹煮，会使产品色泽、风味发生变化，有时组织结构也会受到影响。常压杀菌后的马口铁罐头直接投入冷水中，待罐温冷却到40℃左右时取出，利用罐内的余热使罐外附着的水分蒸发。如果冷却过度，则罐外附着的水分不易蒸发掉，特别是罐缝水分蒸发困难，易引起铁皮锈蚀或微生物的再次污染。玻璃罐由于导热能力较差，杀菌后不能直接投入冷水中冷却，否则易破裂，应进行分段冷却。

非常压杀菌后的罐头，由于杀菌时罐内食品因高温而膨胀，罐内压力显著增加，如果杀菌完毕后迅速恢复常压，就会使内压过大而造成罐的变形或破裂，影响罐头密封性能。因此，对这类罐头要采用加压冷却，即反压冷却，使杀菌锅内的压力稍大于罐内压力，等到罐头内容物充分冷却，内压缓和时，就不致发生膨胀或破裂。加压冷却可利用蒸汽加压冷却或利用空气加压冷却或及时将冷水打入杀菌锅内冷却。热力杀菌后，仍会受悬浮于罐头冷却水中或传送带上及搬运设备不洁表面的微生物的再次污染。水是微生物穿越包装容器封口或受损结构等泄漏通道的主要载体，在冷却的后阶段，当内容物受冷却后罐内压力下降而形成部分真空时，就会出现泄漏机会，此时如果水中含有足够数量的微生物，就会造成再污染。其主要原因是结构缺陷。由不正确密封结构或过度机械搬运造成罐体变形及受到损伤，破坏了罐头的完整性，而冷却过程中冷却水不洁净，罐体毛细缝中的微生物进入罐内而引起再污染。而罐头损伤的主要原因是冲击或压力，当传送带上的罐头输送速度减慢或输送方向改变时，由于它与别的罐头或传送带上其他零件相碰，会发生对罐头的冲击；当罐头在输送机上运送时，其向前的运动受阻而传送带却仍在运动，罐头就会受到挤压而损坏。

（九）检验贴标

进行商业无菌检验，商业无菌即罐头食品经过适度的杀菌后，不含有致病性微生物，也不含有在通常温度下能在其中繁殖的非致病性微生物。具体方法参照《食品安全国家标准 食品微生物学检验 商业无菌检验》（GB 4789.26—2013）进行。质量符合要求的进行贴标，标签标示符合《食品安全国家标准 预包装食品标签通则》（GB 7718—2011）要求。

（十）成品贮藏

果蔬罐头产品要存放在干燥、阴凉、通风处。

 工作任务一 糖水梨罐头加工技术

1. 主要材料

优质梨、白砂糖、柠檬酸、食盐、焦亚硫酸钠等。

2. 工艺流程

糖水梨罐头工艺流程如图 4-4 所示。

果蔬罐头加工技术（工作任务）

3. 操作步骤

1）原料选择

原料的好坏直接影响罐头的质量。作为罐头加工用的梨必须果形正、果芯小、石细胞少，香味浓郁，单宁含量低且耐贮藏。

2）前处理

（1）挑选、清洗、切分和去核。梨的去皮以机械去皮为多，目前也有用水果去皮剂去皮的。实验室多用手工去皮。去皮后的梨切半，挖去籽巢和蒂把，要使巢窝光滑而又去尽籽巢。

（2）护色。去皮后的梨块不能直接暴露在空气中，应浸入护色液（0.1%～0.2%柠檬酸水溶液或 1%～2%盐水）中。

3）抽空

梨一般采用湿抽法。根据原料梨的性质和加工要求确定选用哪一种抽空液。莱阳梨等单宁含量低，加工过程中不易变色的梨可以用盐水抽空，操作简单，抽空速度快；加工过程中容易变色的梨，如长把梨则以药液作抽空液为好，药液的配比为：盐 2%，柠檬酸 0.2%，焦亚硫酸钠 0.02%～0.06%。药液的温度以 20～30℃为宜，若温度过高会加速酶的生化作用，促使水果变色，同时也会使药液分解产生 SO_2 而腐蚀抽空设备。巴梨不经抽空和热烫，直接装罐。

4）热烫

凡用盐水或药液抽空的果肉，抽空后必须经清水热烫。热烫时将整理过的果实，投入沸水中热烫 5～10min，软化组织至果肉透明为度。含酸量低的如莱阳梨可在热烫水中添加适量的柠檬酸（0.15%）。热烫后急速冷却。

5）调酸

糖水梨罐头的酸度一般要求在 0.1%以上，如果低于这个标准会引起罐头的败坏和

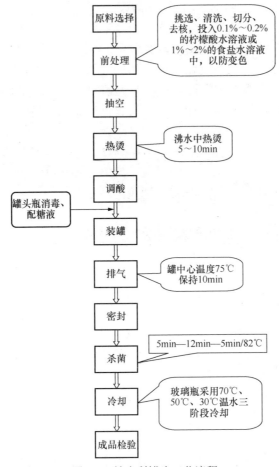

图 4-4　糖水梨罐头工艺流程

风味的不足。一般当原料梨酸度在 0.3%～0.4% 时，不必再外加酸，但要调节糖酸比，以增进成品风味。

6）装罐

使用玻璃瓶按大小、成熟度分开装罐，使每一罐中的果块大小、色泽、形态大致均匀，块数符合要求。一般要求每罐装入的水果块质量不低于净重的 55%（生装梨为 53%，碎块梨为 65%）。

7）排气、密封

装满的罐，放在热水锅或蒸汽箱中，罐盖轻放在上面，在 95℃ 左右下加热至罐中心温度为 75～85℃，经 5～10min 排气，立即封盖。

8）杀菌、冷却

低温连续转动杀菌，在 82℃ 下杀菌 12min，使产品中心温度达到 76℃ 以上，并冷却到表面温度为 38～40℃ 即得成品。杀菌时间过长和不迅速彻底冷却，会使果肉软烂，汁液浑浊，色泽、风味恶化。

9）成品检验

糖水梨罐头质量参照《梨罐头》（QB/T 1379—2014）。

工作任务二　糖水橘子罐头加工技术

1. 主要材料

新鲜橘子、白砂糖、柠檬酸等。

2. 工艺流程

糖水橘子罐头工艺流程如图4-5所示。

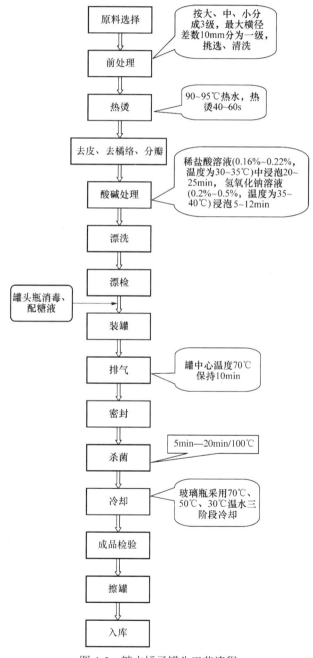

图4-5　糖水橘子罐头工艺流程

3. 操作步骤

1）原料选择

宜选择容易剥皮，肉质好，硬度高，果瓣大小较一致，无核或少核的品种，如温州蜜橘、本地早、红橘等。果实完全黄熟时采收。

2）前处理

3）挑选、清洗

剔除腐烂、过青、过小的果实。果实横径在 45mm 以上。按果实的大小、色泽、成熟度分级。果实按大、中、小分成 3 级。最大横径每差 10mm 分为一级。分级后的果实用清水洗净表面尘污。

4）热烫

热烫是为了使果皮和果肉松离，便于去皮。热烫的温度和时间因品种、果实大小、果皮厚薄、成熟度高低而异。一般在 90～95℃热水中烫 40～60s。要求皮烫肉不烫，以附着于橘瓣上的橘络能除净为度。热烫时应注意果实要随烫随剥皮，不得积压，不得重烫，不可伤及果肉。另外，热烫水应保持清洁。

5）去皮、去橘络、分瓣

去皮、分瓣要趁热进行，从果蒂处一分为二，翻转去皮并顺便除去部分橘络，然后分瓣。分瓣时手指不能用力过大，防止剥伤果肉而流汁。同时剔除僵硬、畸形、破碎的橘片，另行加工利用。

6）酸碱处理、漂洗

酸碱处理的目的是去橘瓣囊衣，水解部分果胶物质及橙皮苷，减少苦味物质。酸碱处理要根据品种、成熟度和产品规格要求而定。酸处理时，一般将橘片投入浓度为 0.16%～0.22%，温度为 30～35℃的稀盐酸溶液中浸泡 20～25min。浸泡后用清水漂洗 1～2 次。接着将橘片进行碱处理，烧碱溶液的使用浓度一般为 0.2%～0.5%，温度为 35～40℃，浸泡时间为 5～12min。浸碱后应立即用清水冲洗干净，并用 1%柠檬酸液中和，以去除碱液，改进风味。

7）漂检

漂洗后的橘肉，放在清水盆中用不锈钢镊子除去残余的囊衣、橘络、橘核等，并将橘瓣按大、中、小 3 级分放。

8）装罐

空罐先经洗涤消毒，然后按规格要求装罐。橘肉装入量不得低于净重的 55%，装好后，加入一定浓度的糖液（可按开罐浓度为 16%计算糖液配制浓度），温度要求在 80℃以上，保留顶隙 6mm 左右。

9）排气、密封

一般用排气箱热力排气约 10min，使罐内中心温度达到 65～70℃为宜，然后立即趁热封口；若用真空封罐机抽气密封，封口时真空度为 30～40kPa。

10）杀菌、冷却

按杀菌公式 5min—20min/100℃进行杀菌，然后冷却（或分段冷却）至 38～40℃。

11）成品检验

糖水橘子罐头质量参照《柑橘罐头》（GB/T 13210—2014）。

12）擦罐、入库

擦干罐身，在20℃的库房中存放1周，经敲罐检验合格后，贴上商标即可出厂。

 # 工作任务三　盐水蘑菇罐头加工技术

1. 主要材料

蘑菇、食盐、柠檬酸、焦亚硫酸钠等。

2. 工艺流程

盐水蘑菇罐头加工工艺流程如图4-6所示。

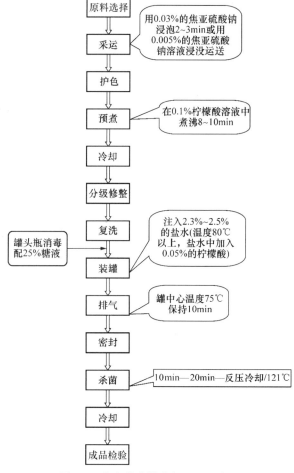

图4-6　盐水蘑菇罐头加工工艺流程

3. 操作步骤

1）原料选择

宜选择色泽洁白、菌伞完整、无机械伤疤和病虫害的新鲜蘑菇，菌伞直径要在4cm以下。

2）采运、护色

蘑菇采后极易开伞和褐变。因此采后要立即进行护色处理，并避免损伤，迅速运送到工厂加工。护色方法有：用 0.03%的焦亚硫酸钠浸泡 2～3min，捞出后用清水浸没运送；或用该溶液浸泡 10min，捞出用薄膜袋扎严袋口，放入箱内运送；或采后立即投入 0.6%的食盐水或 0.6%～0.8%的柠檬酸溶液中护色，浸泡时间约 180s，捞起后放入塑料袋内再装箱运送，运回车间后用流动水漂洗 40min，进行脱硫并除去杂质。还可直接用 0.005%的焦亚硫酸钠溶液浸没蘑菇并运送回厂，此浓度不必漂洗即可加工。

3）预煮、冷却

用 0.1%的柠檬酸溶液将蘑菇煮沸 8～10min，以煮透为准。蘑菇与柠檬酸液之比为 1：1.5，预煮后立即放入冷水中冷却。

4）分级修整

按将蘑菇分大、中、小三级，对泥根、菇柄过长及起毛、病虫害、斑点菇等进行修整。不见菌褶的可作整只或片菇。凡开伞（色不发黑）、脱柄、脱盖及菌盖不完整的作碎片菇用。

5）复洗

把分级、修整或切片的蘑菇再用清水漂洗 1 次，漂除碎屑，滤去水滴。

6）装罐

500g 玻璃罐中装蘑菇量为 290g，注入 2.3%～2.5%的盐水（温度控制在 80℃以上，盐水中加入 0.05%的柠檬酸）。

7）排气、密封

排气密封，罐中心温度要求达到 70～80℃；真空抽气为 0.047～0.053MPa。

8）杀菌、冷却

按杀菌 10min—20min—反压冷却/121℃，杀菌后迅速冷却至 38℃左右。

9）成品检验

冷却后的罐头要检查外观，看是否密封，有无缺口、毛边、开裂碰伤等缺陷。抽取一定数量的样品按保温检验的要求进行保温检查。

蘑菇罐头的质量参照《蘑菇罐头》（GB/T 14151—2006）。

 工作任务四　罐头加工过程中主要设备及使用

一、分级设备

（一）滚筒式分级机

物料在滚筒内滚转和移动，并在此过程中分级。滚筒上有很多小孔。滚筒分为几组，组数为需分级数减 1。每组小孔孔径不同，而同一组小孔的孔径一样。从物料进口至出口，后组比前组的孔径大，小于第一组孔径的物料从第一组掉出用漏斗收集为一个级别，以下依此类推。这种分级机分级效率较高，目前广泛用于蘑菇和青豆等的分级。

滚筒式分级机如图 4-7 所示。滚筒用厚度为 1.5～2.0mm 的不锈钢板冲孔后卷成圆柱形筒状筛。为了制造方便，整体滚筒分成几节筒筛，筒筛之间周角钢连接作为加强圈，如用摩擦轮传动，则又作为传动的滚圈。滚筒用托轮支承在机架上，机架用角钢或槽钢焊接而成。收集料斗设在滚筒下面，料斗的数目与分级的数目相同，但不一定与筛筒节数相同，因为有时可以由两节筛筒组成同一个级别，这时两节筛筒共用一个料斗。

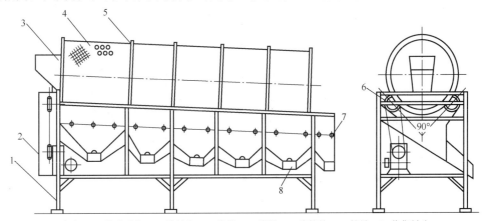

1. 机架；2. 传动系统；3. 进料斗；4. 滚筒；5. 滚圈；6. 摩擦轮；7. 铰链；8. 收集料斗。

图4-7　滚筒式分级机

（二）三辊筒式分级机

三辊筒式分级机用于球形体或近似球形体的果蔬原料，如苹果、柑橘、番茄和桃子等按直径大小不同进行分级。全机主要由升降导轨、出料传送带、理料辊、辊筒输送链及机架等组成，如图4-8～图4-10所示。

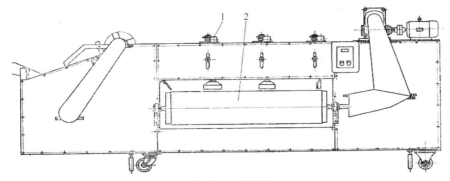

1. 升降导轨；2. 出料输送带。

图4-8　三辊筒式分级机正视图

分级部分的结构是一条由其轴向剖面带梯形槽的分级辊筒组合成的传送带，每两根辊筒之间设有一个升降辊筒（带有同样的梯形槽），此三根辊筒形成两组分级筛孔，物料就处于此两组分级筛孔之间。物料进入传送带后，最小的从相邻两辊筒间的菱形开孔中落入集料斗里，其余物料通过理料辊理料排列整齐成单层进入分级段。在分级段中各分级机构的升降辊筒（又称中间辊筒）在特定的导轨上逐渐上升，从而使与辊筒之间的菱形开孔逐渐增大。辊筒不能做升降运动。每个开孔内只有一个果，当此物料的外径与开孔大小相适合时落下，而大于开孔的物料则停留在辊筒中随辊筒继续向前运动，直至中间辊筒上升到使开孔大于此物料时才能落下。落下的物料由传送带送出机外。若中间辊筒上升到最高位置时（即开孔最大时），仍不能从开孔中落下物料，则落入后端的集料斗中作为等外特大物料处理。中间辊筒上升到最高位置时，分级段到此结束，此后就逐渐下降至最低位置，回转至进料斗，再重复以上的工作过程。

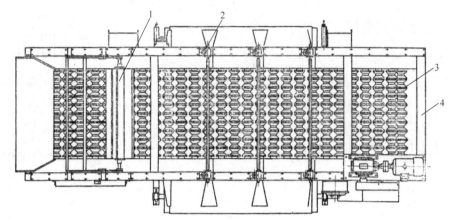

1. 理料辊；2. 升降导轨；3. 辊筒输送链；4. 机架。

图 4-9　三辊筒式分级机俯视图

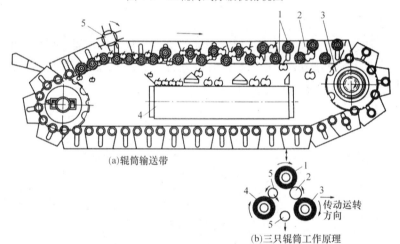

(a)辊筒输送带

(b)三只辊筒工作原理

1. 辊筒；2. 驱动链；3. 链轮；4. 出料输送带；5. 理料辊。

图 4-10　辊筒式传送带及辊筒工作原理

二、排气设备

排气是罐头生产中的重要环节，其目的是排除罐头顶隙中的空气，防止好氧性细菌的繁殖生长。排气可采用热力排气和真空抽气方式进行，真空抽气经常与密封紧密结合，在密封的同时完成排气操作；而热力排气经常作为一单元操作独立进行，最常用的为热力排气箱，如图 4-11 所示。其外形尺寸为长 7000mm、宽 680mm。适用于各类罐头食品排气，其传动电动机选用电磁调速电动机（功率为 0.75kW），可随时调节不同的速度，并通过速度控制排气时间，其有效排气长度为 6000mm。

罐头排气机

图 4-11　热力排气箱

三、杀菌设备

（一）立式杀菌锅

立式杀菌锅可用于常压或加压杀菌，在品种多、批量小时很实用，目前在中小型罐头厂应用较广泛。但其操作是间歇性的，在连续化生产中不适用。因此，它和卧式杀菌锅一样，从机械化、自动化来看，不是杀菌锅发展方向。与立式杀菌锅配套的设备有杀菌篮、电动葫芦、空气压缩机及检测仪表等。

图 4-12 所示为有两个杀菌篮的立式杀菌锅。圆筒状的锅体 1 用厚 6～7mm 的钢板成形后焊接而成，锅底 8 和锅盖 4 呈圆球形，盖子铰接于锅体后部边缘，在盖的周边均匀地分布着 6～8 个槽孔，锅体的上周边铰接有与该槽相对称的蝶形螺栓 6，以密封盖和锅体。锅体口的边缘凹槽内嵌有密封垫片 7，保证盖和锅体密封良好。为了减少热量损失，最好在锅体的外表面包上 80mm 厚的石棉层。

除用以上方法锁紧盖与锅体外，还广泛采用一种自锁斜楔锁紧装置，这种装置密封性能好，操作省力省时，如图 4-13 所示。

这种装置用 10 组自锁斜楔块 2 均匀分布在锅盖边缘与转环 3 上，转环配有几组活动的及固定的滚轮装置 5 和托板 6，使转环可沿锅体 7 转动。锅体上部周围凹槽内有耐热橡胶垫圈 4。锅盖关闭后，转动转环 3，楔合块就能互相咬紧而压紧橡胶圈，达到锁紧和密封的目的。将转环反向转动时，楔合块分开，即可开盖。

锅盖可用平衡锤 3（图 4-12）揭开，在锅的底部，装有十字形的蒸汽分布管 10，吹泡小孔开在两侧和底部，不要朝上开小孔，避免吹出蒸汽直接冲向罐头。锅内放有盛罐头用的杀菌篮 2，杀菌篮和罐头是用电动葫芦吊进和吊出的。蒸汽从蒸汽入口 9 进入蒸汽分布管中，冷却时水从锅盖内壁的盘管 5 中的小孔喷淋到锅中。此处小孔也不能直接对着罐头，以免冷却时冲击罐头。

锅盖上装有吹气阀、安全阀、压力表及温度计等，锅体最底部安装有排水管 11。

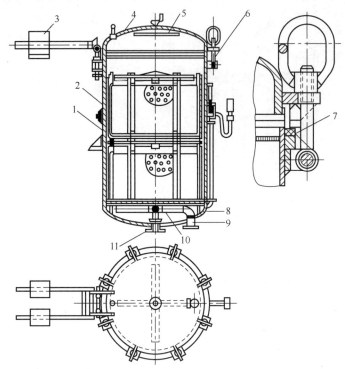

1. 锅体；2. 杀菌篮；3. 平衡锤；4. 锅盖；5. 盘管；6. 螺栓；7. 密封垫片；
8. 锅底；9. 蒸汽入口；10. 蒸汽分布管；11. 排水管。

图 4-12　立式杀菌锅

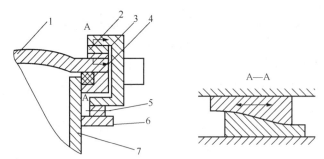

1. 锅盖；2. 自锁斜楔块；3. 转环；4. 垫圈；5. 滚轮；6. 托板；7. 锅体。

图 4-13　自锁斜楔锁紧装置

（二）卧式杀菌锅

卧式杀菌锅的容量一般比立式的大，同时可不必用电动葫芦。但一般不适用于常压杀菌，只能作高压杀菌用，因此多用于以生产蔬菜和肉类罐头为主的大中型罐头厂。

卧式杀菌锅是一个平卧的圆柱形筒体（图4-14），筒体的前部有一个绞接着的锅盖，末端则焊接了椭圆封头，锅盖与锅体的密闭方式与立式杀菌锅相同。锅体内底部装有两根平行的轨道，供盛罐头用的杀菌车推进推出之用。蒸汽管在平行导轨下面。蒸汽从底部进入锅内的两根平行管道（上有吹泡小孔）对锅进行加热。由于导轨只有与地面在同一高度，才能顺利地将小车推进、推出，故锅体有一部分处于车间地面以下。又为了方便杀菌锅排水（每杀菌一次都需要大量排水），所以在安装杀菌锅的地方都有一个地槽。

在锅体上同样安装有各种仪表和阀门。应该指出的是，由于用反压杀菌，压力表所指示的压力包括锅内蒸汽和压缩空气的压力，造成温度计的读数与其实际温度是不对应的。这是既要有温度计又要有压力表的原因。

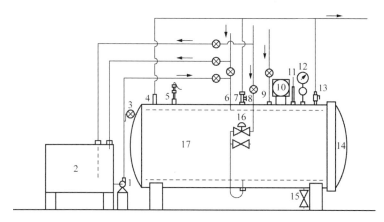

1. 水泵；2. 水箱；3. 溢流管；4、7、13. 放空气管；5. 安全阀；

6. 进水管；8. 进汽管；9. 进压缩空气管；10. 温度记录仪；

11. 温度计；12. 压力表；14. 锅门；15. 排水管；16. 薄膜阀门；17. 锅体。

图4-14 卧式杀菌锅装置图

（三）回转式杀菌设备

回转式杀菌设备如图4-15所示。上锅1是贮水锅，为圆筒形的密闭容器，在其上部适当位置装有液位控制器，上锅用于制备下锅用的过热水。下锅6是杀菌锅，也装有液位控制器，锅内有一转体，当杀菌篮进入锅体后，压紧装置会使杀菌篮和转体相互压紧，不能相对运动。杀菌锅后端安装有传动系统，由电动机、可分锥轮式无级变速器和齿轮等组成。通过大齿轮轴（即转体回转轴）驱动固定在轴上的转体回转，而转体带着杀菌篮回转，其转速可在5～45r/min内无级变速，同时可朝一个方向一直回转或正反交替回转。交替回转时，回转、停止和反转动作可由时间继电器设定，一般是在回转6min、停止1min的范围内设定的。

在传动装置的旋转部件上设置了一个定位器，借以保证转体停止转动时停留在某一特定位置，便于从杀菌锅中取出杀菌篮。回转轴是空心轴，测量罐头中心温度的导线即由此通过。

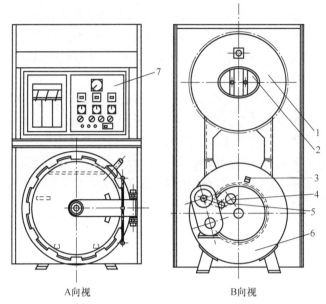

A向视　　　　　　　　　　　　　　B向视

1. 上锅；2. 入孔；3. 定位器；4. 磁铁开关；5. 自动调速装置；6. 下锅；7. 控制柜。

图 4-15　回转式杀菌设备

　　自动装篮机把罐头装入篮内，每层罐头之间用带孔的软性垫板隔开。用杀菌小车将杀菌篮送入杀菌锅内带有滚轮的轨道上。杀菌锅装满杀菌篮时，用压紧机构将罐头压紧固定，再挂上保险杆，以防杀菌完毕启锅时杀菌篮自动溜出。

　　贮水锅与杀菌锅之间用连接阀的管道连通，蒸汽管、进水管、排水管和空压管等分别连接在两锅的适当位置，在这些管道上按用途安装了不同规格的气动、手动、电动阀门。循环泵使杀菌锅中的水强烈循环，以提高杀菌效率并使杀菌锅内的水温均匀一致。冷水泵的作用是向贮水锅注入冷水和向杀菌锅注入冷却水。

　　回转式杀菌锅已经可以自动控制，目前的自动控制系统大致可分为两种形式：一种是将各项控制参数表示在塑料冲孔卡上，操作时只要将冲孔卡插入控制装置内，即可进行整个杀菌过程的自动程序操作；另一种是由操作者将各项参数在控制盘上设定好后，按下启动开关，整个杀菌过程也就按设定的条件进行自动程序操作。

　　（四）常压连续杀菌设备

　　常压连续杀菌设备主要用于水果类和一些蔬菜类圆形罐头的常压连续杀菌。

　　常压连续杀菌设备有单层、三层和五层3种。其中以三层的用得较多。层数虽有不同，但原理一样，层数的多少主要取决于生产能力的大小、杀菌时间的长短和车间面积等。现以三层常压连续杀菌锅为例，来说明常压连续杀菌锅的结构和工作原理。

　　图 4-16 所示为三层常压连续杀菌锅结构简图。主要由传动系统、进罐机构1、送罐链2、槽体3、出罐机构4及报警系统、温度控制系统等组成。

　　由封罐机封好的罐头，在进罐传送带上由拨罐器把罐头定量拨进槽体内，并由翻板输送链将罐头由下至上运行，在第一层（或第一层和第二层）杀菌，在第二、三层（或第三层）冷却，最后由出罐机构将罐头卸出完成杀菌的全过程。

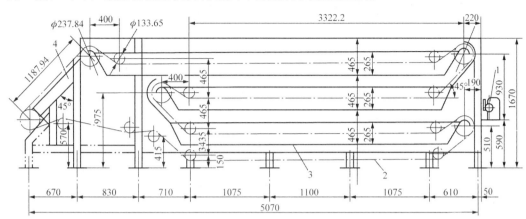

1. 进罐机构；2. 送罐链；3. 槽体；4. 出罐机构。

图 4-16　三层常压连续杀菌锅结构简图（单位：mm）

一、果蔬罐头的分类

（一）水果类

水果类罐头可分为如下两类。

（1）糖水类水果罐头。把经分级去皮（或核）、分选好的水果原料装罐，加入不同浓度的糖水而制成的罐头产品称为糖水类水果罐头。

（2）糖浆类水果罐头。将处理好的原料经糖浆熬煮至可溶性固形物达 60%～70% 后装罐，加入高浓度糖浆而制成的罐头产品称为糖浆类水果罐头，又称为液态蜜饯罐头。

（二）蔬菜类

蔬菜类罐头可分为如下四类。

（1）清渍类蔬菜罐头。选用新鲜或冷藏良好的蔬菜原料，经加工处理、预煮漂洗（或不预煮），分选装罐后加入稀盐水或糖盐混合液（或沸水、或蔬菜汁）而制成的罐头产品称为清渍类蔬菜罐头。

（2）醋渍类蔬菜罐头。选用鲜嫩或盐腌蔬菜原料，经加工修整、切块装罐，再加入香辛配料及乙酸、食盐混合液而制成的罐头产品称为醋渍类蔬菜罐头。

（3）调味类蔬菜罐头。选用新鲜蔬菜及其他小料，经切片（块）、加工烹调（油炸或不油炸）后装罐而制成的罐头产品称为调味类蔬菜罐头。

（4）盐渍（酱渍）类蔬菜罐头。选用新鲜蔬菜，经切块（片）或腌制后装罐，再加入白砂糖、食盐、味精等汤汁（或酱）而制成的罐头产品称为盐渍类蔬菜罐头。

二、果蔬原料的特点及罐藏对果蔬原料的基本要求

（一）果蔬原料的特点

（1）季节性。果蔬的生长、采收等都严格受到季节的制约，不适时的原料不仅价格高而且质量也会受到影响，最终既影响成本又难保证产品质量。

（2）地区性。果蔬的生长受自然条件和生产环境的制约，同一种果蔬，由于生态环境不同，其生产时期、收获期、收获量乃至品质和价格等也都不同。

（3）易腐性。果蔬大都富含水分，容易腐烂变质，受到机械损伤的果蔬更易腐烂。

（4）复杂性。果蔬的种类很多，果蔬的种类和品种不同，其构造、形状、大小、化学组成及加工适应性等也不同，因此在工艺、设备等方面都较难规范化，必须根据原料的特点确定贮藏方法，变更加工工艺。

（二）罐藏对果蔬原料的基本要求

用于生产果蔬罐头的原料应该是品种优良的原料。除了要求原料具有良好的营养价值、良好的感官品质、新鲜、无病虫害、完整无伤外，还要求其收获期长、收获量稳定、可食部分比例高、加工适应性强，并具有一定的耐藏性。

我国近年来产量较大的几种果蔬罐头对原料的要求如表4-6所示。

表4-6　产量较大的几种果蔬对原料的要求

果蔬种类	规　　格	质 量 要 求
洋梨	横径60mm以上，纵径不宜超过110mm	果实新鲜饱满，成熟适度。种子呈褐色，肉质细，无明显的石细胞，呈黄绿色、黄白色、青白色，无霉烂、桑皮、铁头、病虫害、畸形果及机械伤等
桃	横径55mm以上，个别品种可在50mm以上	果实新鲜饱满，成熟适度（应达七八成），风味正常，白桃为白色至青白色，黄桃为黄色至青黄色，果尖、核窝及合缝线处允许稍有微红色。无畸形、霉烂、病虫害和机械伤
菠萝	横径80mm以上	果实新鲜良好，成熟适度（八成左右），风味正常，无畸形、过熟味，无病虫害、灼伤及机械伤所引起的腐烂现象
橘子	横径45~60mm	果实新鲜良好，大小、成熟适度，风味正常，无严重畸形、干瘪现象，无病虫害及机械伤所引起的腐烂现象
蘑菇	横径18~40mm（整菇），不超过60mm（片菇和碎菇）	（1）整菇：采用菇色正常，无严重机械伤和病虫害的蘑菇。菌柄切削良好，不带泥土，无空心，柄长不超过15mm；菌盖直径在30mm以下的菌柄的长度不超过菌盖直径的1/2（菌柄从基部计算） （2）片菇和碎菇：采用菇色正常，无严重机械伤和病虫害的蘑菇。菌盖直径不超过60mm，菌褶不得发黑

续表

种　类	规　格	质量要求
竹笋	冬笋 125～1000mm 春笋 2000mm 左右	（1）冬笋：采用新鲜质嫩，肉质呈乳白色或淡黄色，无霉烂病虫害和机械伤的冬笋（毛竹笋）。允许根茎粗老部分受轻微损伤，但不能伤及笋肉 （2）春笋：采用新鲜质嫩，无霉烂、病虫害和机械伤的竹笋（毛竹笋）。笋身无明显空洞 （3）笋（用于油焖笋罐头）：采用新鲜质嫩、肉厚节间短、肉质呈白色稍带淡黄色至淡绿色的竹笋，如浙江的龙须笋、淡竹笋。应无霉烂、病虫害、枯萎和严重机械伤
芦笋	120～160mm（长），横径 10～36mm（茎部长短径平均长度），横径 12～38mm（加工去皮芦笋）	一级品：为鲜嫩的整条，形态完整良好，呈白色，尖端紧密。少量笋尖允许有直径不超过 5mm 的淡青色或紫色斑，不带泥沙，无空心、开裂、畸形、病虫害、锈斑及其他损伤 二级品：有下列情况之一者为二级品，其他同一级品 （1）笋茎较老或笋尖疏松者 （2）头部淡青色或紫色部位直径超过 5mm，但小于 40mm 者 （3）整条带头，长度不到 120mm，但在 50mm 以上者 （4）有轻微弯曲、裂纹、浅色锈斑及小空心者 （5）尖端 40mm 以下部位有轻度机械伤者
番茄	横径 30～50mm	采用新鲜或冷藏良好，未受农业病虫害的鲜红番茄，不得使用霉烂番茄 用于原汁整番茄原料，要采用新鲜或冷藏良好，呈红色，未受农业病虫害，肉厚籽少，果实无裂缝的小番茄

 练习及作业

1. 简述果蔬原料的预处理过程。
2. 哪些成分影响果蔬罐头的加工？是如何影响的？
3. 简述果蔬罐头的杀菌技术。
4. 引起果蔬罐头变色的主要原因有哪些？
5. 简述果蔬罐头加工的基本技术。
6. 根据当地果蔬生产情况，设计一个果蔬罐头加工技术方案。

项目五 果蔬汁加工技术

☞ **预期学习成果**

　　①能熟练叙述果蔬汁的分类及特点；②能准确叙述果蔬汁加工的基本技术（工艺）及各种不同果蔬汁加工的特有工艺；③能根据不同果蔬原料的特性，提出其果蔬汁产品的初步设计方案；④能熟练掌握澄清汁、浑浊汁和浓缩汁的关键工序；⑤能进行果蔬汁生产的管理工作及现场技术指导；⑥能正确判断果蔬汁生产过程中常见的质量问题，并采取有效控制措施或解决方法。

☞ **职业岗位**

　　果汁加工技术员（工）、果汁检验员（工）。

☞ **典型工作任务**

　　(1) 根据生产任务，制定果蔬汁（酱）制品生产计划。

　　(2) 按生产质量标准和生产计划组织生产。

　　(3) 正确选择果蔬汁（酱）制品加工原料，并对原料进行质量检验。

　　(4) 按工艺要求操作破碎设备等，对果蔬汁加工原料进行破碎、热处理。

　　(5) 按工艺要求操作榨汁机进行榨汁。

　　(6) 按工艺要求选择适当的方法对果蔬汁进行澄清处理和精滤操作。

　　(7) 利用均质机和脱气设备对浑浊果蔬汁进行均质和脱气处理。

　　(8) 利用浓缩设备对澄清果蔬汁进行浓缩处理。

　　(9) 操作杀菌设备，按工艺要求对物料进行杀菌处理。

　　(10) 利用无菌灌装设备对果蔬汁进行无菌灌装。

　　(11) 按 CIP 清洗要求对生产设备进行清洗杀菌。

　　(12) 监控各工艺环节技术参数，并进行记录。

　　(13) 按果蔬汁产品质量标准对成品进行质量检验。

果蔬汁加工技术
（相关知识）

 相关知识准备

一、果蔬汁的分类

　　果蔬汁的分类方法有很多，按照果蔬汁的生产工艺和产品状态的不同，可以分为以下几类。

澄清型果蔬汁生
产线（仿真）

（一）透明果蔬汁

新鲜果蔬直接榨出的汁液，经澄清、过滤特殊工序，除去果肉悬浮微粒、蛋白质、果胶物质等而呈澄清透明状态。例如，葡萄汁、苹果汁、杨梅汁通常制成透明果蔬汁。这类果蔬汁制品的稳定性较高，但其营养成分有所降低，风味和色泽不如浑浊果蔬汁。

（二）浑浊果蔬汁

新鲜果蔬直接榨出的汁液，经均质、脱气特殊工序处理，外观呈浑浊均匀状态，果蔬汁中保留果肉悬浮微粒，且均匀分散在汁液中，含果胶物质。例如，柑橘汁、菠萝汁、番茄汁常制成浑浊果蔬汁。这类果蔬汁制品能较好地保持原果蔬的风味、色泽和营养，稳定性略差。

浑浊型果蔬汁生产线（仿真）

（三）浓缩果蔬汁

浓缩果蔬汁由原果蔬汁浓缩而成，要求可溶性固形物达到 40%～60%，含有较多的糖分和酸分，一般浓缩 3～6 倍，如浓缩橙汁、浓缩苹果汁等。这类制品的营养价值高且体积缩小，便于运输和保存。

（四）带果肉（粒）果蔬汁

在新鲜果蔬汁（或浓缩果蔬汁）中加入柑橘类砂囊或其他水果经切细的果肉颗粒，经糖液、酸味剂等调制而成的果蔬汁，如果粒橙、果粒桃等。

二、果蔬汁生产工作程序

（一）原料选择

用于加工果蔬汁的原料应当具有浓郁的风味和香味，无异味，色泽鲜亮且稳定，糖酸比合适，在加工过程中无明显的不良变化，同时要求原料的出汁率高，取汁容易。我国生产的果蔬汁多以柑橘类、苹果、梨、菠萝、葡萄、桃、猕猴桃、芹菜、山楂、胡萝卜和番茄等为原料。果蔬汁加工要求原料有适当的成熟度，一般在九成熟时进行采摘，但是对果形和果实大小并无严格要求。

（二）原料预处理

1. 挑选与清洗

原料加工前须进行严格挑选，剔除霉变、腐烂、未成熟和受伤变质的果实。挑选对于降低农药残留，减少微生物和棒曲霉素侵染风险有非常重要的作用，同时也能保持果汁的正常风味。清洗水果原料的目的是去除水果原料表面的泥土、部分微生物以及可能残留的化学物质。若原料出现了腐败现象或者受到污染，就可能对果汁的色、香和味产生不利的影响，混在原料中的杂物也会使果汁出现异味。另外，通过清洗可以大大降低水果原料中的微生物数量，减少耐热菌对果汁的污染。

工业生产时原料果经水流输送、强制清洗后，进入拣选台，由人工在传送带上进行拣选。可剔除霉烂的、带病虫害的、破损的和未成熟的果实以及混杂于其中的异物。在清洗过程中，根据原料的卫生状况，对于农药残留较多的果实，可用一定浓度的稀盐酸溶液或脂肪酸系洗涤剂进行处理，然后用清水冲洗。对于受微生物污染严重的果实，可用一定浓度的漂白粉或高锰酸钾溶液浸泡消毒，然后再清水冲洗干净。这样可大大提高清洗效果，以保证果汁质量。

2. 破碎

果实榨汁前需进行破碎，适当的破碎有利于压榨过程中果浆内部形成果汁排出通道，提高果实的出汁率，尤其是对于皮、肉致密的果实，须先行破碎。破碎粒度要适当，粒度过小，易造成压榨时外层果汁很快榨出，形成一层厚皮，使内层果汁流出困难，造成出汁率下降；粒度过大，榨汁时压榨力不足以使果粒内部果汁流出。一般粒度根据水果成熟度确定，水果硬度比较高时，破碎粒度可以小一些。水果硬度降低，破碎粒度要大一些，以便获得比较理想的榨汁效果。一般苹果、梨用破碎机进行破碎时，破碎后果块以 3～4mm 大小为宜，草莓、葡萄以 2～3mm 为宜，樱桃为 5mm，番茄可以使用打浆机来破碎取汁，但柑橘宜先去皮后打浆。对于浊汁，破碎时可加入适量的维生素 C 或柠檬酸等抗氧化剂，以改善果汁的色泽。

3. 加热处理

原料经破碎成为果浆后，各种酶从破碎的细胞组织中逸出，活力大大增强，同时果品表面积急剧扩大，大量吸收氧，致使果浆发生酶促褐变反应。必要时可对果浆加热，钝化其自身含有的酶，抑制微生物繁殖，保证果汁的质量。同时，可以使细胞原生质中的蛋白质凝固，改变细胞的通透性，还能使果肉软化，果胶物质水解，降低汁液黏度，提高出汁率。加热的时间和条件应根据果蔬种类和果蔬汁的用途而异。

4. 果胶酶处理

由于果实的出汁率受果实中果胶含量的影响很大，果胶含量少的果实出汁容易；而果胶含量高的果实由于汁液黏性较大，所以出汁较困难。因此在破碎后的果肉中加入适量的果胶酶，可以降低果汁黏度，从而使榨汁和过滤工艺得以顺利完成。酶制剂的品种和用量不合适也会降低果蔬汁的质量和产量。酶制剂的添加量依酶的活性而定，酶制剂与果肉应

酶解罐

混合均匀，二者作用的时间和温度要严格掌握，一般在 37℃恒温下作用 2～4h。

（三）取汁技术

1. 压榨取汁

对于大多数果汁含量丰富的果蔬，取汁方式以压榨为主，榨汁方法依原料种类及生产规模而异。榨汁设备有液压式、轧辊式、螺旋式、离心式榨汁机和特殊的柑橘压榨机等，可依据果蔬的质地、品种和成熟度选择适当的榨汁设备。

2. 浸提

对于汁液含量较低的果蔬原料，难以用压榨的方法取汁，可在原料破碎后采用加水浸提的方法。果蔬浸提汁不是果蔬原汁，是果蔬原汁和水的混合物，即加水的果蔬原汁，这是浸提与压榨取汁的根本区别。浸提时的加水量直接表现出汁量多少。浸提时要依据浸汁的用途，确定浸汁的可溶性固性物的含量。制作浓缩果汁时，浸汁的可溶性固形物

含量要高，出汁率就不会太高；制造果肉型果蔬汁时，浸汁的可溶性固形物的含量也不能太低，因而要合理控制加水量。以山楂为例，浸提时的果水质量比一般为 1 : 2.0～2.5。一次浸提后，浸汁的可溶性固形物的浓度为 4.5～6.0° Bx，出汁率为 180%～230%。

浸提温度、浸提时间和破碎程度除了影响出汁率外，还影响果汁的质量。浸提温度一般为 60～80℃，最佳温度为 70～75℃。一次浸提时间为 1.5～2.0h，多次浸提累计时间为 6～8h。浸提前应对果蔬进行适当破碎，以增加与水的接触机会，有利于可溶性固形物的浸提。

果蔬浸提取汁的方法主要有一次浸提法和多次浸提法等。可根据原料的具体条件选择适当的浸提工艺参数，如浸提的温度和时间。

3. 粗滤

粗滤又称筛滤。在生产浑浊果汁时，粗滤只需除去分散在果汁中的粗大颗粒，而保存其色粒以获得良好的色泽、风味及香味。果汁一般通过 0.5mm 孔径的滤筛即可达到粗滤要求。当生产透明果汁时，需粗滤后再精滤，或先行澄清处理后再行过滤，以除尽全部悬浮颗粒。粗滤通常装在压榨机汁液出口处，粗滤和压榨在同一机器上完成；也可在榨汁后用粗滤机单独完成粗滤操作。

双联过滤器
（粗滤）

（四）不同类型果汁的生产关键技术

1. 果蔬汁澄清技术

用压榨工艺制取的原果汁中含有引起浑浊的物质，主要是细胞碎片和其他不溶性成分，另外还有一些在制汁后才出现于果汁中的固体颗粒，如果胶、蛋白质、多酚等成分相互作用形成的聚合物。因此，若产品为澄清果汁，则必须采取措施排除果汁中的浑浊物质。常用的澄清方法有以下几种。

1）酶法澄清

酶法澄清是利用果胶酶、淀粉酶等酶制剂分解果汁中的果胶和淀粉物质等达到澄清目的的。果汁中的果胶和淀粉物质是导致果汁后浑浊的主要原因。加入果胶酶，可以使果汁中的果胶物质降解，失去凝胶作用，浑浊物颗粒就会相互聚集，形成絮状沉淀。酶解温度通常控制为 50～55℃。反应的最佳 pH 值因酶种类不同而异。一般在弱酸性条件下进行，pH 值为 3.5～5.5。完成酶解的果汁还需要澄清，然后进行过滤。

2）单宁-明胶澄清法

明胶、鱼胶或干酪素等蛋白质，可与单宁酸盐形成络合物，而果汁中存在的悬浮颗粒可以被形成的络合物缠绕而沉降，从而达到澄清的目的。明胶、单宁的用量主要取决于果汁的种类、品种、原料成熟度及明胶质量，应预先通过试验确定。单宁通常先于明胶加入果蔬原汁中，添加量在 50～150mg/L，一般明胶用量为 100～300mg/L。此法在较酸性和温度较低条件下易澄清，在 3～10℃ 的处理温度下可以达到最佳澄清效果。

3）加热凝聚澄清法

果汁中的胶体物质受到热的作用会发生凝集从而形成沉淀，可过滤除去。通常将果汁在 80～90s 内加热至 80～82℃，然后急速冷却至室温，此时果汁中蛋白质和其他胶质变性凝固析出，从而达到澄清的目的。为了避免加热损失部分芳香物质和减少有害的氧化反应，此操作通常在封闭系统中完成。

4）冷冻澄清法

由于冷冻可以改变胶体的性质，而解冻破坏胶体，因此可将果汁急速冷冻，使一部分胶体溶液完全或部分被破坏而变成无定形的沉淀，在解冻后滤去，以达到澄清的目的。另一部分保持胶体性质的也可用其他方法过滤除去。此法适用于雾状浑浊的果蔬汁澄清，如苹果汁、葡萄汁、草莓汁和柑橘汁等。

在生产澄清果汁时，为了得到澄清透明且质量稳定的产品，澄清后必须再进行精滤，以除去细小的悬浮物质。常用的精滤设备主要有硅藻土压滤机、纤维压滤器、真空过滤器、膜分离超滤机及离心分离机等。

2. 果蔬汁均质和脱气技术

均质和脱气是浑浊果蔬汁生产中的特有工序，可保证浑浊果蔬汁的稳定性，同时防止果汁营养损失、色泽劣变。

1）均质

均质是将果蔬汁通过均质设备，使其细小颗粒进一步破碎，使颗粒大小均匀，使果胶物质和果蔬汁亲和，保持果蔬汁的均一浑浊状态，提高其稳定性，从而实现了不易分离和沉淀且口感细滑的目的。目前，生产上常用的均质机有高压均质机、胶体磨均质机和超声波均质机等。

（1）高压均质：其原理就是将混匀的物料通过柱塞泵的作用，在高压低速下进入阀座和阀杆之间的空间，此时其速度增至 290m/s，同时压力相应降低到物料中水的蒸汽压以下，于是在颗粒中水形成气泡并膨胀，引起气泡炸裂物料颗粒（空穴效应）。由于空穴效应造成强大的剪切力，由此得到极细且均匀的固体分散物。均质压力根据果蔬种类、要求的颗粒大小而异，一般在 15～40MPa。

（2）胶体磨均质：其主要利用快速转动和狭腔的摩擦作用进行均质，即当果蔬汁进入狭腔（间距可调）时，受到强大的离心力作用，颗粒在转齿和定齿之间的狭腔中摩擦、撞击而分散成细小颗粒。

（3）超声波均质：当果蔬汁以较高的速度流向振动设备时，振动设备可产生高频率的振动，这样就产生极大的空穴作用力，使其对果肉颗粒产生良好的分散作用。通过仪器的调整，超声波均质机可产生 20000Hz 的频率，在这个范围内产生的空穴作用力可达到 50×10^4MPa。

2）脱气

果蔬细胞间隙存在着大量的氧、氮和呼吸作用产生的二氧化碳等气体，在加工过程中能进入果汁中，或者被吸附在果肉颗粒和胶体的表面。同时由于原料在破碎、取汁、均质和搅拌等工序中又会混入一定量的空气，所以得到的果汁中含有大量的气体。这些气体通常以溶剂形式在细微粒子表面吸附，也有一小部分以果汁的化学成分形式存在。特别值得注意的是，气体中的氧气会导致果汁营养成分的损失和色泽劣变，这些不良反应在加热时更为明显，因此必须加以去除，这一工艺即称脱气或去氧。

（1）真空脱气法：真空脱气是将处理过的果汁用泵打到真空脱气罐内进行抽气。基本原理是气体在液体内的溶解度与该气体在液面上的分压成正比。随着液面上压力的降低，溶解在果蔬汁中的气体不断逸出，直至总压降到果蔬汁的蒸汽压时，达平衡状态，此时所有气体即被排除。而此操作所需要的时间则取决于气体逸出的速度和气体排至大气的速度。

真空脱气要求果蔬汁的表面积要大。为增加其表面积，可将果蔬汁引入真空室分散成薄膜状或雾状，而真空罐内真空度一般为 90.7～93.3kPa，同时果汁温度应适当，以使果蔬汁中的气体迅速逸出。

（2）置换法：由于惰性气体对果蔬汁的影响不大，因此可通过专门的设备将氮气、二氧化碳等惰性气体压入果蔬汁中，以形成强烈的泡沫流。在泡沫流的冲击下，氮气、二氧化碳等惰性气体将果蔬汁中的氧气置换出来，达到脱气的目的。这样既可减少果蔬汁中挥发性芳香物质的损失，也可防止果蔬汁的氧化变色。

（3）化学脱气法：可在果蔬汁中加入一些抗氧化剂或需氧的酶类作为脱氧剂，以消耗果蔬汁中的氧气，达到脱气的目的。常用的脱氧剂有抗坏血酸、葡萄糖氧化酶等。但在操作时应注意，为避免花青素分解，在含花青素丰富的果蔬汁中不适合应用抗坏血酸。

3. 果蔬汁浓缩技术

原果汁的含水量很高，通常在 80%～85%。浓缩工序可以把原果汁中的固形物含量从 5%～20%提高到 60%～75%。这种浓缩汁有相当高的化学稳定性和微生物稳定性。浓缩度很高的浓缩汁，体积可缩小 6～7 倍。浓缩果蔬汁用途广泛，特别有利于贮藏和运输，可作为各种食品的原料。目前常用的浓缩方法主要有真空浓缩、冷冻浓缩和反渗透浓缩。

1）真空浓缩法

真空浓缩是以蒸发的方式使果汁固形物浓度达到 70%～71%。由于绝大多数原果汁的品质容易受到高温损害，所以其浓缩过程通常是在低于大气压的真空状态下，使果蔬汁的沸点下降，加热使果蔬汁在低温条件下沸腾，使水分从原果蔬汁中分离出来。真空浓缩中由于蒸发过程是在较低温度条件下和较短的浓缩时间内进行，能较好地保持果蔬汁的色香味，不会产生影响产品成分和感官质量的反应。目前，因设备不同，果汁蒸发浓缩的时间从几秒钟到几分钟不等，末效蒸发温度通常为 50～60℃。有些浓缩设备的末效蒸发温度可低到 40℃以下。蔬汁在浓缩前应进行适当的高温瞬时杀菌，避免由于真空浓缩的温度条件较适合微生物繁殖和酶的作用而导致果汁品质劣变。

2）冷冻浓缩法

冷冻浓缩是利用冰与水溶液之间的固、液相平衡原理，将水以固态方式从溶液中去除的一种浓缩方法。当水溶液中所含溶质浓度低于共熔浓度时，溶液被冷却后，部分水结成冰晶而析出，剩余溶液中的溶质浓度则由于冰晶数量的增加和冷冻次数的增加而提高。溶液的浓度逐渐增加，及至某一温度，被浓缩的溶液全部冻结，这一温度即为低共熔点或共晶点。

果蔬汁冷冻浓缩包括冰晶的形成、冰晶的成长、冰晶与液相分开 3 个步骤。冷冻浓缩的方法和装置很多，图 5-1 所示为荷兰 Grenco 冷冻浓缩系统，它是目前食品工业中应用较成功的一种装置。在此系统中，果蔬汁通过刮板式换热器形成冰晶，再进入结晶器，冰晶体积增大，最后，冰晶和浓缩物被泵至洗涤塔将冰晶分离出来，如此反复，直至达到浓缩要求。将冰晶分离后，冷冻浓缩汁内基本上保留了原汁所含有的一切物质，但此种浓缩方法的缺点是分离冰晶时不可避免地损失了部分浓缩汁。由于在-7～-3℃下完成浓缩操作，原汁中的各种生物化学反应和化学反应受到很大抑制，因此产品不会出现滋味和香味的变化，也不会产生非酶褐变反应和维生素损失等。

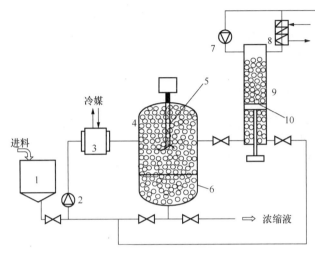

1. 原料罐；2、7. 循环泵；3. 刮板式换热器；4. 再结晶罐；5. 搅拌器；
6. 过滤器；8. 冰晶溶解用换热器；9. 洗净塔；10. 活塞。

图 5-1　Grenco 冷冻浓缩系统图

但是由于受到冰晶-浓缩汁混合物黏度的限制，冷冻浓缩汁的最大浓缩浓度只能达到40%～50%。果胶、蛋白质和其他胶体物质会增加浓缩汁的黏度，因此对浓缩过程也会有不利影响。

　　3）反渗透浓缩法

　　反渗透浓缩是一种膜分离技术。反渗透浓缩的原理如图 5-2 所示，即用一张半透膜将果汁与纯水隔开，水会自动穿过半透膜向果汁一侧渗透，这种自动渗透的压力叫渗透压。反渗透是在果汁一侧施加压力，该压力大于果汁的渗透压，则果汁中的水能穿过膜反向渗入水中，直至两侧压力相等为止。

图 5-2　反渗透原理

　　反渗透浓缩与真空浓缩等加热蒸发方法相比，其优点是蒸发过程不需加热，可在常温条件下实现分离或浓缩，品质变化小。浓缩过程在密封中操作，不受氧气影响；在不发生相变下操作，挥发性成分的损失较少；节约能源，所需能量约为蒸发浓缩的1/17，是冷冻浓缩的1/2。

　　目前，反渗透浓缩常用膜为醋酸纤维素及其衍生物、聚丙烯腈系列膜等。反渗透浓缩依赖于膜的选择性筛分作用,以压力差为推动力,允许某些物质透过而不允许其他组分透过,以达到分离浓缩的目的。影响反渗透浓缩的主要因素有膜的特性及适用性、果蔬汁的种类、性质及温度和压力、浓差极化现象等。

浓差极化现象:所有的分离过程均会产生这一现象,在膜分离中其影响特别严重。当分子混合物由推动力带到膜表面时,水分子透过膜,另外一些分子被阻止,这就导致在近膜表面的边界层中被阻组分的集聚和透过组分的降低,这种现象即所谓浓差极化现象。它的产生使透过速度显著减小,削弱膜的分离特性。工程上主要采取加大流速、装设湍流装置、脉冲、搅拌等消除其影响。

膜的特性及适用性:不同材质的膜有不同的适用性,介质的化学性质对膜的效果有一定的影响,如醋酸纤维素膜 pH 值为 4~5,水解速度最小;在强酸和强碱中水解加剧。

操作条件:一般情况下,操作压力越大,一定膜面积上透水速率越大,但又受到膜的性质和组件的影响。理论上随温度升高,反渗透速度增加,但果蔬汁大多为热敏物质,应控制温度在 40~50℃为宜。

果蔬汁的种类、性质:果蔬汁的化学成分、果浆含量和可溶性固形物的初始浓度对果汁透过速度影响很大,果浆含量和可溶性固形物含量高,不利于反渗透的进行。

（五）果蔬汁的调整与混合

为使果蔬汁符合一定的规格要求和改进风味,常需要适当调整以使果蔬汁的风味接近新鲜果蔬。调整范围主要为糖酸比例的调整及香味物质、色素物质的添加。调整糖酸比及其他成分,可在特殊工序如均质、浓缩、干燥、充气以前进行。澄清果汁常在澄清过滤后调整,有时也可在特殊工序中间进行调整。

果蔬汁饮料的糖酸比例是决定其口感和风味的主要因素。一般果蔬汁适宜的糖分和酸分的比例在（13:1）~（15:1）,适宜于大多数人的口味。因此,调配果蔬汁饮料时,首先需要调整含糖量和含酸量。一般果蔬汁中含糖量在 8%~14%,有机酸含量为0.1%~0.5%。调配时用折光仪或白利糖表测定并计算果蔬汁的含糖量,然后按下列公式计算补加浓糖液的质量和补加柠檬酸的质量。

$$X = \frac{m(B-c)}{D-B}$$

式中,X——需加入的浓糖液（酸液）的质量,kg;

　　　m——调整前原果蔬汁的质量,kg;

　　　B——要求调整后的含糖（酸）量,%;

　　　c——调整前原果蔬汁的含糖（酸）量,%;

　　　D——浓糖液（酸液）的浓度,%。

调整糖酸比例时,先按要求用少量水或果蔬汁使糖或酸溶解,配成浓溶液并过滤,然后加入果蔬汁中并放入夹层锅内,充分搅拌,调和均匀后,测定其含糖量,如不符合产品规格,可再行适当调整。

果蔬汁除进行糖酸比例调整外,还需要根据产品的种类和特点进行色泽、风味、黏稠度、稳定性的调整。所使用的食用色素、香精、防腐剂、稳定剂等应按食品添加剂的规定量加入。

许多果品蔬菜如苹果、葡萄、柑橘、番茄、胡萝卜等，虽然能单独制得品质良好的果蔬汁，但与其他种类的果实配合，风味会更好。不同种类的果蔬汁按适当比例混合，可以取长补短，制成品质良好的混合果蔬汁，也可以得到具有与单一果蔬汁不同风味的果蔬汁饮料。中国农业大学研制成功的"维乐"蔬菜汁，是由番茄、胡萝卜、菠菜、芹菜、冬瓜、莴笋6种蔬菜复合而成，其风味良好。果蔬混合汁饮料是果蔬汁饮料加工的发展方向。

（六）杀菌

果蔬汁杀菌的目的是杀死果蔬汁中的致病菌、产毒菌、腐败菌，并破坏果蔬汁中的酶使果蔬汁在贮藏期内不变质，同时尽可能保存果蔬汁的品质和营养价值。果蔬汁杀菌的微生物对象为酵母菌和霉菌，酵母菌在66℃下1min，霉菌在80℃下20min即可杀灭。所以，可以采用一般的巴氏消毒法杀菌，即80～85℃杀菌20～30min，然后放入冷水中冷却，从而达到杀菌的目的。但由于加热时间太长，果蔬汁的色泽和香味都有较多的损失，尤其是浑浊果汁，容易产生煮熟味。因此，常采用高温瞬时杀菌法，即采用（93±2）℃保持15～30s杀菌，特殊情况下可采用120℃保持3～10s杀菌。

（七）灌装和包装

果汁的灌装方法有热灌装、冷灌装和无菌灌装等。热灌装是将果汁加热杀菌后立即灌装到清洗过的容器内，封口后将瓶子倒置10～30min，对瓶盖进行杀菌，然后迅速冷却至室温。冷灌装，是先将果汁灌入瓶内并封口，再放入杀菌釜内用90℃杀菌10～15min，以上两种方法是常用的方法。无菌灌装可使产品达到商业无菌的目的。无菌灌装的条件是果汁和包装容器要彻底杀菌，灌装要在无菌的环境中进行，灌装后的容器应密封好，防止再次污染。无菌灌装的优点是分别连续加工出无菌果汁和对容器进行杀菌，从而得到高经济性和高质量的产品。

包装形式有大包装和小包装两种。按产品销售方式的不同，大包装用于贮藏或作为原料销售，一般用塑料桶或无菌大袋容器包装；小包装用于市场零售，一般用玻璃瓶、塑料瓶和铝箔复合材料容器包装等。

 工作任务一　苹果汁加工技术

果蔬汁加工技术

1. 主要材料

新鲜苹果、柠檬酸、白砂糖、维生素C。

2. 工艺流程

原料选择→清洗、分选→破碎→压榨、粗滤→澄清、精滤→糖酸调整→杀菌→灌装→成品检验。

3. 操作步骤

1）原料选择

选择成熟适中、新鲜完好的苹果。

2）清洗、分选

把挑选出来的果实放在流动水槽中冲洗。如表皮有残留农药，则用 0.5%～1% 的稀盐酸或 0.1%～0.2% 的洗涤剂浸洗，然后再用清水强力喷淋冲洗。清洗的同时进行分选和清除烂果。

3）破碎

用苹果磨碎机和锤碎机将苹果粉碎，颗粒大小要一致，3～4mm 为宜。破碎使颗粒微细，可提高榨汁率。为防止果肉发生褐变，在果实破碎的同时添加一定的护色剂，如维生素 C、柠檬酸等。

4）压榨、粗滤

常用压榨法和离心分离法榨汁。用孔径为 0.5mm 的筛网进行粗滤，使不溶性固形物含量下降到 20% 以下。

5）澄清、精滤

用冷冻澄清法进行澄清，即将榨取的苹果汁加热至 82～85℃，再迅速冷却，促使胶体凝聚，达到澄清的目的。也可以用明胶单宁法进行处理，将单宁 0.1g/L、明胶 0.2g/L 加入苹果汁后在 10～15℃ 下静置 6～12h，取上清液和下部沉淀分别过滤。澄清处理后的苹果汁，采用需要添加助滤剂的过滤器进行精滤。用硅藻土作滤层还可除去苹果中的土腥味。

6）糖酸调整

天然苹果汁中的可溶性固形物含量为 12%～15%。可根据具体情况加糖、加酸，使果汁的糖酸比例维持在（18∶1）～（20∶1），成品的糖度为 12%，酸度为 0.4%。

7）杀菌

采用列管式热交换机或板式热交换机将果汁迅速加热到 135℃ 以上，维持数秒至 6min，以达到高温瞬时杀菌的目的。

8）灌装

可采取热灌装的方法，即将经过杀菌的果汁迅速装入消毒过的玻璃瓶或马口铁罐内，趁热密封。密封后迅速冷却至 38℃，以免破坏果汁的营养成分。

9）成品检验

（1）感官指标：具有天然的苹果香味，汁液呈棕褐色，无异味、无杂质。

（2）理化指标：可溶性固形物（以 20℃ 折光计法）含量≥15%；总酸含量在 1.0%～4.5%；维生素 C 含量≥100mg/100g。

（3）微生物指标：细菌总数 <50 个/100mL；大肠埃希菌菌群、致病菌不得检出。

 工作任务二　葡萄汁加工技术

1. 主要材料

新鲜葡萄、蔗糖、果胶酶、高锰酸钾、抗坏血酸。

2. 工艺流程

原料选择→清洗→压碎除梗→加热软化→榨汁→杀菌、冷却→澄清、过滤→除酒石酸→调整糖度→杀菌、灌装、密封→冷却→成品检验→包装、贮藏。

3. 操作步骤

1）原料选择

选新鲜良好、完全成熟、呈紫色或乌紫色、无腐烂及无病虫害的果实。未成熟果的色、香味差，酸味强；过于成熟果的机械损伤部位易引起酵母菌繁殖，风味不正。雨天裂果、长霉果以及发酵变质的原料也不适合加工果汁。

2）清洗

为了洗去附着在原料果表面和梗部的农药、灰尘等，在水中浸泡一次后，再于 0.03%的高锰酸钾溶液中浸泡消毒 2～3min，取出用水漂洗干净。

3）压碎除梗

洗净葡萄后，将葡萄压碎，再由带浆叶的回转轴将果梗排出，通过滤网分离出葡萄，注意不要使果梗混入，否则在加热操作时，会溶解出大量单宁，色泽发黑。

4）加热软化

为了使红葡萄色素溶出，一般要进行热压榨，这是决定红葡萄汁质量优劣的重要工艺，但不得损害原料葡萄的色、香、味等特性。必须避免过度加热，否则会促进种子和皮中单宁的溶出。加热条件为 65～75℃。

5）榨汁

将加热软化后的葡萄取出进行粗滤、取汁，对滤渣再进行榨汁，将两次所得葡萄汁混合后进行冷却。

6）杀菌、冷却

为了杀死果汁中的微生物，以防在果胶酶处理时及其他工序中发酵，需加热至 85℃维持 15s 进行杀菌，然后迅速冷却至 45℃。

7）澄清、过滤

生产透明果汁时必须进行澄清处理，以便使果汁澄清透明，然后再用 200 目的筛网进行过滤，分离得汁液。

8）除酒石酸

将果汁冷却至-2℃，促使酒石酸析出，然后放在贮汁罐里静置，就可使相当数量的酒石酸沉淀下来。将上层清汁过滤后，装入不锈钢桶中，放在-7～-5℃下冷藏，进行第二次、第三次除酒石酸的操作。

9）调整糖度

将除酒石酸后的果汁进行最后一次过滤，并向果汁中兑入芳香成分回收液，把糖度调到 55°Bx。

10）杀菌、灌装、密封

葡萄汁可采用瞬间加热至 93℃并保持 30s 的杀菌方式，杀菌后迅速冷却至 85℃，立即装罐密封。

11）冷却

倒罐 1～2min 后迅速冷却至 30℃以下。

12）成品检验

（1）感官指标。具有浓郁的本品种葡萄香味，汁液清亮、透明，允许有微量沉淀，无异味、无杂质。

（2）理化指标。可溶性固形物（以 20℃折光计法测定）含量≥12%；总酸含量≥0.3%；维生素 C 含量≥100mg/100g。

（3）微生物指标。细菌总数<100 个/100mL；大肠埃希菌菌群<6 个/100mL；致病菌不得检出。

13）包装、贮藏

将灭菌冷却后的瓶装饮料贴上标签，在室温下贮藏。

 工作任务三　果蔬汁加工过程中主要设备及使用

一、原料预处理设备

（一）原料输送设备

果蔬汁加工中常用的输送（提升）设备有螺旋输送机和带式输送机。

1. 螺旋输送机

在果蔬物料的输送中常常会用到螺旋输送机。螺旋输送机属于没有挠性牵引构件的连续输送机械。如图 5-3 所示，带螺旋片的轴在封闭的料槽内旋转，使装入料槽的果蔬由于自重及其与料槽摩擦力的作用而不与螺旋片一起旋转，只沿料槽纵向移动。因此根据螺旋轴的倾角不同可以完成垂直、水平或者倾角为 20°～90°的果蔬物料的输送。

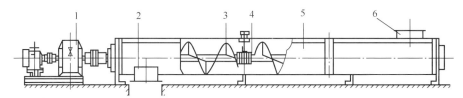

1. 驱动装置；2. 出料口；3. 螺旋轴；4. 中间吊挂轴承；5. 壳体；6. 进料口。

图 5-3　螺旋输送机

螺旋输送机在使用时应特别注意操作安全。进入输送机的物料，应先进行必要的清理，以防止大块杂质或纤维杂质进入输送机。在运行过程中，如发现大块杂质或纤维杂质进入料槽，应立即停车处理。不能在没有停机的情况下，直接用手或借助其他工具伸入料槽内掏取物料。输送机顶盖必须盖严，以防杂物进入料槽，进而发生安全事故。同时，还应禁止在机盖上踩踏行走，以防人身安全事故的发生。

2. 带式输送机

带式输送机是一种具有挠性牵引构件的运输机械，也是果蔬汁加工厂常用的一种连续输送机械。如图 5-4 所示，它主要由封闭的环形传送带、托辊和机架、驱动装置、张紧装置所组成。封闭的传送带绕过驱动滚筒和导向滚筒，当电动机经减速器带动驱动滚筒转动时，由于滚筒与传送带之间摩擦力的作用，使传送带在驱动滚筒和导向滚筒间运转，这样，加到传送带上的物料即可由一端被带到另一端。同时，在输送果蔬时带式输送机也可作为拣选、清洗和预处理的操作台，如图 5-4、图 5-5 所示。

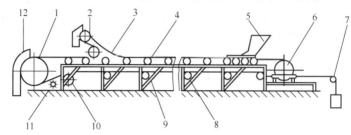

1. 驱动滚筒；2. 卸料小车；3. 传送带；4. 上托辊；5. 进料斗；6. 张紧滚筒；7. 张紧装置；
8. 下托辊；9. 机架；10. 导向滚筒；11. 清扫装置；12. 卸料装置。

图 5-4　带式输送机

图 5-5　工人在带式输送机两侧拣选

（二）原料清洗设备

果蔬在其生长、成熟、运输及贮藏过程中，会受到尘埃、泥土、微生物及其他污物的污染。加工前必须进行清洗，洗涤方法和机械设备种类繁多，但所采用的手段不外乎刷洗、鼓风、浸洗、喷洗和摩擦搅拌等。有代表性的果蔬原料清洗设备有鼓风式清洗机、桨叶式清洗机、刷洗机和刷果机等。

1. 鼓风式清洗机

鼓风式清洗机又称为冲浪式清洗机。其清洗原理是用鼓风机把空气送进洗槽中，使洗槽中的水产生剧烈的翻动，对果蔬原料进行清洗。由于利用空气进行搅拌，因而既可加速污物的洗除，又能在强烈的翻动下保护原料的完整性。鼓风式清洗机的结构如图 5-6 所示，主要由洗槽、输送机、喷水装置、空气输送装置、支架及电动机和传动系统等组成。

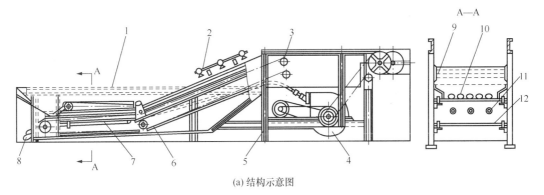

(a) 结构示意图

清洗机

(b) 实物图

1. 洗槽；2. 喷水装置；3. 压轮；4. 鼓风机；5. 支架；6. 链条；

7、11. 空气输送装置；8. 排水管；9. 斜槽；10. 原料；12. 输送机。

图 5-6　鼓风式清洗机

　　洗槽底部设有送空气的吹泡管，由下向上将空气吹入洗槽中的清洗水中。原料进入洗槽后，放置在输送机上。输送机设计为两段水平输送，一段倾斜输送，第一段水平段处于洗槽的水面之下，用于浸洗原料，原料在此处被空气搅动，在水中上下翻滚，洗除泥垢；倾斜部分设置在中间，在此用清水喷洗原料；第二段水平段处于洗槽之上，用于检查和修整原料，由洗槽溢出的水顺着两条斜槽排出。

　　2. 桨叶式清洗机

　　桨叶式清洗机主要是利用桨叶的搅拌摩擦并配合浸洗共同完成清洗作业。它适用于一些块茎、块根类原料，如马铃薯、胡萝卜、甜菜和苹果等。桨叶式清洗机结构简图如图 5-7 所示。

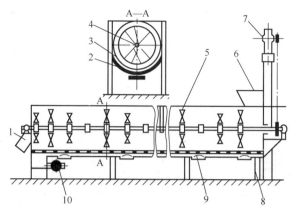

(a) 结构示意图

(b) 实物图

1. 卸料槽；2. 洗槽；3. 多孔筛底；4. 轴；5. 桨叶；6. 装料斗；

7. 传动装置；8. 机架；9. 舱口；10. 闸门。

图 5-7　桨叶式清洗机

　　工作时，先在洗槽内加入清水，液面不超过卸料槽口。物料从装料斗进入洗槽后，在受洗液浸泡的同时不断地受桨叶的翻转搅拌，使物料与物料之间、物料与洗槽壁及桨叶之间都产生相互摩擦，松脱的泥沙随即被洗液带走。

　　一般来说，由于漂浮的水果在水流作用下向前运动，与水流的摩擦少，因此很难获得较好的清洗效果。桨叶式清洗机的用橡胶制成的桨叶在旋转的同时，强制将水果压向下方。水果在水中始终处于交替的上下运动和水平运动之中，水果与水流的相对运动产生很强的冲刷作用，极大提高了清洗洁净度，对水果也不造成任何机械损伤。桨叶式清洗机非常适合清洗苹果这类漂浮在水面的果蔬，清洗效果较好。

　　如图 5-7（b）所示，由于桨叶呈螺旋形排列，它在翻搅物料的同时推动物料向前运动，使清洗好的物料从卸料槽口排出。为了使物料有充分的清洗时间，桨叶式清洗机的洗槽一般都较长，因此增大了外形尺寸，占地面积较大。

二、破碎、榨汁设备

(一) 破碎设备

在榨汁前，原料必须经机械破碎后得到粒度适宜的果浆，才可输送到下一道工序进行榨汁。此时果浆内部形成利于排出原汁的排汁系统，所以可以得到较高的出汁率。一般采用的破碎机有锤式破碎机、齿板式破碎机、离心式破碎机，可根据不同果蔬种类和不同榨汁方法选择适当的设备。

锤式破碎机主要由进料口、转子、销连在转子上的锤片、筛片以及出料口等部分组成。按照不同的进料方向，又可以把这类破碎机分为切向式、轴向式和径向式三种，如图 5-8 所示的破碎机常常用来破碎苹果等果肉致密的果实。

破碎机

图 5-8　锤式破碎机

(二) 榨汁设备

榨汁是果蔬饮料生产的重要环节，主要靠施加的机械外力破碎果蔬组织的细胞结构，使果蔬汁与结合的蛋白质、纤维素、木质素等分开，形成连续的汁液分离出来。根据施加的机械力的方式，将榨汁机分成以下几类：螺旋榨汁机、带式榨汁机、辊筒式榨汁机、活塞式榨汁机（液压式和气囊式）以及利用离心力榨汁的离心榨汁机等。

1. 螺旋榨汁机

螺旋压榨机是一种使用较广泛的连续压榨机，常用于水果榨汁。如图 5-9 所示，其主要由螺杆、顶锥、料斗、圆筒筛、离合器、传动装置、汁液收集斗及机架组成。

工作时，物料经入口进入，螺旋的旋转使得物料向前移动，但沿物料流动方向上，螺旋轴与榨笼壁之间的间隙逐渐变窄，使榨膛工作空间也随之变小，压力随之增加，液体由压榨筒上的缝隙挤出从而达到挤压物料的目的，残渣经出料口排出。榨饼出口为压榨机的最后一部分，一般用一个可调锥或其他构件使其部分被挡，这样可以改变出料口的大小从而调节作用于物料上的出口压力，使榨膛内操作正常。操作时，启动机器，先将环形出渣口调至最大，以减小负荷。启动正常后加料，物料就在螺旋推力作用下沿轴向出料口移动，由于螺距渐小，螺旋内径渐大，所以对物料产生预压力。然后逐渐调整出渣口环形间隙，以达到榨汁工艺要求的压力。

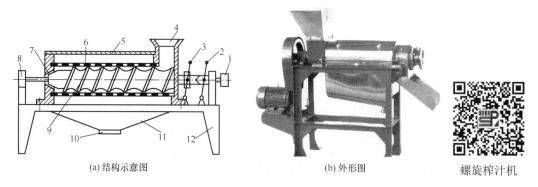

(a) 结构示意图　　　　　　　　　　　(b) 外形图　　　　　　　螺旋榨汁机

1. 传动装置；2. 离合手柄；3. 压力调整手柄；4. 料斗；5. 机盖；6. 圆筒筛；

7. 环形出渣口；8. 轴承盒；9. 压榨螺杆；10. 出汁口；11. 汁液收集斗；12. 机架。

图 5-9　螺旋压榨机

2. 带式榨汁机

带式榨汁机结构如图 5-10、图 5-11 所示，包括驱动装置、张紧装置、防跑偏装置、压榨辊、清洗装置和滤带等。其工作原理就是利用两条张紧的环状网带夹持果糊后绕过多级直径不等的榨辊，使得绕于榨辊上的外层网带对夹于两带间的果糊产生压榨力，从而使果汁穿过网带排出。

图 5-10　带式榨汁机结构图

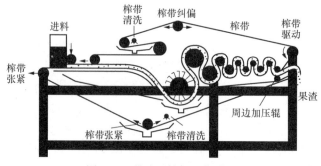

图 5-11　带式压榨机工作原理

带式榨汁机具有结构简单、工作连续、生产率高、通用性好、造价适中等特点。可制造带宽 2m 以上，处理能力 20t/h 以上的超大型榨汁机。带式榨汁机的主要缺点是榨汁作业开放进行，果汁易氧化褐变；整个受压过程物料相对网带静止，排汁不畅；网带为聚酯单丝编织带，张紧时孔隙度较大，果汁中的果肉含量较高；网带孔隙易堵，需随时用高压水冲洗；果胶含量高及流动性强的物料易造成侧漏，使生产率下降。

滤带需保持清洁，以免发生滤带堵塞现象，随时检查清除滤带表面及滤带之间的坚硬异物，以免损伤滤带。应时刻保持滤带适当的张紧程度，保证生产的顺利进行。经常打开并检查滤带清洗装置的高压喷嘴是否有堵塞现象。

三、过滤设备

（一）板框压滤机

板框压滤机是间歇式过滤机中应用最广泛的一种。其原理是利用滤板来支承过滤介质，滤浆在加压下强制进入滤板之间的空间内，并形成滤饼。其结构简单、制造方便、造价低、过滤面积大，无运动部件，辅助设备少，便于检查操作情况，适用于各种复杂物料的过滤。但装卸板框的劳动强度大，生产效率低，滤饼洗涤慢、不均匀，滤布磨损严重。

板框式压滤机

板框压滤机由多块滤板和滤框交替排列而成，板和框都用支耳架在一对横梁上，用压紧装置压紧或拉开，其结构如图 5-12 所示。

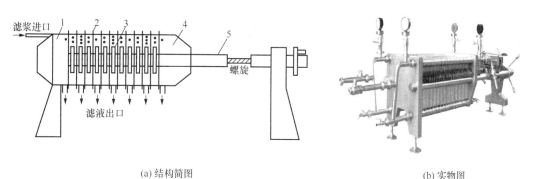

(a) 结构简图　　　　　　　　　　　　　　　　(b) 实物图

1. 固定端板；2. 滤布；3. 框支座；4. 可动端板；5. 支承横梁。

图 5-12　板框压滤机

（二）微孔过滤器

微孔过滤器是一种膜分离技术，它可滤除液体、气体中的微粒和微生物，具有捕捉能力高、过滤面积大、使用寿命长、过滤精度高、阻力小、机械强度大，无剥离现象，抗酸碱能力强，使用方便等特点。此过滤器能滤除绝大部分微粒，广泛应用于果汁精滤操作中。

过滤器采用全不锈钢制成，圆柱形结构，以折叠式滤芯为过滤元件，如图 5-13 所示。微孔滤芯采用聚丙烯、尼龙、聚砜、聚四氟乙烯等材料制成，孔径有 0.1～60μm 等不同规格。它有过滤精度高、过滤速度快、吸附少，无介质脱落，不泄露，耐腐蚀，操作方便，带反冲洗功能等优点。

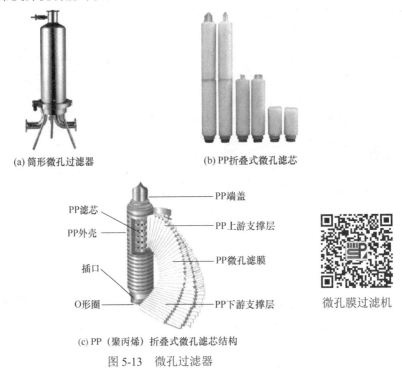

(a) 筒形微孔过滤器　　　　　　(b) PP折叠式微孔滤芯

PP滤芯　　　　　　　　　　　PP端盖
PP外壳　　　　　　　　　　　PP上游支撑层
　　　　　　　　　　　　　　PP微孔滤膜
插口　　　　　　　　　　　　
O形圈　　　　　　　　　　　PP下游支撑层

微孔膜过滤机

(c) PP（聚丙烯）折叠式微孔滤芯结构

图 5-13　微孔过滤器

　　微孔滤膜只能做最后阶段的精密过滤，滤液须先经砂棒或滤纸等粗的滤材过滤，以免堵塞滤膜。将滤膜平放在清洁容器内，用蒸馏水浸泡数分钟后放入适宜的滤器内，即可使用。若折叠式滤芯暂不运行，应将它们保存在过滤器的外壳内，外壳内放入含抗菌剂的水（如次氯酸钠溶液），在重新使用之前再冲洗干净。

　　（三）超滤

　　我国果汁工业在 20 世纪 90 年代逐步引进了大型微滤和超滤设备，应用的对象主要是苹果汁。如图 5-14 所示为超滤处理系统，由于新鲜的苹果汁含有固体悬浮物、无定形沉淀物、微生物代谢物、淀粉、蛋白质、单宁、果胶和多酚类等物质而呈现浑浊状。传统方法采用酶、皂土和明胶澄清，整个处理时间相对较长，而用超滤或微滤来澄清，只需先部分脱除果胶。这样既减少了酶的用量，又省去皂土和明胶，节约了原材料，整个处理时间不到传统方法的一半，同时果汁回收率提高到 98%～99%，而且果汁质量明显提高，克服了后

图 5-14　超滤处理系统

浑浊问题。

四、真空浓缩设备

常见的真空浓缩设备主要有循环式、长管式和平板式等多种类型。膜式真空浓缩设备的特点是果蔬汁在蒸发中都呈薄膜状流动，果蔬汁由循环泵送入薄膜蒸发器的列管中，分散呈薄膜状，由于压力减小在低温条件下脱去水分。这种设备热交换效果好，能最大限度地保持果汁的色、香、味及营养成分，是目前广泛应用的浓缩设备。

（一）长管式蒸发器

长管式蒸发器分为升膜式和降膜式两种，它们都属于自然循环的液膜式蒸发器。如图 5-15 所示，料液进入加热器管中，与管外的加热蒸汽进行换热，沿管内部形成均匀有效的液膜，料液在管内沸腾产生大量二次蒸汽，而后二次蒸汽与浓缩液的混合物进入分离器进行分离，得到浓缩液后由出口排出。

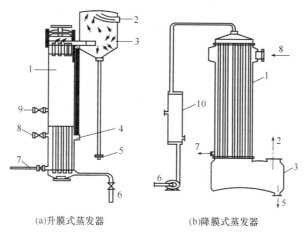

(a)升膜式蒸发器　　　　(b)降膜式蒸发器

1. 加热器；　2. 二次蒸汽出口；3. 分离器；4. 不凝气出口；5. 浓缩液出口；
6. 进料口；7. 冷凝水出口；8. 加热蒸汽入口；9. 安全阀；10. 预热器。

图 5-15　长管式蒸发器

升膜式蒸发器在操作中应注意：料液应先预热到沸点状态后，再进入加热器内，以增加液膜比例，提高沸腾和传热系数；升膜式蒸发器使用时，要注意控制进料量，一般经过一次浓缩的蒸发水分量，不能大于进料量的 80%。如果进料量过多，加热蒸汽不足，则管的下部积液过多，会导致液柱上升而不能形成液膜，使传热效果大大降低。但如果进料量过少，会产生管壁结焦现象。开始工作时，先使料液自加热器底部进入，等料液喷出后即可稍开启加热蒸汽阀，随后稍减少蒸汽量。

降膜式蒸发器在操作中应注意：使用前，应检查设备安装的正确性、精密度和蒸发器体的垂直度。若降膜管与水平面不垂直，就会引起偏流，使降膜管内形成的液膜厚度不均匀，出现焦管现象。先开启真空泵及冷凝水排出泵，并输入冷却水，然后开启进料泵，使料液自加热器顶部进入。当分离器切线口有料液喷出时，可开启加热蒸汽，必要时还需进行压气。当蒸发开始或操作正常后，开启热压泵，待浓度达到要求，即可开始出料。生产过程中不能随意中断生产，否则容易结垢或结晶，发生焦管现象。由于加热管较长，如有结焦则清洗困难，故不适宜于浓度高、黏度大的物料。

（二）板式蒸发器

板式蒸发器主要由板式换热片、分界板、导杆、压紧板、支架等部分组成，也是一种薄膜蒸发器，结构与板式换热器相似。如图 5-16 所示的板式换热片用不锈钢冲压而成，其上具有许多花纹，板厚 1～1.5mm，片的四周用橡胶垫圈密封，同时片与片之间形成流体的通道，分别相间隔地流动着蒸汽与料液，通过金属板进行热交换，将物料加热蒸发。一般由 4 片传热板组成一组，即每组由蒸汽段—物料升膜段—蒸汽段—物料降膜段组成。蒸汽将热量通过片壁传递给料液，料液吸收热量后变为二次蒸汽与浓缩液，一起进入底部通道，引入蒸发分离器进行分离。板组的数目可以视生产的需要而变动。离开板组的汽液混合物进入离心分离器分离。

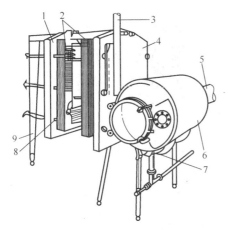　

(a) 结构示意图　　　　　　　　　　　　　　　(b) 实物图

1. 随动板；2. 传热板；3. 蒸汽进口处集汽管；4. 端面板；5. 二次蒸汽出口；
6. 分离器；7. 浓缩液汇集槽及出口；8. 紧固螺钉；9. 后端支架。

图 5-16　板式蒸发器

板式蒸发器使用时应注意：按照要求进行组装。安装前将板片处理干净，检查密封垫圈是否完好，按顺序悬挂，保证孔对正，板片均匀压紧，一般压紧至规定尺寸，以不泄漏为宜，不宜压得过紧。设备必须调整水平，否则会使料液不能均匀分布于板片表面，影响正常加热，甚至造成加热表面结焦。使用前，要进行试压和消毒，检查有无泄漏，然后通入高压蒸汽消毒。正常工作中，应控制好压力和流量，开始时，输出的流体温度可能不符合要求，待温度正常后，方可投入运行。运行中应维持适当的压力和流量，减少波动。停车时，应先停止高温流体的流动，再停止低温流体的流动，直到换热器内的流体流尽。生产完毕，需根据生产物料性质进行彻底清洗。定期检查各传热板的几何尺寸及清洗情况，同时检查各密封垫圈的密封性能，定期进行更换。

五、均质、脱气设备

（一）高压均质机

高压均质机（图 5-17）主要由柱塞泵、均质阀等部分组成。现代工业用均质机中大多采用双级均质阀。双级均质阀实际上是由两个单级均质阀串联而成。如图 5-18 所示，高压均质机的均质作用是由三个因素协同作用产生的：物料以高速通过均质头中阀芯与阀座之间所形成的环形窄缝，从而产生强烈的剪切作用，并使物料中的微粒变形和粉碎；物料经高压柱塞泵加压后由排出管进入均质阀，物料在均质阀内发生由高压、低流速向低压、高流速的强烈的能量转化，物料在间隙中加速的同时，静压能瞬间下降，产生了空穴作用，从而产生了非常强的爆破力；自环形缝隙中流出的高速物料猛烈冲击在均质环上，使得已经破碎的颗粒进一步得到分散。均质压力根据果蔬种类、要求的颗粒大小而异，一般在 15～40MPa。

高压均质机

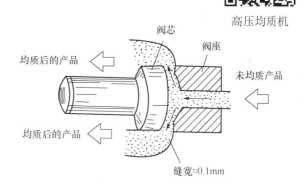

图 5-17　高压均质机实物图　　　　图 5-18　均质阀工作原理示意图

高压均质机在日常使用中应定期检查油位，以保证润滑油量充足。定期在机体连接轴处加些润滑油，以免缺油，损坏机器。启动设备前，应检查各紧固件及管路等是否紧固。启动前应先接通冷却水，保证柱塞往复运动时能充分冷却。调压时，必须十分缓慢地加压和泄压。不能用高浓度、高黏度的料液来均质。禁止粗硬杂质进入泵体。

（二）胶体磨

胶体磨是一种依靠剪切力作用，使流体物料得到精细粉碎的微粒处理设备，如图 5-19所示。由一个可高速旋转的磨盘与一个固定的

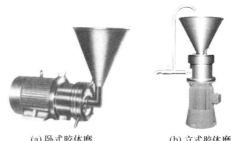

(a) 卧式胶体磨　　　(b) 立式胶体磨

图 5-19　胶体磨

磨面所组成。两表面间有可调节的微小间隙，被加工物料通过本身的质量或外部压力加压产生向下的螺旋冲击力，透过定、转齿之间的间隙，使物料受到强烈的剪切摩擦和湍动影响，产生微粒化、分散化作用，从而使物料达到超细粉碎及乳化的效果。

胶体磨结构简单，设备保养、维护方便。与高压均质机不同，胶体磨适用于较高黏度以及较大颗粒的物料。但是由于转、定子和物料间高速摩擦，故易摩擦生热，使被处理物料的温度升高并可能发生变性；表面较易磨损，而磨损后，会使粉碎效果显著下降。

胶体磨使用中绝不允许有石英、碎玻璃、金属屑等硬物质混入其中，否则会损伤动、静磨盘。在使用过程中，如发现胶体磨有异常声音，应立即停车检查原因。胶体磨为高精度机械，运转速度快，线速度高达 20m/s，磨片间隙极小，检修后装回时必须用百分表校正壳体内表面与主轴的同轴度，使误差≤0.5mm。若长期停用，需将泵全部拆开，擦干水分，将转动部位及结合处涂以油脂并装好，妥善保管。

（三）真空脱气机

真空脱气机，如图5-20、图5-21所示，由真空泵、浓浆泵及脱气罐等部分组成。

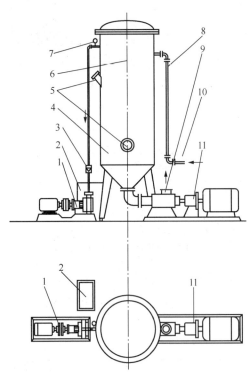
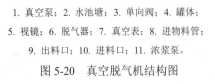

真空脱气机

1. 真空泵；2. 水池塘；3. 单向阀；4. 罐体；
5. 视镜；6. 脱气器；7. 真空表；8. 进物料管；
9. 出料口；10. 进料口；11. 浓浆泵。

图5-20 真空脱气机结构图

图5-21 真空脱气机实物图

工作时，先将果蔬汁引入真空室分散成薄膜状或雾状，以增加果蔬汁的表面积，在适当的温度和真空度条件下，使果蔬汁中的气体迅速逸出，一般可脱除90%的空气。脱气机的真空罐内为负压，果蔬汁经特喷口喷入真空罐，并被迅速雾化打散。根据亨利定律，当压力降低时，气体的溶解度会减小，致使果蔬汁中的游离气体和溶解气体释放出来。

经真空脱气可减少果蔬汁中的氧气量，从而减少果汁色泽和风味的变化，同时除去附着在悬散微粒上的气体，防止微粒上浮，提高制品稳定性，同时可减轻灌装及高温灭菌时产生的起泡现象，也可减少容器壁腐蚀，有利于提高制品的质量。

六、杀菌设备

（一）板式热交换系统

在果蔬汁加工中，板式换热器广泛应用于预热、杀菌、冷却等热交换操作中。板式换热器是通过间接加热的方法来传递热量的。其结构如图5-22所示，由很多具有波纹状花纹的换热片组成，压紧螺杆7通过压紧板将各换热片叠合压紧在框架上，换热片悬挂在导杆6上，由支架3支撑。板片之间装有橡胶垫圈，以保证密封并使两片间有一定空隙。安装好后，换热片上的角孔组成了冷、热流体的通道。冷、热流体相间隔地在换热片两面流动换热。拆卸时仅需松开压紧螺杆，沿导杆移开压紧板，即可将换热片拆卸，进行清洗和维修。

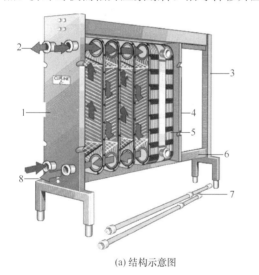

(a) 结构示意图   (b) 实物图

1. 固定板；2. 流体1；3. 支架；4. 压紧板；5. 换热板；6. 导杆；7. 压紧螺杆；8. 流体2。

图5-22 板式换热器

板式换热器广泛应用在高温短时和超高温瞬时杀菌装置中，其基本结构及原理如图5-23所示。多套管式换热器如图5-24所示。第一，传热效率较高，热量利用率高，便于热量的回收，结构紧凑，占地面积小，这是板式换热器最突出的优点。第二，有较大的适应性，可通过增减换热片的片数，改变片的组合等方式适应不同的生产要求，同时，适宜于处理热敏感物料。第三，设备各部件拆卸安装简单，故便于拆开清洗和维修。

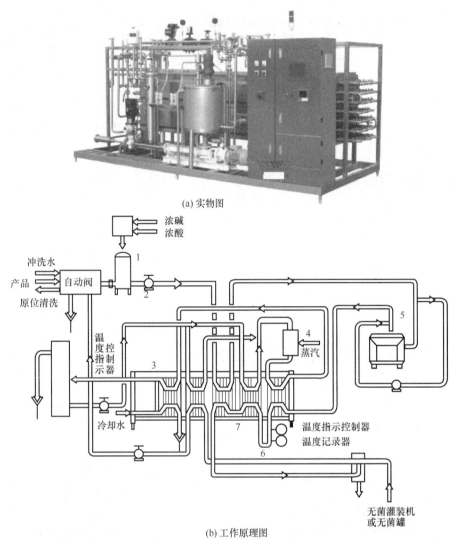

(a) 实物图

1. 平衡罐；2. 泵；3. 换热器；4. 蒸汽喷射器；5. 均质机；6. 持热管；7. 换热器冷却段。

图 5-23　超高温杀菌系统

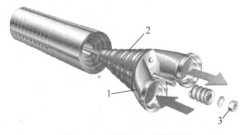

1. 顶盖；2.O 形环；3. 末端螺母。

图 5-24　多套管式换热器

但板式换热器最大的缺点就是橡胶垫圈易老化，尤其是工作温度高时，易出现垫圈变长，从换热片上脱落的现象。在正常生产情况下，一般 3 个月更换一次垫圈。

使用板式换热器时，定期检查各换热片是否清洁，是否有沉积物、结焦水锈层等结垢附着，并及时清洗。重新压紧换热片时，需注意上一次压紧位置，切勿使橡胶垫圈受压过度，以致减少垫圈使用寿命。定期检查各换热片与橡胶垫圈的黏合是否紧密，橡胶圈本身是否完好，以免橡胶垫圈脱胶与损坏而引起漏泄。更换换热片橡胶垫圈时，需将该段全部更新，以免各片间隙不均，影响传热效果。杀菌结束后，应用热水对杀菌装置进行清洗。

（二）管式换热器

管式换热器广泛应用于果蔬汁的巴氏杀菌和超高温杀菌中，管式换热器在产品通道上没有接触点，因此可用于处理含有一定颗粒的物料，物料颗粒的最大直径取决于管子的直径。但是从热传递的角度来看，管式换热器的传热面积小，传热效率没有板式换热器的传热效率高。在超高温瞬时杀菌处理中，管式换热器要比板式换热器运行时间长。工业化应用的管式杀菌器都设计为套管式，包括双套管式、多套管式和列管套管式换热器。

多套管式换热器的传热面如图 5-24 所示，包含一系列不同直径的管子。这些管子同心安装在顶盖两端的轴线上，管子通过两个 O 形环密封在顶盖上，又通过一个轴线压紧螺栓将其安装成一个整体。两种热交换介质以逆流的方式交替地流过同心管的环形通道。波纹状构造的管子保证了两种介质的紊流状态，以实现最大的传热效率。可以使用这种类型的管式换热器直接加热产品，进行产品热回收。

列管套管式换热器基于传统的列管式换热器的原理，产品流过一组平行的通道，提供的介质围绕在管子的周围，通过管子和壳体上的螺旋波纹，产生紊流，实现有效的传热，如图 5-25 所示。该换热器的传热面是一组平行的波纹管或是光滑管。列管套管式换热器非常适合用于高压、高温状况下的物料加工。

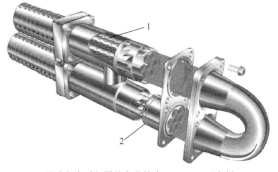

1. 被冷却介质包围的产品管束；2. 双 O 形密封。

图 5-25　列管套管式换热器

七、无菌灌装系统

食品无菌灌装基本上由以下三部分构成：一是食品物料的杀菌；二是包装容器的灭菌；三是充填密封环境的无菌，这是食品无菌灌装的三大要素。一条完整的无菌灌装生产线包括物料杀菌系统、无菌灌装系统、包装材料的杀菌系统、自动清洗系统、无菌环境的保证系统、自动控制系统等。由于无菌灌装技术的关键是要保证无菌，所以其基本原理是以一定方式杀死微生物，并防止微生物再污染为依据。目前常用的设备主要有以下几种。

（一）卷材纸盒无菌灌装设备

卷材纸盒无菌灌装机工作原理：经超高温瞬时杀菌处理后的果蔬汁在一封闭及预灭菌的系统中被输送至灌装机上，然后在无菌条件下计量充填入包装盒中，包装盒同时完成自动成形灭菌，如图 5-26 所示。通常卷材纸盒的材料是纸、铝箔及聚乙烯制成的复合材料，其可形成一有效阻挡层以防止再污染，也可防止光和氧的入侵，保证产品品质。典型的如 Tetra-Brik，瑞典利乐公司无菌灌装系统的 L-TBA 系列，如图 5-27 所示。

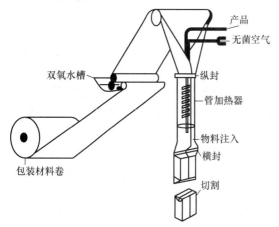

图 5-26　卷材纸盒无菌灌装机工作原理图　　　图 5-27　利乐砖 TBA/19 无菌灌装机外形图

（二）纸盒预制式无菌灌装设备

纸盒预制式无菌灌装机工作原理：使用砖身成形和热封使预制筒张开，封底形成一个开顶的容器，然后用双氧水进行灭菌。在无菌环境区内将灭菌过的果蔬汁灌入无菌容器。为了尽可能使盒内顶隙减小，可使用蒸汽喷射与超声波密封相结合的方法消泡。如果需要产品有可摇动性的形状，则需留出足够的顶隙，而后充以氮气等惰性气体，然后封顶，并进行盒顶成形。典型的如德国 Combibloc 设备，其基本结构如图 5-28 所示，主要包括驱动装置、冷却单元、纸盒仓、成形轮、盒筒的抽吸及送进器、传送站、无菌区、灌装站、排包器等装置。

（三）塑料瓶无菌灌装设备

塑料瓶无菌灌装系统以热塑性颗粒塑料为原料，先挤压成塑料形坯，然后借助压缩空气将形坯吹成容器，同时在无菌环境下，直接将果蔬汁充填到容器中，最后进行容器顶端的密封，如此往复循环。其特点是容器不需要二次灭菌。用于制造的塑料主要是

PP（聚丙烯）、PC（聚碳酸酯）及PET（聚对苯二甲酸乙二酯）等。西得乐（Sidel）公司的新一代Combi设备就属于塑料瓶无菌灌装设备。

（四）塑料袋无菌灌装设备

塑料袋无菌灌装包括包膜卷料的灭菌、果蔬汁的商业无菌、无菌输送以及在无菌环境下充填，然后进行密封以防止再污染，从而完成生产。塑料袋无菌包装设备以加拿大DuPotn公司的百利包包装机和芬兰Elecster公司的芬包包装机为代表，两者都为立式制袋充填包装机。百利包采用线性低浓度聚乙烯为主要材料，芬包采用外层白色、内层黑色的低密度聚乙烯共挤黑白膜，也可用铝箔复合膜。这种塑料膜的包装成本远低于利乐包装材料，但是塑料耐热性较差。因此在实际生产中，更多的是采用双氧水低浓度溶液与紫外线、无菌热空气相结合的技术，一方面使灭菌效果更加彻底有效，另一方面又克服了双氧水浓度过高对人体有伤害的问题。

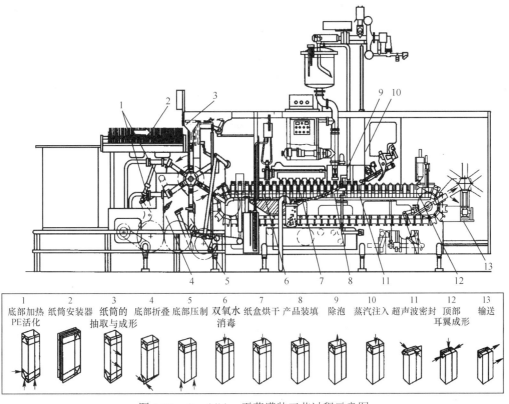

图5-28 Combibloc无菌灌装工艺过程示意图

八、CIP清洗系统

液态食品杀菌设备本身的清洁程度对制品的杀菌效果起到非常重要的作用。CIP为cleaning in place（原位洗涤）或in-place cleaning（定位洗涤）的简称，即不用拆开或移动装置，用高温、高浓度的清洗液，通过对装置加以强力的作用，对与食品接触的面进行清洗的方法。

（一）分类

目前 CIP 清洗系统品种比较多，主要有以下几种分类方法。清洗剂单次使用的 CIP 清洗系统、清洗剂重复使用的 CIP 清洗系统和清洗剂多次使用的 CIP 系统。清洗剂重复使用的 CIP 清洗系统如图 5-29、图 5-30 所示。水、碱、酸等各种清洗液分别放在各自的贮罐里，清洗完毕，碱酸等洗涤液要回收。当洗涤剂浓度降低时，补充酸、碱可反复使用。此系统在国内应用较为广泛，由于酸、碱清洗剂都是在贮液罐中稀释调配，因此系统比较庞大。

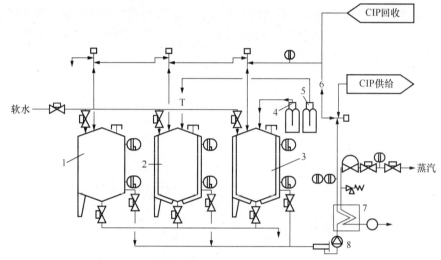

1. 水罐；2. 碱罐；3. 酸罐；4. 浓碱罐；5. 浓酸罐；6、7. 加热器；8. CIP 泵。

图 5-29　清洗剂重复使用的 CIP 清洗系统流程图

CIP 清洗机

图 5-30　CIP 清洗系统实物图

（二）CIP 清洗工艺流程

CIP 清洗工艺流程如表 5-1 所示。

表 5-1　CIP 清洗工艺流程示例

工　序	时间/min	温度
1. 洗涤工序	3～5	常温或 60℃ 以上温水
2. 酸洗工序	20	1%～2% 溶液、常温水
3. 中间洗涤工序	5～10	常温水
4. 碱洗工序	5～10	1%～2% 溶液（60～80℃）
5. 最后洗涤工序	5～10	常温或 60℃ 以下温水
6. 杀菌工序	10～20	90℃ 以上热水

（三）系统结构

不管何种 CIP 清洗系统，其结构均主要有以下几部分。

1. 管道

管道按作用可分为进水管道、排液管道、加热循环清洗管道、CIP 清洗液供应管道、CIP 清洗液回收管道、自清洗管道等，管道中的控制阀门、在线检测仪、过滤器、清洗头等按设计要求配置。CIP 清洗管道的作用为使浓清洗液可以进入到清洗液贮罐中，再在泵的作用下经供应管道进入每个需要清洗的设备部位，从每个清洗部位流出的清洗液又可以通过泵及 CIP 液回收管道，进入清洗液贮罐中。

2. 清洗装置

清洗装置包括 CIP 清洗罐、回收装置、泵和阀等。泵一般是用不锈钢类耐蚀材料制造的离心泵；选择阀时，在清洗液槽的管道中，对不流通处理液的管线，一般用不锈钢阀，如圆板阀、球阀或蝶阀等，而要流通处理液的管线则需用卫生阀。

3. 自动控制系统

目前存在的 CIP 清洗系统有以下两种：人工控制，由人工操作阀门和调节温度，并根据清洗状况随机确定清洗时间；自动控制，智能型的 CIP 清洗设备由清洗液贮罐、清水罐、机架、气动执行阀、清洗液送出分配器、带计算机的仪表电气控制箱以及离心泵等所组成。

4. 喷雾装置

对罐类的清洗，宜用喷雾洗净方式，喷头有旋转式和固定式两大类。喷头在清洗罐内的安装应根据具体情况而定。

（四）注意事项

CIP 清洗全自动清洗程序，并不意味着可以清洗得绝对干净，事实证明，CIP 清洗也有卫生死角，常常在某些弯管或板式换热器的内部会出现积垢未被洗掉的情况。因此，在使用时应注意以下情况：操作工人需经过培训后才能上岗操作；定期拆卸板式换热器，手工冲洗或刷洗，然后消毒杀菌；所有的活接头和可以拆卸的弯管要定期用清洗液浸泡，并手工刷洗，然后消毒杀菌；每次清洗或消毒完毕，都要取样检测，若出现异常情况，立即对不合格部分重新清洗或消毒；在贮罐内，按清洗工艺规定的浓度，配制好酸、碱液，并在清水罐内注入清水，容器贮液的装量系数为 80%；设备在使用前后仔细检查一次内部贮罐、管道的通畅、连接与清洗情况；应严格按设计程序进行清洗，在需要改动时应提前进行验证。

 **知识拓展**

一、果蔬汁生产中常见的质量问题及其控制

（一）微生物引起的败坏

微生物的侵染和繁殖引起果蔬汁败坏可表现为变味，也可引起长霉、浑浊和发酵。

控制措施：采用新鲜、无霉烂、无病害的果蔬原料；注意原料榨汁前的洗涤消毒，尽量减少果蔬原料外表的微生物；严格车间、设备、管道、工具、容器等的清洁卫生；缩短工艺流程的时间，防止半成品的积压；果蔬汁灌后封口要严密；杀菌要彻底。

（二）变色

果蔬汁在生产中发生的变色多为酶褐变，在贮藏期间发生的变色多为非酶褐变。

控制酶褐变措施：应尽快采用高温处理使酶失活；添加有机酸或维生素 C 抑制酶褐变；加工中要注意脱氧，避免接触铜、铁用具等。控制非酶褐变措施：防止过度的热力杀菌和尽可能避免长时间的受热；控制 pH 值在 3.3 以下；贮藏温度应较低，并注意避光。

（三）果蔬汁的稳定性

对带肉果汁或浑浊果汁，特别是瓶装带肉果汁，保持均匀一致的质地对品质至关重要。要使浑浊物质稳定，就要使其沉降速度尽可能降至零。其沉降速度一般认为遵循斯托克斯方程。

$$v = \frac{-2gr^2(\rho_1 - \rho_2)}{9\eta}$$

式中，v——沉降速度；

g——重力加速度；

r——浑浊物质颗粒半径；

ρ_1——颗粒或油滴的密度；

ρ_2——液体（分散介质）的密度；

η——液体（分散介质）的黏度。

控制措施：采用均质、胶体磨处理等，降低悬浮颗粒体积；可通过添加悬托剂如果胶、黄原胶、脂肪酸甘油酯、CMC 等，增加分散介质的黏度；通过加高脂化和亲水的果胶分子作为保护分子包埋颗粒，以降低颗粒与液体之间的密度。

（四）绿色蔬菜汁的色泽保持

绿色蔬菜汁的色泽来源于组织细胞中的叶绿素。叶绿素在酸性条件下容易形成脱镁

叶绿素，从而失绿变褐。

控制措施：采用热碱水（$NaHCO_3$）漂烫处理或将清洗后的绿色蔬菜在稀碱液中浸泡 30min，使游离出的叶绿素皂化水解为叶绿酸盐等产物，则绿色更为鲜亮。

（五）柑橘类果汁的苦味与脱苦

柑橘类果汁在加工过程中或加工后易产生苦味，其主要成分是黄烷酮糖苷类和三萜系化合物，如橙皮苷、柚皮苷等。这些产生苦味的物质主要存在于柑橘类外皮、种子和囊衣中，在果汁加工时往往会溶入而产生苦味。

控制措施：选择含苦味物质少的原料种类、品种，且要求果实充分成熟或进行催熟处理；加工中尽量减少苦味物质的溶入，如种子等尽量少压碎，最好采用柑橘专用挤压锥汁设备，注意缩短悬浮果浆与果汁的接触时间；采用柚皮苷酶和柠碱前体脱氢酶处理，以水解苦味物质；采用聚乙烯吡咯烷酮、尼龙-66 等吸附脱苦；添加蔗糖、β-环状糊精、新地奥明以及二氢查耳酮等物质，以提高苦味物质发阈值，起到隐蔽苦味的作用。

二、芳香物质的回收

芳香物质是判断果蔬汁质量的决定性因素之一。芳香物质是指代表水果或果汁典型特征的挥发性物质，是不同挥发成分的混合物。而芳香物质对化学反应和成分变化非常敏感，所以能够反映出原料质量的微小变化和加工工艺的微小失误。

芳香物质还具有较高的感官价值和一定的生理价值，对食欲及消化系统具有很大影响，甚至还影响人的精神状态。芳香物质能够刺激食欲，促进消化系统分泌，因此也有一定的营养生理意义。由于芳香物质十分受消费者的青睐，所以食品工业对天然芳香物质越来越重视。芳香物质易受到光线、氧气和微量重金属的损害。破碎作业破坏了水果内部的相对生化平衡，使原料产生一系列生物化学反应，影响水果的香气和风味，因此水果原料在破碎后应尽可能迅速地进行榨汁作业，并尽可能快地回收果汁中的芳香物质。

目前，国际上一些主要的果汁设备供应商都在研制、生产独立的芳香物质回收装置或配有芳香物质回收装置的蒸发器，使果汁中的芳香物质在浓缩前或浓缩过程中得到有效的回收。国内外食品加工界针对果汁加工过程中的芳香物质回收问题，正在进行广泛深入的研究。

三、原料的综合利用

果蔬汁生产加工过程中会产生大量的下脚料，如果皮、果渣、果核、果心和种子等，这些物质中均含有较多的有用成分。以苹果渣为例，其中含有丰富的果胶、蛋白质、粗脂肪、可溶性糖、粗纤维、钾、磷、灰分，此外苹果渣中还含有维生素 B_1、维生素 B_2 和钙、磷、铁、锰、硫等矿物质。若能对下脚料的成分及特点进行有效的综合利用，不仅能提高原料的利用率，还可以减少对环境的污染。

我国是世界水果生产大国，苹果和柑橘的栽培面积均居世界首位，苹果和柑橘的产量分别居世界第一和第三。苹果浓缩汁是我国苹果深加工中最具代表性的产业。目前国际市场对浓缩苹果汁需求量巨大，浓缩苹果汁已成为仅次于橙汁的第二大果汁消费品。我国已成为世界第一大浓缩苹果汁生产国和出口国。目前，我国很多加工行业的深加工能力不强，许多天然物料被当作废弃物丢掉，若能得到充分利用，可以节约大量资源，创造出宝贵的财富。

 练习及作业

1. 澄清果蔬汁的澄清方法有哪些？浓缩果蔬汁的浓缩方法有哪些？
2. 试述浑浊果蔬汁生产中均质、脱气的目的、方法。
3. 简述澄清果汁和浑浊果汁在制造工艺上的差异。
4. 果蔬汁常见的质量问题有哪些及如何控制？
5. 详细分析澄清苹果汁生产工艺及其操作要点。
6. 现拟开发生产澄清葡萄汁产品，请设计工艺方案，并写清工艺流程和操作要点。

项目六　果酒酿造技术

☞ **预期学习成果**

①能熟练叙述果酒的分类及特点；②能正确解释果酒加工的基本原理；③能准确叙述红葡萄酒和白葡萄酒加工的基本技术（工艺）；④能读懂并编制各种果酒加工技术方案；⑤能利用实训基地或实训室进行果酒的加工生产；⑥能正确判断果酒加工中常见的质量问题，并采取有效措施解决或预防；⑦会对产品进行一般质量鉴定。

☞ **职业岗位**

果酒加工（工）、酿酒师。

☞ **典型工作任务**

(1) 正确选择酿酒原料和辅料。

(2) 按工艺完成酿造原料的预处理，并进行正确投料操作。

(3) 完成菌种的扩大培养及干酵母活化。

(4) 按工艺规定完成进料、控温、发酵操作。

(5) 根据不同酒种选择贮酒容器，根据不同酒种进行倒酒、添酒、隔氧操作。

(6) 根据不同酒种完成澄清处理操作。

(7) 根据不同酒种完成果酒勾兑操作及杀菌。

(8) 对容器进行清洗及杀菌操作。

(9) 监控各工艺参数，并做操作记录。

(10) 开发酿酒新原料、新工艺、酒类新产品。

果酒酿造技术
（相关知识）

 相关知识准备

一、果酒的分类

（一）按制作方法分类

按制作方法，果酒分为发酵果酒、蒸馏果酒、配制果酒、加料果酒和起泡果酒等五种类型。

（1）发酵果酒。将果汁或果浆经乙醇发酵和陈酿而成，如葡萄酒、苹果酒等。根据发酵程度的不同，又分为全发酵果酒（糖分全部发酵，残糖在 1%以下）和半发酵果酒（糖分部分发酵）。

（2）蒸馏果酒。果品经乙醇发酵后，再经蒸馏所得到的酒，又名白兰地。通常所指白兰地是以葡萄为原料而制成，其他水果酿制的白兰地，应冠以原料名称，如苹果白兰地等。蒸馏果酒乙醇含量较高，多在 40%以上。

（3）配制果酒。又称露酒，是将果实或果皮、鲜花等用乙醇或白酒浸泡提取或用果汁加乙醇、糖、香精、色素等食品添加剂调配而成。其名称与发酵果酒相同，制法不同。

（4）加料果酒。以发酵果酒为基础，加入植物性增香物质或药材而制成，如人参葡萄酒、鹿茸葡萄酒等。此类酒因加入香料或药材，往往有特殊浓郁的香气或滋补功效。

（5）起泡果酒。酒中含有二氧化碳的果酒，如香槟、小香槟、汽酒。香槟是以发酵葡萄酒为基酒，再经密闭发酵产生大量的二氧化碳而制成，因初产于法国香槟省而得名；小香槟是以发酵果酒或露酒为基酒，经发酵产生或人工充入二氧化碳制成；汽酒是配制果酒中人工充入二氧化碳而制成的一类果酒。

（二）按含糖量分类

按含糖的多少，将果酒分为干酒、半干酒、半甜酒和甜酒四类。
（1）干酒。含糖量（以葡萄糖计）在 4.0g/L 以下的果酒。
（2）半干酒。含糖量在 4.1～12.0g/L 的果酒。
（3）半甜酒。含糖量在 12.1～50.0g/L 的果酒。
（4）甜酒。含糖量在 50.1g/L 以上的果酒。

（三）按乙醇含量分类

按含乙醇的多少，将果酒分为低度果酒和高度果酒两类。
（1）低度果酒。乙醇含量为 17%以下的果酒，俗称 17 度。
（2）高度果酒。乙醇含量为 18%以上的果酒，俗称 18 度。

（四）按生产果酒的原料分类

按生产果酒的原料不同，将果酒划分为很多种类，如葡萄酒、猕猴桃酒、苹果酒等。在国外，只有葡萄浆（汁）经乙醇发酵后的制品称为果酒，其他果实发酵的酒则名称各异。

二、果酒酿造微生物

果酒的酿造，主要依赖于微生物的活动，因此，果酒酿造的成败及品质与参与的微生物种类有直接的关系。酵母菌是果酒酿造的主要微生物，但其种类很多，生理特性各异，必须选择优良菌种用于果酒酿造。

葡萄酒酵母是酿造葡萄酒的主要酵母菌，又称椭圆酵母。其细胞透明，形状从圆形到长柱形不等，25℃固体培养基上培养 3d，菌落呈乳白色，边缘整齐，菌落隆起、湿润、光滑。其发酵的主要特点：一是发酵力强，即产乙醇的能力强，可使乙醇含量达到 12%～16%，最高达 17%；二是产酒率高，即可将果汁中的糖最大限度地转化为乙醇；三是抗逆性强，即能在二氧化硫含量高的果汁中代谢繁殖，而其他有害微生物则全部被杀死；四是生香性强，能产生典型的葡萄酒香型。

另外，巴氏酵母、尖端酵母也常参与乙醇发酵。巴氏酵母多作用于发酵后期；

尖端酵母多在发酵初期进行发酵，一旦乙醇达到 5%，即停止发酵，让位于葡萄酒酵母。

除酵母菌类群外，乳酸菌也是果酒酿造的重要微生物，一方面能把苹果酸转化为乳酸，使新葡萄酒的酸涩、粗糙等缺点消失，另一方面变得醇厚饱满，柔和协调。但在有糖存在时，乳酸菌易分解糖成乳酸、醋酸等，使酒风味变坏。

在果酒酿造中，要抑制霉菌、醋酸菌等有害微生物的代谢繁殖，防止果酒风味变劣。

三、果酒发酵过程及其产物

果酒酿造是利用酵母菌将果汁或果浆中可发酵性糖类经乙醇发酵作用形成乙醇，再在陈酿澄清过程中经酯化、氧化、沉淀等作用，制成酒液清晰、色泽鲜美、醇和芳香的果酒的过程。

酒精发酵是酵母菌在无氧状态下将葡萄糖分解成乙醇、二氧化碳和少量甘油、高级醛醇类物质，并同时产生乙醛、丙酮酸等中间产物的过程。在此过程中，形成了果酒的主要成分乙醇及一些芳香物质。

（一）乙醇

乙醇是果酒的主要成分之一，为无色液体，具有芳香和带刺激性的甜味。其在果酒中的体积百分比即为酒度，含乙醇 1%，即为 1 度。

乙醇的高低对果酒风味影响很大。酒度太低，酒味淡寡，通常 11% 以下的酒很难有酒香，而且乙醇必须与酸、单宁等成分相互配合才能达到柔和的酒味。乙醇含量的增加还可以抑制多数微生物的生长，这种抑菌作用能保证果酒在低酸、无氧条件下多年保存。

乙醇来源于酵母的酒精发酵，同时，产生二氧化碳并释放能量，因此在发酵过程中，往往伴随有气泡的逸出与温度的上升，特别是发酵旺盛时期，要加强管理。

（二）甘油

甘油是除水和乙醇外，在干酒中含量最高的化合物。味甜且稠厚，可赋予果酒以清甜味，增加果酒的稠度，使果酒口味清甜圆润。

甘油主要由磷酸二羟丙酮转化而来，少部分由酵母细胞所含卵磷脂分解产生。葡萄的含糖量高、酒石酸含量高，添加二氧化硫等能增加甘油含量。低温发酵不利于甘油的生成，贮存期间，甘油含量会有一定的升高。

（三）乙醛

乙醛是酒精发酵的副产物，由丙酮酸脱羧产生，也可以由乙醇氧化而来。乙醛是葡萄酒的香味成分之一，但过多的游离乙醛会使葡萄酒有苦味和氧化味。通常，大部分乙醛与二氧化硫结合形成稳定的乙醛-亚硫酸化合物，这种物质不影响葡萄酒的质量，陈酿时，乙醛含量会有所增加。

（四）醋酸

醋酸又称乙酸，是葡萄酒中主要的挥发酸，由乙醛及乙醇氧化而来。在一定范围内，醋酸是葡萄酒良好的风味物质，赋予葡萄酒气味和滋味；但含量超过 1.5g/L 时，会有明显的醋酸味。

（五）琥珀酸

琥珀酸是酵母代谢副产物，其生成量约为乙醇的 1%，由乙醛生成或谷氨酸脱氨、脱羧并氧化而来。琥珀酸的存在可增加果酒的爽口感，琥珀酸乙酯是某些葡萄酒的重要芳香成分。

（六）高级醇

高级醇又称杂醇油，指含 2 个以上碳的一元醇，主要有正丙醇、异丁醇、丁醇、活性戊醇等。高级醇是果酒香气的主要成分，一般含量很低，过高会使酒具有不愉快的粗糙感。主要来源于氨基酸还原脱氨及糖代谢。

四、影响酵母及酒精发酵的因素

（一）温度

温度是影响发酵的重要因素之一。液态酵母活动的最适温度为 20～30℃，20℃以上，繁殖速度随温度升高而加快，至 30℃达最大值，34～35℃时，繁殖速度迅速下降，至 40℃停止活动。一般情况下，发酵危险温度区为 32～35℃，这一温度称发酵临界温度。

根据发酵温度的不同，可以将发酵分为高温发酵和低温发酵。30℃以上为高温发酵，其发酵时间短，但口味粗糙，杂醇、醋酸等含量高；20℃以下为低温发酵，其发酵时间长，但有利于酯类物质生成和保留，果酒风味好。一般认为，红葡萄酒发酵最佳温度为 26～30℃；白葡萄酒发酵最佳温度为 18～20℃。

（二）酸度（pH 值）

酵母菌在 pH 值 2～7 均可生长，pH 值 4～6 生长最好，发酵力最强。但在此 pH 值范围内，一些细菌也生长良好，因此，生产中一般控制 pH 值为 3.3～3.5，此时，细菌受到抑制，酵母菌活动良好。pH 值小于 3.0 时发酵受到抑制。

（三）氧气

酵母菌是兼性厌氧微生物，在氧气充足时，主要繁殖酵母细胞，只产少量乙醇；在缺氧时，繁殖缓慢，产生大量乙醇。因此，在果酒发酵初期，应适当供给氧气，以供酵母菌繁殖所需，之后，应密闭发酵。对发酵停滞的葡萄酒，经过通氧可恢复其发酵力；生产起泡葡萄酒时，二次发酵前轻微通氧，有利于发酵的进行。

（四）糖分

糖浓度影响酵母的生长和发酵。糖浓度为1%～2%时，生长发酵速度最快；高于25%，出现发酵延滞；60%以上，发酵几乎停止。因此，生产高酒度果酒时，要采用分次加糖的方法，以保证发酵的顺利进行。

（五）乙醇

乙醇是酵母菌的代谢产物，不同酵母菌对乙醇的耐力有很大的差异。多数酵母菌在乙醇浓度达到2%时，就开始抑制发酵，尖端酵母在乙醇浓度达到5%就不能生长，葡萄酒酵母可耐受13%～15%的乙醇，甚至16%～17%。所以，自然酿制生产的果酒不可能生产过高酒度的果酒，必须通过蒸馏或添加乙醇来生产高度果酒。

（六）二氧化硫

酒精发酵中，添加二氧化硫主要是为了抑制有害菌的生长，因为酵母菌对其不敏感，所以二氧化硫是理想的抑菌剂。葡萄酒酵母可耐受1g/L的二氧化硫。果汁含10mg/L二氧化硫，对酵母菌无明显作用，但其他杂菌则被抑制；二氧化硫含量达到50mg/L发酵仅延迟18～20h，但其他微生物则完全被杀死。

 工作任务一　红葡萄酒酿造

1. 主要材料

红色品种葡萄、苹果、蔗糖、酒石酸、偏重亚硫酸钾、葡萄酒酵母（干酵母或试管菌种）、硅藻土、明胶、单宁等。

2. 工艺流程

红葡萄酒酿造工艺流程如图6-1所示。

葡萄酒的酿造

3. 操作步骤

1）预处理

（1）原料选择、清洗。原料要求色泽深、果粒小，风味浓郁，果香典型；原料糖分要求达21%以上，最好达23%～24%；原料要求在完全成熟，糖、色素含量高而酸度不太低时采收。常用的品种主要有赤霞珠、黑比诺、佳丽酿、蛇龙珠等。

原料要进行认真挑选，剔除霉变、未成熟颗粒，并进行彻底清洗。若受到微生物污染或有农药残留，可用浓度为1%～2%的稀盐酸浸泡或加入0.1%高锰酸钾，以增强洗涤效果。

（2）破碎与除梗。要求每颗果粒都破裂，但不能将种子和果梗破碎。破碎过程中，葡萄及汁不得与铁、铜等金属接触。破碎后的果浆应立即进行果梗分离，防止果梗中的青草味和苦味物质溶出，还可减少发酵醪体积，便于输送，防止果梗固定色素而造成色素的损失。破碎可采用人工或机械破碎。

2）成分调整

葡萄浆含糖量应在18～20g/100mL（成品酒度10%～12%）。加糖量计算公式为

$$m = \frac{V(1.7A - \rho)}{100 - 1.7A \times 0.625}$$

式中，m——应加固体蔗糖量，kg；

　　　V——果汁的总体积，L；

　　　A——发酵要求达到的酒度；

　　　ρ——果汁的原含糖量，g/100mL；

　0.625——每千克蔗糖溶于水后增加 0.625L 体积；

　　1.7——1.7g 蔗糖能生成 1%乙醇。

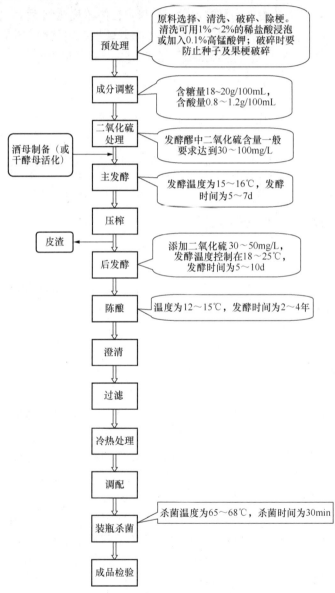

图 6-1　红葡萄酒酿造工艺流程

葡萄浆含酸量应在 0.8~1.2g/100mL。

测定葡萄含糖量，确定是否添加糖。若需添加糖，加糖前应量出较准确的葡萄汁体积，一般每 200L 加一次糖。加糖时先将糖用少量果汁溶解，制成糖浆，再加入到大批果汁中，充分搅拌，使其完全溶解。加糖最好在乙醇发酵开始前进行。

测定葡萄含酸量，确定是否添加酸。若需添加酸，可采用酒石酸。加酸时先将酒石酸用水配制成 50%的溶液，然后再添加到葡萄浆中。

3）二氧化硫处理

在葡萄汁发酵前添加适量的二氧化硫，具有杀菌、澄清、抗氧化、增酸等作用，促进色素和单宁溶出，使酒的风味变好。但用量过高，可使葡萄酒具有怪味，且对人体产生毒害。发酵醪中二氧化硫含量一般要求达到 30~100mg/L，添加不能过量。具体添加量应根据原料情况而定，一般添加量如表 6-1 所示。

表 6-1 二氧化硫添加量

原料状况	二氧化硫添加量/（mg/L）
健康葡萄，一般成熟，强酸度（pH 值 3.0）	30~50
健康葡萄，完全成熟，弱酸度（pH 值 3.5）	50~100
带生葡萄，破损，霉烂	100~150

为了便于操作，一般添加固体亚硫酸盐。固体亚硫酸盐应注意其有效二氧化硫含量，常用固体亚硫酸盐及有效二氧化硫含量如表 6-2 所示。

表 6-2 硫化物中有效二氧化硫含量

试剂名称	纯试剂中含二氧化硫/%	实际使用时计算量/%
偏重亚硫酸钾（$K_2S_2O_5$）	57.65	50
亚硫酸氢钾（$KHSO_3$）	53.31	45
亚硫酸钾（K_2SO_3）	33.0	25
偏重亚硫酸钠（$Na_2S_2O_5$）	67.43	64
亚硫酸氢钠（$NaHSO_3$）	61.59	60
亚硫酸钠（Na_2SO_3）	50.84	50

各加工步骤的偏重亚硫酸钾添加量如表 6-3 所示。

表 6-3 各加工步骤偏重亚硫酸钾添加量

处理步骤	偏重亚硫酸钾使用量	备注
消毒软木塞	15~20g/10L 水	加 5g 柠檬酸/10L 水
在灌装前消毒瓶子	20~30g/10L 水	加 5g 柠檬酸/10L 水
消毒酿酒桶	10g/10L 水	加 5g 柠檬酸/10L 水
发酵前果酒发酵醪	1~1.5g/10L 果汁	—
果酒第一次倒酒时	1~1.5g/10L 果酒	—
第二次或第三次倒酒时	0.75~1g/10L 果酒	—
果酒灌装时	0.3~0.4g/10L 果酒	—
加糖果酒或含有残留糖的果酒灌装时	0.5g/10L 果酒	加工过程中的总添加量不超过 2g/10L

使用固体亚硫酸盐时，先将固体亚硫酸盐溶于水，配制成 10%溶液，然后按工艺要求添加。

4）主发酵

发酵罐或桶、泵、管道等辅助设备必须采用二氧化硫消毒处理；试管装葡萄酒酵母必须经过活化处理，活化后酒母添加量为 3%～10%；干酵母则可用温水活化后直接添加；发酵醪的装入量控制在发酵设备有效体积的 80%～85%；低温发酵温度为 15～16℃，发酵时间为 5～7d；高温发酵温度为 24～26℃，发酵时间为 2～3d；发酵最高温度不超过 30℃；发酵过程应定期检查糖度、密度、pH 值等。当相对密度为 1.01～1.02 时，结束主发酵。

（1）酒母的制备。酒母即扩大培养后加入发酵醪的酵母菌，试管装酵母菌种需经过三次扩大培养后才可加入，分别称一级培养、二级培养、三级培养，最后为酒母桶培养。具体方法为：一级培养于生产前 10～15d 进行。选取完熟无变质的葡萄压榨取汁，装入洁净试管或三角瓶内。试管内装量为 1/4（10～20mL），三角瓶则为 1/3（50mL），在 58.8kPa 的压力下灭菌 30min。冷却至 28～30℃，在无菌操作下接入纯培养菌种，在 25～28℃ 恒温下培养 24～48h，当发酵旺盛时可进入下一步培养。二级培养用洁净的 1000mL 三角瓶，加入新鲜葡萄汁 500～600mL，如前法灭菌，冷却后接入培养旺盛的 2～3 支试管的酵母菌液或一三角瓶酵母菌液，在 25～28℃下恒温培养 24h，即可进行三级扩大培养。三级培养用洁净的 10L 左右具有发酵栓的大玻璃瓶，在其中加葡萄汁至容积的 70%左右。葡萄汁须经加热或二氧化硫杀菌（二氧化硫杀菌浓度为 150mg/L），经二氧化硫杀菌后需放置 1d 后再使用。玻璃瓶口用 70%乙醇进行消毒，在无菌室接入二级菌种，接种量为 2%～5%，安装发酵栓。在 25～28℃下恒温培养 24～28h，当酵母菌发酵旺盛时，可进一步扩大培养。酒母培养在酒母桶中进行。酒母桶一般用不锈钢罐，将酒母桶用蒸汽杀菌 15～30min，也可用偏重亚硫酸盐溶液消毒（用量见表 6-3），4h 后装入经杀菌冷却的葡萄汁（葡萄汁杀菌：采用蒸汽加热至 85℃，保持 3～5min，冷却至 30℃），装量为酒母桶容积的 80%，接入发酵旺盛的三级培养酵母菌，接种量为 5%～10%，在 28～30℃ 下培养 1～2d 即可作为生产酒母。培养后的酒母可直接加入发酵液中，用量为 3%～10%。

（2）干酵母的活化。在 35～42℃ 的温水中加入 10%的活性干酵母，小心混匀，静置。经 20～30min 后，酵母复水活化，可直接添加到经二氧化硫处理过的葡萄浆中，一般干酵母用量为 2g/10L 发酵液。有时为了减少商品活性干酵母的用量，也可在复水活化后再进行扩大培养，制成酒母使用。这样能使酵母菌在扩大培养中进一步适应环境条件，恢复全部的潜在性能。做法是将复水活化的酵母菌投入澄清的含二氧化硫的葡萄汁中培养，扩大比为 5～10 倍，当培养至酵母菌的对数生长期后，再次扩大 5～10 倍培养。培养条件与葡萄酒酒母相同。

5）压榨

主发酵结束后，要及时进行酒渣分离，分离温度控制在 30℃以下。先分离自流原酒，然后再进行压榨。

6）后发酵

后发酵罐必须在 24h 内装满新酒，装量为发酵罐有效容积的 95%左右，上部留出 5～15cm 空间，补充添加二氧化硫，添加量为 30～50mg/L，发酵温度控制在 18～25℃，发酵时间为5～10d。

相对密度下降至0.993～0.998时，发酵基本停止，糖分已全部转化，可结束后发酵。

7）陈酿

贮酒室温度一般保持在12～15℃；空气相对湿度保持在85%～95%；室内有良好的通风设施，能定期进行通风换气。

将后发酵结束的原酒，用酒泵（或虹吸管）转入专用贮酒容器（罐、瓶）中，密封，送入贮酒室。抽取原酒时，注意除去酒脚（发酵罐底部沉淀物）。此为第一次倒酒。第一次倒酒后，一般冬季每周添酒1次，高温时每周添酒2次。第一次倒酒2～3月后，进行第二次倒酒。第二次倒酒后每月添酒1～2次。以后可根据陈酿期，每隔10～12个月倒酒1次。

优质红葡萄酒陈酿期一般为2～4年。

8）澄清

选择合适的澄清剂，要求澄清剂不会对酒的品质产生任何影响（以明胶-单宁法为例）。常用澄清剂及其参考用量如表6-4、表6-5所示。

表6-4　澄清剂分类

类　别	材料名称
有机物质（胶体）	明胶、鱼胶、蛋白质、牛奶、干酪、白朊、干酪素、纤维素、单宁等动物性物质
矿物质	亚铁氰化钾（黄血盐）、皂土、硅藻土、高岭土等
植物性物质	琼脂

表6-5　各种澄清剂参考用量表

澄清剂名称	红葡萄酒/（g/100L）	白葡萄酒/（g/100L）	说　明
明胶	8～18	5～8	白葡萄酒应加适量单宁
鱼胶	5	1～3	单宁用量为明胶用量的50%左右
蛋清	2～4	1～1.5	蛋清应加食盐，若单宁含量低，可加单宁
干蛋粉	8～10	5～8	1kg蛋粉需200～300个鸡蛋
皂土	（干酒）20～40 （甜酒）50～70	（干酒）20～60 （甜酒）50～100	混合使用时，明胶用量为皂土的10%
干酪素	—	10～100	—
牛血清粉	15～25	10～15	—

澄清温度以8～20℃最为理想，经过澄清的红葡萄酒呈现澄清透明状，在-7℃经7d放置，检查不发生浑浊。

采用明胶-单宁法进行澄清小样实验，确定明胶、单宁用量，具体方法如下。

配制1%的单宁和1%明胶水溶液（明胶需提前30min用水浸泡，加热溶解温度不宜超过60℃），取40支试管，编号，各加入10mL准备澄清的原酒，按表6-6分别加入不同数量的1%单宁和1%明胶水溶液。先按顺序加单宁猛力摇动后，再加入明胶，强烈振荡后静置6～12h，观察，取透明度最好、明胶用量最少的试样作为最佳方案，确定生产中用量。

表6-6　澄清实验方案表

试验方案	试管	1	2	3	4	5	6	7	8	9	10
1	1%单宁/mL	0	0	0	0	0	0	0	0	0	0
	1%明胶/mL	0.1	0.2	0.3	0.4	0.5	0.6	0.7	0.8	0.9	1.0
	评价										
2	1%单宁/mL	0.1	0.1	0.1	0.1	0.1	0.1	0.1	0.1	0.1	0.1
	1%明胶/mL	0.1	0.2	0.3	0.4	0.5	0.6	0.7	0.8	0.9	1.0
	评价										
3	1%单宁/mL	0.2	0.2	0.2	0.2	0.2	0.2	0.2	0.2	0.2	0.2
	1%明胶/mL	0.1	0.2	0.3	0.4	0.5	0.6	0.7	0.8	0.9	1.0
	评价										
4	1%单宁/mL	0.3	0.3	0.3	0.3	0.3	0.3	0.3	0.3	0.3	0.3
	1%明胶/mL	0.1	0.2	0.3	0.4	0.5	0.6	0.7	0.8	0.9	1.0
	评价										

根据上述实验结果，按澄清红葡萄酒量，准确计算所需单宁、明胶用量，称取单宁、明胶，分别用水溶解，缓慢、均匀地加入单宁后再加入明胶，及时充分搅匀，静置。

经2～3周澄清后，将上清液（酒）及时用酒泵抽出，迅速与酒脚分离。

9）过滤

采用硅藻土过滤机进行过滤。每吨酒的硅藻土用量为0.5～3.0kg。

10）冷热处理

冷处理温度应稍高于葡萄酒的冰点0.5～1℃，一般在-7～-4℃。冷处理不能使酒出现冻结。冷处理时间为5～7d。热处理温度为67℃，热处理时间为15min。

冷处理采取间接冷冻法，即将贮酒罐放在冷库，靠库温进行降温处理。每天测定贮酒罐内温度，防止温度过低，出现冻结。冷处理完毕，应在低温下过滤，除去沉淀物。

将过滤后的酒放入一个密闭容器内，进行热处理。将酒间接加热（如水浴锅）到67℃，保持15min。

11）调配

以葡萄酒的分类为依据（GB/T 15037—2006），设计配酒方案。卫生指标符合《食品安全国家标准发酵酒及其配制酒》（GB 2758—2012）要求，感官、理化指标符合《葡萄酒》（GB/T 15037—2006）中的规定。

12）装瓶杀菌

空瓶必须进行彻底清洗，并用高压灭菌锅（121℃，15min）进行灭菌。葡萄酒杀菌温度65～68℃，杀菌时间30min。

将封盖的酒瓶放入水浴锅中，逐渐升温，使瓶子中心温度达到65～68℃，保持30min即可。以木塞封口，液面应在瓶口下4.5mm左右，若采用皇冠盖，水面则可淹没瓶口。

杀菌后将商标粘贴在瓶子的适当位置，要求粘贴牢固、平整，装箱即为成品。

13）成品检验

葡萄酒感官指标要求如表 6-7 所示。

表 6-7　葡萄酒感官指标要求

项　目			要　求
外观	色泽	红葡萄酒	紫红色、深红色、宝石红色、红色中微带棕色、棕红色
		桃红葡萄酒	桃红色、淡玫瑰红色、浅红色
		加香葡萄酒	深红色、棕红色、浅红色、金黄色、浅黄色
	澄清程度		澄清透明，有光泽，无明显悬浮物（用软木塞封口的酒允许有 3 个以下不大于 1mm 的软木塞渣）
	起泡程度		起泡葡萄酒注入杯中时，应有细微的串珠状气泡升起，并有一定持续性
香气与滋味	香气	非加香葡萄酒	具有纯正、幽雅、怡悦、和谐的果香与酒香
		加香葡萄酒	具有浓郁、纯正的葡萄酒香气与和谐的芳香植物香
	滋味	干、半干葡萄酒	具有纯净、幽雅、爽怡的口味和新鲜悦人的果香味，酒体完整
		甜、半甜葡萄酒	具有甘甜醇厚的口味和陈酿的酒香味，酸甜协调，酒体丰满
		起泡葡萄酒	具有优美纯正、和谐悦人的口味和发酵起泡酒的特有香味，有刹口力
		加气起泡葡萄酒	具有清新、愉快、纯正的口味，有刹口力
		加香葡萄酒	具有纯正、爽舒的口味和协调的芳香植物香味，酒体丰满
典型性			典型突出、明确

葡萄酒理化指标要求如表 6-8 所示。

表 6-8　葡萄酒的理化指标要求

项　目			要　求
酒度/%（体积分数，20℃）	甜、加香葡萄酒		11.0～24.0
	其他类型葡萄		7.0～13.0
总糖（以葡萄糖计）/（g/L）	平静葡萄酒	干型	≤4.0
		半干型	4.1～12.0
		半甜型	12.1～50.9
		甜型	≥50.1
		干加香	≤50.0
		甜加香	≥50.1
	起泡、加气起泡葡萄酒	天然型	≤12.0
		绝干型	12.1～20.0
		干型	20.1～35.0
		半干型	35.1～50.0
		甜型	≥50.1
滴定酸(以酒石酸计)/(g/L)	甜、加香型葡萄酒		5.0～8.0
	其他类型葡萄酒		5.0～7.5
挥发酸（以乙酸计）/（g/L）			≤1.1
游离二氧化硫/（mg/L）			≤50
总二氧化硫/（mg/L）			≤250

续表

项　目		要　求
干浸出物/（g/L）	白葡萄酒	≥15.0
	红、桃红、加香葡萄酒	≥17.0
铁/（mg/L）	白、加香葡萄酒	≤10.0
	红、桃红葡萄酒	≤8.0
二氧化碳（20℃）/MPa	起泡、加气起泡葡萄酒	<250L/瓶 ≥0.30
		≥250L/瓶 ≥0.35

注：酒度在本表的范围内，允许误差为 1.0%（体积分数），20℃。

工作任务二　白葡萄酒酿造

1．主要材料

白葡萄、苹果、蔗糖、酒石酸、偏重亚硫酸钾、葡萄酒酵母（干酵母或试管菌种）、硅藻土、明胶、单宁等。

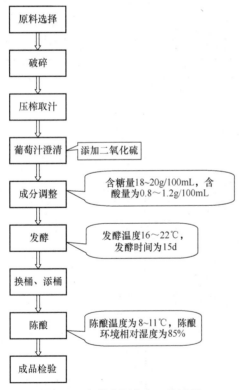

图 6-2　白葡萄酒生产工艺流程

2．工艺流程

白葡萄酒加工与红葡萄酒相比，主要区别在原料的选择、果汁的分离及其处理、发酵与贮存条件等方面。白葡萄酒用澄清的葡萄汁发酵，其酿造工艺流程如图 6-2 所示。

3．操作步骤

1）原料选择

生产白葡萄酒选用白葡萄或红皮白肉的葡萄，常用的品种有龙眼、雷司令、贵人香、白羽、李将军等。

2）破碎、压榨取汁

酿制白葡萄酒的原料破碎方法与红葡萄酒的操作差异不大，酿造红葡萄酒时葡萄破碎后，尽快地除去葡萄果梗；白葡萄酒的原料在破碎时不除梗，破碎后立即压榨，利用果梗作助滤剂，可提高压榨效果。白葡萄酒是葡萄压榨取汁后进行发酵，而红葡萄酒是发酵后压榨。

现代葡萄酒厂在酿制白葡萄酒时，用果汁分离机分离果汁，即将葡萄除梗破碎，然后果浆流入果汁分离机进行果汁分离。用红皮白肉的葡萄酿制白葡萄酒时，只取自流汁酿制白葡萄酒。

（图 6-2 流程框内文字：）

原料选择 → 破碎 → 压榨取汁 → 葡萄汁澄清（添加二氧化硫）→ 成分调整（含糖量18～20g/100mL，含酸量为0.8～1.2g/100mL）→ 发酵（发酵温度16～22℃，发酵时间为15d）→ 换桶、添桶 → 陈酿（陈酿温度为8～11℃，陈酿环境相对湿度为85%）→ 成品检验由于压榨力和出汁率不同，所得果汁质量也不同。通常情况下，出汁率小于 60%时，总糖量、总酸量、浸出物量变化不大；出汁率大于 70%时，总糖量、总酸量大幅度下降，酿成的白葡萄酒口感较粗糙，苦涩味过重。因此在酿制优质白葡萄酒时，应注意控制出汁率，采用分级取汁法。

3）葡萄汁澄清

葡萄汁澄清的方法有二氧化硫澄清法、果胶酶法、添加皂土法与离心法。

（1）二氧化硫澄清法。酿制白葡萄酒的葡萄汁在发酵前添加二氧化硫，不仅具有杀菌、澄清、抗氧化、增酸、还原等作用，还可促进色素和单宁溶出，使酒的风味变好，同时有澄清果汁的作用。二氧化硫的添加量见表 6-1，添加方法与酿制红葡萄酒时二氧化硫的添加相似。但酿制白葡萄酒的葡萄汁在发酵前添加二氧化硫，由于葡萄汁是在低温下加入二氧化硫，所以澄清效果更好。将葡萄汁温度降至 15℃，静置 16～24h，用虹吸法吸取清汁，或从澄清罐的高位阀放出清汁。

（2）果胶酶法。使用果胶酶澄清时，应按葡萄汁的浑浊程度及果胶酶的活力决定其添加量，而且澄清效果受温度、葡萄汁的 pH 值等影响，所以，使用前应通过小样试验确定最佳用量。一般果胶酶用量为 0.5%～0.8%。先将果胶酶粉剂用 40～50℃的水稀释均匀，放置 2～4h 后，加入葡萄汁中，搅匀并静置，使果汁中的悬浮物沉于容器底部，取上层清汁。

（3）添加皂土法。皂土是一种利用天然黏土加工而成的胶体铝硅酸盐。根据皂土的成分及其特性差异、葡萄汁的浑浊程度、葡萄汁的成分等确定皂土的添加量。所以，应提前进行小样试验，确定最佳用量。一般皂土的用量为 1.5g／L。将皂土与 10～15 倍的水混合，皂土吸涨 12h，再加部分温水搅拌均匀，然后将皂土与水的混合浆液与 4～5 倍的葡萄汁混合，再与全部的葡萄汁混合，并用酒循环泵循环处理 1h，使其混合均匀。静置澄清，分离清汁。皂土与明胶配合使用，澄清效果更佳。

（4）离心法。将果汁用高速离心机处理，可有效地将果汁中的悬浮物去除。离心处理前，用果胶酶处理果汁或在果汁中添加皂土，澄清效果更好。

4）成分调整、发酵

葡萄汁的成分调整同红葡萄酒加工。酿制干红葡萄酒时，葡萄汁的成分调整在主发酵后进行；酿制干白葡萄酒时，葡萄汁的成分调整在发酵前进行。

白葡萄酒发酵是在澄清的葡萄汁中接入 5%～10%的人工培养的优良酵母菌，然后在密闭容器中低温发酵。葡萄汁一般缺乏单宁，在发酵前添加单宁时常按 100L 果汁添加 4～5g 单宁，有助于提高酒质。酒母的活化和扩大培养与加工红葡萄酒时酒母的活化及其培养相同。主发酵温度为 16～22℃，发酵时间为 15d。残糖降至 5g/L，主发酵结束。后发酵的温度不超过 15℃，发酵期为一个月左右。残糖降至 2g/L，后发酵结束。苹果酸-乳酸发酵会影响大多数白葡萄酒的清新感，所以在白葡萄酒的后发酵期，一般要抑制苹果酸-乳酸发酵。

白葡萄酒发酵温度控制在28℃以下，否则会影响白葡萄酒的品质。为了达到发酵液降温的要求，通常采用以下几种方法。

（1）发酵前降温。将在夜间采摘、避免太阳直晒采摘的葡萄摊放散热，以避免将原料的热量带到果汁中，降低果汁的温度；也可对压榨后的葡萄汁进行冷却，使之温度降到15℃，再放入发酵桶（池、缸）中。

（2）采用小型容器发酵。用200～1000L的木桶进行发酵，易于散热，若葡萄汁入桶温度在15℃左右，则发酵时最高温度不会超过28℃。

（3）发酵室降温。可在白天密闭门窗，不使外界高温空气进入室内；晚间开启门窗，换入较冷的空气，或用送风机送入冷风，有时根据需要也可用冷冻设备送入冷风。

（4）利用换器热控制发酵醪的温度。采用发酵池发酵，在池内装设冷却管；如在木桶内发酵，可将发酵液打入板式换热器，以循环的方法进行冷却。

控制在相对较低的温度下进行乙醇发酵，不易被有害微生物侵染；挥发性的芳香物质保存较好，酿成的酒具有水果的酯香味，并有一种新鲜感；减少乙醇损失，同时酒石酸沉淀较快、较完全，酿成的葡萄酒澄清度高。

5）换桶、添桶和陈酿

白葡萄酒换桶、添桶、陈酿处理同红葡萄酒，只是个别工艺过程的条件或操作方法有差异。白葡萄酒发酵结束后，应迅速降温至10～20℃，静置1周，采用换桶操作除去酒脚。一般干白葡萄酒的酒窖温度为8～11℃，相对湿度为85%，贮存环境的空气要清新。干白葡萄酒的换桶操作必须采用密闭的方式，以防氧化，保持酒的原有果香。

6）成品检验

白葡萄酒的质量标准同红葡萄酒。

 工作任务三　苹果酒酿造

1. 主要材料

苹果、蔗糖、酒石酸、偏重亚硫酸钾、葡萄酒酵母（干酵母或试管菌种）、硅藻土、明胶、单宁等。

2. 工艺流程

苹果酒酿造工艺流程如图6-3所示。

苹果酒的酿造

3. 操作步骤

1）预处理

（1）原料选择、清洗。原料充分成熟，含糖量14%～15%，含酸量0.4%左右，单宁含量0.2%左右。果实应进行充分清洗，去除表面农药残留，降低表面微生物数量。必要时可采用1%～2%稀盐酸或0.1%高锰酸钾浸泡处理，以增强清洗效果。

（2）破碎。破碎的果块要大小适宜、均匀，一般果块直径3～4mm。破碎过程中添加护色剂如维生素C、柠檬酸等，以防果肉氧化。种子不能破碎，以防产生苦味。

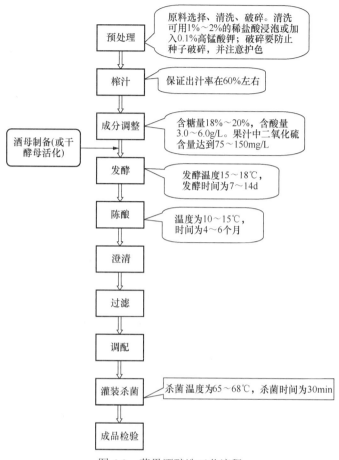

图 6-3 苹果酒酿造工艺流程

2）榨汁

破碎完成后，应立即进行榨汁，出汁率保证在 60%左右。榨汁完成后，彻底清洗榨汁机，并将果渣及时处理。

3）成分调整

要求果汁含糖量达到 18%～20%，果汁含酸量达到 3.0～6.0g/L。果汁中二氧化硫含量要达到 75～150mg/L，具体添加量与果汁 pH 值密切相关，如表 6-9 所示。

表 6-9 苹果汁中二氧化硫添加量与 pH 值的关系

苹果汁的 pH 值	要求的二氧化硫浓度（以总二氧化硫计）
<3.0	酸度足以抑制微生物生长，无须添加二氧化硫
3.0～3.3	75mg/L
3.3～3.5	100mg/L
3.3～3.8	150mg/L
>3.8	首先调整 pH 值，在此条件下即使添加 200mg/L 也无济于事

采用手持糖量计测定果汁含糖量，采用酸碱滴定法和酸度计分别测定果汁可滴定酸度和 pH 值，并将数据按表 6-10 记录。

按工艺要求调整糖、酸，并添加亚硫酸盐，使二氧化硫含量达到要求。

表 6-10　苹果汁成分分析和调整数据记录表

1. 所用的苹果品种	
2. 出汁率 _____	%
3. 原苹果汁的成分分析	
（1）相对密度_____	
（2）含糖量_____	g/L
（3）滴定酸度_____	g/L（以苹果酸计）
（4）pH 值_____	
4. 苹果汁经调整后欲达到的状态	
（1）成品酒的酒度（假设糖完全发酵）_____	%（体积分数）
（2）相对密度_____	
（3）含糖量_____	g/L
（4）滴定酸度_____	g/L（以苹果酸计）
（5）pH 值_____	
5. 需要添加物质的量：	
（1）添加蔗糖的量_____	g/L
（2）添加苹果酸的量_____	g/L
6. 发酵前对果汁重新分析的结果_____	
（1）相对密度_____	
（2）含糖量_____	g/L
（3）滴定酸度_____	g/L（以苹果酸计）
（4）pH 值_____	
7. 二氧化硫的添加量：总二氧化硫量_____	mg/L
游离二氧化硫量_____	mg/L
8. 所用酵母品种_____	

4）发酵

发酵容器要刷洗干净，无异味，并用二氧化硫杀菌消毒。果汁装量占发酵罐容积的 80%左右。采取密闭发酵，发酵温度为 15～18℃，发酵时间为 7～14d。酒母添加量为 3%～10%（活性干酵母为 2g/10L）。残糖降至 5.0g/L、相对密度≤1.000 时，结束主发酵。

5）陈酿

要求贮酒室温度 10～15℃，空气相对湿度 85%～90%，室内应有通风设施，能定期更换空气，保持室内空气清洁、新鲜。倒酒时向苹果酒中重新加入 50mg/L 的二氧化硫。贮酒桶要用二氧化硫彻底消毒。陈酿期 4～6 个月。

6）澄清

采用膨润土-明胶法。

对膨润土、明胶做如下处理：膨润土先用 40℃温水浸泡，同时添加 3g/L 的苹果酸，然后将膨润土配制成 10%的悬浮液，将其混匀，静置 24h，备用；明胶先用 40℃温水浸泡，然后配制 1%溶液，静置 4～6h，备用。

小样实验方法：在 6 个 200mL 的烧杯中装入苹果酒，按表 6-11 中的添加量，逐一加膨润土和明胶，摇匀，静置 4～8h 后，观察澄清结果，澄清度达到最大而添加量最小的试样是最理想的实验方案。

表 6-11　膨润土-明胶澄清实验用量对照表

实验（200mL 苹果酒）		实验结果观察
膨润土（10%悬浮液）/mL	明胶（1%溶液）/mL	
1	1	
1	2	
2	2	
2	4	
4	4	
4	8	

根据试验结果及要澄清苹果酒的量，确定膨润土和明胶用量。

先将膨润土与少量苹果酒混匀，一边搅拌，一边缓慢倒入待澄清的苹果酒中，然后加入 1%的明胶溶液，搅拌均匀，静置 3～5d，抽取上部澄清液。

7）过滤

苹果酒的过滤方法同红葡萄酒。

8）调配

苹果酒的调配方法同红葡萄酒。

9）灌装杀菌

苹果酒的灌装、杀菌方法同红葡萄酒。

10）成品检验

苹果酒的质量应符合表 6-12 标准。

表 6-12　苹果酒质量标准

指标	项目	干型	半干型
感官指标	色泽	呈金黄色或淡黄色	
	澄清度	外观澄清透明，无悬浮物	
	香味	具有清新、幽雅、协调的苹果香与酒香	
	口味	清新爽口，酒体醇厚，余味悠长	
	典型性	具有苹果酒的典型风格	
理化指标	酒度/%（体积分数，20℃）	11.5±0.5	11.5±0.5
	总糖（以葡萄糖计）/(g/L)	4	4.1～12.0
	总酸（以苹果酸计）/(g/L)	4.5～4.7	4.5～7.5
	挥发酸（以乙酸计）/(g/L)	≤1.1	≤1.1
	游离二氧化硫/(mg/L)	≤50	≤50
	总二氧化硫/(mg/L)	≤250	≤250
	干浸出物/(g/L)	≥12	≥12
	铅/(mg/L)	≤0.5	≤0.5

工作任务四　果酒酿造过程中常用的设备及使用

一、发酵罐及贮酒罐

（一）橡木桶

橡木桶是传统的酿酒容器。橡木桶在某些方面能够改善酒的质量，尤其是用于红葡萄酒的陈酿时表现得极为明显，是酿造高档葡萄酒的最理想设备。橡木桶容量小、价格高，其结构如图6-4所示，其实物如图6-5所示。

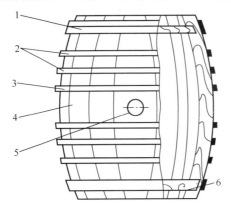

1. 头箍；2. 颈箍；3. 腰箍；4. 桶帮；5. 桶口；6. 桶底。

图 6-4　橡木桶结构图

图 6-5　橡木桶实物图

（二）不锈钢发酵罐

不锈钢发酵罐通常用铬镍不锈钢钢板制造，具有以下特点：机械性能好，强度高；耐蚀能力强，不需设置涂层；表面光滑，卫生条件好；操作维护方便，设备使用寿命长。

1. 白葡萄酒发酵罐

白葡萄酒发酵罐的结构形式是葡萄酒发酵罐中最简单的，多为立式圆柱体结构。其结构如图6-6所示，其实物如图6-7所示。罐底斜面的斜度为2°～5°，便于残液流出。

2. 多功能发酵罐

多功能发酵罐如图6-8所示。罐体1用不锈钢钢板焊接而成，为了增强其承载能力，防止变形，在外壁上布有许多条加强筋；罐内两侧设有链条2，张紧在两侧链轮9、前导轨13、后导轨16及活动导轨18上；横置于罐内且互相平行的10根刮杠3的两端分别与两侧链条2连接，可在链条的带动下在罐内做迂回旋转，进行搅拌或刮渣。罐内两侧各设有两个板式换热器17，用以控温；罐体下部斜面和底面分别设有斜筛板11和底筛板15，用以实现果汁分离；在罐体下部还设有清、浊汁出口12及14，用以排放不同质量的酒汁。

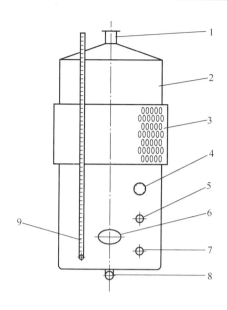

1. 料口；2. 罐体；3. 冷却带；4. 温度计；5. 取样口；

6. 人孔；7. 清汁出口；8. 浊汁出口；9. 液位计。

图 6-6　白葡萄酒发酵罐结构图

图 6-7　白葡萄酒发酵罐实物图

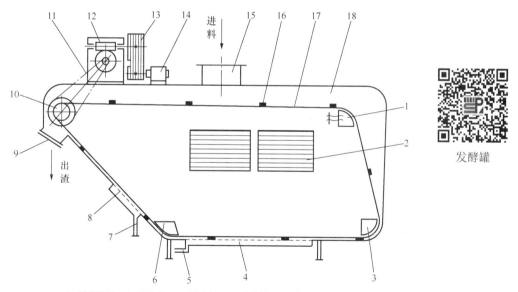

1. 活动导轨；2. 换热器；3. 后导轨；4. 底筛板；5. 浊汁出口；6. 前导轨；7. 清汁出口；

8. 斜筛板；9. 出渣口；10. 内链轮；11. 链传动机构；12. 蜗杆减速机；13. 带传动机构；

14. 电动机；15. 料口；16. 刮杠；17. 链条；18. 罐体。

图 6-8　多功能发酵罐结构示意图

发酵罐

其操作方法为：发酵红葡萄酒时，除梗破碎后的葡萄浆果由料口投入，装入量为距链条以下 100mm 左右为宜。进料的同时，要根据工艺要求加入二氧化硫。

发酵顺利开始后，再盖上料口盖，继续发酵。在此期间，要每天开机运转 2～3 次，使刮杠正反相间转动 3～5min，其间进行搅拌将浮渣压下，并随时观察温度变化，及时供冷控温。

　　发酵结束后，先打开清汁出口阀，待清汁流尽之后，再打开浊汁出口阀，同时开机使刮杠顺时针旋转，一边搅拌，一边出浊汁。待浊汁流尽后，再打开出渣口，皮渣在刮杠的带动下，刮出罐外。发酵结束后应清洗消毒。

　　3. 卧式旋转发酵罐

　　卧式旋转发酵罐的结构如图 6-9 所示。罐内沿全长焊有单头螺旋，接近罐前部为双头螺旋，以便于排渣。当罐体正反旋转时，螺旋对皮渣起输送和翻拌作用。罐体下半部装有过滤筛网，使自流酒与皮渣分离经出酒口流出，皮渣在螺旋作用下经出渣口排出。无级变速传动，通过链轮带动罐体转动，罐体转速在 2～3r/min 内可调。

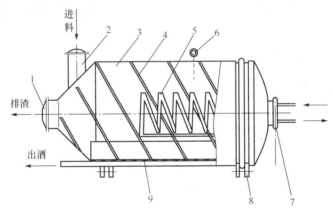

1. 出渣口；2. 进料口；3. 罐体；4. 螺旋板；5. 冷却管；
6. 温度计；7. 链轮；8. 滚轮；9. 滤筛。

图 6-9　卧式旋转发酵罐结构示意图

图 6-10　卧式旋转发酵罐实物图

　　经除梗破碎的葡萄浆果由进料口入罐，同时按工艺要求加入二氧化硫。当装至罐容积 80% 左右时停止进料，进行发酵。

　　发酵顺利开始后，盖上进料口盖，继续发酵。每天使罐体正反相间旋转 2～3 次，每次约 2min，使浮于表面的皮渣浸泡在果汁中以加强浸渍作用。应及时供冷，控制发酵温度。发酵结束后，可先打开进料口盖及出汁阀门，待酒汁排尽后再打开出渣口盖，旋转罐体，皮渣在螺旋板的推动下排往罐外。发酵结束后，应将罐内外清洗干净并且消毒，准备下一次使用。图 6-10 所示为卧式旋转发酵罐实物图。

二、除梗破碎机

除梗破碎机的主要用途是使葡萄果粒破碎而释放出果汁，同时要去除葡萄梗。除梗破碎机可分为卧式除梗破碎机、破碎除梗机立式除梗破碎机、破碎-去梗-送浆联合机、离心破碎去梗机等。

（一）卧式除梗破碎机

卧式除梗破碎机是最常用的除梗破碎设备，其基本结构如图 6-11 所示，其实物如图 6-12 所示。

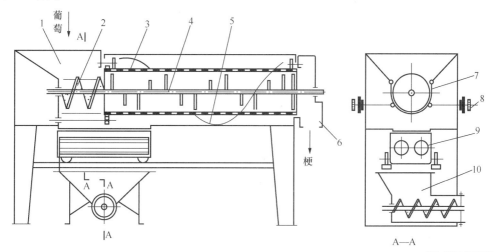

1. 料斗；2. 螺旋；3. 筛筒；4. 除梗螺旋；5. 螺旋片；6. 果梗出口；
7. 活门；8. 手轮；9. 破碎装置；10. 排料装置。

图 6-11　卧式除梗破碎机结构示意图

葡萄除梗破碎机

图 6-12　除梗破碎机实物图

当葡萄从料斗 1 投入后，在螺旋 2 的推动下向右进入筛筒 3 进行除梗，除梗破碎机筒体如图 6-13 所示。梗在除梗螺旋 4 的作用下被摘除并从果梗出口 6 排出。

浆果从筛孔中排出，并在焊在筛筒外壁上的螺旋片 5 的推动下向左移动的过程中落入破碎装置 9 中，由下部的螺旋排料装置 10 排出。进料口输送螺旋如图 6-14 所示。

图 6-13　除梗破碎机筒体

图 6-14　进料口输送螺旋

活门 7 的开度大小可通过手轮 8 调节，以满足不同除梗率要求。当工艺要求为完全不除梗时，活门可全部打开，葡萄可直接进入破碎装置进行破碎，此时除梗装置停止运转。

破碎装置下部设有 4 个轮子，可使装置沿纵向移动。当工艺要求完全不破碎时，可将装置推向右边，使经过或未经过除梗的葡萄直接由螺旋排料装置排出。通过调节破碎辊间轴间距，可得到不同的破碎率要求。

（二）破碎除梗机

破碎除梗机如图 6-15 所示。葡萄由料斗 1 投进并落入两破碎辊 2 之间，葡萄浆果在辊齿的挤压下被破碎，并与果梗一起进入筛筒 3。除梗螺旋 4 的叶片呈螺旋排列，与筛筒的转动方向相反。在除梗螺旋叶片的作用下，果梗被摘除并从果梗出口 5 排出；果肉、果浆等则从筛孔中排出并落入下部螺旋排料器 6 中，再经果浆出口 7 排出。

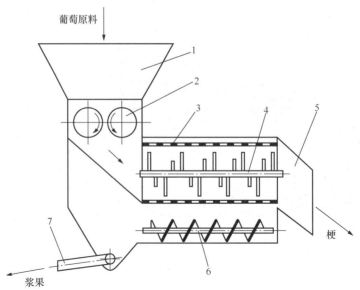

1. 料斗；2. 破碎辊；3. 筛筒；4. 除梗螺旋；5. 果梗出口；6. 螺旋排料器；7. 果浆出口。

图 6-15　破碎除梗机结构示意图

破碎装置由一对破碎辊组成。破碎辊的形式有多种，常用的为花瓣形（图 6-16）。调整两破碎辊间的中心距，以满足不同破碎率的要求。破碎辊所用材料为橡胶，防止破碎时撕碎果皮、压破种子和碾碎果梗。

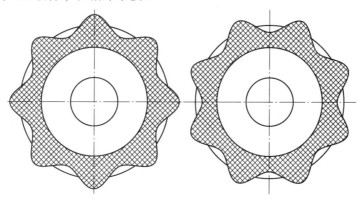

图 6-16　破碎辊示意图

其具体操作如下：

（1）开机前要仔细检查各机械传动部分，并按工艺要求的除梗率及破碎率调整好各有关装置后开机。

（2）运转正常后再投料。投料要均匀，严防异物投入，以免损坏机器。

（3）运转中如发现堵塞或其他故障，应立即停机排除。

（4）运转中如果除梗率或破碎率与工艺要求不符，要及时调整。

（5）各润滑部位要及时添加润滑油。

（6）应经常保持设备清洁卫生，每班过后都应冲洗干净。

（7）发酵季节过后要将设备彻底冲洗干净。

知识拓展

果醋是以果实、果渣或果酒为原料，通过醋酸发酵酿制而成的调味品，其中醋酸含量为 3%～7%。与其他食醋相比，果醋风味芳香，营养丰富。利用野果、残次果、果渣为原料酿制果醋，可实现果品资源综合利用，节约粮食。

果醋的加工技术如下。

一、果醋酿造基本原理

以果品为原料酿制果醋，其发酵过程需经过两个阶段，即乙醇发酵和醋酸发酵。因此，果醋发酵常用的微生物有两类：酵母菌和醋酸菌。

（一）果醋发酵常用的微生物

1. 酵母菌

酿醋用酵母菌与生产酒类使用的酵母菌相同，果酒乙醇发酵常用果酒酵母、葡萄酒酵母或啤酒酵母。酵母菌将可发酵性糖转化为乙醇和二氧化碳，完成酿造过程中的乙醇发酵阶段。酵母菌在乙醇发酵过程中，同时生成少量的酯和多种醇与有机酸，对形成果醋的风味有一定的作用。

酵母菌生长最适温度为 28～30℃，发酵最适温度为 30～33℃。生长繁殖最适宜 pH 值为 4.5～5.5，但在 pH 值为 3.5～4 的条件下也能生长，它适合在微酸性环境中繁殖和发酵。酵母菌在有氧环境下呼吸，将糖彻底分解成二氧化碳和水，菌体大量繁殖。而在厌氧条件下，会将糖分解为乙醇和二氧化碳。

为了增加醋的香气，采取产酯酵母与乙醇酵母混合发酵，以提高成品果醋中的酯含量，改善果醋的风味。

2. 醋酸菌

1）常用的醋酸菌

醋酸菌将乙醇转化为醋酸，也能微弱氧化葡萄糖为葡萄糖酸。常用的醋酸菌有奥尔兰醋酸杆菌（*A.orleanense*）、许氏醋酸杆菌（*A.schutzenbachii*）、恶臭醋酸杆菌（*A.rancens*）、AS1.41 醋酸菌、沪酿 1.01 醋酸菌。其中许氏醋酸杆菌的最高产酸能力达 11.5%，且对醋酸没有进一步的氧化作用；恶臭醋酸杆菌、AS1.41 醋酸菌、沪酿 1.01 醋酸菌的产酸能力较高，但恶臭醋酸杆菌、AS1.41 醋酸菌在缺少乙醇的醋醪中，会继续把醋酸氧化成二氧化碳和水；奥尔兰醋酸杆菌产醋酸能力弱，但能产生少量的酯，并将葡萄糖转化为葡萄糖酸，耐酸能力较强。

2）醋酸菌的特性

（1）醋酸菌的形态。醋酸菌是革兰氏阴性的杆状菌，单个或呈链状排列，有鞭毛，无芽孢。在高温、高浓度盐溶液中或营养不足的不良环境下，菌体会伸长，呈线形、棒形或管状。

（2）醋酸菌的营养特性。醋酸菌为好氧菌，必须供给充足的氧气才能正常生长繁殖。在高浓度乙醇和高浓度的醋酸环境中，醋酸杆菌对缺氧非常敏感，中断供氧会造成菌体死亡。

醋酸菌最适宜的碳源是葡萄糖、果糖等六碳糖，其次是蔗糖和麦芽糖等。醋酸菌不能直接利用淀粉等多糖类。乙醇也是很适宜的碳源，有些醋酸菌还能以甘油、甘露醇等多元醇为碳源。蛋白质水解产物、尿素、硫酸铵等都适宜作为醋酸菌的氮源，部分果品中的蛋白质含量少，不能满足酵母发酵的需要，通常添加硫酸铵、碳酸铵或磷酸铵补充氮源。酵母菌的生长繁殖必需磷、钾、镁三种元素的无机盐，大多数果品中含有较多的矿物质，一般不需要另外添加无机盐。

（3）醋酸菌的生长繁殖与发酵特性。醋酸菌繁殖的适宜温度为 30℃左右，醋酸菌进行醋酸发酵的适宜温度比繁殖的适宜温度低 2～3℃。繁殖时的最适 pH 值为 3.5～6.5。醋酸菌对酸的抵抗力因菌种不同而相差悬殊，一般在含醋酸 1.5%～2.5%条件时，醋酸菌的繁殖完全停止，但有些菌种在含醋酸 6%～7%的条件下尚能繁殖。醋酸菌的耐乙醇浓度也因菌种不同而异，一般耐乙醇浓度为 5%～12%，若超过其限度，会停止发酵。对乙醇的氧化力，即醋酸的生产量也因不同菌株而有很大的差别。醋酸菌只能忍耐 1%～1.5%的氯化钠浓度，因此，醋酸发酵完毕后添加盐，不但可调节食醋滋味，而且防止醋酸过度氧化。

（二）发酵过程中的物质变化

1. 乙醇发酵

在无氧条件下，可发酵性糖在乙醇酵母的作用下转化为酒精和二氧化碳，其总反应可用下式表示。

$$C_6H_{12}O_6 \longrightarrow 2C_2H_5OH + 2CO_2 + 2ATP$$

理论上，16.3g/L糖可发酵生成1%的（体积分数）乙醇，考虑酵母菌呼吸消耗以及发酵过程中生成甘油、酸、醛等，实际17g/L的糖可生成1%的乙醇。

2. 醋酸发酵

在有氧条件下，乙醇在醋酸菌作用下转化为醋酸和水。其总反应可用下式表示。

$$C_2H_5OH（乙醇）+ [O] \longrightarrow CH_3COOH（醋酸）+ H_2O + 481.5J$$

理论上100g乙醇可生成130.4g醋酸，实际产生率较低，因为醋酸发酵时部分乙醇挥发，以及发酵过程中还生成高级脂肪酸、琥珀酸等。一般只能达到理论值的85%左右。

二、果醋酿造技术

根据果醋发酵过程中发酵醪的形态不同，将果醋酿造方法划分为液态发酵法、固态发酵法和固稀发酵法。在实际生产过程中，应根据原料特性选择相应的酿造方法。原料不同，酿造工艺流程及其条件也不同。下面分别介绍两种常见果醋的酿造技术。

（一）液态发酵酿制苹果醋

液态发酵法酿制苹果醋的工艺流程如图6-17所示。

1）原料选择

一般选择成熟的残次果实酿制果醋，要求果实不能腐败变质。将果实去杂，切去病斑、烂点与果柄，然后用自来水清洗。切分后去心。

2）破碎、榨汁

根据果实的种类选择破碎方法和破碎果块的大小。苹果和梨破碎到0.3～0.4cm大小的颗粒，葡萄只要压破果皮即可。采用磨浆机破碎汁液丰富、带种子或核的果实。磨浆机将种子、果核、果皮与果浆分离；用打浆机破碎无核果实或经预处理后去核的果实。例如，枸杞、山楂用磨浆机破碎，苹果、桃、梨一般用打浆机破碎。有些果实破碎前要求软化和护色。如果热处理对产品的风味影响不大，一般采用热处理实现护色和软化。热处理或破碎的果浆用

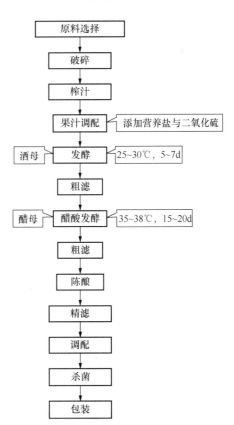

图6-17 液态发酵法酿制苹果醋工艺流程

果胶酶处理，可以提高榨汁率。

3）果汁调配

理论上，16.3g/L 糖可发酵生成 1%（或 1mL）乙醇，实际 17g/L 的糖生成 1%（或 1mL）乙醇。理论上 100g 乙醇可生成 130.4g 醋酸，即理论上 17g/L 的糖约可生成 1.04%（体积分数）或 1.09%（质量浓度）的醋酸。实际转化率较低，一般只能达到理论值的 85% 左右，即 17g/L 的糖实际上约可生成 0.884%（体积分数）或 0.92%（质量浓度）的醋酸。我国食醋质量标准规定，一级食醋的醋酸含量为 5.0g/100mL，二级食醋的醋酸含量为 3.5g/100mL。生产一级醋要求果汁的含糖量为 92.4g/L，生产二级醋要求果汁的含糖量为 64.7g/L。

根据生产的食醋等级调整果汁的含糖量，特别是含糖量不足时，要求添加糖、浓缩果汁或糖浆来调整果汁的含糖量，确保产品中醋酸的含量达到质量标准要求；如果果汁中含糖量达到或超过潜在发酵力的要求，则果汁的含糖量可不予调整。

一般果汁中氮源不足，不能满足酵母菌和醋酸菌生长繁殖的要求，所以发酵前要在果汁中添加铵盐，一般添加 120g/1000L 的硫酸铵和磷酸铵。

乙醇发酵前，在果汁中添加 150～200g/1000L 的 SO_2，可防止乙醇发酵过程中杂菌的侵染，确保乙醇发酵的顺利进行。

4）发酵

（1）酒母的制备。

酒母的制备同葡萄酒的加工，也可用活性干酵母代替酒母。活性干酵母使用前要活化，活化的方法同果酒的加工。

（2）乙醇发酵。

果汁在发酵前添加酒母，酒母的添加量为 3%～5%，若用活性干酵母代替酒母，则活性干酵母的添加量为 150g/1000L。同时向果汁中添加果胶酶，使果胶分解，有利于成品果醋的澄清与过滤。

在发酵罐或发酵池中进行乙醇发酵时，乙醇发酵的温度为 25～30℃，时间为 5～7d，发酵醪中的残糖量降至 0.5% 以下，乙醇发酵结束。

5）粗滤

乙醇发酵后，将发酵醪采用压榨过滤机或硅藻土过滤机过滤，也可用离心分离机分离，然后将酒液放置 1 个月以上，促进澄清。传统的加工方法是发酵后不再澄清。但完全由浓缩苹果汁制作苹果醋时，为了得到澄清的产品，必须进行离心分离或过滤。

6）醋酸发酵

（1）醋母的制备。

醋母制备的工艺流程，即技术参数如图 6-18 所示。

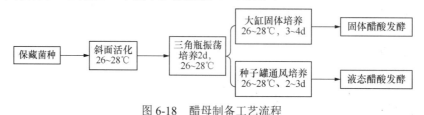

图 6-18　醋母制备工艺流程

① 固体斜面活化。取浓度为 1.4% 的豆芽汁 100mL，添加葡萄糖 3g，酵母膏 1g，碳酸钙 2g，琼脂 2～2.5g，混合，加热熔化，分装于干热灭菌后的试管中，每管装量约 4～5mL，在 98.066kPa 的压力下杀菌 15～20min，取出，趁未凝固前加入 50% 乙醇 0.6mL，摇匀、冷却。在无菌操作下接入优良的醋酸菌种，在 26～28℃ 的条件下培养 2～3d。

② 液体三角瓶扩大培养。浓度为 1% 的豆芽汁 15mL，添加食醋 25mL，水 55mL，酵母膏 1g，乙醇 3.5mL，配置成培养基。要求醋酸含量为 1%～1.5%，醋酸与乙醇的总量不超过 5.5%，装于 500～1000mL 的三角瓶中，常压消毒。乙醇最好在接种前加入。接入 1 支固体斜面活化的醋酸菌种。26～28℃ 的条件下培养 2～3d。在培养过程中，每天定时摇瓶 1 次，或用摇床培养，充分供给空气，促使菌膜下沉繁殖。

③ 大缸固体培养或种子罐培养。将液体三角瓶培养成熟的醋母接入到准备醋酸发酵的酒液或固体酒醅中，再扩大 20～25 倍，在 26～28℃ 的条件下培养 3～4d，成熟的醋母供生产用。液态培养的醋母用于液态醋酸发酵，固态培养的醋母用于固态和固稀发酵。

（2）发酵醪的调配。

乙醇发酵结束后，若不能及时进行醋酸发酵，可在发酵醪中加入 10% 的新鲜苹果醋，降低 pH 值，以预防有害菌的侵染，可贮存 1 个月。在醋酸发酵前，将乙醇发酵醪的乙醇含量调整为 7%～8%，再添加 120g/1000L 的铵盐。

（3）醋酸发酵。

乙醇发酵醪中接入 10%～20% 醋母，在 35～38℃ 的条件下发酵 15～20d。

液态发酵法生产苹果醋的醋酸发酵方法有涡流式深层培养发酵法和塔式深层培养发酵法。采用 Fring 型酸化器进行涡流式深层培养发酵时，发酵罐的底部装有涡流式搅拌器，原料从底部进入，涡流式搅拌器的运转使发酵液呈涡流式旋转，使空气混入涡流旋转的发酵液中。在罐的顶部装有消泡器，可连续消泡。将发酵成熟的苹果醋定期从发酵罐上部排出，新原料从底部进入。若操作适当，可使原料的进入和产品的排出连续进行。酸化器内设有冷热交换器，控制发酵醪的温度在 35～38℃。

用塔式深层培养酸化器进行塔式深层培养发酵时，酸化塔用聚丙烯强化玻璃纤维制造，塔内有烧结玻璃板，压缩机从底部将空气泵入塔内，物料经过烧结玻璃板进入。原料由塔底慢慢加入，成品醋从塔顶慢慢流出。

7）粗滤、陈酿

醋酸发酵结束后，用压榨机或硅藻土过滤机将醋酸发酵醪过滤，然后将产品泵入木桶或不锈钢罐内陈酿。陈酿时间为 1～2 个月。未经过滤的醋酸发酵醪也可直接陈酿，陈酿结束后，吸取上清液，对沉淀部分进行压榨提取，最后将上清液与压榨提取液混合。

8）精滤、调配

为了避免醋在装瓶后发生浑浊，将充分陈酿的苹果醋用水稀释到要求的浓度，然后精滤。精滤的方法有添加澄清剂法和超滤膜过滤法。

添加澄清剂法有两种，即明胶与膨润土法和硅溶胶与明矾法。明胶与膨润土法的操作如下：在陈酿后的 5000L 醋液中添加 1kg 明胶和 2kg 膨润土，搅拌均匀，然后静置 1 周以上，取上清液过滤。硅溶胶与明矾法是一种快速澄清法，在 5000L 的醋液中添加 5L 浓度为 30%的硅溶胶，然后再添加 2kg 的明矾，搅拌均匀，在数小时内澄清，这时容器的底部形成一层紧密的沉淀物，取上清液过滤。

超滤膜法的过滤效果更好。用泵将陈酿后的醋液泵入膜分离设备，透过膜的部分为成品，酵母菌、细菌和高分子成分被阻留而分离出来，起到过滤和杀菌的双重作用。所以，超滤后的醋液采用无菌灌装，可免于杀菌。

9）杀菌、包装

精滤后的醋液用板式换热器杀菌，杀菌温度为 65～85℃。杀菌后趁热灌装。包装容器有玻璃瓶、塑料瓶或塑料袋，塑料瓶（袋）有聚乙烯瓶（袋）、复合塑料瓶（袋）或 PET 瓶（袋）。玻璃瓶可采取杀菌后趁热灌装，而塑料瓶（袋）则要求杀菌冷却后灌装。聚乙烯瓶（袋）有一定的透气性，所以灌装于聚乙烯瓶（袋）内的苹果醋会出现浑浊。复合塑料或 PET 的阻气性好，所以灌装于复合塑料瓶（袋）或 PET 瓶（袋）的醋不易发生浑浊现象。

（二）固稀发酵法酿制柿醋

固稀发酵法是指乙醇发酵阶段采用液态发酵进行，醋酸发酵阶段采用固态发酵的一种制醋工艺。其工艺流程如图 6-19 所示。

1）原料选择、破碎、榨汁、接种和酒精发酵

柿果的选择与处理、果汁的压榨与调配以及酒精发酵等工艺过程与苹果醋的酿制方法相同。发酵 5～6d，发酵醪的乙醇含量在 6%（体积分数）以上，酸度为 1～1.5g/100mL。

2）固态醋醅的制备

20%的谷糠常压蒸 20min，与 70%的柿渣和 10%的麸皮混合均匀，再加 50%的水，拌匀并冷却至 35℃。

3）醋酸发酵

向固态醋醅中加入 10%的固态醋母（固态醋母的制备如图 6-18 所示），充分拌匀，投入带有假底的发酵池中，耙平，盖上塑料布，醋醅温度控制在 35～38℃。6h 后将乙醇发酵醪均匀淋浇到醋醅表面，24h 后松醅。当品温升至 40℃时，用池底接收的醋汁回浇醋醅，使品温降至 36～38℃，一般每天回浇 5～6 次，20～22d 发酵完成。

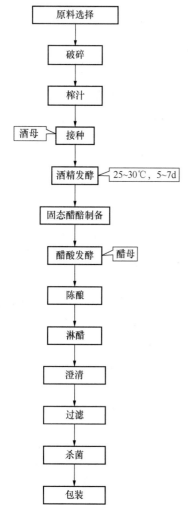

图 6-19　固稀发酵法酿制柿醋的工艺流程

4）陈酿、淋醋、澄清、过滤、杀菌和包装

醋酸发酵结束后，陈酿、淋醋、澄清、杀菌与包装等工艺过程与固态发酵法酿制梨醋相同。

 练习及作业

1. 根据加工工艺不同，果酒可分为哪几类？其加工工艺上的主要区别是什么？
2. 白葡萄酒、红葡萄酒加工的工艺流程及其操作有何异同？
3. 根据白葡萄酒、红葡萄酒、苹果酒的生产工艺，设计柿子酒加工生产技术方案。

项目七　果蔬糖制品加工技术

一、果蔬糖制品的分类

　　果蔬糖制品是以果蔬和糖为原料，和其他辅料配合加工而成，因糖的高渗透压和降低水分活度及抗氧化作用而得以长期保存的一类产品。高糖、高酸是果蔬糖制品的特点，这个特点改善了原料的食用品质，并使产品具有良好的色泽和风味，而且对产品在保藏和贮运期间的品质起到加强作用。

　　果蔬糖制品按照加工方法和制品的状态分为两大类：果脯蜜饯类和果酱类。

（一）果脯蜜饯类

　　产品能基本保持果实或果块的完整形状，大多数含糖量在50%～70%，属于高糖食品。按产品加工方式和产品特点通常分为三类：

（1）湿态蜜饯：加工过程中，糖制后沥干而不烘干，产品表面有糖液，果形完整、饱满，质地脆或细软，味美。如海棠蜜饯、樱桃蜜饯、蜜金橘等。

（2）干态果脯：加工过程中，糖制后经烘干或晾干处理，产品表面干燥不粘手。色泽鲜艳，含糖高，柔软而有韧性，甜酸可口，有原果风味。如苹果脯、杏脯、桃脯、姜片等。果脯中有一类也叫糖衣果脯或返砂果脯，产品表面干燥，有糖霜或糖衣，入口甜糯松软，原果风味浓。代表品种有冬瓜条、橘饼、蜜枣、柚皮等。

（3）凉果：加工过程中，以盐腌制过或晒干的果蔬为原料，经清洗、脱盐、干燥，浸渍调味料，再干燥而成。产品表面干燥或半干燥，皱缩，集酸、甜、咸味于一体，含糖量不超过35%，属于低糖产品。因以甘草为甜味剂也称为甘草制品。如话梅、九制陈皮、橄榄等。

蜜饯类按产地分，通常分为京式蜜饯、广式蜜饯、苏式蜜饯、闽式蜜饯等。

（二）果酱类

产品不能保持果实或果块的完整形状，含糖量大多在 40%～70%，含酸量约在 1%以上，属于高糖高酸食品。果酱类制品主要分为果酱、果泥、果丹皮、果糕、果冻等。

（1）果酱：是果泥或果块糖煮制成凝胶状态的糖制品，无一定的形状。如杏酱、蓝莓酱、苹果酱等。

（2）果泥：它是果肉经软化、打浆过滤成泥浆状，加糖或不加糖煮成质地细腻、均匀、呈半固体的制品。如枣泥、苹果泥等。

（3）果丹皮：将果泥加糖煮制浓缩后，刮片烘干制成的柔软的薄片状制品。如山楂果丹皮、苹果果丹皮等。

（4）果糕：在果泥中加糖和增稠剂后加热浓缩而制成的凝胶制品。如山楂糕、苹果糕等。

（5）果冻：将果实压榨、取汁、过滤、澄清，加入糖和柠檬酸或苹果酸等浓缩后冷却成冻的制品。光泽透明，质地风味良好，如山楂冻。

二、食糖的性质

果蔬糖制品加工中所用食糖主要有白砂糖、饴糖、绵白糖、蜂蜜等。应用最多的是白砂糖，以甘蔗和甜菜为原料制得，其主要成分是蔗糖，蔗糖纯度高，色泽浅，风味好，保藏性强，应用广泛，使用方便。绵白糖中含有蔗糖和转化糖（即等量的葡萄糖和果糖）。糖饴糖是淀粉被淀粉水解酶水解成的麦芽糖、葡萄糖和糊精的混合物，其中麦芽糖含量53%～60%，糊精13%～23%，麦芽糖含量越高甜度越大，不单独使用，生产中常加一些饴糖来防止制品晶析。蜂蜜主要成分是转化糖，占66%～70%，还含有0.03%～4.4%的蔗糖及0.4%～12.9%的糊精。在制品中适当加入蜂蜜可增进风味，增加营养，防止制品晶析。

食糖较为重要的理化性质包括甜度、溶解度、吸湿性、沸点和蔗糖的转化等。了解食糖的性质，便于在加工过程中合理地使用，这对提高糖制品质量和产量非常重要。

（一）糖的溶解度和晶析

食糖的溶解度是指在一定的温度下，一定量的饱和糖液内溶解的糖量。同一温度下，不同种类的糖溶解度是不相同的；同一种糖的溶解度随温度的升高而逐渐增大（表 7-1）。在某一温度下，糖制品中液态部分的糖浓度达到过饱和时，就会出现结晶现象，称为晶析，也称为返砂。返砂降低了糖的耐藏性，有损于制品的品质和外观。少数果脯加工时利用晶析这一特性，适当地控制过饱和率，以达到干态蜜饯上糖衣的效果，如冬瓜条、山楂球等。

表 7-1　不同温度下食糖的溶解度（g）

食糖种类	温度/℃									
	0	10	20	30	40	50	60	70	80	90
蔗糖	64.2	65.6	67.1	68.7	70.4	72.2	74.2	76.2	78.4	80.6
葡萄糖	35.0	41.6	47.7	54.6	61.8	70.9	74.7	78.0	81.3	84.7
果糖	—	—	78.9	81.5	84.3	86.9	—	—	—	—
转化糖	—	56.6	62.6	69.7	74.8	81.9	—	—	—	—

糖制加工过程中，可加入部分饴糖、淀粉糖浆、蜂蜜等来避免蔗糖的返砂。由于这些食糖中含有大量的转化糖、麦芽糖和糊精，而这些物质有抑制晶核生长，降低结晶速度和增加糖液饱和度的作用。另外，也可在糖制过程中通过促使糖液中蔗糖转化来防止制品结晶。

（二）糖的甜度

甜度是以蔗糖为基准的相对甜度。果蔬制品的主要甜味剂是食糖，食糖的甜度决定制品的甜度和风味。甜度是以口感判断的，即以能感觉到甜味的最低含糖量"味感阈值"来表示，甜度越高，味感阈值越小。如果糖的味感阈值为 0.25%，蔗糖为 0.38%，葡萄糖为 0.55%，则以蔗糖的甜度为基准，其他糖的相对甜度顺序：果糖＞转化糖＞蔗糖＞葡萄糖、麦芽糖和淀粉糖浆。蔗糖风味纯正，能迅速达到最大甜度。葡萄糖有二味，即先甜后苦、涩带酸。蔗糖与食盐共用时，能降低甜咸味，同时产生新的特有风味，南方凉果制品的独特风格就是这个独特风味。

（三）糖的转化

蔗糖、麦芽糖等二糖在稀酸与热或酶的作用下，能水解为等量的果糖和葡萄糖，即转化糖。转化温度越高，pH 值越低，作用时间越长，糖转化量越多。各种酸对蔗糖的转化能力见表 7-2。

表 7-2　各种酸对蔗糖的转化能力（25℃以盐酸转化能力为 100 计）

酸的种类	转化能力	酸的种类	转化能力
硫酸	53.60	柠檬酸	1.72
亚硫酸	30.40	苹果酸	1.27
磷酸	6.20	乳酸	1.07
酒石酸	3.08	醋酸	0.40

蔗糖转化的益处：抑制蔗糖溶液晶析，当溶液中转化糖含量达 30%～40%时，糖液

冷却后不会返砂；适当的转化可以提高蔗糖溶液的饱和度，增加制品的含糖量，进而增加制品的甜度，改善风味；增大渗透压，减小水分活性，提高制品的保藏性。

蔗糖转化的注意事项：对缺乏酸的果蔬，在糖制时可加入适量的酸（常用柠檬酸），以促进糖的转化。糖转化不宜过度，不然会增加制品的吸湿性，回潮变软，甚至使糖制品表面发黏，削弱保藏性，影响品质。制作浅色糖制品时，要控制条件，勿使蔗糖过度转化，因为转化糖与氨基酸反应易引起制品褐变，生成黑蛋白素。

（四）糖的吸湿性

糖具有吸湿性，糖吸湿后对果蔬糖制品会造成不良影响，因为糖制品吸湿后降低了糖浓度，从而降低了渗透压，导致糖的耐藏性降低，使制品品质劣变。蔗糖保藏适宜的相对湿度是40%～60%。各种糖的吸湿性不尽相同，与食糖的种类和环境相对湿度密切相关，如表7-3所示。

表7-3 常见食糖在25℃中7d内的吸湿率

食糖种类	相对湿度/%		
	62.7	81.8	98.8
蔗糖	2.61	18.58	30.74
葡萄糖	0.04	5.19	15.02
果糖	0.05	0.05	13.53
转化糖	9.77	9.80	11.11

果糖的吸湿性最强，其次是葡萄糖和麦芽糖，蔗糖最弱。各种结晶糖的吸湿量与环境中相对湿度呈正相关，相对湿度越大，吸湿量越大。当结晶糖吸水量达15%以上时，便开始失去晶状而成液态。对于含有一定量转化糖的糖制品，可用防潮包装来避免吸湿回软、发黏、结块，甚至霉烂变质现象的发生。

（五）糖液的沸点

随着糖液浓度增高，糖的沸点也升高。根据这个性质，糖制工序常常利用测定糖液沸点的方法，估算糖液浓度，确定熬煮终点。例如，干态蜜饯出锅时的糖液沸点达104～105℃，其可溶性固形物为62%～66%，含糖量约60%。在1atm下（1atm=1.013×10^{5}Pa），糖液可溶性固形物和沸点的关系见表7-4。

表7-4 糖液可溶性固形物和沸点的关系

可溶性固形物/%	沸点/℃	可溶性固形物/%	沸点/℃
50	102.22	64	104.6
52	102.50	66	105.1
54	102.78	68	105.6
56	103.0	70	106.5
58	103.3	72	107.2
60	103.7	74	108.2
62	104.1	76	109.4

蔗糖液的沸点受压力、浓度等因素影响，规律是糖液的沸点随海拔高度升高而下降。糖液浓度在 65%时，在海平面的沸点为 104.8℃，海拔 610m 时为 102.6℃，海拔 915m 为 101.7℃。因此，同一糖液浓度在不同海拔高度地区熬煮糖制品，沸点应有不同。在同一海拔高度下，糖浓度相同而糖的种类不同，其沸点也有差异。例如，60%的蔗糖液沸点为 103℃，60%葡萄糖液沸点为 105.7℃。

糖液的折光率和相对密度都随糖液浓度改变而变化。糖液的折光率和相对密度是糖制加工中判断糖度终点常用的指标。糖液浓度的测定通常借助手持糖量仪。

三、食糖的保藏作用

食糖本身并无毒害作用，低浓度糖液还能促进微生物生长发育，高浓度糖液才能对微生物有不同程度的抑制作用。其保藏作用主要表现在高渗透压、抗氧化及降低水分活度这三个方面。

（一）高渗透压作用

高浓度糖液能产生强大的渗透压。糖液浓度越高，渗透压越大。高浓度糖液具有强大的渗透压，能使微生物细胞质脱水收缩，发生生理干燥而无法活动。1%的蔗糖约产生 70.9kPa 的渗透压。通常糖制品的糖浓度在 50%以上，能使微生物细胞失去活力，从而使制品得以较长时间保藏。但是某些霉菌和酵母菌较耐高渗透压，为了有效地抑制所有微生物，糖制品糖分含量要求达到 60%～65%，或可溶性固形物含量达到 68%～75%。由于糖度低于此浓度，制品会生霉，而超过此浓度则会发生糖的晶析（"返砂"），从而降低产品质量。生产中常用的有效方法：一是在糖液中加入部分转化糖（如蜂蜜、淀粉糖浆）来提高糖的溶解度；二是适当提高酸的含量，在加热熬煮过程中，使部分蔗糖转化为转化糖。实践证明：制品总糖量在 68%～70%，含水量在 17%～19%，转化糖达到总糖量的 60%时，一般不发生"返砂"现象。

（二）抗氧化作用

氧在糖液中的溶解度小于在水中的溶解度，糖浓度越高，氧的溶解度就越低。例如，60%的蔗糖溶液在 20℃时含氧量仅为纯水中的 1/6。食糖的这一作用有利于保持糖制品的色泽、风味和避免维生素 C 等的流失。

（三）降低水分活度的作用

食糖能降低糖制品中的水分活度（A_w）。新鲜果蔬的水分活度为 0.98～0.99，正适合微生物的生长繁殖。果蔬糖制品的水分活度与糖液浓度呈负相关，高浓度的糖液使水分活度大大降低，可被微生物利用的有效水分减少，抑制了微生物的活动。通常果酱类制品的水分活度为 0.75～0.8，这类制品需要良好的包装条件来防止耐渗透压的酵母菌和霉菌的活动；干态蜜饯的水分活度低于 0.65，微生物在此条件下几乎不能活动。不同糖液浓度与水分活度的关系见表 7-5。

表 7-5　糖液浓度与水分活度的关系

糖液浓度/%	A_w	糖液浓度/%	A_w
8.5	0.995	48.1	0.940
15.4	0.990	58.4	0.900
26.1	0.980	67.25	0.850

四、果胶的凝胶作用

果胶物质以原果胶、果胶和果胶酸 3 种形态存在于果蔬中。原果胶在酸和酶的作用下能分解为果胶。果胶具有胶凝特性，而果胶酸的部分羧基与钙、镁等金属离子结合时，易形成不溶性的果胶酸钙或镁的胶凝。

果胶形成胶凝有两种形态：一是高甲氧基果胶（甲氧基含量在 7%以上）的果胶-糖-酸型胶凝，又称为氢键结合型胶凝；另一种是低甲氧基果胶的羧基与钙、镁等离子的胶凝，又称为离子结合型胶凝。

（一）高甲氧基果胶凝胶

高甲氧基果胶的胶凝果冻的冻胶态，果酱、果泥的黏稠度，果丹皮的凝固态，都是依赖果胶的胶凝作用来实现的。高甲氧基果胶的胶凝原理在于：分散高度水合的果胶束因脱水及电性中和而形成胶凝体。果胶胶束在一般溶液中带负电荷，当溶液 pH 值低于 3.5 和脱水剂含量达 50%以上时，果胶即脱水并因电性中和而胶凝。在果胶胶凝过程中，酸起到消除果胶分子中负电荷的作用，使果胶分子因氢键吸附而相连成网状结构，构成凝胶体的骨架。糖除了起脱水作用外，还作为填充物使凝胶体达到一定强度。果胶的胶凝过程是复杂的，受多种因素制约。

1. pH 值

pH 值能影响果胶所带的负电荷数，当降低 pH 值，即增加氢离子浓度而减少果胶的负电荷时，易使果胶分子间氢键结合而胶凝。当电性中和时，胶凝的硬度最大。产生凝胶时 pH 值的最适范围是 2.5～3.5，高于或低于此 pH 值范围均不能胶凝。当 pH 值为 3.1 左右时，胶凝强度最大；pH 值在 3.4 时，胶凝比较柔软；pH 值为 3.6 时，果胶电性不能中和而相互排斥，不能形成胶凝，此值即为果胶的临界 pH 值。果胶凝冻所需糖、酸配合关系见表 7-6。

2. 糖浓度

果胶是亲水胶体，胶束带有水膜，食糖的作用是使果胶脱水后发生氢键结合而胶凝，但只有当含糖量达 50%以上时才具有脱水效果。糖浓度越大，脱水作用就越强，胶凝速度就越快。据 Singh 氏实验结果：当果胶含量一定时，糖的用量随酸量增加而减少。当酸的用量一定时，糖的用量随果胶含量提高而降低。果胶凝冻所需果胶、总糖量配合关系见表 7-7。

表 7-6　果胶凝冻所需糖、酸配合关系（果胶量 1.5%）

总酸量/%	0.05	0.17	0.30	0.55	0.75	1.30	1.75	2.05	3.05
总糖量/%	75	64	61.5	56.5	56.5	53.5	52.0	50.5	50.0

表 7-7　果胶凝冻所需果胶、总糖量配合关系（酸量 1.5%）

总果胶量/%	0.90	1.00	1.25	1.50	2.00	2.75	4.20	5.50
总糖量/%	65	62	55	52	49	48	45	43

3. 果胶含量

果胶的胶凝性强弱，取决于果胶含量、果胶分子量以及果胶分子中甲氧基含量。果胶含量高则易胶凝，果胶分子量越大，半乳糖醛酸的链越长，所含甲氧基比例越大，胶凝力则越强，制成的果冻弹性越好。甜橙、柠檬、苹果等的果胶，均有较好的胶凝力。原果胶不足时，可加入适量果胶粉或琼脂，或其他含果胶丰富的原料。当果胶、糖、酸的配比适当时，混合液能在较高的温度下胶凝，温度越低，胶凝速度越快；在 50℃ 以下，对胶凝强度影响不大；高于 50℃，胶凝强度下降，这是因为高温破坏了氢键吸附。形成果胶胶凝最合适的比例是果胶量 1% 左右，糖浓度为 65%～67%，pH 值为 2.8～3.3。

（二）低甲氧基果胶凝胶

低甲氧基果胶是依赖果胶分子链上的羧基与多价金属离子相结合而串联起来，这种胶凝具有网状结构。低甲氧基果胶中有 50% 以上的羧基未被甲醇酯化，对金属离子比较敏感，少量的钙离子与之结合也能胶凝。

1. 钙离子（或镁离子）

钙等金属离子是影响低甲氧基果胶胶凝的主要因素，用量随果胶的羧基数而定，每克果胶的钙离子最低用量为 4～10mg，碱法制取的果胶为 30～60mg。

2. pH 值

pH 值对果胶的胶凝有一定影响：pH 值为 2.5～6.5 时都能胶凝，以 pH 值为 3.0 或 5.0 时胶凝的强度最大；pH 值为 4.0 时，强度最小。

3. 温度

温度对胶凝强度影响很大：在 0～58℃，温度越低，强度越大；在 58℃ 时强度为零，0℃ 时强度最大，30℃ 为胶凝的临界点。因此，果冻的保藏温度宜低于 30℃。

低甲氧基果胶的胶凝与糖用量无关，即使在 1% 以下或不加糖的情况下仍可胶凝，生产中加入 30% 左右的糖仅是为了改善风味。

果胶含量高，分子量越大，多聚半乳糖醛酸的链越长，越易胶凝；所含甲氧基比例越高，胶凝力越强。原料中果胶不足时，需加入适量果胶粉。

五、果脯蜜饯加工工作程序

（一）原料选择

糖制品质量主要取决于外观、风味、质地及营养成分。蜜饯类果蔬原料的选择原则是新鲜、成熟度合适，无病虫害、无农药残留，符合相关卫生标准，品种适合加工特点。因需保持果实或果块形态，故要求原料肉质紧密、耐煮性强，在绿熟至坚熟时采收为宜；适合加工的特点包括形态美观、色泽一致、糖酸含量高等。例如，适用于生产的青梅类，原料宜选鲜绿、质脆、果核小、果形完整的品种，宜绿熟期采收。

（二）原料处理

果蔬糖制的原料预处理通常是先将原料挑拣，去掉杂质、病虫或腐烂品，分级，再进行清洗、晾干、去花萼和果柄、去皮、去核及切分、切缝、刺孔等工序。

对于体积小的果蔬原料，如梅、李、枣等一般不去皮和切分，常在果面切缝、刺孔，以加速糖液的渗透，切缝可用切缝设备完成。体积大的果蔬原料应适当切分成块、条、丝、片等，以便缩短糖制时间。对果皮较厚或含粗纤维较多的糖制原料，要去皮，常用去皮方法有机械去皮或化学去皮等。

（三）预加工

根据原料特性差异、加工制品的不同，进行腌制、硬化、硫处理、染色、预煮、速冻等预加工。

1. 盐腌

盐腌指用食盐或加入少量明矾或石灰制成盐坯（果坯）来腌制制品，常作为半成品保存方式来延长加工期限。盐坯大多作为南方凉果制品的原料。

盐坯腌渍包括盐腌、暴晒、回软和复晒4个过程。盐腌分干腌法和水腌法两种。干腌法适用于果汁较多或成熟度较高的原料，通常为原料重的14%～18%。

腌制时，分批拌盐，分层入池，铺平压紧，下层用盐较少，由下而上逐层加多，表面用盐覆盖隔绝空气，以便能保存不坏。水腌法即盐水腌制法，适用于果汁稀少或未熟果或酸涩苦味浓的原料，将原料直接浸泡到一定浓度的腌制液中腌制。盐腌结束，可作水坯保存，或晒制成干坯长期保藏，腌渍程度以果实呈半透明为度。果蔬盐腌后，延长了加工期限，改善了某些果蔬的加工品质，也对减轻苦、涩、酸等不良风味有一定的作用。然而盐腌在脱去大量水分的同时，也使果蔬可溶性物质大量流失，造成果蔬营养价值降低。

2. 保脆硬化

为了提高原料的硬度和耐煮性，使原料在糖煮过程保持一定块形，对质地较疏松、含水量较高的果蔬原料如冬瓜、柑橘等，在糖煮前要进行硬化处理。硬化处理是将原料浸入溶有硬化剂的溶液中，常用的硬化剂有石灰、明矾、亚硫酸氢钙、氯化钙等。硬化剂的选择和处理时的用量、时间非常重要，一般含果酸物质较多的原料用0.15%～0.5%石灰溶液浸渍；含纤维素较多的原料用0.5%左右亚硫酸氢钙溶液浸渍为宜。浸泡时间应视切分程度、原料种类而定，通常为10～16h，以原料的中心部位浸透为止。浸泡后立即用清水漂净。

3. 硫处理

在糖煮之前进行硫处理，可使糖制品色泽明亮，也可防止制品氧化变色，又能促进原料对糖液的渗透。硫处理方法有以下两种。一种是用按原料质量的0.1%～0.2%的硫磺，在密闭的容器或房间内点燃以进行熏蒸处理。经熏硫后，果肉变软，色泽变淡、变亮，核窝内有水珠出现，果肉内含二氧化硫的量不低于0.1%。另一种是预先配好含二氧化硫有效浓度为0.1%～0.15%的亚硫酸盐溶液，将处理好的原料投入亚硫酸盐溶液中浸泡数分钟即可。常用的亚硫酸盐有亚硫酸钠、亚硫酸氢钠等。脱硫必须充分，因过量的二氧化硫会引起铁皮的腐蚀产生氢胀。

4. 染色

有些蜜饯制品要求具有鲜明的色泽，有些颜色鲜艳的果蔬原料在加工过程中常失去原有的色泽，因此常需人工染色，以增进制品的感官品质。染色剂有人工色素和天然色素两大类，人工色素有赤藓红、新红、苋菜红、胭脂红、柠檬黄、日落黄、靛蓝、亮蓝等8种；天然色素有胡萝卜素、姜黄、叶绿素等。天然色素是无毒、安全的色素，但染色效果和稳定性较差。人工色素具有着色效果好、稳定性强等优点，使用量不得超过《食品安全国家标准　食品添加剂使用标准》（GB 2760—2014）规定的最大量。染色方法是将原料浸于色素液中着色，或将色素溶于稀糖液中，在糖煮的同时完成染色。为增进染色效果，可用明矾作为媒染剂。

5. 漂洗和预煮

凡经盐腌、亚硫酸盐保藏、染色及硬化处理的原料，在糖制前均需漂洗或预煮，除去残留的二氧化硫、食盐、染色剂、石灰或明矾，避免对制品外观和风味产生不良影响。预煮可以软化果实组织，利于糖在煮制时渗入，对一些酸涩、具有苦味的原料，预煮能脱去苦、涩味。预煮也有钝化果蔬组织中酶的作用，可防止氧化变色。

（四）糖制

糖制是蜜饯类加工的主要工艺。糖制过程是果蔬原料排水吸糖的过程，糖液中的糖分通过扩散作用进入组织细胞间隙，再通过渗透作用进入细胞内，最终达到要求的含糖量。糖制方法有蜜制（冷制）和煮制（热制）两种。

1. 蜜制

蜜制是指用糖液对经过预处理的果蔬原料进行糖渍，使制品达到要求的糖度。蜜制适用于皮薄多汁、质地柔软的不耐煮制原料，如糖青梅、糖杨梅、无花果蜜饯以及多数凉果，都是采用蜜制法制成的。该方法的基本特点是分次加糖，不用加热，能很好地保存产品的色泽、风味、营养价值和应有的形态。

在蜜制过程中，原料组织保持一定的膨压，当与糖液接触时，因细胞内外渗透压存在差异而产生内外渗透现象，使组织中水分向外扩散排出。当糖浓度过高时，会出现失水过快、过多，使其组织膨压下降而收缩，影响制品饱满度和生产产量。为了加速扩散并保持一定的饱满形态，可采用下列蜜制方法：

（1）分次加糖法：在蜜制过程中，先将原料投入40%的糖液中，剩余的糖分2~3次加入，每次提高糖浓度的10%~15%，当糖制品浓度达到60%以上时结束。

（2）一次加糖多次浓缩法：在蜜制过程中，每次糖渍后，将糖液加热浓缩以提高糖浓度，然后，再将原料加入热糖液中继续糖制。具体做法是：将原料投放到约30%的糖液中浸渍，滤出糖液后，将其浓缩至浓度达45%左右，再将原料投入热糖液中糖渍。反复3~4次，最终糖制品浓度可达60%以上。由于果蔬组织内外温差较大，加速了糖分的扩散渗透，缩短了糖制时间。

（3）减压蜜制法：将果蔬原料放入真空锅内并抽真空，使果蔬内部蒸汽压降低，破坏锅内的真空，由于外压大，可以促进糖分快速渗入果内。其方法是：将原料浸入含30%

糖液的真空锅中，抽空 40～60min 后，消压，浸渍 8h；再将原料取出，放入到含 45% 糖液的真空锅中，抽空 40～60min 后，消压，浸渍 8h，再在 60%的糖液中抽空、浸渍到终点结束。

2. 煮制

煮制适用于质地紧密、耐煮性强的原料。煮制分常压煮制和减压煮制两种。常压煮制又分一次煮制、多次煮制和快速煮制 3 种。减压煮制分真空煮制和扩散煮制 2 种。

（1）一次煮制法：是将预处理好的原料加糖后一次性煮制成功的方法，如苹果脯、蜜枣等的煮制。其方法是：先配好 40%的糖液入锅，倒入处理好的果实，加热使糖液沸腾，糖进入果肉组织，果实内水分外渗，糖液浓度渐稀，再分次加糖使糖浓度缓慢增高至 60%～65%，停止煮制。分次加糖的目的是保持果实内外糖液浓度差异不致过大，以使糖逐渐均匀地渗透到果肉中去，使煮成的果品透明饱满。该方法快速省工，但持续加热，原料易煮烂，色、香、味差，维生素破坏严重，糖分难以达到内外平衡，致使原料失水过多而出现干缩现象。因此，煮制时应注意渗糖平衡，使糖逐渐均匀地进入到果实内部，初次糖制时，糖浓度不易过高。

（2）多次煮制法：是将处理过的原料经过多次糖煮和浸渍，逐步提高糖浓度的糖制方法。通常煮制的时间短，浸渍时间长。适用于细胞壁较厚、难于渗糖、易煮烂的或含水量高的原料，如桃、杏、梨等。将处理过的原料投入 30%～40%的沸糖液中，热烫 2～5min，然后连同糖液倒入缸中浸渍 10h，使糖液缓慢渗入果肉内。当果肉组织内外糖液浓度接近平衡时，将糖液浓度提高 50%～60%；热煮几分钟或几十分钟后，制品连同糖液进行第二次浸渍，使果实内部的糖液浓度进一步提高。将第二次浸渍的果实捞出，沥去糖液，放在竹屉上（果面凹面向上）烘烤以除去部分水分，至果面呈现小皱纹时，即可进行第二次煮制。将糖液浓度提高到 65%左右，热煮 20min 左右，直至果实透明，含糖量已接近成品的标准，捞出果实，沥去糖液，经人工烘干整形后，即为成品。

多次煮制法所需时间长，煮制过程不能连续化，费时、费工，采用快速煮制法可克服此不足。

（3）快速煮制法：将原料在糖液中交替进行加热糖煮和放冷糖渍，使果蔬内部水汽压迅速消除，糖分快速渗入而达平衡。处理方法是将原料装入网袋中，先在 30%热糖液中煮 5min 左右，取出立即浸入等浓度 15℃糖液中冷却。如此交替进行 4 次左右，每次提高糖浓度 10%，最后结束煮制。

快速煮制法可连续进行，煮制时间短，产品质量高，但糖液需求量大。

（4）真空煮制法：原料在真空和较低温度下煮沸，因组织中不存在大量空气，糖分能迅速渗入到果蔬组织里面达到平衡。此法煮制温度低，时间短，制品色、香、味、形都比常压煮制好。其方法是将预处理好的原料先投入盛有 25%稀糖液的真空锅中，在真空度为 83.545kPa，温度为 60℃下热处理 5min，消压，糖渍一段时间；然后提高糖液浓度至 40%，再在真空条件下煮制 5min，消压，糖渍，重复 3～4 次，每次提高糖浓度 10%～15%，使产品最终糖液浓度在 60%以上为止。

（5）扩散煮制法：是在真空糖制的基础上进行的一种机械化程度高、连续化的糖制法。该方法糖制效果好。其方法是先将原料密闭在真空扩散器内，抽空原料组织中的空气，再加入 95℃的热糖液，待糖分扩散渗透后，将糖液顺序转入另一扩散器内，在原来的扩散器内加入较高浓度的热糖液，如此连续进行几次，制品就能达到要求的糖浓度。

（五）烘干和上糖衣

1. 烘干（干态蜜饯）

经糖制后，沥去多余糖液，然后铺于竹屉上送入烘干房烘烤，烘烤温度掌握在 50～60℃，也可采用晒干的方法。成品要求糖分含量为 72%，水分含量不超过 18%～20%，外表不皱缩、不结晶、质地紧密而不粗糙。

2. 上糖衣（糖衣蜜饯）

如制作糖衣蜜饯，还需在干燥后再上糖衣。所谓糖衣，就是用过饱和糖液处理干态蜜饯，使其表面形成一层透明状的糖质薄膜。糖衣蜜饯外观美，保藏性强，可减少贮存期间的吸湿、黏结和返砂等不良现象。上糖衣用的过饱和糖液，常以 3 份蔗糖、1 份淀粉糖浆和 2 份水混合，煮沸到 113～114℃，冷却至 83℃。然后将干燥的蜜饯浸入上述糖液中约 1min 立即取出，于 50℃下晾干即成。另外，也可将干燥的蜜饯浸于 1.5%的食用明胶和 5%蔗糖溶液中，温度保持 90℃，并在 35℃下干燥，也能形成一层透明的胶质薄膜。此外，还可将 80kg 蔗糖和 20kg 水煮沸至 118～120℃，趁热浇淋到干态蜜饯中，迅速翻拌，冷却后能在蜜饯表面形成一层致密的白色糖层。有的蜜饯也可直接撒拌糖粉而成。

（六）整理与包装

干燥后的蜜饯应及时整理或整形，以获得良好的商品外观。如蜜枣、橘饼等产品，在干燥后经整理，使外观整齐一致，便于包装。

湿态蜜饯可参照罐头工艺进行装罐，糖液量为成品总净重的 50%。然后密封，在 90℃下杀菌 30min 左右，冷却。干态蜜饯的包装常用阻湿、隔气性好的包装材料，以防潮、防霉为主，如复合塑料薄膜袋等。不杀菌的蜜饯制品，要求其可溶性固形物含量达 70%～75%，糖分含量不低于 65%。

蜜饯贮存条件：库房要清洁、干燥、通风，尤其是干态蜜饯，库房墙壁要用防湿材料，库温控制在 12～15℃。贮藏期间，糖制品出现轻度吸潮，可重新进行烘干处理，冷却后再包装。

六、果酱类产品加工工作程序

（一）原料选择

生产果酱类制品的原料要求含果胶及酸较多，芳香味浓，成熟度适宜。对于含果胶及酸较少的果蔬，制酱时需外加果胶及酸，或与富含果胶成分的水果混制。

（二）原料预处理

首先剔除霉烂变质、病虫害的果，再进行清洗、去皮（或不去皮）、切分、去核（心）

等处理。去皮、切分后的原料如需护色，应进行护色处理，并尽快进行加热软化。

（三）加热软化

加热软化的目的主要是破坏酶的活性，防止变色和果胶水解；排除原料组织中的气体；软化果肉组织，利于打浆或糖液渗透，促使果肉组织中果胶的溶出，有利于凝胶的形成；蒸发一部分水分，缩短浓缩时间。

软化前先将夹层锅洗净，再放入清水（或稀糖液）和一定量的果肉。一般软化用水为果肉重的20%～50%。若用糖水软化，糖水浓度为10%～30%。软化初期，升温要快，蒸汽压力为0.2～0.3MPa，沸腾后可降至0.1～0.2MPa，不断搅拌，使上下层果块软化均匀，果胶充分溶出。软化时间依品种不同而异，通常需20min左右，因不同品种、状态和生产量而不同，果一般要达到透明状态。

软化程度是否恰到好处，直接影响到果酱的胶凝程度。假如块状酱软化不足，果肉内溶出的果胶较少，制品胶凝不良，仍有不透明的硬块，会影响风味和外观。如果软化过度，果肉中的果胶因水解而损失，且果肉加热时间长，会导致色泽变深，风味变差。制作泥状酱，果块软化后要及时打浆。

（四）榨汁

生产果冻时，果蔬原料在加热软化后，用压榨机压榨取汁。对于汁液丰富的浆果类果实，压榨前不用加水，直接取汁；而对肉质较坚硬致密的果实，如苹果、山楂、胡萝卜等软化时，要加适量的水，以便压榨取汁。为了使可溶性物质和果胶更多地溶出，应将压榨后的果渣加一定量的水软化，再进行一次压榨取汁。大多数果冻类产品取汁后不用澄清、精滤，而一些要求完全透明的产品则需用澄清的果汁。

（五）配料

按原料的种类和产品要求而异，通常果料占总配料量的40%～55%，白砂糖占45%～60%（允许使用部分淀粉糖浆，用量小于总糖量的20%）。果肉与加糖量的比例为（1：1.2）～（1：1）。为了使糖、果胶、酸形成恰当的比例，以利于凝胶的形成，可根据原料所含果胶及酸的多少，添加适量的柠檬酸、果胶或琼脂。柠檬酸添加量一般以控制成品含酸量为0.5%～1%为宜。果胶添加量以控制成品含果胶量为0.4%～0.9%为好。配料时，应将白砂糖配制成70%左右的糖液，柠檬酸配成50%左右的溶液，并过滤。果胶按料重加入5倍白砂糖，充分混合均匀，再按料重加10倍左右热水，高速搅拌溶解。果肉加热软化后，在浓缩时分次加入浓糖液，临近终点时，依次加入果胶液、柠檬酸或糖浆，充分搅拌均匀。

（六）浓缩

当各种配料准备齐全，果肉经加热软化或取汁以后，就要进行加糖浓缩。其目的在于通过加热排除果肉中大部分水分，使白砂糖、酸、果胶等配料与果肉渗透均匀，提高浓度，改善酱体的组织形态及风味。加热浓缩的方法，目前主要有常压浓缩和真空浓缩两种。

1. 常压浓缩

常压浓缩即将原料置于夹层锅内，在常压下加热浓缩。常压浓缩应注意以下几点：

（1）浓缩过程中，糖液应分次加入，以利于水分蒸发，缩短浓缩时间，避免糖色变深而影响制品品质。

（2）糖液加入后应不断搅拌，防止锅底焦化，促进水分蒸发，使锅内各部分温度均匀一致。

（3）开始加热蒸汽压力为 0.3～0.4MPa，浓缩后期，压力应降至 0.2MPa。

浓缩初期，由于物料中含有大量空气，在浓缩时会产生大量泡沫，为防止外溢，可加入少量冷水，以消除泡沫，保证正常蒸发。

浓缩时间要恰当掌握，不宜过长或过短。过长，直接影响果酱的色、香、味，造成转化糖含量高，以致发生焦糖化反应和美拉德反应；过短，转化糖生成量不足，在贮藏期间易产生蔗糖结晶的现象，且酱体凝胶不良。浓缩时，通过控制蒸汽量可调节加热温度，进而控制浓缩时间。

2. 真空浓缩

真空浓缩优于常压浓缩，在浓缩过程中，低温蒸发水分，既能提高原料浓度，也能较好地保持产品原有的色、香、味。真空浓缩时，待真空度达到 53.32kPa 以上时，开启进料阀，浓缩的物料靠锅内的真空吸力进入锅内。浓缩时，真空度保持在 86.66～96.00kPa 之间，料温 60℃ 左右，浓缩过程应保持物料超过加热面，以防焦煳。当浓缩到可溶性固形物含量为 60% 以上时停止浓缩。果酱类生产中，浓缩终点的测定常使用手持折光仪。传统方法有温度计测定法（当溶液的温度达 103～105℃ 时熬煮结束）和挂片法（用搅拌的木片从锅中挑起浆液少许，横置，若浆液呈现片状脱落，即为终点）。

（七）装罐密封

果酱、果泥等糖制品含酸量高，多以玻璃罐或抗酸涂料铁罐为容器。装罐前应彻底清洗容器，并消毒。将果酱从真空罐抽到带搅拌泵的贮料罐中，添加柠檬酸、果胶，待高速搅拌均匀后，迅速装罐，要求酱体温度在 80～90℃ 装罐封盖。

果糕、果丹皮等糖制品浓缩后，将黏稠液趁热倒入搪瓷盘或钢化玻璃容器中并快速铺平，放入烘箱或烘房烘制，成形后切分，并及时包装。

（八）杀菌冷却

加热浓缩过程中，酱体中的微生物绝大部分被杀死。由于果酱是高糖高酸制品，装罐密封后残留的微生物是不易繁殖的。果酱封盖后还需杀菌，以达到罐制品商业无菌要求。杀菌方法，可采用沸水或蒸汽杀菌。杀菌温度和杀菌时间依品种及罐型大小来定，一般小瓶装以 90℃ 下杀菌 10min 以上即可。杀菌后冷却至 40℃。先用 50℃ 左右的温水冷却，再用自来水冷却，最终产品中心温度达到 40℃ 即可。冷却后将产品从水中取出，静置 1d，将未挥发的水分擦干净，贴标签，塑封瓶盖或整个瓶身。注意玻璃瓶装产品需两段冷却，因为玻璃温差超过 70℃ 容易炸裂。

工作任务一 果脯类产品加工技术

果蔬糖制品加工
技术（工作任务）

实践操作一 冬瓜条的加工

1. 主要材料

冬瓜、白砂糖、石灰水、亚硫酸氢钠。

2. 工艺流程

原料选择→预处理（清洗、去皮、去囊、切分）→硬化→烫漂→糖渍→烘干→整理→包装→成品检验。

3. 操作步骤

1）原料选择

要求原料为含水量低，肉质组织均匀，不太疏松也不太致密，肉质肥厚，坚熟期采收的冬瓜。组织太疏松，糖制时容易碎；太致密，煮制时不容易吸收糖液。

2）预处理（清洗、去皮、去囊、切分）

将整个冬瓜先洗净、切成小块，再用手工或机械去皮和囊后，切成 1cm 厚、1cm 宽、3～5cm 长的冬瓜条。

3）硬化

为了糖制过程中不被煮烂，糖制前需对原料进行硬化处理。硬化处理是为了提高原料的硬度，其操作是将原料放在氯化钙、石灰、明矾等硬化剂（使用浓度为 0.1%～0.5%）溶液中浸渍适当时间，使果块适度变硬。溶液用量一般与原料等量，浸泡时上压稍重物，防止原料上浮。果块经硬化处理后，需经漂洗，除去多余硬化剂。

4）烫漂

将上一步处理好的冬瓜条放入微沸的水中，轻翻动使瓜条受热均匀，煮至半透明，用大漏筛将瓜条捞出，控干水。烫漂可以防止褐变，并可防腐，增加细胞透性以及利于糖的渗入，使果块糖制后色泽明亮。

5）糖渍

采用糖渍和糖煮结合法，将烫漂后的瓜条放入夹层锅中，倒入瓜条质量 40%的糖，轻轻翻动，使糖和瓜条混匀，盖上盖，糖渍 12h。接着将夹层锅中的糖液加热煮沸，将瓜条质量的 20%的糖倒入锅中，搅拌加速糖的溶解和渗入。糖渗入同时，水分也挥发减少，最后将瓜条质量 20%的糖倒入夹层锅中，继续搅拌加速糖的溶解和渗透。此时水分很少，果肉软而不烂，并随糖液的沸腾而膨胀，待果块呈现透明时，即可捞出滤去糖液，再行干燥。

6）烘干

将果块捞出，沥干糖液，摆放在烘盘上，送入烘房或烘干机，在 60～65℃下干燥至不粘手为度。

7）整理、包装

干态蜜饯成品的含水量一般为 18%～20%。达到干燥要求后，进行回软、包装。干燥过程中果块往往由于收缩而变形，甚至破裂，干燥后需要压平。

包装以防潮防霉为主，可采取果干的包装法，用 PE（聚乙烯）袋或 PA/PE（尼龙/聚乙烯）复合袋进行不同量的零售包装，再装入纸箱中。

8）成品检验

（1）感官指标。果脯的感官指标应符合表 7-8 的规定。

表 7-8　感官指标

项　目	要　　求
色泽	具有该品种应有的色泽，色泽基本一致
组织形态	块形完整、颗粒饱满，糖分渗透均匀，有透明感，大小、厚薄基本一致，无返砂现象，不流糖，不粘手，无较大表面缺陷
滋味与气味	具有该品种应有的滋味与气味，酸甜适口，无异味
杂质	无肉眼可见外来杂质

（2）理化指标。果脯的理化指标应符合表 7-9 的规定。

表 7-9　理化指标

项　目	指　标
水分/（g/100g）	≤35
总糖（以葡萄糖计）/（g/100g）	≤85
氯化钠/（g/100g）	—

（3）卫生指标。果脯的卫生指标应符合表 7-10 的规定。

表 7-10　卫生指标

项　目		指　标
无机砷(以 A_s 计)/（mg/kg）		≤0.1
铅(以 Pb 计)/（mg/kg）		≤0.3
铜(以 Cu 计)/（mg/kg）		≤5
二氧化硫残留量/（g/kg）		≤0.35
防腐剂	苯甲酸（以苯甲酸计）/（g/kg）	不得检出（＜0.001）
	山梨酸/（g/kg）	≤0.5
合成色素		不得检出
二氧化钛（TiO_2）/（g/kg）		不得检出（＜0.05）
糖精钠/（g/kg）		不得检出（＜0.0015）
乙酰磺胺酸钾（安赛蜜）/（g/kg）		≤0.3
环己基氨基磺酸钠（甜蜜素）/（g/kg）		不得检出（＜0.001）
滑石粉/（g/kg）		不得检出（＜0.15）

（4）微生物指标。微生物指标应符合表 7-11 的规定。

表 7-11 微生物指标

项　目	指　标
菌落总数/(cfu/g)	≤500
大肠埃希菌菌群/(MPN/100g)	≤30
致病菌（沙门氏菌、志贺氏菌、金黄色葡萄球菌）	不得检出
霉菌计数/(cfu/g)	≤25

实践操作二　苹果脯加工

1. 主要材料

苹果、蔗糖、柠檬酸、氯化钙、亚硫酸氢钠。

2. 工艺流程

原料选择→去皮、切分→硬化、护色→糖煮→糖渍→烘干→整形、包装→成品检验。

3. 操作步骤

1）原料选择

选用果形圆整、果心小、肉质疏松和成熟度适宜的原料。

2）去皮、切分

用手工或机械去皮后，挖去损伤部分，将苹果对半纵切，再用挖核器挖掉果心。

3）硬化、护色

将切好的果块立即加入 0.1%的氯化钙和 0.2%～0.3%的亚硫酸氢钠混合液中浸泡 6～12h，进行硬化和护色。肉质较硬的品种只需进行护色。每 100kg 混合液可浸泡 120～130kg 原料。浸泡时上压重物，防止上浮。浸后取出，用清水漂洗 2～3 次备用。

4）糖煮

在夹层锅内配成 40%的糖液 25kg，加热煮沸，倒入果块 30kg，以旺火煮沸后加入同浓度的冷糖液 5kg，重新煮沸。如此反复煮沸与补加糖液 3 次，共历时 30～40min，此后再进行 6 次加糖煮制。第一、二次分别加糖 5kg，第三、四次分别加糖 5.5kg，第五次加糖 6kg，以上每次加糖间隔 5min，第六次加糖 7kg，煮制 20min。全部糖煮时间为 1～1.5h，待果块呈现透明状态，温度达到 105～106℃、糖液浓度达到 60%左右时，即可起锅。

5）糖渍

趁热起锅后，将果块连同糖液倒入缸中浸渍 24～48h。

6）烘干

将果块捞出，沥干糖液，摆放在烘盘上，送入烘房，在 60～66℃下干燥至不粘手为度，大约需要 24h。

7）整形、包装

将干燥后的果脯整形，剔除碎块，冷却后用玻璃纸或塑料袋密封包装，再装入垫有防潮纸的纸箱中。

8）成品检验

苹果脯应呈浅黄色至金黄色，有透明感和弹性，不返砂，不流汤，甜酸适度，并具有原果风味。感官指标、理化指标、卫生指标、微生物指标应符合《绿色食品蜜饯》（NY/T 436—2009）中的规定。

实践操作三　蜜枣加工

1. 主要材料

鲜枣、白砂糖、硫磺、亚硫酸氢钠。

2. 工艺流程

原料选择→切缝→熏硫→糖制→烘焙（初烘和复烘）→分级、包装、成品检验。

3. 操作步骤

1）原料选择

鲜枣于青转白时采收。按大小分级，每千克100～120个枣为最好，分别加工。

2）切缝

用小弯刀或切缝机（图5-4）将枣果切缝60～80刀，刀深以果肉厚度的一半为宜。切缝太深，糖煮时易烂；太浅，糖分不易渗入。同时要求纹路均匀，两端不切断。

3）熏硫

北方蜜枣在切缝后一般要进行硫处理，即将枣果装筐，入熏硫室处理30～40min，硫磺用量为果重的0.3%，有时也可用0.5%的亚硫酸氢钠溶液浸泡原料1～2h。南方蜜枣不进行硫处理，在切缝后直接进行糖制。

4）糖制

南方蜜枣用小锅糖煮，每锅鲜枣9～10kg，白糖6kg，水1kg。采用分次加糖一次煮成法，煮制时间为1～1.5h。先用3kg白砂糖、1kg水，于锅内溶化煮沸。加入枣果，大火煮沸10～15min，再加白砂糖2kg，迅速煮沸后，加枣汤（上次煮枣后的糖水4～5kg），煮沸至105℃，含糖65%时停火。带汁倒入另一枣锅，糖渍40～50min，使糖徐徐渗入，每隔10～15min翻拌一次，最后滤去糖液，进行烘焙。

北方蜜枣以大锅糖煮，先配制40%～50%的糖液35～45kg，与枣50～60kg同时下锅，大火煮沸，加枣汤2.5～3kg，煮沸，如此反复3次后，再进行6次加糖煮制。第一至第三次，每次加糖0.5kg和枣汤2kg，第四、五次，每次加糖7kg，第六次加糖10kg左右，煮沸20min。整个糖煮时间1.5～2h。然后，连同糖液入缸糖渍48h。

5）烘焙

烘焙分初烘和复烘两个阶段，初烘温度为55℃，中期最高不超过65℃，烘至果面有薄糖霜析出，时间约24h。趁热将枣加压成形（扁腰形或元宝形或长圆形）。复烘温度为50～60℃，烘至果面析出一层白色糖霜，需30～36h。

6）分级、包装和成品检验

蜜枣呈橘红色或橙红色，有光泽，形态美观，外干内湿、软硬适度；感官指标、理化指标、卫生指标、微生物指标应符合《绿色食品蜜饯》（NY/T 436—2009）中的规定，并按销售要求分级包装。

工作任务二　果酱类产品加工技术

实践操作一　苹果酱加工技术

1. 主要材料

苹果、白砂糖、淀粉糖浆、柠檬酸、食盐、增稠剂、抗坏血酸。

2. 工艺流程

原料选择→前处理（去皮、去心、切分）→护色、烫漂→软化、打浆→配料、浓缩→制酱杀菌→灌装→杀菌、冷却→密封→成品检验→装箱、入库。

3. 操作步骤

1）原料选择

要求原料酸甜味道浓、含水量低，煮制时容易吸收糖液，不易煮烂，肉质肥厚饱满，形状圆整。常用来加工果酱的苹果品种有"国光""富士""红玉"等。准备好口罩、围裙、杀菌毛巾、铲子、刮板。

2）前处理（去皮、去心、切分）

用手工或机械去皮后，挖去损伤部分，将苹果对半纵切，再用挖核器挖掉果心。将切片机清洗干净，检查机器有无损伤后，再用80℃的热水杀菌，关掉电源，把周围环境打扫干净。

3）护色、烫漂

为防止褐变，在去皮之前准备好护色液对原料进行护色处理。护色液可用 0.2%的柠檬酸或 1%的维生素 C 溶液，也可用 1%的食盐溶液。苹果去皮后直接浸没在护色液中，切分后也浸没其中。如果用速冻苹果作原料，则根据当天生产果酱品种的配比，提前 8h 将需要解冻的原料备好，解冻后使用。确认磅秤准确度后，按照当天生产配合表上的需要质量称量。称量好糖的桶与空桶要分别码放，并用文字标识，避免使用错误；将称量、化冻好的原料记录在记录表上之后，将其倒在案板上进行挑选，把异物捡出放在备用的塑料袋中；记录原料使用量。将场地整理干净，并把使用的工具用80℃热水消毒后，码放整齐。

4）软化、打浆

投料前由操作人员确认原料的质量，并认真填写在确认表上，之后按照工艺流程倒入夹层锅中加热。先将夹层锅洗净，放入清水（或稀糖液）和一定量的果肉。软化用水为苹果肉重的20%。若用糖水软化，糖水浓度为30%。开始软化时，升温要快，蒸汽压力为 0.1～0.3MPa，沸腾后可降至 0.1～0.2MPa，不断搅拌，使上下层果块软化均匀，软化时间为20min。软化之后，把锅盖盖好，防止异物掉入。

在此道工序中，每锅都要留有一桶底汁，用 80 目的细筛将杂质滤出，再将汁液倒入锅中，这样能进一步清除原料中的杂质。

软化后分次放入打浆机中打浆，制得果肉浆液或用胶体磨磨碎。如果要做带果粒的果酱，则软化后的苹果块可以留一部分切成丁，和果泥混合使用。

5）配料、浓缩

操作人员确认苹果原料和糖的质量后，如果软化时用了糖液，则在计算原料配比时要算上此部分糖含量，并认真填写在确认表上。开启浓缩锅的电源开关，确认仪表工作正常。然后将杀过菌的密封圈套在浓缩锅上，盖上锅盖。打开真空泵电源、启动开关，观察机器、真空表是否正常运转，然后用吸管把软化好的原料吸入浓缩锅中，开始加热浓缩；在浓缩过程中，要控制浓缩时间，并仔细观察温度及真空度；通过透明观察窗观察浓缩锅内酱的浓度变化，明显变稠则暂停浓缩，关闭蒸汽阀，压力表读数降到零则打开浓缩锅，用小勺搅匀酱，舀出少量，冷却至20℃，用手持折光仪测糖度，浓缩终点为60%～61%。若第一次检测不到终点，则需继续浓缩，直到终点为止。

6）调制酱杀菌

调配成酱可在带搅拌的浓缩锅中进行，也可以将浓缩锅里的酱泵到另一搅拌夹层罐里。首先打开电源开关，检查各种仪表、灯光显示是否正常，打开蒸汽阀门，升温至90℃。按照原料的质量，计算出果胶、柠檬酸、水的添加量。根据配比，分别把果胶、柠檬酸用水充分溶解，将5倍白砂糖混合好果胶，用热水溶解。用温度计测量酱温到90℃时，加入果胶溶液，杀菌5min后，再加入柠檬酸溶液，再保温5min，关闭蒸汽，用小勺取出小半勺酱，冷至20℃时，用手持折光仪测量糖度，终点到达产品标准范围即可，一般糖度大于60%，小于65%。将做好的酱泵入备料罐中，同时打开搅拌开关进行搅拌。

7）灌装

用玻璃瓶灌装时，事先要准备好瓶子和瓶盖，必须在果酱生产的前一天，把瓶洗好。洗瓶时先把水温调到30℃，把洗瓶机打开，将毛刷插进瓶子清洗内部，然后再把瓶口、瓶底清洗干净。查看瓶口、瓶身、瓶底有无缺损、杂质。最后把合格、干净的瓶子，瓶口向下码放在塑料箱中备用。瓶盖可用酒精消毒备用。

启动灌装机，设定好充填质量值；打开泵控开关，将备料罐中的果酱抽入充填罐中，并打开热水循环泵和充填搅拌开关，进行搅拌。从出酱口接出少量酱，当酱温达到85℃以上时，开始充填。定时抽查质量，如有偏差应及时调整。

8）杀菌、冷却

将热水池、温水池、低温水池的温度分别控制在90～95℃、50～55℃、13～15℃。果酱经充填、封盖后装入塑料筐中，连筐和酱一起放入高温池中杀菌10min。

再取出转入温水池，降温10min后，转入低温水池继续降温，直到果酱瓶中的中心温度为40℃以下时，将果酱从池中取出，并准确记录质量和生产批次。

9）密封

打开密封机电源开关，开始预热。根据不同规格的密封圈调整温度。检验标签打印的生产日期是否正确，合格后由专人进行均匀刷胶，机器或人工贴标签，并在5min之内使用。这样可防止胶干而黏性下降，导致标签容易脱落。

10）成品检验

（1）感官指标。

感官指标应符合表7-12的要求。

表7-12 感官指标

项　目	要　求
色泽	色泽鲜明，有光泽，均匀一致
组织状态	酱体呈胶黏状，块状酱保留部分果块，泥状酱无果块，稍流散；无果芯硬块；不分泌汁液，无糖结晶
滋味、气味	具有苹果酱固有的良好的滋味及气味，果实香味浓郁，甜酸适口，无焦煳味及其他异味
外来杂质	不允许存在

（2）理化指标。理化指标应符合表7-13要求。

表7-13 理化指标

项　目	指　标
可溶性固形物含量/%	≥60
总糖含量（以转化糖计）/%	≥45
食品添加剂	按《食品安全国家标准　食品添加剂使用标准》（GB 2760—2014）规定执行
砷（以As计）/(mg/kg)	≤0.5
铅（以Pb计）/(mg/kg)	≤1.0
铜（以Cu计）/(mg/kg)	≤5.0

（3）微生物指标。微生物指标应符合表7-14的要求。

表7-14 微生物指标

项　目	指　标
菌落总数/（cfu/g）	≤800
大肠埃希菌菌群/（MPN/100g）	≤30
致病菌/（cfu/g）	不得检出

11）装箱、入库

首先确认外箱是否与所装产品的规格、数量、日期一致，合格后，由专人查真空装箱，装箱确认数量，打检字，用透明胶带封半箱。装好箱的产品按规格的不同，码放在不同架子上，要整齐，由负责人确认数量后，填写入库单，并由标签负责人、部门主管及叉车司机签字后方可入库。产品入库后，在常温下保存7d后，由专人逐瓶进行真空检查（二次查真空）。合格后用带有标志的胶带封好全箱，等待出库。

实践操作二　草莓酱加工

1. 主要材料

草莓、白砂糖、柠檬酸、山梨酸、食盐、增稠剂。

2. 工艺流程

原料选择、漂洗、前处理（去梗、去萼片）→配料→浓缩→装罐、封口、杀菌、冷却→成品检验。

3. 操作步骤

1）原料选择、漂洗和前处理

草莓倒入流水中浸泡3～5min，分装于有孔筐中，在流动水或通入压缩空气的水槽中淘洗，去净泥沙污物。然后捞出去梗、萼片和腐烂果。

2）配料

配料：草莓300kg，75%糖液400kg，柠檬酸700g，山梨酸250g；或草莓100kg，白砂糖115kg，柠檬酸300g，山梨酸75g。

3）浓缩

采用减压或常压浓缩方法进行浓缩处理。

减压浓缩：将草莓与糖液吸入真空浓缩锅内，调节真空度为4.7～5.3kPa，加热软化5～10min，然后提高真空度到8.0kPa以上，浓缩至可溶性固形物浓度达60%～65%时，加入已溶化的山梨酸、柠檬酸，继续浓缩至终点出锅。

常压浓缩：把草莓倒入夹层锅内，先加入一半糖液，加热软化后，边搅拌边加入剩余的糖液及山梨酸和柠檬酸，继续浓缩至终点出锅。

4）装罐、封口、杀菌和冷却

其后的装罐、密封、杀菌和冷却等处理，同苹果酱。

5）成品检验

草莓酱呈紫红色或红褐色，有光泽，均匀一致；酱体呈胶黏状，块状酱可保留部分果块，泥状酱的酱体细腻；甜度适宜，无焦煳味及其他异味；理化指标、微生物指标参照苹果酱。

实践操作三　果冻加工

以往的果冻是以果胶、琼脂为凝固剂，添加各种不同的果汁、蔗糖等制成的。目前市场上流行的小容器果冻大多是果冻粉、甜味剂、酸味剂及香精所配成的凝胶体，可以添加各种果汁，调配成各种果味及各种颜色，盛装在卫生透明的聚丙烯包装盒内，鲜艳碧翠，一年四季都可食用。果冻粉是以卡拉胶、魔芋粉等为主要原料，添加其他植物胶和离子配制而成。

1. 主要材料

果胶、琼脂、果汁、果冻粉、白砂糖、蛋白糖、乳酸钙、甜味剂、酸味剂、香精、色素等。

2. 建议配方

果冻粉0.8%～1%，白砂糖15%，蛋白糖（60倍）0.1%，柠檬酸0.2%，乳酸钙0.10%，香精适量，色素适量。

3. 工艺流程

溶胶→煮胶→消泡→调配→灌装、封口→杀菌、冷却→干燥→成品检验、包装。

4. 操作步骤

1）溶胶

将果冻粉、白砂糖和蛋白糖按比例混合均匀，在搅拌条件下将上述混合液慢慢地倒入冷水中，然后不断进行搅拌，使胶基本溶解，也可静置一段时间，使胶充分吸水溶胀。

2）煮胶

将胶液边加热边搅拌至煮沸，使胶完全溶解，并在微沸的状况下维持 8～10min，然后除去表面泡沫。

3）消泡

趁热用消毒的 100 目不锈钢过滤网过滤，以除去杂质和一些可能存在的胶粒，得料液备用。

4）调配

当料液温度降至 70℃左右，在搅拌下加入事先溶好的柠檬酸、乳酸钙溶液，并调pH 值为 3.5～4.0，再根据需要加入适量的香精和色素，以进行调香和调色。

5）灌装、封口

调配好的胶液，应立即灌装到经消毒的容器中，并及时封口，不能停留。在没有实现机械化自动灌装的工厂，不要一次把混合液加进去，否则不等灌装完就会凝固。在灌装前，包装盒要先消毒，灌装好后立即加盖封口。

6）杀菌、冷却

由于果冻灌装温度过低（低于 80℃），所以灌装后还要进行巴氏消毒。封口后的果冻，由传送带送至温度为 85℃的热水中浸泡消毒 10min，消毒后的果冻立即冷却降温至40℃左右，以便能最大限度地保持食品的色泽和风味。冷却果冻，可以用干净的冷水喷淋或浸泡。

7）干燥

用 50～60℃的热风干燥，以便使果冻杯（盒）外表的水分蒸发掉，避免包装袋中出现水蒸气，防止产品在贮藏销售过程中长霉。

8）成品检验、包装

检验合格的果冻，经包装后即为成品。

工作任务三　糖制品加工过程中的主要设备及使用

一、打浆机

打浆机主要用于去除果蔬的皮、籽、果核、心皮等，使果肉、果汁等与其他部分分离，便于果酱的浓缩和果汁的浓缩工序的完成。

工作原理：果蔬在打浆机筒体内随打浆板旋转，一边被挤压，一边被刮磨，导致果蔬破碎，可将果核、果籽、薄皮以及菜筋、番茄籽皮、辣椒籽等分离。其结构图如图 7-1所示，实物图如图 7-2 所示。

使用前准备：检查机器底架脚螺钉是否处于拧紧状态；调整刮板与筛网内壁间隙，

一般为 1.5～2mm；调整刮板螺旋角；用手转动主轴是否灵活，盖上上筒体旋紧螺钉；投料前，厚皮的果品要去皮，如橘子。大核的果品要去核，如桃。原料事先烫漂软化最佳。

使用操作：接通电源，启动电动机，打浆机进行试运行，检查主轴螺旋方向是否正确，声音是否正常等。投料要适当、均匀，不要加料过多，以免影响出浆汁率；经常观察出口、出渣地方的果核、果皮、囊衣、果籽及蔬菜等是否清爽，如出汁不干净，可把刮板螺旋角调小。这样可延长果蔬在筒内的刮磨时间。使用完毕，切断电源，打开上盖，取下漏斗，将机器清洗干净。注意事项：清洗机器时，水不要漏到电动机上；电动机温度不能超过 65℃；运转时发现有不正常的冲击声，应及时停机检查维修。

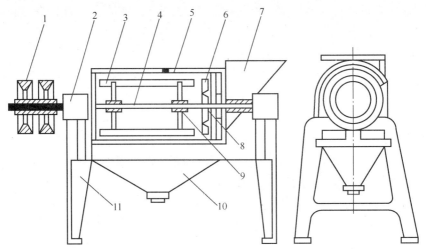

1. 带轮；2. 轴承；3. 刮板；4. 传动轴；5. 圆筒筛；6. 破碎刀片；7. 进料斗；
8. 螺旋推进器；9. 夹持器；10. 出料漏斗；11. 机架。

图 7-1　打浆机结构

图 7-2　打浆机实物图

二、浓缩机械

夹套加热室带搅拌器的浓缩装置在果酱加工中应用广泛，其结构如图7-3所示。浓缩锅由上锅体和下锅体组成。下锅体外壁是夹套，为加热蒸汽室。锅内装有横轴式搅拌器，由电动机通过三角带和蜗轮蜗杆减速器带动（转速为10～20r/min）。搅拌器有4个桨叶，桨叶与加热面的距离为5～10mm。蒸发室产生的二次蒸汽由水力喷射器抽出，以保证浓缩锅内达到预定的真空度。

操作开始时，先向下锅体内通入加热蒸汽赶出锅内空气，然后开启抽真空系统，使锅内形成真空，将料液吸入锅内。当吸入锅内的料液达到容量要求时，开启蒸汽阀门和搅拌器，进行浓缩。经取样检验，料液达到所需浓度要求后，解除真空即可出料。

夹套加热室带搅拌器浓缩装置的主要特点是结构简单，操作控制容易，适宜于浓料液和黏度大的料液增浓，常应用于果酱的加工中。

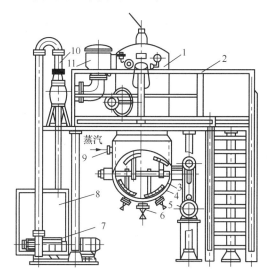

1. 上锅体；2. 支架；3. 下锅体；4. 搅拌器；5. 减速器；6. 进出料口；7. 多级离心泵；
8. 水箱；9. 蒸汽入口；10. 水力喷射器；11. 汽液分离器。

图7-3 夹套加热室带搅拌器浓缩装置

三、果脯真空浸渍设备

果脯真空浸渍设备（图7-4、图7-5）用于果脯及凉果生产渗糖腌制、渗味腌制等，是果脯生产中的关键设备。果脯真空浸渍设备是由真空浸渍罐、换热器、真空度调节及捕集器、水力喷射器及指示仪表等组成，具有真空度高、热交换性能好、蒸发量大等特点。真空浸渍原理：在真空条件下（罐内真空度可达到0.08MPa以上），果脯内微孔及植物细胞间的空气及部分水分先被抽吸；高浓度浸渍液在浓度差及重力作用下向植物的细胞间隙及微孔渗透；热交换又将蒸发的水分迅速带走，从而极大提高浸渍效率。采用传统的浸渍方法，果脯浸糖要5～7d，现在缩短到3h即可完成，并可调味和着色，味佳形美，耐贮藏，细菌指数低，效率提高几十倍。

图 7-4　真空渗糖机组实物图　　　　　　图 7-5　单体真空渗糖罐实物图

 知识拓展

一、果脯蜜饯质量安全控制点及预防措施

好产品一定要用过硬的原材料。原料必须选用无霉烂果，虫果率严控在标准以下；必须有农药残留、重金属普查合格证明；腐烂果数≤5%，虫害果数≤2%。

合格产品还需卫生过硬，环境卫生、工作人员卫生、工器具卫生等都需符合要求，生产前检查环境卫生是否达到要求，工作人员的手、鞋是否进行过消毒处理，对工器具是否用 200mg/kg 的消毒液浸泡等进行逐项检查后方可进行生产。生产中对原料、空罐、水、工作服、工器具、设备、操作者的手进行微生物指标抽检，如有不合格的，重新进行清洗消毒处理。生产后对设备、工器具清洗消毒后方可离开生产现场，这样才能保证现场卫生，确保产品质量。

糖制品的加工一定要严格按照工艺要求操作，如护色必须及时到位，烫漂工艺必须将温度、时间都控制好，糖制时糖度的终点要准确检测，果酱的浓缩终点和制品糖度需准确检测，必须达到产品要求；杀菌温度和时间一定严格按工艺要求操作，否则微生物繁殖很快；玻璃瓶装果酱必须两段冷却，最终冷至 40℃以下。

二、果蔬糖制品易出现的质量问题及解决方法

糖制后的果蔬制品，特别是蜜饯类，因采用的原料种类和品种不佳或加工操作方法不当，可能会出现煮烂、皱缩、褐变、返砂、流汤等质量问题。

1. 煮烂与皱缩

煮烂是果脯生产中易出现的问题。例如，加工蜜枣时，因划皮太深，划纹相互交错，成熟度太高等，经煮制后易开裂破损。冬瓜条的软烂除与果实品种有关外，成熟度也是重要的影响因素，过生、过熟都比较容易煮烂。导致蜜饯类产品煮烂的一个重要原因是煮制温度过高或煮制时间过长。因此，糖制时应延长浸糖的时间，缩短煮制时间和降低煮制温度。对于一些易煮烂的产品，最好采用真空渗糖或多次煮制等方法。

果脯的皱缩主要是糖制时果蔬原料吸糖不够，干燥后容易出现皱缩干瘪。若糖制时，开始煮制的糖液浓度过高，会造成果肉外部组织极度失水收缩，降低了糖液向果肉内渗透的速度，破坏了扩散平衡。另外，煮制后浸渍时间不够，也会出现果蔬原料吸糖不够的问题。预防措施：在糖制过程中分次加糖，使糖液浓度逐渐提高，延长浸渍时间或采用真空渗糖法。

2. 返砂与流汤

果蔬糖制品质量标准通常要求质地柔软，光亮透明。但在生产中，假如条件掌握不当，成品易出现返砂或流汤现象。返砂即糖制品经糖制、冷却后，成品表面或内部出现晶体颗粒的现象，使其口感变粗，外观质量下降；流汤即蜜饯类产品在包装、贮存、销售过程中容易吸潮，出现表面发黏等现象，特别是在高温、潮湿季节果蔬糖制品出现的返砂和流汤现象，主要是因成品中蔗糖和转化糖之间的比例不合适造成的。若一般成品中含水量达17%～19%，总糖量为68%～72%，转化糖含量为30%，当转化糖占总糖含量小于50%时，将会出现不同程度的返砂现象。转化糖越少，返砂越严重；相反，若转化糖越多，蔗糖越少，流汤越严重。当转化糖含量占总糖含量的60%以上时，在低温、低湿条件下保藏，一般不返砂。因此，防止糖制品返砂和流汤的最有效的方法是控制原料在糖制时蔗糖与转化糖之间的比例。影响转化的因素是糖液的pH值及温度。pH值在2.0～2.5，加热时就可以促使蔗糖转化，提高转化糖含量。

对于含酸量较低的苹果、梨、冬瓜等，为防止制品返砂，煮制时生产上多采用柠檬酸来调节糖液的pH值。调整好糖液pH值（2.0～2.5）对于初次煮制是适合的，但由于工厂连续生产，糖液循环使用，糖液的pH值及蔗糖与转化糖的相互比例会改变，所以在煮制过程中绝大部分砂糖加完并溶解后，要检验糖液中总糖和转化糖的含量。若转化糖已达25%以上（占总白糖量的43%～45%），即可以认为符合要求，烘干后的成品不致返砂和流汤。

3. 成品颜色褐变

果蔬糖制品褐变的原因是在糖制过程中果蔬原料发生非酶褐变和酶促褐变反应，使成品色泽加深。少量维生素C的热褐变也加重了产品褐变。在糖制品的煮制和烘烤过程中，在高温条件下褐变反应最易发生，致使产品色泽加深。在糖制和干燥过程中，适当降低温度、缩短时间，可有效阻止非酶褐变。低温真空糖制就是一种有效的技术措施。

酶促褐变主要是果蔬组织中酚类物质在多酚氧化酶的作用下氧化褐变，通常发生在加热糖制前。使用烫漂和其他护色等处理方法，能抑制引起褐变的酶活性，有效抑制由酶引起的褐变反应。

４. 果蔬糖制品贮存条件的影响

糖制品的变色、结晶返砂和吸潮等不良变化除了在加工过程中由操作不当引起，在贮存中，贮藏温度和相对湿度不合适也会加重上述现象。所以在贮存糖制品时，采取 12～15℃的温度贮藏为宜，避免贮温过低引起蔗糖等的晶析。贮藏环境的相对湿度不宜太高，通常控制在 70%左右。否则糖制品吸湿回潮，不仅有损于外观，而且局部糖浓度的下降，可能引起生霉变质。改进包装，加强防潮措施，有益于糖制品的保存。

保存期间，糖渍蜜饯和果酱类制品在靠近容器顶端的部位，常发生变色或者生霉。往往是由装罐时酱体装得不满，顶隙大，冷却后顶隙中残留空气较多，加之罐盖消毒不够彻底等引起。贮藏期间温度越高，贮期越长，会加剧制品变色或生霉。采取真空煮制和真空包装及加用抗氧化剂的制品，在同样的贮存条件下，此种变色反应明显得到抑制。低温冷藏比常温贮藏明显改善产品外观质量。

三、糖制品低糖化原理

糖制品是深受广大消费者尤其是儿童所喜爱的休闲食品，但是传统工艺生产的果脯、蜜饯类属高糖食品，果酱类属高糖高酸食品，一般含糖量为 65%～70%，过多食用会使人体发胖，诱发糖尿病、高血压等症，儿童还会发生肥胖现象，所以难以适应人们对食品的新要求，故采用新配方、新工艺生产出新型的低糖制品势在必行。

生产低糖果酱类产品时，由于用低糖果浆代替了部分白砂糖使得糖浓度降低，为使制品产生一定的凝胶强度，就需要添加一定量的增稠剂。目前市场上的果冻产品大部分不是用果汁制造，而是用琼脂、卡拉胶或海藻酸钠、酸、糖、色素、香精等配合制成。

目前生产的低糖蜜饯产品含糖量在 45%左右，个别品种可能还低一些。若将糖度降得太低，就会使蜜饯等制品失去存在的依托，很容易造成制品透明度不好、饱满度不足，出现易霉变、不利于贮藏等问题。

近年来，在有关低糖蜜饯研究的报道中，一讲到低糖蜜饯，就必然与真空渗糖工艺措施、选择蔗糖替代物、添加亲水胶体和电解质等相联系，把低糖蜜饯搞得很复杂。其实低糖蜜饯可以通过在传统蜜饯生产的基础上减少渗糖次数或减少煮制时间得到，主要措施如下。

（1）采用淀粉糖浆取代 40%～50%的蔗糖，这样既可以降低产品的甜度，又可以保持一定的形状。选择合适的糖原料对低糖蜜饯的饱满度起着重要作用。

（2）添加 0.3%左右的柠檬酸，使产品 pH 值降至 3.5 左右，这样可降低甜度，改进风味，并加强保藏性。

（3）采用热煮冷浸工艺，即取出糖液，经加热浓缩或加糖煮沸回加于原料中，可减少原料高温受热时间，较好地保持原料原有的风味。

（4）通过烘干脱水，控制水分活性在 0.65～0.7，可有效控制微生物的活动，使低糖蜜饯具有高糖蜜饯的保藏性。

（5）采用抽真空包装或充氮包装延长保藏期。

（6）必要时按规定添加防腐剂，或进行杀菌处理，或采用冷藏等辅助措施，均可解决低糖蜜饯的保藏问题。

　　实际生产中很少采用真空渗糖，因为真空渗糖设备投资大，操作麻烦，实际效果也不如理论上那么好。因此出现了购买真空渗糖设备后大多闲置不用的现象。

　　至于添加亲水胶体，实际生产中也很少应用，因为胶体的分子量大，很难渗入原料组织，即使采用真空渗糖也很难。此外，胶体的加入增加了糖液的黏度，影响渗糖速度。即使有胶体渗入到原料组织，经过烘干后，对保持蜜饯的饱满和透明所起的作用也不大。

 练习及作业

　　1. 糖制品能长期保存的主要原因是什么？

　　2. 果胶在糖制品中起到了哪些作用？

　　3. 在果脯蜜饯类加工中为什么要硬化和保脆？怎样进行？

　　4. 分析糖制品产生煮烂和干缩现象的原因及控制措施。

　　5. 怎样防止糖制品返砂和流汤？

　　6. 怎样避免糖制品褐变？

　　7. 尝试选一种果蔬进行糖制加工，写出它的加工工艺流程和操作要点。

项目八　蔬菜腌制品加工技术

☞　**预期学习成果**

　　①能熟练叙述蔬菜腌制品的分类及特点；②能正确解释蔬菜制品加工的基本原理；③能准确叙述各种蔬菜腌制品加工的基本技术（工艺）；④能读懂并编制各种蔬菜腌制品加工技术方案；⑤能利用实训基地或实训室进行泡菜的加工生产；⑥能正确判断蔬菜腌制品加工中常见的质量问题，并采取有效措施解决或预防；⑦会对产品进行一般质量鉴定。

☞　**职业岗位**

　　酱腌菜制作技术员（工）、产品质量检验员（工）。

☞　**典型工作任务**

　　（1）根据生产任务，制订蔬菜腌制品生产计划。

　　（2）按生产质量标准和生产计划组织生产。

　　（3）正确选择蔬菜腌制品加工原料，并对原料进行质量检验。

　　（4）按工艺要求对蔬菜原料进行清洗、去皮、切分等预处理。

　　（5）按工艺要求配制泡菜腌制盐水、糖醋菜加工糖醋液。

　　（6）按工艺规定完成酱腌菜加工中的盐腌、脱盐、酱渍操作。

　　（7）按工艺规定完成榨菜加工中的盐腌、淘洗上榨、拌料密封发酵操作。

　　（8）监控蔬菜腌制过程中各工艺环节技术参数，并进行记录。

　　（9）按各类蔬菜腌制品质量标准对成品进行质量检验。

蔬菜腌制品加工
技术（相关知识）

　　蔬菜腌制在我国有着悠久的历史，传统的蔬菜腌制以盐腌为主，经过长期不断地探索和实践，腌制技术有了明显的提高。随着技术工艺的改进，蔬菜糖制也有了较大的发展，蔬菜的高盐腌制逐渐向低盐、增酸、适甜等方向发展。

　　蔬菜腌制在我国很广泛，是一种成本低廉、加工简便的保藏大量蔬菜的加工方式，其产品种类多，如四川榨菜、北京冬菜、云南大头菜、镇江酱菜、贵州独山盐酸菜、广东酥姜、宜宾芽菜等地方特色酱菜；风味各异，可谓咸、酸、甜、辣应有尽有，深受消费者喜爱。世界三大名酱腌菜：榨菜、泡酸菜、酱菜，前两种是我国特产，日本的酱菜也从我国传入。改革传统落后的生产工艺，采用高新技术设备和先进的工艺质量管理模式，开发营养、安全、适口、"绿色"的腌制菜将成为未来的发展趋势。

　**相关知识准备**

　　蔬菜的腌制主要是利用食盐（NaCl）的高渗透压、微生物的发酵、蛋白质的分解作

用以及其他一系列生物化学作用，抑制有害微生物的发酵并增加产品的色、香、味。其变化过程复杂、缓慢，不同产品的腌制原理各异。蔬菜在腌制过程中要发生一系列生物化学变化及微生物发酵作用，在产生不同风味的同时防止了食品的腐败变质，从而使制品得以长期保存。酸菜在腌制过程中，要经过强烈的乳酸发酵作用，并伴有微弱的乙醇发酵和醋酸发酵，利用乳酸积累而形成的酸性环境和低盐来抑制有害菌的发酵，使产品得以保存不变质。咸菜主要利用食盐和香料来防腐调味，以蛋白质的分解作用为主，伴有微弱的乳酸发酵和乙醇发酵来增进风味，改善品质。酱菜和糖醋菜可以吸收酱及酱油中的香味和色素、糖醋液中的甜酸香味成分来增加品质，借酱、酱油中的食盐及糖醋液中的食盐、糖、酸、香料等保存制品。下面就蔬菜在腌制过程中的生物化学变化及影响生物化学变化的因素来阐述蔬菜腌制的原理及方法。

一、食盐的保藏作用

（一）食盐溶液具有高渗透压

1%的食盐可产生 6.1atm（1atm=1.013×10^5Pa），腌渍时食盐用量为 3%～15%，即能产生 18.3～91.5atm，15%～20%的食盐溶液可以产生 91.5～120atm 的渗透压。而大多数微生物细胞渗透压为 3～6atm，能忍受的渗透压为 3.5～17.6atm。当食盐溶液渗透压大于微生物细胞渗透压时，微生物细胞内的水分会外渗产生生理脱水现象，造成质膜分离，从而使微生物活动受到抑制，甚至会由于生理干燥而死亡。不同种类的微生物具有不同的耐盐能力，一般对腌制有害的微生物对食盐的抵抗力较弱。表 8-1 列出常见微生物能忍耐的最大食盐浓度。

表 8-1 常见微生物能忍耐的最大食盐浓度

菌种名称	食盐浓度/%	菌种名称	食盐浓度/%
植物乳杆菌	13	肉毒杆菌	6
短乳杆菌	8	变形杆菌（普通）	10
发酵菌	8	醭酵母	25
甘蓝酸化菌	12	霉菌	20
大肠埃希菌	6	酵母菌	25

从表 8-1 中看出，霉菌和酵母菌对食盐的耐受力比细菌大得多，酵母菌的耐热性最强，达到 25%，而大肠埃希菌和变形杆菌在 6%～10%的食盐溶液中就会受到抑制。这种耐受力是溶液呈中性时测定的，若溶液呈酸性，则所列的微生物对食盐浓度的耐受力就会降低。如酵母菌在中性溶液中对食盐的最大耐受浓度为 25%，但当溶液的 pH 值降为 2.5 时，只需 14%的食盐溶度就可抑制其活动。

（二）降低水分活度的作用

食盐溶于水会电离成 Na^+ 和 Cl^-，每个离子都迅速和周围的自由水分子结合成水合离子状态。随着溶液中食盐浓度的增加，自由水的含量会越来越少，水分活度会下降，从而大大降低了微生物利用自由水的程度，使微生物生长繁殖受到抑制，从而抑制了有害微生物的活动，提高了蔬菜腌制品的保藏性。

（三）抗氧化作用

水中可以溶解一部分氧气，但是与纯水相比，食盐溶液中的含氧量比较低，这样就减少了腌制时蔬菜周围氧气的含量，抑制了好氧微生物的活动。同时通过高浓度食盐的渗透作用可排除组织中的氧气，从而抑制氧化作用。

（四）对酶活性破坏作用

Na^+与酶蛋白质分子中的肽键结合，破坏了微生物蛋白质分解酶的能力。另外，食盐溶液还能钝化酶类的活性，从而减少或防止氧化作用的发生。

（五）Na^+的毒害作用

食盐溶于水后离解出的 Na^+ 能和细胞中原生质的阴离子结合，因而对微生物有毒害作用，并随着 pH 值降低，Na^+的毒害作用加强。

总之，食盐的防腐效果随浓度的提高而增强。但浓度过高会影响有关的生物化学作用，当食盐浓度达到 12%时，会感到咸味过重且风味不佳，因此腌制品的用盐量必须合适。

确定腌制食盐浓度时应注意以下几点。

（1）注意食盐浓度。各种微生物都有其最高耐受的食盐浓度，3%的盐液对乳酸菌的活动有轻微影响；3%以上时就有明显的抑制作用；10%以上时，乳酸菌的发酵作用大大减弱。食盐浓度高，乳酸发酵开始晚。

（2）环境中的 pH 值影响用盐浓度。低 pH 值可降低食盐溶液的浓度。

（3）注意微生物的耐盐性。各种微生物中，酵母菌和霉菌的抗盐力极强，甚至能忍受饱和食盐溶液。

（4）注意加盐量。蔬菜的质地和可溶性物质含量的多少是决定用盐量的主要因素；组织细嫩、可溶性物质含量少的蔬菜，用盐量要少。

（5）分批加盐。分批加盐防止高浓度的食盐溶液引起蔬菜的剧烈渗透，致使蔬菜组织骤然失水而皱缩；同时，可以保证发酵性制品腌制初期进行旺盛的发酵作用，迅速生成乳酸，从而抑制其他有害微生物的活动，有利于维生素的保存；而且可以缩短达到渗透平衡所需要的时间，提高腌制效果。

二、蔬菜腌制过程中的主要变化

（一）微生物的发酵作用

蔬菜在腌渍过程中会进行乳酸发酵，并伴随乙醇发酵和醋酸发酵。各种腌制品在腌渍过程中的发酵作用都是借助于天然附着在蔬菜表面上的各种微生物进行的。由有益微生物如乳酸菌、酵母菌、醋酸菌引起的正常发酵作用，不但能抑制有害微生物的活动，还能使制品形成特有风味。有害的发酵和腐败作用会降低制品的品质，要尽力防止。

1. 乳酸发酵

乳酸发酵是发酵性腌制品腌渍过程中最主要的发酵作用，是乳酸菌将原料中的糖分分解生成乳酸及其他物质的过程。一般认为，凡是能产生乳酸的微生物都可称为乳酸菌。乳酸菌是酸菜发酵中的主要菌群，而在榨菜、酱菜等生产中则需抑制其生长。乳酸菌广泛分布于空气、蔬菜表面、土壤、容器中，大多数为兼性厌氧型菌，最适生长温度为 $25\sim32℃$，多为杆菌和球菌。常见的乳酸菌有植物乳杆菌、德氏乳杆菌、肠膜明串珠菌、短乳杆菌、小片球菌等，根据发酵生成产物的不同可分为以下几类。

1）正型乳酸发酵

正型乳酸发酵又称同型乳酸发酵，总反应式为

$$C_6H_{12}O_6（单糖）\xrightarrow{正型乳酸发酵} 2CH_3CHOHCOOH（乳酸）$$

这种乳酸发酵只生成乳酸，而且产酸量高。参加正型乳酸发酵的有植物乳杆菌和乳酸片球菌等，在合适条件下可积累乳酸量达 $1.5\%\sim2.0\%$。

2）异型乳酸发酵

发酵六碳糖产生乳酸及其他产物。例如，肠膜明串珠菌发酵糖除生成乳酸外，还生成酒精和二氧化碳。

$$C_6H_{12}O_6 \xrightarrow{异型乳酸发酵} CH_3CHOHCOOH+C_2H_5OH（酒精）+CO_2\uparrow$$

短乳杆菌将单糖发酵除生成乳酸外，还生成醋酸及二氧化碳等，反应式为

$$有氧时\ C_6H_{12}O_6 \xrightarrow[有O_2]{异型乳酸发酵} CH_3CHOHCOOH+CH_3COOH（醋酸）+CO_2\uparrow$$

$$无氧时\ C_6H_{12}O_6 \xrightarrow[无O_2]{异型乳酸发酵} CH_3CHOHCOOH+CH_3COOH（醋酸）+CO_2\uparrow+甘露醇$$

另外，大肠埃希菌也能发酵糖产生少量乳酸，有些乳酸菌也能将五碳糖裂解成乳酸。乳酸具有旋光性，有 D、L、DL-乳酸三种，其中 L-乳酸生物活性高。乳酸菌种不同，发酵产生乳酸的旋光性也不同。蔬菜腌制前期，由于蔬菜中空气和微生物较多，故异型乳酸发酵占优势，中后期以正型乳酸发酵为主。

2. 酒精发酵

腌制过程中也存在酒精发酵，其量可达 $0.5\%\sim0.7\%$，对乳酸发酵并无影响。酒精发酵主要是由于酵母菌将蔬菜中的糖分解而生成乙醇和二氧化碳。其总的化学反应式为

$$C_6H_{12}O_6 \xrightarrow{酵母菌} 2CH_3CH_2OH+2CO_2\uparrow$$

酒精发酵也能生成异丁醇和戊醇等高级醇。腌制过程中，大肠埃希菌和肠膜明串珠菌等活动也生成一部分乙醇，蔬菜腌制初期被盐水淹没时所引起的无氧呼吸也可生成微量的乙醇。酒精的生成对于腌制后熟期中品质的改善及芳香物质的形成是很重要的。

3. 乙酸发酵

在蔬菜腌制过程中也有微量的乙酸形成。乙酸是由乙酸菌氧化乙醇而生成的，其化学反应式为

$$2C_2H_5OH \xrightarrow{\text{乙酸菌}} 2CH_3COOH+2H_2O$$

由于该反应需氧气，因此可通过密封隔绝空气的方法来避免乙酸产生。除乙酸菌外，某些细菌，如大肠埃希菌、戊糖醋酸杆菌等也可将糖转化生成少量乙酸。极少量乙酸可能对产品风味和品质的形成有利，但过多会影响成品的品质。

4. 有害的发酵及腐败作用

1）丁酸发酵

专嫌气性丁酸菌将糖和乳酸发酵生成丁酸、二氧化碳和氢气，总反应式为

$$C_6H_{12}O_6 \xrightarrow{\text{丁酸菌}} C_3H_7COOH+2CO_2\uparrow+H_2\uparrow$$

$$2CH_3CHOHCOOH \xrightarrow{\text{丁酸菌}} C_3H_7COOH+2CO_2\uparrow+H_2\uparrow$$

丁酸可使制品有刺激性、不愉快气味，又消耗糖和乳酸，应防止进行丁酸发酵。

2）不良的乳酸发酵

不良的乳酸发酵生成甲烷、二氧化碳、氢气。

$$C_6H_{12}O_6 \xrightarrow{\text{乳酸杆菌}} CH_3CHOHCOOH+CO_2\uparrow+H_2\uparrow+CH_4$$

3）细菌的腐败作用

细菌的腐败作用主要指一些腐败菌分解原料中的蛋白质及含氮的物质，产生吲哚、硫化氢和胺等臭气，有时还生成有毒物质。

4）有害酵母的作用

（1）长膜生花。长膜指在腌制品表面或盐水表面生长的一层灰白色、有皱纹的膜，可沿容器壁上行，主要由产膜酵母引起；"生花"指在表面形成的乳白色、光滑的"花"，主要由酒花酵母引起。由于它们都属于好气性酵母，以糖、醇、醋酸、乳酸为碳源，可通过密闭隔绝空气的方法来防止长膜生花。

（2）氨基酸分解酵母菌可以使原料中氨基酸分解生成高级醇，并放出臭气。若腌制时食盐用量大于 3% 即可抑制。

5. 霉菌腐败

腌制品暴露在空气中较长时间后，会长出各种颜色的霉菌，主要有青霉、黑霉、曲霉、白霉等。在腌制品表面或容器上部生长霉菌，会使制品品质下降，甚至腐烂，失去食用价值，可采用杀菌、隔绝空气、密封包装等措施防止。

（二）蛋白质的分解作用

在蔬菜腌制及制品后熟过程中，所含的蛋白质受微生物和蔬菜本身所含的蛋白水解酶的作用逐渐分解为氨基酸。这一变化是腌制品具有一定光泽、香气和风味的主要原因。其变化过程缓慢而复杂。蛋白质分解反应式为

$$\text{蛋白质} \xrightarrow{\text{蛋白酶}} \text{多肽} \xrightarrow{\text{肽酶}} R\!-\!\underset{\displaystyle \overset{|}{CH}}{\overset{\displaystyle NH_2}{|}}\!-\!COOH \text{（氨基酸通式）}$$

蛋白质水解生成的氨基酸本身就具有一定的鲜味，如果氨基酸进一步与其他化合物

起作用，就可以形成更为复杂的产物。蔬菜腌制品色、香、味的形成都与氨基酸有关，分别论述如下。

1. 鲜味的形成

除了蛋白质水解生成的氨基酸具有一定的鲜味外，其鲜味主要来源于谷氨酸与食盐作用生成的谷氨酸钠。反应式为

$$HOOCCH_2CH(NH_2)COOH+2NaCl \longrightarrow NaOOCCH_2CH_2CH(NH_2)COONa+2HCl$$
　　　　谷氨酸　　　　　　　　　　　　　　　　　谷氨酸钠（味精）

除了谷氨酸钠的鲜味外，另一种鲜味物质天冬氨酸含量也较高，一些其他的氨基酸如甘氨酸、丙氨酸、丝氨酸等也有助于鲜味的形成。乳酸发酵中产生的乳酸也利于鲜味的形成和挥发。

2. 香气的形成

蔬菜腌制品香气的形成很复杂，主要来源于以下几个方面。

1）酯香

由蔬菜原料中的有机酸，或者发酵过程中产生的有机酸与发酵中形成的醇类发生酯化反应生成有机酸酯类，如乳酸乙酯、醋酸乙酯、氨基丙酸乙酯、琥珀酸乙酯等，形成不同的酯香物质。其反应式为

$$CH_3CHOHCOOH+C_2H_5OH \longrightarrow CH_3CHOHCOOC_2H_5+H_2O$$
　　　　乳酸　　　　　　　　　　　　　　　乳酸乙酯

$$CH_3CH(NH_2)COOH+C_2H_5OH \longrightarrow CH_3CH(NH_2)COOC_2H_5+H_2O$$
　　　氨基丙酯　　　　　　　　　　　　氨基丙酸乙酯

2）烯醛类香气

由氨基酸与戊糖或甲基戊糖的还原产物4-羟基烯醛作用生成氨基类的烯醛类香味物质。其反应式为

$$C_5H_{10}O_5 \xrightarrow{\text{还原}} CH_3COH = CHCH_2CHO+H_2O+O_2\uparrow$$
　　戊糖　　　　　　　　　　4-羟基戊烯醛

3）芥子苷类香气

十字花科蔬菜常含有芥子苷（属于硫葡糖苷），尤其在芥菜中含量较多，有刺鼻的苦辣味，在腌制初期称为"生味"。当原料在腌制时揉搓或挤压时，会使细胞破裂，芥子苷在硫葡糖等酶的作用下分解产生芥子油类香气（为异硫氰酸酯类），同时苦味消失，也产生其他的酯类和杂环类化合物等。

此外，乳酸菌发酵产生乳酸的同时，也生成具有芳香风味的双乙酰，发酵产生的乳酸及其他酸类在微生物作用下生成具有芳香的丁二酮。在腌制过程中加入的花椒、辣椒及其他调味品，都会增加腌制品的香气。

3. 色素的形成

蔬菜腌制品在发酵后熟期，蛋白质水解产生酪氨酸，在酪氨酸酶的作用下，经过一系列反应，生成一种深黄褐色或黑褐色的物质，称为黑色素，使腌制品具有光泽。腌制

品的后熟时间越长，黑色素形成越多。产生色泽变化主要有以下几种情况。

1）酶褐变

蛋白质水解后生成的氨基酸和酪氨酸，在有氧气存在和过氧化物酶的作用下，经过复杂的氧化反应生成黑色素（又称黑蛋白），反应式为

$$\underset{\text{酪氨酸}}{HOC_6H_4CH_2CHNH_2COOH} \xrightarrow{\text{过氧化物酶}} \underset{\text{黑色素（或黑蛋白）}}{[(C—OH)_3C_5H_3NH]_n} + H_2O + CO_2 + 2O_2\uparrow$$

2）非酶褐变

非酶褐变主要指腌制过程中氨基酸的氨基与含有羟基的化合物如醛、酮、还原糖等发生羰氨反应，产物进一步聚合、缩合生成黑蛋白色素等。非酶褐变除改变制品颜色外，产物也能产生香气，并有防腐、抗氧化作用。腌制品后熟时间越大，温度越高，该反应进行得越彻底，色泽越深，香气越浓。

3）酱渍或糖醋菜中的褐色

酱渍或糖醋菜中的褐变主要由于辅料酱、酱油、食醋、红糖等颜色的物理吸附作用，使细胞壁着色，如云南大头菜、糖醋菜等。

4）叶绿素的变化

蔬菜原料中所含的叶绿素在腌制中逐渐由鲜绿色变成黄褐色，主要由于叶绿素在酸性介质中脱镁生成脱镁叶绿素的缘故。泡酸菜的保绿是较难的。对于非发酵性腌制品，可采用一定措施保绿，一般可将原料在腌制前用沸水烫漂以钝化酶的活性，在微碱溶液中浸泡一段时间，将原料在硬水中（富含钙）浸泡一段时间和采用护绿剂等方法来保绿。

4. 脆度的变化

腌制品一般要求保持一定的脆度。腌制过程处理不当会使腌菜变软。蔬菜脆度主要与鲜嫩细胞和细胞壁的原果胶变化有密切关系。腌制初期蔬菜失水萎蔫，细胞膨压下降，脆性减弱。在腌制过程中，由于盐液的渗透平衡，又能使细胞恢复一定的膨压而保持脆度。由于腌制前原料过熟，使原果胶被蔬菜本身的果胶酶水解或在腌制过程中一些微生物分泌的果胶酶水解生成果胶酸，失去粘结作用，导致腌制品的硬度下降，甚至软烂。保脆的方法：一是防止霉菌生长引起的腐烂；二是在溶液中加入氯化钙、氢氧化钙等保脆剂，用量为菜重的 0.05%。

总之，蔬菜原料自然带菌率高，在腌制过程中一直受微生物的影响，微生物区系的复杂多变性，对腌制品品质影响都较大。因此，必须严格控制操作工艺，控制有害菌的繁殖，注意成品的无菌处理和食用安全性问题，生产出优质、安全、可口、营养的蔬菜腌制品。

（三）蔬菜腌制与亚硝基化合物

N-亚硝基化合物是指含有＝NNO 基的化合物。此种化合物如作用于胚胎，则会致畸；如作用于基因，则诱发突变；作用于体细胞则会导致癌变。胺类、亚硝酸盐及硝酸盐是合成亚硝基化合物的前体物质，存在于各种食品中，尤其是不新鲜的或是加过硝酸、亚硝酸盐保存的食品。

一些蔬菜中含有大量硝酸盐，如萝卜、大白菜、芹菜、菠菜等。在酶或细菌作用下，

硝酸盐可以被还原成亚硝酸盐，提供了合成亚硝基化合物的前体物质。由表 8-2 可看出，各类蔬菜的硝酸盐含量是不同的；叶菜类大于根菜类，根菜类大于果菜类。

表 8-2　蔬菜可食部分硝酸盐的含量

蔬菜种类	波动范围/（mg/kg）	蔬菜种类	波动范围/（mg/kg）
萝卜	1950	西瓜	38～39
芹菜	3620	茄子	139～256
白菜	1000～1900	青豌豆	66～112
菠菜	3000	胡萝卜	46～455
洋白菜	241～648	黄瓜	15～359
马铃薯	45～128	甜椒	26～200
生葱	10～840	番茄	20～221
洋葱	50～200	豆荚	139～294

新鲜蔬菜腌制成咸菜后，硝酸盐的含量下降，而在细菌或酶的作用下，腌制过程中的亚硝酸盐含量变化有一个规律：随着腌制时间的增加，亚硝酸盐产生的量会逐渐增多，达到高峰（学术界称为"亚硝峰"）后随着腌制时间的延长，亚硝酸盐的量逐渐减少，低温贮藏可以延迟"亚硝峰"出现（图 8-1）。因此，食用腌制蔬菜要避开"亚硝峰"。新鲜蔬菜亚硝酸盐含量一般在 0.7mg/kg 以下，而咸菜、酸菜的亚硝酸含量可升至 13～75mg/kg。这是腌制中必须引起重视的问题。

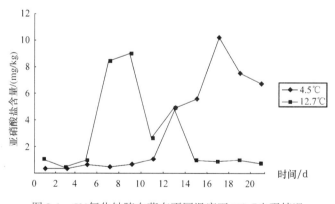

图 8-1　5%氯化钠腌白菜在不同温度下 NO_2^- 出现情况

现在研究者发现蔬菜含有的食用纤维、胡萝卜素、维生素 B、铁质、维生素 C、维生素 E 等营养素，可以减弱硝酸盐的危险性。低温贮存也可以削弱硝酸盐的危害性。另外培育含硝酸盐少的优良蔬菜品种也可以降低蔬菜硝酸盐的危害。

（四）影响腌制过程中生化变化的因素

影响腌制的因素有盐浓度、酸度、温度、气体成分、原料的化学成分与环境卫生等。

1. 盐浓度

各类腌制品对食盐的浓度要求不一，过咸、过淡对制品的风味和质地影响较大。食盐在各类腌制品中的含量如下：盐渍菜时 20%～25%，咸菜类 10%～15%，酱渍菜 8%～12%，糖醋菜 1%～3%，泡酸菜 0～4%。尽管高浓度的食盐防腐效果较好，但有时食盐浓度过高会抑制乳酸菌的发酵作用，影响泡酸菜制品的质量。另外，高浓度的食盐会抑制蛋白酶和果胶酶的活性。生产上要结合原料含水量的不同，按合理比例使用食盐。

2. 酸度

腌制中的有害微生物，除霉菌抗酸外，其他抗酸能力都不如乳酸菌和酵母菌。一般情况下，pH 值在 4.5 以下时，即能抑制有害微生物（如丁酸菌、大肠埃希菌等）的活动。因此，生产上在腌制初期可通过降低 pH 值来抑制有害微生物。

3. 温度

用于发酵的微生物都有自己适宜的生存温度，腌制蔬菜时，适宜的温度可缩短发酵时间，提高生产效率。乳酸发酵的适宜温度在 30～35℃，温度不宜过高，过高会引起有害的丁酸发酵。一般温度升高可以加速渗透作用和蛋白质的分解作用，但会使有害微生物繁殖和制品质地软烂。因此，腌制温度必须综合各种因素考虑，一般采用 12～22℃。

4. 气体成分

腌制品的乳酸及酒精发酵作用需要嫌气条件，这恰好利于抑制好氧性腐败菌（如酵母菌、霉菌等）的活动，也利于保持原料中的维生素 C，抑制各种氧化反应。生产上一般采用装实、压紧、密封、浸在液面下等方式来隔绝氧气，通过绝氧措施可抑制有害微生物的活动。

5. 原料的化学成分

原料中的水分含量与制品品质有密切关系。原料中的糖对微生物的发酵是有利的，供腌制用蔬菜的含糖量应为 1.5%～3%。如果含糖量低，为了促进发酵，可以加糖。原料本身蛋白质和果胶含量的高低，对制品的色、香、味和脆度有很大的影响。

6. 原料的组织状态

原料致密、坚韧有碍渗透作用，为了加快细胞内外溶液渗透平衡速度，可采用切分、搓揉、重压、加温等措施来改变表皮细胞的渗透性。

7. 腌制的卫生条件

原料要洗净，容器需消毒，盐液必须杀菌，场所要保持清洁，以减少杂菌的污染，影响产品的质量。

8. 腌制用水

腌制用水应呈微碱性，硬度为 12～16°dH，用这种水配制的盐溶液腌制时，蔬菜质地脆而紧密，酸度较低，也利于保绿。

另外，就乳酸发酵而言，人工接种时，菌种的纯度、活力、产酸能力为主要因素。酱菜、糖醋菜类制品的关键取决于酱料、酱油、糖醋液、香米的质量好坏及配比等。生产不同腌制产品的影响因素，都会或多或少有所差异。

三、泡菜的腌制

泡菜作为世界三大名酱腌菜之一，在我国生产历史悠久。泡菜是用低浓度食盐液来腌渍各种鲜嫩蔬菜制成的一种带酸味的加工品，制作方法简便，风味独特，营养保健，深受人们的欢迎。泡酸菜中产生的优势菌群 L-乳酸菌为人体有益菌，目前，生产工艺中所用的自然发酵菌群在腌制后期被人工接种优势菌群所取代。优质产品腌制后期亚硝酸盐含量较低，食用安全。人工接种的乳酸菌发酵周期短，可从自然发酵汁中分离、纯化、诱变得到，产酸量高，风味好，适应性强，便于规模化生产，且保持产品质量稳定是一种发展趋势。

（一）工艺流程

泡菜是用低浓度食盐水浸泡各种鲜嫩蔬菜而制成的一种带酸味的蔬菜腌制品，其产品要求色泽鲜丽，咸酸适度，盐含量 2%～4%，酸含量（以乳酸计）0.4%～0.8%，组织脆嫩，有一定的鲜味及甜味，并带有原料的芳香。民间加工泡菜很有经验，我国主要集中在西南和中南各省。泡菜腌制的工艺流程如图 8-2 所示。

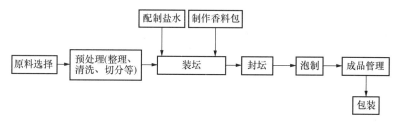

图 8-2　泡菜腌制工艺流程

（二）操作步骤

1）原料选择

选择组织脆嫩，质地紧密，肉质肥厚，可溶性固形物含量高，无病虫伤害的新鲜蔬菜。根据原料的耐贮性可分为三类：可贮泡一年以上的（如大蒜、薤、苦瓜等）；可贮泡 3～6 个月的（如萝卜、胡萝卜、辣椒、豇豆、四季豆等）；只能贮存一个月左右的（如黄瓜、莴笋、甘蓝等）。叶菜类一般不适宜作泡菜，大白菜、甘蓝除外。

2）预处理

原料预处理主要指原料的整理、清洗、切分等过程。整理去掉不可食用病虫腐烂部分，四季豆要抽筋，辣椒去蒂，大蒜去皮等。适当切分可缩短晾晒及泡制时间。原料入坛前要晾干明水或晾晒至表面脱水萎蔫。晾晒后入坛泡制有两种方法，一种是当泡制量小，泡制原料含水少，干物质含量高时，多为直接泡制；另一种是在工厂化生产过程中，尤其对含水量较高的原料，一般先用 10% 的食盐水浸泡原料几小时或几天，然后出坯泡制，其主要目的在于除去过多的水分，增强泡制的渗透效果，防止泡制时因食盐浓度降低而导致腐败菌滋生，有时也去掉一些原料中的异味，但原料中可溶性固形物及营养损失较大。对于质地柔软的原料，为增加硬度，在盐渍时可加入 0.2%～0.4% 的氧化钙。

3）配制盐水、制作香料包

泡菜盐水一般分三类：一类是陈泡菜水，经过一年或几年使用的优质盐水，可以作为泡菜的接种水；一类为洗澡泡菜水，用于边泡边吃的盐水，这种盐水多咸而低酸；一类是新配制盐水，要求水澄清透明，硬度在 16°dH 以上，以井水和矿泉水为好，含矿物质多，食盐要保证纯度。

配制盐水时可用 3%～4%的食盐与新鲜蔬菜拌和入坛，使渗出的菜水淹没原料或用 6%～7%的食盐水与原料等量地装入泡菜坛内。为了增加色香味，还可以加入 2.5%的黄酒、0.5%的白酒、1%米酒、3%白砂糖或红糖、3%～5%的鲜红辣椒等，香料如丁香、茴香、桂皮、花椒、胡椒等。香料可按盐水量的 0.05%～0.10%加入，可将香料用纱布或白布包成小袋放入坛中。

4）装坛、封坛

泡菜容器一般用泡菜坛（图 8-3）。泡菜坛一般用陶土烧制，坛形两头小中间大。坛口有坛沿，有水封口水槽来隔绝空气厌氧发酵，发酵产生的二氧化碳通过水槽溢出。装入原料尽量压实，有时上部用竹片将原料卡住。然后放入盐水及配料，香料袋一般放入原料中间，盐水以没过菜为宜。盐水面离坛口 3～5cm，1～2d 后可加入一些原料使其发酵。封盖后，在坛沿槽中注入 3～4cm 深的冷开水或 10%的食盐水，形成水槽密封口。

1. 坛盖；2. 水槽；3. 坛体。

图 8-3　泡菜坛

5）泡制

原料入坛后的泡制过程即为乳酸发酵过程，一般分三个阶段：发酵初期以异型乳酸发酵为主，此时 pH 值较高（pH 值7.5），一些好氧及兼性厌氧微生物活动频繁，发酵产物为乳酸、乙醇、醋酸和二氧化碳等，此期含酸量为 0.3%～0.4%，时间为 2～5d，表现为盐水槽中有二氧化碳气体放出；发酵中期以正型乳酸发酵为主，此时 pH 值降至 4.5 以下，嫌气状态，一些厌氧乳酸菌（植物乳杆菌、赖氏乳杆菌等）大量繁殖，产物乳酸的积累量迅速增加，可达 0.6%～0.8%，pH 值会降至 3.5 以下，一些好气菌及不耐酸菌活动受抑甚至死亡，时间为 5～9d，是泡菜完熟阶段；发酵后期时，正型乳酸发酵继续进行，乳酸积累可达 1.0%以上，此时已属于酸菜发酵阶段。泡菜制品一般在发酵中期食用，乳酸含量在 0.4%～0.8%。不同原料，不同时期（冬、夏季），泡制时间长短不一，要根据具体情况而定。

泡制期间管理应注意以下几方面。

（1）注意水槽的清洁卫生，由于发酵中后期坛内形成部分真空，会使槽内水倒灌入坛内。因此，应注意水槽内水经常更换，并注意每天轻揭盖 1～2 次，防止坛沿水的倒灌。

（2）经常检查，防止质量劣变。其变质主要原因是微生物污染、盐水变质、pH 值过高及气温变化不稳等。一般采用煮沸过滤的冷盐水，若坛内轻微生膜生花，可注入少量白酒。

（3）切忌带入油脂，因杂菌分解油脂产生臭味，并易使菜体软烂。

6）成品管理

发酵成熟后最好立即食用，只有较耐贮原料才能长期保存。保存时一种原料装一个坛，要适当加盐，在表面加酒，坛沿槽要注满清水，可短期贮存，长期贮存则需包装、杀菌。

7）包装

包装容器可选用抗酸、盐的涂料铁皮罐、卷封式或旋转式玻璃罐、复合薄膜袋（常用聚酯/聚乙烯、聚酯/铝箔/聚乙烯）等。罐液配比为食盐 3%～5%，乳酸 0.4%～0.8%，白砂糖 3%～4%，味精、香料等酌加，煮沸过滤。装罐时菜量与罐液量的比为（3∶2）～（4∶1）不等。装罐密封后，罐头容器的杀菌温度为 100℃，10～15min；薄膜袋的杀菌温度为 80℃，8～10min，冷却擦干后贴标、装箱。

四、酱菜的腌制

酱菜是世界三大名酱腌菜之一，我国腌制历史悠久，各地有不少名优产品，如扬州的什锦酱菜、北京的甜面酱八宝菜、浙江的酱黄瓜等。优良酱菜不仅具有酱料的色香味，还应保持蔬菜特有的风味、质地等。蔬菜的酱制是取用经腌渍后保藏的咸菜坯，经去咸排卤后进行酱渍。酱菜的原料甚为广泛，凡肉质肥厚、质地嫩脆的叶菜类、茎菜类、根茎类、瓜菜类等均可。常见的品种有萝卜、黄瓜、茄子、大蒜、薤、甜辣椒、生姜、胡萝卜、莲藕等。酱菜的腌制包括盐腌和酱渍两部分。

（一）工艺流程

酱菜腌制工艺流程如图 8-4 所示。

原料选择 → 盐腌 → 脱盐 → 酱渍 → 成品管理 → 包装

图 8-4　酱菜腌制工艺流程

（二）操作步骤

1）原料选择

原料选择好后，经充分洗净后，削去粗筋须根、黑斑烂点等不能食用的部分，然后根据原料的种类、大小和形态切半或切成条状、片状、颗粒状等。小形蔬菜可不切分，如小形萝卜、嫩黄瓜、蒜头等。

2）盐腌

原料切分后即可进行盐腌处理。盐腌有干腌和湿腌两种。干腌法即用占原料重15%～20%的干盐直接与原料拌和或分层撒腌于缸内或池内的方式，主要用于含水量较大的蔬菜如萝卜、黄瓜等。湿腌法则用 25%的食盐溶液浸泡原料，菜水比为 1∶1，适合于含水量较少的蔬菜如蒜头、大头菜等。盐腌的期限因种类不同而异，一般为 10～20d。一般咸菜坯的含盐量为 20%左右。原料盐腌的目的：高浓度食盐的高渗透作用，会改变细胞膜透性，利于酱渍时酱液的渗入；可除去原料中部分苦、涩、生味及其他异味，从而改变原料的风味及增进原料的透明度；高浓度食盐可抑制微生物生长，使原料长期保存不坏，盐腌是保存半成品的主要手段。

3）脱盐

酱渍前先要脱盐，最好将菜坯用流动的清水浸泡，脱盐的效果较好。脱盐并不要求把菜坯中的食盐全部脱除干净，而是脱去大部分食盐而保留一小部分。用口尝尚能感到少许咸味即可，一般含量在2%左右，脱盐后，取出沥干明水即可酱渍。

4）酱渍

酱渍是将盐腌的菜坯脱盐后浸渍于甜面酱、酱油中的过程，使酱料中的色香味物质扩散到菜坯内，一段时间后达到渗透平衡，即制成成品酱菜。酱料的好坏是影响制品质量的关键因素。日本酱菜世界闻名，主要是由于日本酿造业发达，酱及酱油品质好。优质酱料酱香突出，鲜味浓，无异味，红褐色，黏稠。

（1）酱渍方法。

针对不同的原料，酱渍方法各不相同，常用的方法有三种：①直接将处理好的菜坯浸渍在酱或酱油中；②像腌渍碱菜坯一样，在腌渍容器内一层菜坯一层酱，层层相间，上面一层多加酱；③将原料装入布袋内后用酱覆盖。酱的用量一般与菜坯的重量相等。

（2）酱渍管理。

酱渍期要进行搅拌，使菜坯均匀地吸附酱色及酱味，加快酱渍时间，使制品表里一致。成熟制品不但具有酱的色香味，而且质地嫩脆。由于酱渍时菜坯中仍有水分渗出使酱的浓度降低，因此生产上可采用3次酱渍法；即将菜坯依次在3个酱缸（或池）中各酱渍7～10d，每个缸（池）中均装新酱，当原料从第三个酱缸（池）中取出时制成成品。酱渍时间因盐的浓度降低，可导致一些耐盐性微生物的生长，因此在操作时应注意卫生管理。

由于常压下酱渍时间长，耗工耗料，目前正研究采用真空—压缩速制酱菜工艺，会大大缩短酱渍时间，制品新鲜、脆嫩、营养损失少。

生产上可在酱料加入各种调味料制成各色产品。酱料中加入辣椒制成辣椒酱菜；加入花椒、香料、曲酒、味精、食糖等制成五香酱菜；将各种菜坯按比例混合酱渍或将已酱渍好的酱菜按比例制成什锦酱菜。

5）成品管理与包装

其方法在此不再赘述。

五、榨菜的腌制

榨菜是由于最初加工曾用木榨压出多余水分，而得名榨菜。榨菜为我国特产，1898年始创于四川涪陵，由茎用芥菜的膨大茎（俗称青菜头）加工而成。一般分坛装榨菜、方便榨菜两种，前者主要为原料经去皮、切分、脱水、盐腌、拌料、后熟而成；后者是以坛装榨菜为原料，经切分、拌料、袋装、抽空、密封、杀菌冷却而成。目前除四川外、浙江、福建、江西、湖南等地均有生产，而且产量逐年增加。

（一）工艺流程

现在榨菜生产工艺主要有两种，一种为四川榨菜工艺，另一种为浙江榨菜工艺。两种工艺的主要区别是脱水工艺的不同，前者主要是利用自然风脱水，后者是用食盐脱水。

1. 四川榨菜腌制工艺流程

四川榨菜腌制工艺流程如图8-5所示。

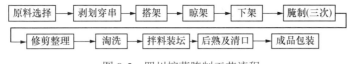

图 8-5　四川榨菜腌制工艺流程

本工艺的主要缺点是受天时影响大，脱水期长，劳动强度大，卫生质量不易保证；机械化程度低；榨菜坛易破碎，运输不便等。

2. 浙江榨菜腌制工艺流程

浙江榨菜腌制工艺流程如图 8-6 所示。

图 8-6　浙江榨菜腌制工艺流程

（二）操作步骤

浙江榨菜腌制尽管起步晚，但发展快，目前产量已超过四川，腌制工艺有特色，现将浙江榨菜腌制工艺介绍如下。

1）原料选择

原料应选择质地紧密，粗纤维少，菜头突起物圆钝，含可溶性固形物在 5%以上的单个重 150g 以上，无病虫害及腐烂者。青菜头品种较多，比较适宜腌制榨菜的有三层杰作（或称三转子）、草腰子、枇杷叶等。一般在苔茎形成即将抽出时采收，过早过晚均不宜。另外，为防止单一品种集中成熟易造成加工时太集中太繁忙的现象，最好早、中、晚取品种搭配栽培，延长加工期限。

2）整理切分

剔尽菜叶，切去菜根。用剥皮刀，将每个菜头基部的粗皮老筋去除，但不伤及上部的表皮，俗称扦菜。扦菜后根据菜的形状和大小，进行切分。一般质量为 300～500g 的菜头分为 2 块，500g 以上者分成 3 块，切分后质量以 150g 左右为宜，菜体大小形状尽量均匀一致，保证晾晒时干湿均匀，成品整齐美观。

3）腌制

一般采用二次腌制脱水。

（1）第一次腌制及上囤。

采用腌制池，每层不超过 15cm，一层菜一层盐，层层压紧。撒盐要均匀，底少面多，中间多，外围少，加盐量以每 100kg 剥好的菜头用 3～4kg，撒好面盐后，铺上竹编隔板，用大石板压之。第一次腌制时间一般为 36～48h，防止盐分低而引起发酵。到时间后马上上囤，即将菜头在盐水池中淘洗后捞出装入囤中，囤基上铺竹帘，上囤时层层压紧，以 2m 高左右为宜，利于排水。有时囤面可压重物挤压水分。上囤时间一般不超过 24h，出囤时菜重为原料的 50%～60%。

（2）第二次腌制及上囤。

将出囤的菜头称重后再置于菜池内，每层厚度为 13～15cm，加盐量按每 100kg 加盐 5～8kg，操作同前。第二次腌制可以增加压力使菜头压紧，正常情况下腌制一般不超过一周，但有时可达 15～20d，这时需适当增加菜水的含量以防止乳酸发酵及其他发酵作用。腌制结束后第二次上囤，此次囤身宜大不宜小，上面可不压重物，不应长于 12h，然后出囤，此时盐腌脱水的过程基本结束。

4）修剪、分级、整理

修剪主要是修去飞皮，挑去老筋，剪去菜耳，除去斑点等，使菜头光滑整齐。修剪后的菜块要进行切分、整形，必要时可分级，分别处理，使生产的制品规格一致。

5）淘洗上榨

整理后的菜块再经澄清过滤的咸卤水淘洗干净，一般洗 2～3 遍，彻底除尽泥沙。洗净后上榨以榨干菜块外部的明水以及菜块内部可能被压出的水分，上榨时注意一定要缓慢地下压，防止菜块变形或破裂，时间不宜过久，出榨率在 70%～80%，品级不同，出榨率也不同。

6）拌料装坛

将上榨后的菜块再拌和食盐及其他配料装入坛内的过程。配料的种类及用量各地有所不同。一般配料用量如下：按每 100kg 榨菜的干菜块加入辣椒粉 1.3～1.75kg；混合香料 90～150g；甘草粉 55～65g；花椒 60～90g；食盐 4～5g；苯甲酸钠 50～60g。先将配料混合拌匀，再分几次与菜块同拌，拌好后即可装坛。有些地区还加一些香料如茴香、胡椒、干姜片等。装坛时一般分五次装入，层层压紧，每坛装至距坛口 2cm 为止，再加盖面盐 50g，塞好干咸菜叶，塞口时务必塞紧。

7）覆口、封口

装坛后 15～20d 左右进行一次检查，将塞口干菜取开，若坛面菜下落变松，无发霉等现象，则马上添同等级新菜使坛内添满，装满后撒上面盐和塞入干菜叶；若坛面生花发霉，则将这一部分挖出来另换新菜装紧装满。坛口塞好后擦净，即可用水泥封口，贮存于冷凉地方，1～2 个月即可腌制成熟，制成坛装成品。

8）成品包装

切分包装是制作方便榨菜的工序。以腌制好的坛装榨菜为原料经过切片或切丝，称量装袋，防腐保鲜，真空密封而成。由于方便榨菜包装小，易携带，食用方便，风味好，易保存，深受消费者欢迎，远销国内外。包装材料普遍采用复合塑料薄膜袋。要求材料无毒，不与内容物起化学变化，能密封，透水、透气性小，耐高温、防光等，主要采用聚酯/铝箔/聚乙烯。成品榨菜应色泽鲜艳，香味浓郁，无生味，质地脆嫩，咸淡适口，无泥沙，干湿适度，贮存 1 年不变质。

六、糖醋菜的腌制

糖醋菜世界各地均有加工，欧美较流行。我国以广东的糖醋酥姜、江苏镇江的糖醋大蒜、糖醋萝卜等较为有名。适宜制作糖醋菜的蔬菜有嫩黄瓜、大蒜、洋葱、萝卜、大头菜、榨菜等。制品以甜酸为主，质地脆嫩，能增进食欲、促进消化，是一种人们喜爱的佐餐佳品。

（一）工艺流程

糖醋菜腌制工艺流程如图 8-7 所示。

原料选择 → 加盐腌制 → 脱盐（腌后处理）→ 糖醋渍 → 成品包装

图 8-7　糖醋菜腌制工艺流程

糖醋菜制作时，一般首先进行盐腌脱水，增加细胞透性，去除不良风味，以改善制品风味和利于糖醋腌制。盐腌后将原料置于配好的糖醋香液中浸泡，0.5～1 个月即可腌渍成。下面以糖醋黄瓜和糖醋大蒜为例介绍其加工工艺。

（二）操作步骤

1. 糖醋黄瓜

（1）原料选择。选择幼嫩、色绿、质地紧密的黄瓜，充分洗涤。

（2）加盐腌制。洗涤后的原料，先用 10%左右的食盐水等量浸泡，浸泡一天后按盐水及黄瓜的总质量再加入 4%的食盐，以后每日增加食盐 1%，直至渗透平衡时盐水浓度达 15%～18%。

（3）脱盐。盐腌完毕，取出黄瓜，选用热水（60～80℃）浸泡黄瓜脱盐，热水用量与黄瓜的质量相等，浸泡时间约 15min，使黄瓜内部绝大部分食盐脱去，然后用冷水漂洗脱盐，沥干待用。

（4）糖醋渍。糖醋香液配制：配制 2.5%～3%的醋酸溶液 2000mL，加入蔗糖 400～500g，并用丁香、豆蔻、桂皮、胡椒粉、生姜等各 1～3g，将香料碾细装袋放入醋酸溶液中加热到 80℃，维持 1～2h，取出香料后趁热加入食糖，使其充分溶解，冷却过滤后即成。

（5）成品包装。黄瓜坯置于糖醋液中浸泡约半个月后，黄瓜即吸饱了糖醋香液，即变成咸酸适口，嫩脆适度的糖醋黄瓜。

2. 糖醋大蒜

（1）原料选择。大蒜收获后选择鲜茎整齐，皮色洁白，肉质鲜嫩的蒜头。切掉根和叶，留假茎 2cm，剥掉粗老蒜皮，洗净沥干水分，备用。

（2）加盐腌制。按每 100kg 鲜蒜头用盐 10kg，一层蒜一层盐，装大半缸即可。每天早晚倒缸，使上下盐腌程度均匀一致，腌制 10～15d 即成咸蒜头。

（3）腌后处理。将腌好的咸蒜头捞出，沥干卤水，晾晒至相当于原重的 65%～70%为宜，整理，去除松弛的蒜皮。

（4）糖醋渍。糖醋液配制及糖醋渍：按每 100kg 干蒜头加入食醋 70kg，红糖 32kg的比例配制糖醋液，糖醋液中可加入五香粉等少许调味。将菜装入后轻轻压紧，糖醋液和原料量的比为 1:1，然后封口，2 个月后即可成熟。

（5）成品包装。糖料如用红糖则可使制品成红褐色，若使用白砂糖则可使制品成乳白色或乳黄色，甜酸适口，包装后即可销售。

糖醋菜靠盐及醋的防腐保鲜作用，生产中可结合真空包装杀菌工艺，使制品得以长期保存。

 工作任务一　泡菜加工技术

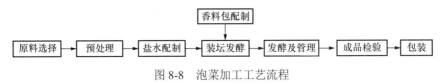

蔬菜腌制品加工
技术（工作任务）

1. 主要材料

甘蓝（或选择当地适宜品种，如大白菜、萝卜等）、食盐、氯化
钙、白砂糖、生姜、八角、花椒、干红辣椒、茴香、草果、白酒等。

2. 工艺流程

泡菜加工工艺流程如图 8-8 所示。

香料包配制

原料选择 → 预处理 → 盐水配制 → 装坛发酵 → 发酵及管理 → 成品检验 → 包装

图 8-8　泡菜加工工艺流程

3. 操作步骤

1）原料选择、预处理

清洗，剔除有腐烂、病虫害的甘蓝，切成小块，晾晒使失水 20%，避免将生水带入
泡菜坛中引起败坏。

2）盐水配制

泡菜用水最好使用井水、泉水等饮用水。如果水质硬度较低，为增加泡菜的脆度，
可加入 0.05%～0.1%的氯化钙。一般配制与原料等质的 6%～8%的食盐水（用冷开水配
成并确保食盐全部溶解不留杂质）。再按盐水量加入 1%的白砂糖、1.5%的白酒、3%的
辣椒、5%的生姜等，为缩短泡制的时间，常加入 3%～5%的陈泡菜水。

3）香料包配制

称取盐水量 0.1%的八角、0.05%花椒等，香料的使用可根据各地的嗜好加入，用布
包裹，备用。各种香料最好碾磨成粉包裹。

4）装坛发酵

取无砂眼或裂缝的坛子洗净，沥干明水，将甘蓝放入半坛原料时，放入香料包等，
再放甘蓝至距离顶部 6cm 处，加入盐水将甘蓝完全淹住，并用竹片将原料卡压住，以免
浮出水面，水与原料比约为 1∶1，然后加盖加水密封，将泡菜坛置于阴凉处发酵，发酵
最适宜的温度是 20～25℃。

发酵成熟时间，夏季一般 5～7d，冬季一般 12～16d，春秋季介于两者之间。

5）发酵及管理

必须掌握好最利于乳酸发酵的低盐浓度和发酵温度。如果泡菜管理不当会败坏变
质，必须注意以下几点。

（1）保持坛沿清洁，经常更换坛沿水。揭坛盖时要轻，不要把坛沿水带入坛内。

（2）取食时，用干净的工具取食，不要把取出的泡菜再放到坛中，以免污染。

（3）制作泡菜过程中，不能沾油沾生水，否则会生白色的霉花，影响观感和口感。

如遇生花现象，加入少量白酒或大蒜，可减轻或阻止生花。

（4）泡菜制成后，边取食，边加新原料，并适当补充盐水。

6）成品检验

产品应符合以下标准：

（1）色泽。色泽正常、新鲜、有光泽，规格大小均匀、一致，无菜屑、杂质及异物，汤汁清亮，无霉花浮膜。

（2）香气。具有发酵型香气及辅料添加后的复合香气，无不良气味及其他异香。

（3）质地及滋味。滋味鲜美，质地脆嫩，酸甜咸味适宜，含盐量为 2%～4%，含酸量（以乳酸计）为 0.4%～0.8%，无过酸过咸过甜味，无苦味及涩味。

7）包装

成品采用真空包装。

 工作任务二　糖醋菜加工技术

1. 主要材料

黄瓜（或选择当地适宜的品种，如萝卜、莴苣等）、食盐、白砂糖、香料等。

2. 工艺流程

糖醋菜加工工艺流程如图 8-9 所示。

原料选择 → 盐渍 → 脱盐 → 配制糖醋液 → 装坛 → 成品检验 → 包装

图 8-9　糖醋菜加工工艺流程

3. 操作步骤

1）原料选择

选择幼嫩质脆的黄瓜作原料，洗涤干净，沥干明水，备用。

2）盐渍

洗净的黄瓜，称重后置于菜坛中，加入 8%食盐水，使原料全部浸入盐液，1d 后加入原料和盐水总重量 4%食盐，3d 后再加入占原料和盐总重量 3%的食盐，4d 后加入占全部重量 1%的食盐，总共腌渍 2 周左右，直至原料呈半透明状态。

3）脱盐

腌渍后的黄瓜取出，用等量的热水浸泡等量原料，在约 68℃下浸泡 15min，使原料的含盐量降低，再用冷水浸泡 30min，沥干。

4）配制糖醋液

所需原料有 2.5%～3%醋酸溶液 1000mL，盐 7～14g，白砂糖或红糖 200～250g，丁香 0.5g，豆蔻粉 0.5g，生姜 2g，桂皮 0.5g，白胡椒 1g，把香料称好后包入纱布中。然后将醋酸溶液和香料袋放入带盖的铝锅中，加热至 81℃左右，维持 1h，使醋酸溶液充分浸泡香料后，取出香料袋，加入白砂糖即成糖醋液。

5）装坛

在糖醋液中加入等量的脱盐黄瓜，加热至 81℃左右，维持 8min 左右，即可装坛密封，冷却后糖醋渍 25～60d 即成。

　　6）成品检验

　　（1）色泽。色泽美观，带有本品种固有的色泽。

　　（2）香气。具有本品特有的香气。

　　（3）质地及滋味。甜酸适度，脆嫩爽口。

　　7）包装

　　成品采用真空包装。

工作任务三　腌制蔬菜常用的设备及使用

一、脱盐设备

　　各地蔬菜腌制企业脱盐一般都是采用手工操作，在缸、木桶或水泥池等内，用水浸泡菜坯，人工搅拌，中间换 2～3 次水。现在也有许多生产单位改用罐进行脱盐，其工作原理是使带螺片的立轴旋转产生压力，迫使坯料随水从出料口排出罐外，经振筛把大部分水分离，然后进入活动贮料器，再送至压榨机。该机结构如图 8-10 所示。

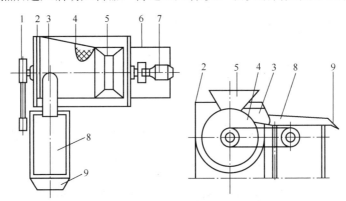

1. 传动轴；2. 贮水罐体；3. 出料口；4. 贮料罐体；5. 进料斗；
6. 机架；7. 电动机；8. 分离筛；9. 进料口（送油压机）。

图 8-10　搅拌、浸泡脱盐机

　　通常脱盐设备是利用搅拌罐形式来脱盐的，即把盐坯放在带有搅拌装置的平底缸内，一边放水一边搅拌，待达到要求时，打开侧面的罐口，让菜坯落到事先准备的容器内。此法简单易行，也适应规模化生产需要。罐体为圆柱形，大小视产量而设计，而搅拌方式多为桨（叶）式搅拌。

二、脱水设备

　　脱水机械现一般采用油压、丝杠压机等几种，脱水方法为离心和螺旋压榨脱水，常用的 3 种脱水设备有杠杆式木制压榨机、螺旋式压榨机、水压式压榨机。

（一）杠杆式木制压榨机

杠杆式木制压榨机利用硬木材制作而成，结构简单，主要由支别架、支脚、杠杆、底板、榨箱、模板、拉杆及加压架等构成，如图 8-11 所示。杠杆由长 5m 左右的坚硬木棍制成，一端插入支架的纵孔中，形成支点，另一端与拉杆连接，在拉杆上装有铁攀，其上钻有许多孔洞，可以上下移动，与杠杆连接固定。拉杆的底部与加压架连接，此加压架上可以加压石板（或在杠杆一端悬挂重石）。支架的近旁安装有木柜榨箱，石块的重力通过枕木加之于被榨物上进行压榨。这种压榨装置劳动强度较大，压力缓和，压榨需要时间长，比较笨重。

（二）螺旋式压榨机

螺旋式压榨机一般有两种形式：一种由一个螺旋转动下降而产生压力，这种形式仅在小型试验上使用；另一种由一个螺旋转动而使另一个螺旋下降进行压榨，或者在榨箱的上部垫上枕木，采用千斤顶的升高原理产生压力进行压榨，如图 8-12 所示。

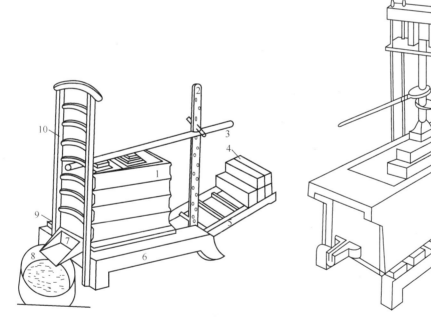

1. 木制榨箱；2. 拉杆；3. 木杠；4. 加压石块；5. 加压架；
6. 榨床架；7. 流水槽；8. 贮料缸；9. 底板；10. 支架。

图 8-11　杠杆式木制压榨机

图 8-12　螺旋式压榨机

（三）水压式压榨机

大规模生产时利用水压式压榨机进行压榨。水压式压榨机如图 8-13 所示。水压式压榨机的压力强，缓急自如，压力可以平缓均匀地增加，压榨迅速，但需有一套设备。

水压式压榨机的原理是利用水的压力通过钢管传导到压榨机，一般水压式压榨机由水压泵、蓄力机及压榨机组成。蓄力机是为了充分发挥水压式压榨机效力的一种装置，即使水压泵停止运转，但因蓄力机贮有压力，仍可继续进行压榨。

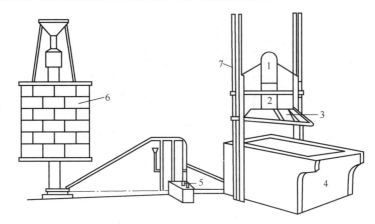

1. 活塞；2. 钢筒；3. 压榨机盖板；4. 压榨机榨箱；5. 水压机；6. 蓄力机；7. 升降装置。

图 8-13　水压式压榨机

三、真空与充气包装机

真空包装与充气包装的工艺程序基本相同，包装机大多设计成通用的结构形式，使之既可以用于真空包装，又可用作充气包装，也可用设计专用形式。真空包装机如图 8-14 所示。按包装容器及其封口方式分，真空包装机可分为卡口式、滚压封口式、卷边封口式和热熔封口式；真空充气包装机则没有卡口封口式。卡口式真空包装系将食品装入真空包装用塑料袋后，抽去袋中空气，再用金属丝进行结扎封口，通常用铝丝。

图 8-14　真空包装机实物图

　　充气包装机有真空充气包装机、瞬间充气包装机两类，而真空充气包装机又有喷嘴式、真空室式和喷嘴与真空室并用式之分，图 8-15（a）所示为喷嘴式真空充气包装机工作原理图。喷嘴式扁头伸入袋口，用夹头夹住，借真空系统抽出袋内空气造成真空，转而充气，再用热熔封按压头对包装袋口实施热熔封口。图 8-15（b）所示为真空室式真空充气包装机，装填了食品的包装袋，置于真空室内，关闭真空室，包装袋封口部位处在热熔封口压头之间，用真空泵抽出真空室和包装袋内空气，需充气封口时，转换到充气系统充入需要气体，再进行热熔接封口、冷却、放气。最后开启真空室取出成品。真空室式包装机比叶嘴式包装机好，因为前者包装封口时袋内外真空度相等，热熔接封口中不易出现皱纹，可保证密封性，且空气置换率较高。图 8-15（c）所示为喷嘴与真空室并用式真空充气包装机。瞬间充气包装机用卷筒薄膜在成型制袋-充填封口机上制成袋，袋内装物后，在进行封口前的瞬间，充进所要的气体，以置换包装袋中空气，进行封口。这种充气包装的空气之后率比较低。

　　真空包装以及充气包装机都有半自动和自动式，间歇式和连续式等类型，以适应多种生产情况的需要。

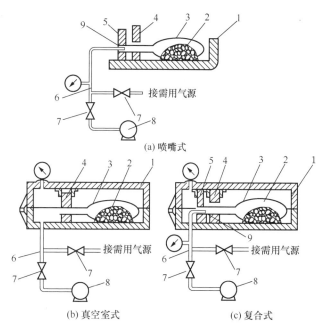

(a) 喷嘴式

(b) 真空室式　　　　(c) 复合式

1. 工作台（真空室）；2. 被包装物品；3. 包装袋；4. 热熔封口装置；
5. 热熔封口装置；6. 夹装压头；7. 气体流道路；8. 真空泵；9. 喷嘴。

图 8-15　真空与充气包装机工作原理图

四、封口机

　　封口机（图 8-16）多用于袋装产品的封口。封口时可采用封口机进行传送式封口，同时在封口处打印生产日期。封口机适用于聚乙烯或聚丙烯单层薄膜、聚乙烯或聚丙烯为内层的聚烃复合薄膜塑料袋以及铝塑等复合软包装的封口制袋，可连续进行封口。

图 8-16　封口机实物图

一、蔬菜腌制的原辅料

（一）蔬菜腌制的原料

蔬菜种类很多，根据其食用部分器官的形态，可分为根、茎、叶、花、瓜果菜五类，而蔬菜腌制所选用的原料，主要以根菜类、茎菜类、叶菜类、瓜果菜类为主。

1）根菜类

根菜类蔬菜含有可食用的肥大肉质直根。此类蔬菜含有较多的糖类和蛋白质，耐贮存，适宜腌制，如萝卜、胡萝卜、大头菜等，要求肉质紧密，脆嫩，干物质含量高，粗纤维少。

2）茎菜类

茎菜类蔬菜为地上茎及地下茎两类。地上茎类包括莴苣、竹笋、榨菜、茭白等；地下茎类包括生姜、大蒜、藕、薤等，一般需求茎体肥大、脆嫩、新鲜、色正，粗纤维少。

3）叶菜类

凡是用肥嫩叶片和叶柄作食用部分的蔬菜均属叶菜类。叶菜类含丰富的叶绿素、维生素和矿物质等，营养价值高。常用于腌制的有白菜、甘蓝、雪里蕻等，一般要求原料新鲜，干物质含量高，选用脆嫩的叶片，无病虫害等。

4）瓜果类

瓜果类蔬菜种类繁多，即可炒食、生食，又是腌制的好原料。常用的有辣椒、豇豆、乳黄瓜、茄子等，一般要求在鲜嫩时采收腌制。

（二）蔬菜腌渍的辅料

优质的蔬菜腌制品，离不开腌制过程中的各种辅料，传统的名优腌制品，其辅料及配方更为独特。所用辅料主要包括食盐、水、调味品、着色料、香辛料、防腐剂及其他食品添加剂等。

1）食盐

食盐是蔬菜腌渍的主要辅料，尤其对咸菜类加工，一般要求符合《食用盐》

（GB/T5461—2016）要求。干盐处理原料时一般要求盐干燥，不结块，一层菜一层盐，撒盐均匀，最上层多一些，有时与菜一起揉搓，加速蔬菜组织细胞破裂，促进盐分渗透。湿腌即采用一定浓度的盐液浸泡原料。

2）水

蔬菜腌制用水量较大，对水质要求不太严格，但应符合《生活饮用水卫生标准》（GB 5749—2006）的要求。

3）调味品

蔬菜腌制品的各种鲜香风味，除了蔬菜自身风味及发酵香味外，还须依据各种调味品增加风味，调味品一般有酱类、酱油、食醋、味精、甜味剂等。

（1）酱类。酱类常用的有豆酱和甜面酱。豆酱又称黄豆酱，大豆酱或大酱，是以大豆、面粉为主料经过发酵制成的豆制品。传统的生产方法是天然发酵，现在多采用人工培养米曲霉、酵母等发酵制取，其色泽为红褐色或棕褐色，有明显酱香和醋香，咸淡适口，不仅可以调味，也可作为酱制的主要原料。甜面酱滋味鲜甜，是制作酱菜的主要辅料。

（2）酱油。一般选用天然酿造的优质酱油，红褐色，酱香味浓，滋味鲜美，适于酱菜使用，不仅赋予制品良好的风味，更能改进制品的色泽。选用酱油应符合《酿造酱油》（GB/T18186—2000）。

（3）食醋。食醋为酸性调味品，主要以淀粉和含糖原料酿制而成。著名的如山西老陈醋、镇江米醋等。适用于作酱腌菜和糖醋菜类的调味料。一般要求红棕色或无色、酸味柔和、浓郁，符合《酿造食醋》（GB/T18187—2000）。

（4）味精。味精可使腌制品增加鲜味。由于味精在酸性环境中不易溶解，一般酸菜不适用。要求色白，味正，无杂质。

（5）甜味剂。主要用于制酱菜和卤性酱菜，以增加风味。甜味剂常使用白砂糖，近年来也采用低热量的蛋白糖等甜味剂。一些新型甜味剂会更好地改善蔬菜腌制品的品质。

4）着色料

主要着色料有酱色、酱油、食醋、姜黄、辣椒红素等，酱油、食醋及红糖在增加制品风味的同时，也能改善制品的色泽。酱色是传统的食品着色料，使用范围较广。姜黄主要利用姜黄素。红辣椒的红色素主要是辣椒素及辣椒玉红素。

5）香辛料

腌制品的香辛风味，有些是蔬菜本身具有的，如大蒜、洋葱、辣椒、生姜、芫荽等，生产时还可加入一些香辛料来增进风味，常用的有花椒、大料、桂皮、干红辣椒等。

6）防腐剂及其他食品添加剂

蔬菜腌制品在腌渍及贮藏期，为了防止杂菌污染引起的腐败，常使用少量防腐剂，以抑制细菌、酵母菌、霉菌等微生物的繁殖生长。但必须严格遵照《食品安全国家标准　食品添加剂使用标准》（GB2760—2014）规定使用，掌握其使用范围及使用量。苯甲酸钠、山梨酸钾在酱腌菜中最大使用量为 0.5g/kg。其他添加剂主要指一些酸性剂如柠檬酸、乳酸、醋酸等及甜味剂（前已述及），用于护色的焦亚硫酸钠护色剂等，有时为了防止氧化变色加入抗氧化剂等。

总之，腌制辅料在改善制品风味及质地的同时，要注意使用范围及使用量，保证食品的安全性，防止带来不良的变化。

二、其他蔬菜腌制技术

（一）酸菜制作

酸菜腌制在我国历史悠久，十分普遍，腌制方法简单，主要利用乳酸发酵产生特殊的酸香味。北方酸菜以大白菜、甘蓝为原料，欧美酸菜用黄瓜或甘蓝丝制作。酸白菜是东北、华北地区冬季保藏白菜的一种简便加工方法，成品为乳白色，产品可炒食、做馅及汤料用。下面以酸白菜腌制为例，介绍酸菜的加工工艺。

1. 工艺流程

酸菜腌制工艺流程如图 8-17 所示。

原料采收 → 晾晒 → 整理 → 清洗 → 腌渍 → 发酵 → 成品检验 → 包装

图 8-17　酸菜腌制工艺流程

2. 操作步骤

1）原料采收、晾晒

白菜成熟采收后晾晒 2～3d，晒至原质量的 65%～70%，菜体表面失水萎蔫，利于腌制时压实菜体，装量多，并能控制厌氧条件，利于乳酸发酵。

2）整理、清洗和腌渍

有两种方法，即生渍法和熟渍法。生渍法即蔬菜清洗整理直接装缸、桶、池中，上面可加竹栅，用重物（石头）压实，自然发酵。熟渍法即将白菜先用沸水烫漂 1～3min（其时间根据菜体大小及部位不同而宜），然后用冷水漂洗，趁菜体未完全冷却，沥水后装入发酵容器中。

生产上采用接种发酵时，在腌渍前 1～2d 进行菌种活化及一、二、三级培养。待白菜装缸后，倒入菌种，适度摇匀，接种量＞1×10^6 个/mL，常用植物乳杆菌、赖氏乳杆菌、短乳杆菌等，可采用单一菌株，也可采用复合菌群发酵。

为防止腐烂，可加入原料量的 4%～5% 的食盐，腌制时，一层菜一层盐。并进行揉压。腌制用水可用饮用水，有时可加入凉开水，为了加速发酵过程，生渍时可直接加入沸水，加水量以没过菜体为宜。

3）发酵

乳酸菌大部分喜欢厌氧环境，并且厌氧条件可防止好氧微生物的繁殖，因此发酵时尽量控制厌氧条件。生产上也有采用密闭发酵罐发酵的。缸、桶等容器尽量封盖，腌制中后期一定要防止菜体露出水面。注意观察菜汁的浑浊度及表面是否长膜生花，及时采取措施抑制杂菌。

4）成品检验、包装

传统发酵时间一般为 1～2 个月（8～15℃），而接种发酵时间一般为 1 个月左右即可，若菜体切分，发酵温度高，则时间更短，成品乳酸积累达到 1% 以上。菜帮透明状、乳白色、内叶黄色。菜心亦无生菜味，软而透明。酸味浓郁，质地脆嫩。由于成品切开后易褐变，因此可整棵散装销售，也可以切丝密封销售，最好结合杀菌工艺并添加适量防腐剂。成品最好贮存于冷凉条件下，开袋后即食，也可以速冻保藏。

（二）萝卜干制作

萝卜干是最普遍的腌制品，各地产品各有特色，其中以浙江的萧山、江苏的武进、常州等地所产者最为著名。萧山萝卜干是一种具有传统特色的蔬菜腌制品，由于该产品香气浓郁，色泽诱人，味道鲜，略有甜味，深受消费者喜爱，畅销国内外市场。

1. 工艺流程

萝卜干腌制工艺流程如图 8-18 所示。

原料选择 → 洗涤 → 切条 → 晾晒 → 初腌 → 日晒复腌 → 装坛封口 → 成品检验

图 8-18 萝卜干腌制工艺流程

2. 操作步骤

1）原料选择

原料用质地紧密，含水分少，肉质洁白的"一刀种"白色萝卜，一般过了冬至采收，要求不糠心，无老筋，形状规则。

2）洗涤、切条

先去菜叶及侧根，在清水中洗净泥沙，沥干水分。沿纵向切成条状，长约 10cm，粗如手指，切条时要使每条萝卜必须带有边皮。

3）晾晒

将萝卜条均匀地摊在芦苇或竹垫上曝晒，摊得要薄，勤翻边。晒 2～3d 后，再移到晾棚内晾 1d 以降低温度，晒至萝卜条柔软无硬条时为宜。

4）初腌

按晒好的萝卜条每 100kg 用盐 4～5kg 加入食盐。装缸时一层萝卜一层食盐，并且手揉搓至食盐溶化为度，然后装紧压实（加竹栅及重物），腌 3～5d。

5）日晒复腌

初腌 3～5d 后翻缸，取出萝卜条再曝晒 2～3d。然后再晾 1d，至再失水 30%在若为宜。按第二次日晒后每 100kg 原料加盐 4kg，进行复腌，腌制 5d。取出萝卜条进行第二次晾晒，加盐量为原料重的 5%，逐层压实，经 7d 腌制即成萝卜干。

6）装坛封口

将腌好的萝卜干装入已清洗干燥的小口坛内，装时分批装紧压实，不留空隙，装满后面上再撒一层面盐。坛口可用聚乙烯薄膜盖上并扎紧或用水泥封口，贮存待用。一般在一个月左右成熟。

7）成品检验

萧山萝卜干一般分为一、二、三级和等外级。产品要求色亮、半透明、半干态、无汁液，鲜嫩清脆，咸淡适宜，香甜。可以包装出售，也可以装坛子密封后一同外运销售，保质期一年。理化、微生物指标要符合要求。贮于阴凉干燥处，运销时轻装轻卸。

三、蔬菜腌制品加工中常见的质量问题及解决途径

在蔬菜腌制过程中，由于采用的原料不好，加工方法不当，或是腌制条件不良等原因，使制品遭受有害微生物的污染，导致腌制品质量下降，甚至出现败坏或产生一些有害物质的现象称为腌制品的劣变。为了生产出品质良好的腌菜，必须对腌制中容易出现的劣变现象及其产生原因和防止方法有所了解。

（一）蔬菜腌制品加工中常见的质量问题

1. 腌菜变黑

蔬菜腌制后，色泽都会有所加深，但除一些品种的特殊要求外，腌制品一般为翠绿色或黄、褐色，如果不要求产品色泽太深的腌菜变成了黑褐色，这就是一种劣变。导致这种劣变的原因主要有以下几点。

（1）腌制时食盐的分布不均匀，含盐多的部位正常发酵菌的活动受到抑制，而含盐少的部位有害菌又迅速繁殖。

（2）腌菜暴露于腌制液的液面之上，致使产品氧化严重和受到有害菌的侵染。

（3）腌制时使用了铁质器具，由于铁和原料中的单宁物质作用而使产品变黑。

（4）由于有些原料中的氧化酶活性较高且原料中含有较多的易氧化物质，在长期腌制中使产品色泽变深。

2. 腌菜变红

当腌菜未被盐水淹没并与空气接触时，红酵母菌的繁殖，就会使腌菜的表面生成桃红色，或深红色。

3. 腌菜质地变软

腌菜质地变软，主要是蔬菜中不溶性的果胶被分解为可溶性果胶造成的，其形成原因主要是：

（1）腌制时用盐量太少，乳酸形成快而多，过高的酸性环境使脆菜易于软化。

（2）腌制初期温度过高，使蔬菜组织破坏而变软。

（3）腌制器具不洁，兼以高温，有害微生物的活动使腌菜变软。

（4）腌菜表面有酵母菌和其他有害菌的繁殖，导致腌菜变软。

4. 腌菜变黏

植物乳杆菌或某些霉菌、酵母菌在较高温度时迅速繁殖，形成一些黏性物质，使腌菜变黏。

5. 腌菜的其他劣变

腌菜在腌制时出现长膜、生霉、腐烂、变味等现象都与微生物的活动有关，导致这些败坏的原因与腌制前原料的新鲜度、清洁度差以及腌制器具不洁，腌制时用盐量不当以及腌制期间的管理不当等因素有关。

（二）控制蔬菜腌制品加工质量问题的措施

1. 减少腌制前的微生物含量

腌制品的劣变很多都与微生物的污染有关，而减少腌制前的微生物含量对于防止腌制品的劣变具有极为重要的意义。要减少腌制前的微生物含量，一是要使用新鲜脆嫩，成熟度适宜，无损伤且无病害虫的原料；二是腌制前要将原料进行认真的清洗，以减少原料的带菌率；三是使用的容器、器具必须清洁卫生，同时要搞好环境卫生，尽量减少腌制前的微生物含量。

2. 腌制用水必须清洁卫生

腌制用水必须符合《生活饮用水卫生标准》（GB5749—2006），使用不洁之水，会使腌制环境中的微生物数量大大增加，使得腌制品极易劣变，而使用含硝酸盐较多的水，则会使腌制品的硝酸盐、亚硝酸盐含量过高，严重影响产品的卫生质量。

3. 注意腌制用食盐的质量

用于腌制的食盐，应符合国家食用盐的卫生标准，不纯的食盐不仅会影响腌制品的品质，使制品发苦，组织硬化或产生斑点，而且还可能因含有对人体健康有害的化学物质，如钡、氟、砷、铅、锌等而降低腌制品的卫生安全性，因此用于腌制的盐必须是符合国家卫生标准的食盐，而且最好用精制食盐。

4. 使用的容器适宜

供制作腌菜的容器应符合下列要求，即便于封闭以隔离空气，便于洗涤，杀菌消毒，对制品无不良影响并无毒无害。常用的容器有陶质的缸、坛和水泥池等。对于水泥发酵池，由于乳酸和水泥作用后使靠近水泥部分菜容易变坏，所以应在池壁和池底的外表加一层不为乳酸所影响的隔离物，如涂上一层抗酸涂料等。

5. 严格控制腌制的小环境

在腌制过程中会有各种微生物的存在。对于发酵性腌制品，乳酸菌为有益菌，而大肠埃希菌、丁酸菌等腐败菌以及酵母等则为有害菌。在腌制过程中要严格控制腌制小环境，促进有益的乳酸菌的活动，抑制有害菌的活动。对酵母和霉菌主要利用绝氧措施加以控制，对于耐高温又耐酸、不耐盐的腐败菌（如大肠埃希菌）则利用较高的强度以及控制较低的腌制温度或是提高盐液浓度来加以控制。乳酸菌的特点是厌氧或兼性厌氧，能耐较高的盐（一般可达 10%），较耐酸（pH 值为 3.0～4.0），生长适宜温度为 25～40 ℃，而有害菌中的酵母和霉菌则属好气的微生物，腐败菌中的大肠埃希菌、丁酸菌等的耐盐、耐酸性能均较差。

6. 防腐剂的使用

防腐剂是抑制微生物活动，有利于延长食品保藏期的一类食品添加剂。由于微生物的种类繁多，且腌制过程基本为开放式进行，所以仅靠食盐来抑制有害微生物的活动就必须使用较高的食盐浓度，但在低糖、低盐、低脂肪的趋势已成为食品发展主流的今天，高盐自然不符合当今朝流。所以为了弥补低盐腌制带来的自然防腐不足的缺陷，在大规模生产中时常会使用一些食品防腐剂以保证制品的卫生安全。目前我国允许在酱腌菜中使用的食品防腐剂主要有山梨酸钾、苯甲酸钠、脱氢醋酸钠等，其用于酱腌菜制品时的使用剂量一般在 0.05%～0.3%的范围，其具体用法与用量，可查阅《食品安全国家标准　食品添加剂使用标准》（GB2760—2014）。

四、腌制菜的安全性

腌菜是十分受人民喜爱的食品，在我国各地区已经广泛流传腌菜的制作方法，几乎家喻户晓。随着我国人民生活水平的提高，老百姓越来越关心自己的饮食健康，与此同时，人民群众也越来越关心这些食品究竟对身体是否有害。甚至有许多人提出了腌菜是否有致癌性的问题。这里，将介绍食品中致癌物产生的途径、如何防止致癌物产生等有关知识，以此指导生产部门生产出安全、优质产品，让广大群众吃到放心菜，满足广大人民群众的需要。很早以前，某地区的食道癌发病率比较高，且该地区又有多食泡菜、酸菜等腌菜的习惯。所以，人们很自然地提出"经常吃腌菜是否会致癌呢"？

首先，我们来了解腌菜中的致癌物主要有哪些；其次，我们来分析"为什么现代食品加工技术可以防止致癌物的产生"等问题。

众所周知，存在于腌菜中的主要致癌物是亚硝胺和黄曲霉毒素。腌菜中产生致癌物的途径有两条：

（1）由于腌菜的制作过程中卫生条件差，腐败菌的滋生、分解蛋白质，还原硝酸盐，产生亚硝胺。

（2）由于腌菜制作过程中，密封、绝氧条件不好，黄曲霉大量繁殖，产生黄曲霉毒素。

腌菜的正常生产过程利用的是乳酸发酵作用，而乳酸菌是抗酸、耐盐菌，它不能还原硝酸盐。因此，乳酸发酵不会产生亚硝胺。所以，只要是在卫生状况好的条件厂完成的正常发酵，腌菜制作时产生亚硝胺的可能性是很小的。同样，霉菌的繁殖和活动都需要在氧气充足的条件下进行，但规范的腌菜的制作过程是在完全密封的条件下完成的，不会有大量的氧气供霉菌繁殖而产生黄曲霉毒素。具体地说，防止腌菜制作过程中产生亚硝胺和黄曲霉毒素的主要措施如下：

（1）选用新鲜蔬菜，去掉腐烂变质的蔬菜，减少腐败菌的带入。

（2）在腌制时按照每千克蔬菜加入 400mg 的维生素 C，可以减少甚至完全阻止亚硝胺的产生。

（3）在腌制前期按每千克蔬菜加入 50mg 的苯甲酸钠，可以抑制腐败菌的活动。

（4）在制作腌菜时，容器内应当装满、压实，隔绝氧气，防止霉菌的繁殖活动。

（5）多吃新鲜果蔬，增加维生素 C 的摄入，消除体内的亚硝胺。

（6）在腌制过程中注意容器的卫生，防止腐败菌的污染，尤其是不要在田间就地挖坑制作腌菜，而只能用干净的酱缸、菜坛、菜池来制作腌菜。

（7）要及时更换坛沿水，保证坛沿水的卫生，防止坛沿水中的脏物进入坛内。通常在坛沿水中加入 20%的食盐，防止腐败菌在坛沿水中繁殖。同时要随时添足坛沿水，防止氧气的进入，杜绝黄曲霉菌的滋生。

（8）将腌制蔬菜在食用前利用阳光暴晒，然后再烹调食用。因为亚硝胺对阳光中的紫外线特别敏感，在紫外线的照射下会破坏失效。

（9）在腌制前期加入适量的柠檬酸或乳酸以调节酸度，控制不耐酸的腐败菌的活动。

（10）在制作腌菜时接种乳酸菌，如加入老泡菜水，或添加适量的凝固性酸奶，形成优势菌种，抑制腐败菌生长。如果按照这些方法进行生产，其产品中是不会含有亚硝胺和黄曲霉毒素的。因此，食用这种腌菜是安全的。

 练习及作业

1. 简述蔬菜腌制品的主要种类和特点。

2. 简述食盐的防腐保藏作用。

3. 以当地有特色的蔬菜腌制品为例，用箭头表示工艺流程，说明操作要点，并提出综合利用方案。

4. 观察泡制工艺中加入氯化钙对成品质量的影响。

5. 试述泡菜发酵的机理。腌制时是如何抑制杂菌的？

项目九　果蔬速冻制品加工技术

☞　**预期学习成果**

①能正确解释果蔬速冻制品加工的基本原理；②能准确叙述各种果蔬速冻制品加工的基本技术（工艺）；③能读懂并编制各种速冻制品加工技术方案；④能利用实训基地或实训室进行速冻制品的加工生产；⑤能正确判断速冻制品加工中常见的质量问题，并采取有效措施解决或预防；⑥会对产品进行一般质量鉴定；⑦能操作速冻制品加工中的主要设备。

☞　**职业岗位**

速冻食品（果蔬）制作技术员（工）、速冻产品质量检验员（工）。

☞　**典型工作任务**

(1) 根据生产任务，制订果蔬速冻制品生产计划。

(2) 按生产质量标准和生产计划组织生产。

(3) 正确选择果蔬速冻制品加工原料，并对原料进行质量检验。

(4) 按工艺要求对果蔬罐加工原料进行挑选、烫漂、护色等预处理。

(5) 按工艺要求对预处理原料进行速冻。

(6) 监控速冻加工过程中各工艺环节技术参数，并进行记录。

(7) 对速冻生产设备进行清洗并杀菌。

(8) 按速冻产品质量标准对成品进行质量检验。

果蔬速冻制品
加工技术
（相关知识）

相关知识准备

一、低温对微生物和酶的影响

果蔬的腐败变质原因主要是微生物的生命活动和酶促生物化学反应及非酶作用引起的。微生物的生长、繁殖和危害活动都有其适宜的条件，温度、水分和介质是影响微生物生长繁殖的因素，水分是微生物新陈代谢不可缺少的物质，冷冻果蔬内部水冻结成冰晶，降低了微生物生长繁殖和生化反应所必需的液态水的含量。没有适宜的环境条件，微生物就会停止繁殖，甚至死亡。酶要产生作用需要适当的温度和水分条件，没有适宜的环境条件，酶的活性会降低，起不到催化作用，甚至被破坏。速冻果蔬之所以耐低温冻藏正是针对上述变质因素来发挥抑制作用的。

（一）低温对微生物的影响

依据微生物最适温度范围，微生物可分为嗜冷型微生物、嗜温型微生物、嗜热型微生物，大部分腐败细菌是嗜温性的。微生物生长和繁殖的温度可分为最低温度、最适温度、最高温度，在最适温度范围内微生物生长和繁殖速度最快，降低温度就能减缓微生物的生长和繁殖速度。微生物对温度的适应性见表9-1。

表9-1　微生物对温度的适应性

类别	种类	最低温度/℃	最适温度/℃	最高温度/℃
嗜冷型微生物	霉菌、水中细菌	0	10～20	25～30
嗜温型微生物	腐败菌、病原菌	0 ～7	20～40	40～45
嗜热型微生物	温泉、堆肥中的细菌	25～45	50～60	70～80

通常情况下，细菌对低温耐受力较差，温度降低到最低生长点时，它们就会停止生长、繁殖，许多微生物在低于0℃下生长活动可被抑制。但嗜冷型微生物中霉菌、酵母菌和灰绿葡萄球菌最能耐受低温，在-8℃时，还能发现少量孢子出芽。甚至在-44.8～-20℃低温下，对一些孢子体也只能起到抑制作用。冷冻食品中微生物的生存期见表 9-2。解冻升温时，微生物的生长繁殖又会逐渐恢复，甚至还会导致果蔬产品腐败变质。低温冻藏使果蔬不发生腐败变质的主要原因是抑制腐败微生物的生长繁殖，不是杀死微生物，而且长期处于低温下的微生物能产生新的适应性。速冻并不能使所有微生物致死，它不同于高温杀菌处理对微生物灭活的有效作用。例如，嗜温型微生物100℃时迅速死亡，芽孢菌要在121℃高压蒸汽作用下灭菌（15±5）min 才能灭活。

表9-2　冷冻食品中微生物的生存期

微生物	速冻制品	贮藏温度/℃	生存期
霉菌	罐装草莓	-9.4	3 年
酵母	罐装草莓	-9.4	3 年
一般细菌	冷冻蔬菜	-17.8	9 个月
副伤寒杆菌	樱桃汁	-17.8 及-20	4 周
肉毒梭状芽孢杆菌	蔬菜	-16	2 年以上

低温导致微生物活力减弱和死亡的原因：低温能降低蛋白酶的活性，并使微生物生长发育活性受到抑制。果蔬食品冷冻时，细胞内部水分结成冰晶，降低了微生物进行生理生化反应所必需的液态水的含量，使得微生物生长繁殖所需要的最低水分活度得不到满足，所以最为有效的果蔬保藏方法是冷冻保藏。细菌、酵母菌和霉菌存活的最低水分活度界限分别为0.86、0.78和0.65，而温度在-15℃时，水分活度为0.864（表9-3），接近细菌存活的最低水分活度的临界点0.86；在-20℃时，水分活度下降到0.823（表9-3），低于许多细菌存活的最低水分活度值。

温度下降会导致微生物细胞内原生质黏度增加，胶体吸水性下降，蛋白质分散度改变，最终导致不可逆蛋白质凝固，使生物性物质代谢不能正常进行，导致细胞严重受损。冷冻时，介质中冰晶体的形成会导致细胞内原生质或胶体脱水，胶体内溶质浓度的增加常会使蛋白质变性。

低温冻结速度对微生物致死有重要作用。果蔬在冻结过程存在两种不同情况，一是速冻时微生物死亡较少，因为速冻形成的冰晶体颗粒细小而均匀，对细胞的机械性损伤小；另一个是缓慢冻结导致微生物大量死亡，由于缓冻过程中形成的大颗粒冰晶体对微生物细胞产生机械性损伤作用及缓冻，促使蛋白质变性作用大，导致微生物死亡率增加。但在果蔬冻结前的降温阶段，降温速度越慢，微生物的死亡率越低，这是由于降温速度慢会给微生物一个适应过程。因此，果蔬冻结前的降温时间越短，越能迅速地破坏微生物对低温的适应，有利于抑制微生物的活力和增加微生物的死亡率，确保速冻产品的性状和卫生质量。

表9-3　常见温度下水与冰的蒸汽压和水分活度

温度 /℃	水蒸气压 /mmHg	冰蒸气压 /mmHg	水分活度 A_w	温度 /℃	水蒸气压 /mmHg	冰蒸气压 /mmHg	水分活度 A_w
0	4.579	4.579	1.000	−25	0.607	0.476	0.784
−5	3.163	3.013	0.953	−30	0.383	0.286	0.750
−10	2.149	1.950	0.907	−40	0.142	0.097	0.680
−15	1.436	1.241	0.864	−50	0.048	0.030	0.620
−20	0.943	0.776	0.823	—	—	—	—

注：1mmHg=133.322Pa。

（二）低温对酶的影响

酶是具有催化生物化学反应作用的蛋白质或核苷酸，生物体内各种复杂的生化反应均需要微量酶的催化作用来加速其反应速度，而酶不消耗自身。温度是酶活性的重要影响因素，一定温度范围内，酶的活性随温度升高而提高。植物中酶的最适温度为50～60℃，在此温度条件下酶表现最大活性，超出此温度范围，酶的活性会受到抑制。当温度达到80～90℃时，几乎所有酶的活性都会受到破坏。酶的活性因温度而发生变化，酶活性变化所增加的化学反应率用 Q_{10} 表示：

$$Q_{10}=\frac{K_2}{K_1}$$

式中，Q_{10}——温度每升高10℃时，酶活性变化所增加的化学反应率；

K_1——温度 t 时，酶活性所导致的化学反应率；

K_2——$t+10$℃时，酶活性所导致的化学反应率。

多数酶活性的 Q_{10} 值为2～3，也就是说温度每下降10℃，酶活性就会减弱1/3～1/2。在0℃以下，酶的活性随温度降低而减弱。一般，-18℃以下低温冷冻保藏会使果蔬体内酶活性明显减弱，从而减缓因酶促反应而导致的各种衰败。冻藏温度一般以-18℃较为适宜。

低温冷冻并不能完全抑制酶的活性，只能降低酶催化的生物化学反应速度。冷冻果蔬体内的生化反应只是进行得非常缓慢，并未停止。冻结并不能替代酶的灭活处理，果蔬冻藏一段时间后会有一定的风味变化。冻藏果蔬解冻时，其酶活性会恢复，加快生物化学反应速度，导致果蔬产品褐变、味变、营养损失等。因此，要保持冷冻果蔬产品质量，需要在冷冻前采取抑制或钝化酶活性的措施，如烫漂、糖水浸渍。过氧化物酶的耐热性较强，生产中常以其破坏程度决定烫漂时间。

二、果蔬速冻过程

果蔬速冻加工就是将新鲜果蔬经加工处理后，以迅速结晶的理论为基础，采用各种方法加快热交换，在小于 30min 的时间内，于-35℃以下速冻，使果蔬快速通过最大冰晶生成区而冻结，包装后贮藏于-18℃以下冷冻库中，达到长期保存目的的过程。

（一）果蔬的冻结点

冻结点就是冰结晶开始出现的温度。水的冰点是 0℃。一般水果的含水量在 73%～90%，蔬菜含水量在 65%～96%。由于果蔬中的水分不是纯水，而是含有有机物和无机物，包括糖类、酸类和更复杂的有机分子及盐类，是一种复杂的胶体悬浮溶液。果蔬的冰点总是低于 0℃，一般在-4～-1℃，如表 9-4 所示。

表 9-4　常见果蔬的冰点

果蔬种类	冰点/℃	果蔬种类	冰点/℃
草莓	-1.08～-0.85	菠菜	-0.51～-0.41
甜橙	-1.56～-1.17	番茄	-0.75～-0.62
菠萝	-1.6	黄瓜	-0.62～-0.44
李子	-2.2～-1.6	甘蓝	-1.15～-0.77
苹果	-2.78～-1.4	南瓜	-1.0
梨	-3.16～-1.5	甜玉米	-1.7～-1.1
杏	-3.25～-2.12	马铃薯	-1.29～-1.04
樱桃	-4.5～-3.4	洋葱	-1.90～-1.59

（二）冷冻过程

果蔬冷冻的过程即采取一定方式排除其热量，使果蔬中水分冻结的过程，水分的冻结过程包括降温和结晶。食品冻结曲线如图 9-1 所示。

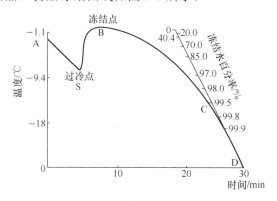

图 9-1　食品冻结曲线

1. 降温

食品中的水分由原来的温度降低到冰点的过程，食品的冰点通常低于0℃。在食品冷冻降温的过程中，往往出现过冷现象。

过冷现象：食品中的水分在温度降至冰点以下若干度时并不结冰，而当温度重新回升到冰点温度时，才开始结冰，此现象称为过冷现象，将温度开始回升时的最低温度称为过冷温度，不同食品具有不同的过冷温度。

2. 结晶

食品中的水分由液态变为固态的冰晶结构的过程，即食品中的水分温度在下降到过冷温度之后，又上升到冰点，然后开始由液态向固态的转化，此过程为结晶。结晶包括两个过程：核晶的形成和晶体的增长。

（1）核晶的形成。在达到过冷温度之后，极少一部分水分子以一定规模结合成颗粒型的微粒，即核晶，它是晶体增长的基础。

（2）晶体的增长。晶体的增长是指水分子有秩序地结合到核晶上面，使晶体不断增大的过程。

食品冻结曲线显示了食品在冻结过程中温度与时间的关系。

AS阶段为降温阶段，经过过冷现象温度上升到冰点，此间温度下降放出显热。

BC阶段为结晶阶段，此时食品中大部分水结成冰，整个冰冻过程大部分潜热在此阶段放出，因为潜热降温慢，故曲线平坦。

CD阶段为成冰到终温，冰继续降温，余下的水继续结冰。

如果冰水同时存在于0℃，保持温度不变，它们将处于平衡状态而共存。如果继续排除其热量，就会促使水转变成冰而不需要核晶形成的过程。假如只有水而无冰的存在，情况就不相同，即在晶体形成增长前，先有核晶的形成，才有结冰和体积的增大。

（三）水分冻结率

冻结终了时果蔬中水分的冻结量称为冻结率。可以近似地表示为

$$K=100（1-t_d/t_s）$$

式中，K——果蔬冻结率；

　　　t_d——果蔬冻结点，℃；

　　　t_s——果蔬温度，℃。

若果蔬的冻结点为-1℃，降到-5℃时的冻结率=$-\dfrac{-1℃}{-5℃}$=80%，降到-18℃时的冻结率=$1-\dfrac{-1℃}{-18℃}\approx94.4\%$。

果蔬的冻结率与温度和果蔬种类有关，温度越低，果蔬冻结率越高。不同种类果蔬即使在相同温度下也有不同的冻结率，如表9-5所示。

通常果蔬的温度需下降到-65～-55℃，全部水分才会凝固，以冻结成本考虑，工艺上一般不采用这样的低温。在-30℃左右，果蔬中大部分水分能够结晶，结晶水分主要为游离水，在此温度下冷冻果蔬，已经能达到贮藏要求。

表 9-5　常见果蔬在不同温度下的水分冻结率

果蔬种类	食品温度/℃											
	-1	-2	-3	-4	-5	-6	-10	-15	-18	-20	-25	-30
番茄	0.30	0.60	0.70	0.76	0.80	0.82	0.88	0.90	0.91	0.915	0.93	0.95
洋葱、蚕豆、青豆	0.10	0.50	0.65	0.71	0.75	0.77	0.835	0.875	0.89	0.90	0.92	0.93
大豆、胡萝卜	0	0.28	0.50	0.58	0.645	0.68	0.77	0.83	0.84	0.85	0.87	0.90
苹果、梨、李、马铃薯	0	0	0.32	0.45	0.53	0.58	0.70	0.78	0.802	0.82	0.85	0.87
杏、柠檬、葡萄	0	0	0.20	0.32	0.41	0.48	0.655	0.72	0.75	0.77	0.80	0.83
樱桃	0	0	0	0.20	0.32	0.40	0.58	0.67	0.71	0.72	0.74	0.76

最大冰晶生成区：在冷冻过程中，多数果蔬在-5～-1℃，大部分游离水已形成冰晶（80%以上），一般把这一温度范围称果蔬最大冰晶生成区。

（四）冻结速度与冰晶分布

1. 冻结速度的表示方法

目前冻结速度的表示方法有以下两种。

（1）时间划分。果蔬中心温度从-1℃降至-5℃所需要的时间，在 30min 内为快速冻结，超过 30min 为慢速冻结。之所以选择 30min 是因为在这样的冻结速度下冰晶对组织影响最小。

（2）距离划分。单位时间内果蔬-5℃的冻结层从果蔬表面伸向内部的距离（cm），快速冻结为 5～20cm/h；中速冻结为 1～5cm/h；慢速冻结为 0.1～1cm/h。

2. 冻结速度与冰晶分布

在果蔬冷冻过程中，冻结速度与果蔬中冰晶体颗粒尺寸直接相关，而冰晶体大小决定了冷冻果蔬的最终质量。

1）速冻

速冻是指食品中的水分在 30min 内通过最大冰晶生成区而冻结。在速冻条件下，食品降温速度快，食品细胞内外同时达到形成核晶的温度条件，核晶在细胞内外广泛形成，形成的核晶多而细小，水分在许多核晶上结合形成的晶体小而多，冰晶的分布接近于天然食品中液态水的分布情况。由于晶体在细胞内外广泛分布，数量多而小，细胞受到压力均匀，基本不会伤害细胞组织，解冻后产品容易恢复到原来状态，流汁量极少或不流汁，能够较好地保存食品原有质量。

2）缓冻

缓冻是指不符合速冻条件的冷冻。食品在缓冻条件下，降温速度慢，细胞内外不能同时达到形成核晶的条件，通常在细胞间隙首先出现核晶，核晶少，水分在少数核晶上结合，形成的晶体较大，但数量少。由于较大的晶体主要分布的细胞间隙中，致使细胞内外受到的压力不均匀，易造成细胞机械损伤和破裂。解冻后，食品流汁现象严重，质地软烂，质量严重下降。

3）重结晶

由于温度的变化，食品反复解冻和再冻结，会导致水分的重结晶现象。通常当温度升高时，冷冻食品中细小的冰晶体首先融化，冷冻时水分会结合到较大的冰晶体上。反复的解冻和再冷冻后，细小的冰晶体会减少乃至消失，较大冰晶体会变得更大，因此对食品细胞组织造成严重伤害。解冻后，流汁现象严重，产品质量下降。另一种关于重结晶的解释是当温度上升，食品解冻时，细胞内部的部分水分首先融化并扩散到细胞间隙中，当温度再次下降时，它们会附着并冻结在细胞间隙的冰晶上，使之体积增大。

可见冷冻食品质量下降的原因，不仅仅是缓冻，还有重结晶，即使采用速冻方法得到的速冻食品，在贮藏过程中如果温度波动大，同样会因为重结晶现象造成产品质量劣变。由于速冻食品组织内有浓缩溶质，食品组织、胶体以及各种成分相互接触的时间显著缩短，使浓缩残留水的危害性有所下降，结合近年来国际上流行的超低温速冻和冻藏（-30℃以下），可以有效控制浓缩残留水带来的危害。

三、常用速冻方法

（一）鼓风冷冻法

鼓风冷冻法即空气冷冻法，是利用高速流动的空气，促使果蔬快速散热，以达到冷冻的目的。生产中多采用隧道式鼓风冷冻机，在一个长方形的，墙壁有隔热装置的通道中进行冷冻。产品放在传送带或筛盘上以一定速度通过隧道。冷空气由鼓风机吹过冷凝管道，再送入隧道穿流于产品之间，与产品进入的方向相反，这种方法一般采用空气的温度是-34～-18℃，风速为30～100m/min。目前有的工厂采用大型冷冻室，内装置回旋式传送带，在盘旋传送过程中进行冻结。还有一种冷冻室为方形的直立井筒体，装食品的浅盘自下向上移动，在传送过程中完成冻结。

（二）间接接触冻结法

用制冷剂或低温介质（盐水）冷却的金属板和食品密切接触，使果蔬冻结的方法称间接接触冻结法。适用于冻结未包装的和用塑料袋、玻璃纸或纸盒包装的食品。金属板有静止的，也有上下移动的，常用的有平板、浅盘、传送带等。生产上多采用在绝热的箱橱内装置可移动的空心金属板，冷却剂通过平板的空心内部，使温度降低。由于制品是上下两面同时进行降温冻结，故冻结速度比较快。

（三）直接接触冷冻法

直接接触冷冻法是指散态或包装食品与低温介质或超低温制冷剂直接接触下进行冻结的方法。一般将产品直接浸渍在冷冻液中进行冻结，也有用冷冻剂喷淋产品的方法，统称浸渍冻结法。液体是热的良好传导介质，在浸渍或喷淋中，冷冻介质与产品直接接触，接触面积大，热交换效率高，冷冻速度快。常用的冷冻剂有液态氮、液态二氧化碳、一氧化碳、丙二醇、丙三醇、液态空气、糖液和盐液等。

（四）流化冷冻法

流化冷冻法适用于小形颗粒产品或各种切分成小块的果蔬。首先将产品铺放在一个孔眼的网带上，或有孔眼的盘子上，铺放产品厚度为 2.5~12.5cm。冷冻时，将足够冷的空气，以足够的速度由网带下方向上方强制吹送，这样使冷空气能与产品颗粒全面直接接触。吹风速度至少 375m/min，空气温度为-34℃。要求产品大小要均匀，铺放厚度一致。此法冷冻迅速和均衡，一般几分钟至十几分钟即可冻结。

四、速冻生产工作程序

速冻果蔬是速冻食品中的主要产品。速冻果蔬可较大程度地保持果蔬原有的色泽、风味和营养，食用方便、安全，能起到调节果蔬市场淡旺季的作用，还可作为果蔬深加工的原料。

（一）原料的选择

适宜速冻加工的蔬菜很多，有青刀豆、豇豆、豌豆、茄子、番茄、青椒、黄瓜、南瓜等。其中叶菜类有菠菜、芹菜、韭菜、蒜薹、香菜等；茎菜类有土豆、芦笋、莴笋、芋头、冬笋等；根菜类有胡萝卜、山药等。此外，还包括花菜类和食用菌等。适宜速冻的水果主要有葡萄、桃、李子、樱桃、草莓、荔枝、板栗、西瓜、梨、杏等。

速冻对果蔬原料的基本要求：①耐冻藏，冷冻后严重变味的原料，一般不宜速冻；②食用前需要煮制的蔬菜适宜速冻，对于需要保持其生食风味的品种不宜进行速冻。

（二）原料的预冷

果蔬原料在采收之后，用人工或机械方法将其冷却到规定温度，使果蔬生命活动降低到最低水平，这种冷却方法称为预冷。目前果蔬预冷已成为果蔬采后加工的第一道工序。预冷方法有：①冷空气预冷法，即在高温冷藏库内采用冷气流强制对流的冷却方法，此方法适用于大部分的果蔬产品，简单易行但冷却速度慢，通常每次需 12~14h，并且易出现果蔬失水现象；②水预冷，即通过水冷却装置用水预冷，该方法适合于根茎类，果菜类蔬菜和水果，此法设备简单、操作方便、冷却速度快、成本低，但是果蔬的可溶性营养物质易流失，并易受水中细菌的污染；③真空冷却，是利用水蒸气的汽化冷却的方法，使果蔬所含的水分在较低的温度下蒸发带走蔬菜自身的热量，达到冷却果蔬的目的。具体的过程是，将水的压力从常压 0.1MPa 降到 613Pa 时，水的沸点从 100℃降到 0℃，此时水在 0℃迅速地沸腾蒸发。根据计算，每蒸发 1g 水，就能带走约 2514J 的热量，蔬菜每失水 1%就能降温 6.2℃。因为真空冷却是靠蒸发果蔬本身的水分而达到降低温度的冷却方法，所以对单位面积较大的叶菜特别有效。此方法冷却速度比其他方法快，被冷却的果蔬温度也比较均匀。通过预冷处理降低果蔬的田间热和各种生理代谢，可防止果蔬腐败衰老。

（三）原料的清洗整理和切分

冷冻前几乎所有的果蔬原料都要进行必要的清洗整理和切分。按原料特点和加工要求进行清洗、整理和适当切分。

（四）原料的烫漂

1. 烫漂的目的

果蔬如果冻前不进行烫漂，速冻后果蔬中的酶还具有一定的活性，还会引起蔬菜变质变味，尤其是在产品解冻时，酶的活性会突然增大，加快生物化学反应，使产品质量迅速恶化。因此果蔬速冻前有必要进行果蔬烫漂工序，以钝化酶活性。

通过烫漂可以全部或部分地破坏原料中氧化酶的活性，杀死微生物。对于含纤维较多的蔬菜，适于炖炒的种类，一般进行烫漂。烫漂的温度和时间根据原料的性质，切分程度确定，通常是95~100℃，几秒至数分钟。而对于含纤维较少的蔬菜，适于鲜食的，一般要保持脆嫩质地，通常不进行烫漂。

烫漂是为了破坏酶活性，防止细胞冻结死后氧化酶活性增强出现褐变。影响速冻蔬菜质量的酶有过氧化酶、氧化酶、过氧化氢酶、抗坏血酸氧化酶等。这些酶一般在70~100℃或-40℃以下，才失去活性。利用烫漂破坏蔬菜中酶活性比低温处理要经济、简便。蔬菜经过烫漂后要立即冷却，以避免余热导致原料颜色或营养成分的改变。

2. 烫漂的方法

烫漂常用的方法有热水烫漂和蒸汽烫漂两种。热水烫漂用水应符合生活饮用水的水质标准，水温多为80~100℃，生产中常用水温为93~96℃。烫漂时间因蔬菜种类和烫漂温度而不同。由于水的热容量大，传热速度快，因而热水烫漂时间较同温下蒸汽烫漂时间短，品温升高较均匀一致，适用的品种范围较广，操作简单，一次性投资少。但用水量大，果蔬营养成分流失较多，从而影响到速冻果蔬的风味、营养和外观品质。

蒸汽烫漂是把果蔬放到高温蒸汽中进行短时间的加热处理，紧接着用低温空气进行快速冷却。蒸汽温度一般是100℃以上，压力在100kPa以上。此方法可减少果蔬中水溶性营养成分的损失，如表9-6所示。蒸汽烫漂主要用于叶菜类、果菜类和切细根菜类。该法热量损失较大，烫漂不均匀，水蒸气易在原料表面凝结，一次性投资较大等。

表9-6 常见蔬菜在烫漂时成分的损失率（%）

蔬菜品种	无机盐			蛋白质			维生素C		
	a	b	c	a	b	c	a	b	c
青豌豆	12	16	5	9	15	4	29	40	16
菜豆（薄片）	21	44	20	8	19	13	34	56	36
胡萝卜（丁）	29	33	17	23	24	7	24	46	20
土豆（整）	7	19	10	8	10	10	32	34	39
甘蓝	10	23	17	5	12	11	31	48	11

注：a 处理为热水烫漂 1min；b 处理为热水烫漂 6min；c 处理为蒸汽烫漂 3min。

随着果蔬工业的发展，烫漂的方法正在向快速、节能、智能化控制的方向发展，新方法主要有微波烫漂、高温瞬时蒸汽烫漂、常温酸烫漂等。不管采用何种烫漂方法，都应尽量保持果蔬外观品质和内部质量。

3.烫漂温度和时间

烫漂温度和时间是根据果蔬的种类、大小、成熟度、含酶种类和工艺要求等条件综合考虑确定的，常以果蔬中过氧化酶活性刚好全部破坏为度，也可以以脂质氧化酶刚好全部失活为标准，在生产中应结合实际情况而定。热水烫漂时，投料量与热水质量之比为1∶20，表9-7是常见蔬菜在100℃烫漂所需时间。

表9-7 常见蔬菜的烫漂时间

蔬菜种类	烫漂时间/min	蔬菜种类	烫漂时间/min
菜豆	2	青菜	2
刀豆	2.5	荷兰豆	1.5
菠菜	2	芋	10～12
黄瓜片	1.5	胡萝卜丁	2
蘑菇	3	蒜	1
南瓜片	2.5	蚕豆	2.5

注：条件为100℃沸水。

4. 烫漂终点的检验

一般是查抗热性较强的过氧化物酶的活性，用1.5%愈创木酚乙醇溶液和2%的过氧化氢溶液等量混合后，将漂烫后的果蔬切片浸入混合液中，或把混合液涂抹在果蔬切面上，如果在几分钟内不变色，即表示过氧化物酶已被破坏；如果出现褐色则表明过氧化物酶还没有完全被钝化。

检测原理：果蔬在加工过程中，组织被破坏，各种酶从细胞中逸出，主要有过氧化物酶、过氧化氢酶、抗坏血酸氧化酶和多酚氧化酶。其中，过氧化物酶最为耐热，它的活力会影响到产品的风味和色泽。过氧化物酶的过氧化物底物主要是过氧化氢，愈创木酚、愈创木脂酸、联苯胺和邻苯二胺等都可以作为氢供体底物。常用愈创木酚检验过氧化物酶活性，若过氧化物酶仍有活力，愈创木酚被氧化成红褐色的四愈木酚，否则没有现象。

检测药品：准确配制0.1%愈创木酚乙醇溶液和0.3%过氧化氢溶液。

实验检测方法：烫漂后的果蔬立即取出切断，将0.1%愈创木酚乙醇溶液滴在横切面上，稍等片刻，再将0.3%过氧化氢溶液滴在横断面上，观察颜色有无变化。

实验结果判定方法：若滴加0.3%过氧化氢溶液后，横断面在1～2min内呈现红褐色，说明过氧化物酶没有失活，实验结果为阳性；若横断面无颜色变化，则说明过氧化物酶失活，实验结果为阴性。对于阳性结果的，应继续升高温度或延长烫漂时间。

（五）水果的浸糖处理

水果需要保持其鲜食品质，有些品种通常不进行漂烫处理，但为了破坏水果酶活性，防止氧化变色，水果在整理切分后需要保存在糖液或维生素C液中。水果浸糖处理还具有减轻冰结晶对水果内部组织的破坏作用，防止芳香成分的挥发，保持水果的原有品质及风味。

糖的浓度一般控制在 30%～50%，因水果种类不同而异，加入糖量过多会造成果肉收缩，为了增强护色效果，应在糖液中加入 0.1%～0.5% 的维生素 C。

（六）冷却和沥水

1. 冷却

果蔬烫漂后应立即快速冷却，使果蔬温度尽快降至 5℃ 以下，以减少营养损失、色泽变坏和微生物的污染繁殖。另外，原料品温低，进入速冻设备时可减少速冻的干耗，缩短冻结时间。冷却方法通常有风冷、水冷和冰冷。

（1）风冷（通风冷却）：有自然对流式（利用外界冷空气将果蔬的热量带走）和强制通风式（利用风机使冷空气强制对流）。

风冷利用流动的空气使蔬菜的温度下降。风冷适用于大多数果蔬，成本低，冷却速度慢，冷却时间长。

（2）水冷：通过低温水把冷却的果蔬冷却到指定的温度。水冷有以下三种形式：

浸渍式：把果蔬直接浸在冷水中冷却，并用搅拌器不断搅拌冷水。

喷淋式：用喷头把冷却的水喷到果蔬上面，达到冷却的目的。

降水式：把果蔬放在传送带上，由上部水盘均匀地向下降水喷淋。这种形式在大型果蔬贮藏库中使用较多。

水冷比风冷冷却速度快，并且还可以放在传送带上连续操作。但冷却水容易被果蔬污染，成为传播微生物的媒介，还会增加可溶性固形物的损失。风冷却没有水冷的缺点。

（3）冰冷：将碎冰块直接接触果蔬，使其温度下降。冰是一种很好的冷却介质。冰融化成水要吸收 80kcal/kg（1kcal=4184J）的热量，使果蔬迅速冷却，而且冰便于携带，无害，便宜。

2. 沥水

原料经过烫漂，冷却表面带有较多水分，在冷冻过程中很容易形成冰块，增大产品体积，影响产品外观，因此要采取一定方法将水甩干。通常使用离心机或振动筛进行甩干。

（七）速冻

沥干水分后的果蔬装盘或装筐后，需要快速冻结。力争在最短的时间内，使果蔬体迅速通过最大冰晶生成区（-0.5～-0.1℃）才能保证速冻质量。只有冷冻迅速，果蔬体中的水方能形成细小的晶体，而不致损伤细胞组织。一般将去皮、切分、烫漂或其他处理后的原料，及时放入 -35～-25℃ 的温度下迅速冻结，而后再行包装和贮藏。

我国普遍采用的速冻方法有两种，一种是静止冻结，即在低温冻结间内进行，这种方法生产效率低，冷冻的产品质量不好，一些规模比较小的企业会使用此方法；二是采用专用速冻生产线，此方法生产效率高，产品质量好，适宜于各种速冻果蔬产品。果蔬冻结的速冻设备一般分为送风式、接触式和液氮或液态二氧化碳喷淋冻结设备，速冻果蔬多采用前两种形式的设备。无论采用哪种速冻设备，冻结速度和冻结品温是获得优良速冻产品的重要指标。

（八）包装

包装是贮藏好速冻果蔬的重要条件，其作用是：防止果蔬因素面水分的蒸发而形成干燥状态；防止产品在贮藏中因接触空气而氧化变色；防止大气污染（尘、渣等），保持产品卫生；便于运输、销售和食用。包装规格可根据供应对象而定，零售，一般每袋装 0.5kg 或 1kg；宾馆酒店用的，可装 5~10kg。包装后如不能及时外销，需放入-18℃的冷库贮藏，其贮藏期因品种而异，如豆角、甘蓝等可冷藏 8 个月；菜花、菠菜、青豌豆可贮藏 14~16 个月；而胡萝卜、南瓜等则可贮藏 24 个月。

1. 速冻果蔬包装的方式

速冻果蔬包装的方式主要有普通包装、充气包装和真空包装。

（1）充气包装：首先对包装袋进行抽气，再充入二氧化碳或氮气等气体的包装方式。这些气体能防止食品特别是肉类脂肪的氧化和微生物繁殖，充气量一般在 0.5% 以内。

（2）真空包装：抽去包装袋内气体，立刻封口的包装方式。袋内气体减少不利于微生物繁殖，有益于产品质量保存并延长速冻食品保藏期。

2. 包装材料的特点

（1）耐温性。速冻食品包装材料一般以能耐 100℃沸水 30min 为合格。纸最耐低温，在-40℃下仍能保持柔软特性；其次是铝箔和塑料在-30℃下能保持其柔软性；塑料遇超低温时会硬化。

（2）透气性。速冻食品包装除了普通包装外，还有抽气、真空等特种包装，这些包装必须采用透气性低的材料，以保持食品特殊香气，防止干耗。

（3）耐水性。包装材料还需要防止水分渗透以减少干耗。这类不透水的包装材料，由于环境温度的改变，易在材料上凝结露珠，使透明度降低。因此，在使用时要考虑到环境温度。

（4）耐光性。包装材料及印刷颜料要耐光，否则材料受到光照会导致包装色彩变化及商品价值下降。

3. 包装材料的种类

速冻食品的包装材料按用途可分为内包装（薄膜类）、中包装和外包装材料。

内包装材料有聚乙烯、聚丙烯、聚乙烯与玻璃纸复合、聚酯复合、聚乙烯与尼龙复合、铝箔等；中包装材料有涂蜡纸盒、塑料托盘等；外包装材料有瓦楞纸箱、耐水瓦楞纸箱等。

（1）薄膜包装材料：一般用于内包装，要求耐低温，在-30~-1℃下保持弹性；能耐 100~110℃高温；不移味，易热封，氧气透过率要低；具耐油性、印刷性。

（2）硬包装材料：一般用于制托盘或容器，常用的有聚氯乙烯、聚碳酸酯和聚苯乙烯。

（3）纸包装材料：目前速冻食品包装以塑料类居多，纸包装较少，原因是纸存在防湿性差、防气性差、不透明等不足。但纸包装也有明显的优点，如容易回收处理，耐低温极好、印刷性好，包装加工容易，保护性好、价格低，开启容易，光线遮断性好、安全性高等。

（九）销售

速冻果蔬在营销过程中也要处于低温环境中，以保证产品的品质。速冻果蔬在运输和市场零售期间，应当保持接近于冻藏的温度，使产品保持原始的冻结状态而不解冻。就是短途运输也应使用保温车，使产品在中途不至解冻，不能因时间短就忽视这个问题，因为到达目的地后还要贮存多久是难以预料的。速冻果蔬在零售部门的处理，不能与普通食品一样。速冻果蔬的商店必须具备冷冻食品贮存库或冰箱等冷藏设施。

工作任务一　速冻草莓加工技术

果蔬速冻制品
加工技术
（工作任务）

草莓是一种浆果。草莓味美、芳香、酸甜适口，营养价值高，可食用部分达 98%。草莓风味别致，但因多汁、娇嫩，不易运输和贮藏，常温下，仅能存放 1～2d。研究表明：草莓在温度-0.5～0℃、相对湿度 85%～90%，最高贮期仅有 7～10d，即使低温贮藏和气调相结合，最长贮期也不超过 15d。采用速冻保藏草莓可大大延长贮藏期，特别是在炎热的夏天，小包装速冻草莓，受到广大消费者青睐。

1. 主要材料

新鲜的草莓、高锰酸钾、白砂糖等。

2. 工艺流程

速冻草莓加工工艺流程如图 9-2 所示。

原料选择 → 清洗消毒 → 沥水称重 → 调糖装盘 → 速冻包装 → 金属探测 → 冻藏 → 成品

图 9-2　速冻草莓加工工艺流程

3. 操作步骤

1）原料选择

一般在果实颜色变红一半以上时采收。选择果实形态端正，大小接近，成熟度及色泽较一致，且籽少的草莓鲜果作加工原料。采后的果实按色泽和大小分级挑选，首先挑选出果面红色占 2/3 的适宜冻结加工的果实，然后按下列直径分级：20mm 以下、20～24mm、25～28mm、28mm 以上；或按质量分级：质量 10g 以上为一级、8～10g 为二级、6～8g 为三级、6g 以下为四级。采收和挑选及运输时须轻拿轻放，最好是浅底箱，装箱不宜过满，防止造成机械损伤和太阳直接照射。由于草莓采收时气温较高，采收后极易过熟腐烂，并在采后的 8～12h 内加工完毕。若遇特殊情况，可采用快速预冷，使草莓在 1h 内，温度降至 0℃，并在相对湿度 85%条件下暂存，但不超过 7d。

2）清洗消毒

把选择好的草莓去蒂后，置于水池中清洗，一般将洁净的压缩空气吹入池内的冷水中搅动清洗，以除去泥沙、叶片等碎屑，并换水冲洗。如需消毒，可随即将清洗后的果置于 0.05%～0.1%高锰酸钾水溶液中浸泡，洗涤 8～10min 后，再次转入清水池中用清水冲洗 2～3 次，至清洗液不呈现蓝紫色为宜。人工除去鲜果上的果柄、萼片，注意不得弄破果皮，并拣除烂果、病虫危害果等不合标准的果实，再用清水淘洗 1 次。

3）沥水称重

将经洗涤消毒的果实用塑料漏瓢捞起，盛于专用筐中沥尽水滴后称重。按每 2kg 或 5kg 为 1 个装量单位，把鲜果装入专用金属盘中，为了防止加工过程中水分的散失，一般鲜果称重要多出规定重量的 2%～3%。

4）调糖装盘

作生食的加工草莓，如果酸味较重、甜度不足，通常要加入净重 30%～50%浓度的白砂糖浸渍。也可按鲜果比糖为 3∶1 的比例加白砂糖，均匀撒在果面上，搅拌均匀后即可装盘。装盘时摆放要均匀、松散，不得堆积，以免冻结后不易分散。

5）速冻包装、金属探测

装好盘后，应立即送入低温冷库速冻。速冻温度为-40～-37℃，冻结时间为 30～40min，直至果心温度为-18～-16℃。如果在 40min 以内达不到所需低温，要调整速冻间装盘的层数或每盘内的装量。为了保证制品质量，冷冻必须在尽可能短的时间内完成。速冻完成后，将草莓移至 0～5℃冷却间，倒于干净工作台上，使草莓逐个分开，分别装入专用塑料袋中。每袋 500g 或 1000g。产品用封口机封实，过金属探测器后，再装入纸箱中。每箱装 10 大袋或 20 小袋，并用胶带密封。在塑料袋和外包装箱上注明产品名称、规格、贮藏条件、食用方法、生产日期及厂家等。

6）冻藏

包装后的草莓，应立即送入室温-20～-18℃、相对湿度为 95%～100%的冻藏室中贮藏。严禁与其他有挥发性气味或腥味冷藏品混藏以免串味。速冻草莓可贮藏 18 个月。在运输过程中必须保持冻藏状态，运输工具要采用冷藏车或冷藏船。批发商、零售商要用冰箱、冰柜贮藏。速冻草莓较好地保持了新鲜草莓的色、香、味、形，具有良好的市场前景。

7）成品

成品应符合以下质量标准：

（1）色泽。色泽鲜红艳丽，呈现鲜草莓正常色泽，无褐色及其他非正常色。

（2）风味。具有本品应有的滋味和气味，无异味。

（3）组织形态。组织鲜嫩，不软烂，草莓个形完整，无严重机械损伤，无病虫斑、无蒂、无泥沙，不允许有任何杂质，符合食品卫生要求，符合食用标准。

 工作任务二　速冻荷兰豆加工技术

荷兰豆（pea pods）又名荷仁豆，富含蛋白质及维生素，其维生素 C 的含量与辣椒中的维生素 C 含量接近，是高维生素 C 蔬菜。荷仁豆甜嫩爽脆，口感清香，美味可口。速冻荷仁豆产品是国际上的畅销蔬菜。

1. 主要材料

荷兰豆等。

2. 工艺流程

速冻荷兰豆加工工艺流程如图 9-3 所示。

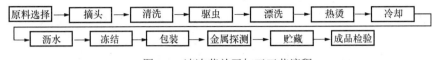

图 9-3　速冻荷兰豆加工工艺流程

3. 操作步骤

1）原料选择

豆荚鲜嫩，呈淡绿色，较直，无明显弯曲，豆荚扁平，籽小，无病虫害，食之无粗纤维感；在乳熟期无明显豆粒突起时采收，长度为 4～8cm，厚度为 3～5mm，宽度小于 1.5cm。

2）摘头

手工去除荷兰豆两端——花末端和茎末端，将荷兰豆摘去豆梗、花蒂、豆头的残须，并撕去其老筋，去净豆端，但不能破坏豆荚的整体。由于荷兰豆鲜嫩易失水，因而整个加工过程要迅速。

在摘头的同时将不良品（有病虫害、机械伤、斑点、锈头、畸形、破碎断裂、腐烂变质的）挑出剔除。

3）清洗

用洁净水分三级清洗，控制好水的流速与流量、刮板的前进速度，确保用洁净水将荷兰豆清洗干净。

4）驱虫

将荷兰豆放入 2%的盐水中浸泡 10～15min，以驱净虫子为原则。

5）漂洗

将荷兰豆放入水中漂洗净盐分和虫体等杂质。

6）热烫

采用热水热烫，热烫温度为 95～96℃，热烫时间为 40～50s。不时检查温度和时间，每 30min 做一次过氧化物酶实验和感官评定，以保证热烫正常进行。

7）冷却

热烫后立即使用洁净的卫生水喷淋冷却至 4～5℃。

8）沥水

离心机沥水或振动沥水和吹风除水，除去豆荚上多余的水分。水分要去除干净，以防止冻结成块。

9）冻结

单体低温冻结法（IQF 冻结），二段式流态化单体速冻的速冻工艺是：物料层厚度约为 40mm，物料初始温度为 5℃，冷空气温度为-40～-38℃，第一冻结区的冷空气流速为 5～6m/s，第二冻结区的冷空气流速为 4～5m/s，速冻时间为 5min。采用此速冻工艺，使豆荚在速冻中呈现流态化，实现单体速冻，使荷兰豆的几何中心温度较快降到-18℃以下，并且豆荚单体不粘连。

10）包装、金属探测

在 5℃下的洁净环境中拣除结块豆、粘连豆、过弯豆和杂质及前工序漏检的不合格豆，然后定量，并用塑料带热合密封或真空包装，最后装箱。用专用油墨事先在塑料袋和箱子上限量印上生产日期，常见的包装规格是 500g/袋×10 袋/箱、1000g/袋×5 袋/箱。箱子应使用无钉白乳胶粘合的纸箱，以防挂烂塑料袋和压伤产品及包装箱，也利于后道金属探测工序的进行。

11）贮藏

包装后及时放入低于-18℃的低温冷库中恒温冷藏，温度波动小于±1℃。

12）成品检验

成品应符合以下质量标准：

（1）色泽。呈荷兰豆的鲜绿色，色泽一致。

（2）风味。具有荷兰豆特有的清香气味和滋味，无异味。

（3）组织形态。新鲜，豆荚直条或基本直条，去端去筋，无裂缝，扁平籽小，食之脆嫩，无粗纤维感，荚形完整，无斑点、腐烂等。

工作任务三　果蔬速冻加工中常用的设备及使用

一、液氮喷淋超低温冻结装置

液氮喷淋超低温冻结法是一种直接接触冻结法，是最低温的冻结方法。其优点为设备简单、操作方便、冻结效果好。由于氮气的覆盖，食品的氧化作用小，食品干耗少，几乎无氧化变色，品质好，冻结速度快，比较适合于小块物料。对于较大型物块，外层快速冻结后，可能因内部再冻结而膨胀，产生龟裂，故对含水量较多的物体不太适用。3mm 厚的食品 1～5min 能降温到-18℃，但超低温易造成表面与中心产生极大温差，表面龟裂。在-60～-30℃较适用。液氮冻结法中液氮消耗较大，每冻结 1kg 物料需耗液氮 0.6～1.5kg，所以较适宜于冻结价格较贵的物料。液态二氧化碳比液氮要经济些。

液氮喷淋汽化后在绝热隧道中与物料直接接触，低温氮气在隧道中用风扇循环，以充分利用其冷量，最后完全排出而消耗，如图 9-4 所示。

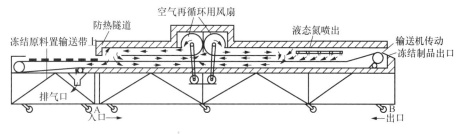

图 9-4　液氮冻结装置

二、传送带式速冻装置

传送带式速冻装置是一种间接接触送风冻结法，冷风温度为-40～-35℃，厚 1.5～4cm 的食品可在 12～41min 完成，适合于各种形状的物料冻结，如苹果片/条、芦笋、芋头、刀豆、菠菜、草莓、桃等，如图9-5所示。

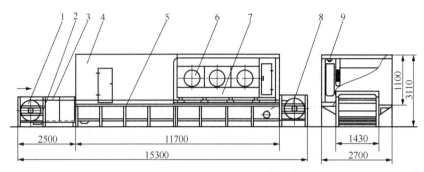

1. 从动滚筒；2. 喷淋装置；3. 钢带；4. 库体；5. 托架；
6. 风机；7. 蒸发；8. 主动滚筒；9. 灯具。

图9-5　传送带式速冻装置（单位：mm）

三、悬浮式速冻装置

悬浮式速冻装置内有分成预冷和急冻两段的多孔不锈钢网状传送带，从进料口将物料布置于带上，通过多台风机把冷风强制由下向上吹过果蔬，使之呈悬浮状被急速冻结，冷风温度为-40~-35℃，以6~8m/s的风速垂直向上，在5~10min，使食品冻结到-18℃以下。物料靠风力和传送带向前移动，物料冻结后从出口滑槽排出（图9-6和图9-7）。这种装置需定期停产融霜。适合于体积小的食品单体冻结，如苹果丁、杏丁、葡萄、草莓、蘑菇、大蒜瓣、刀豆和豌豆等。

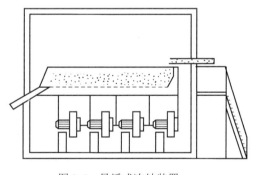

图9-6　悬浮式冻结装置

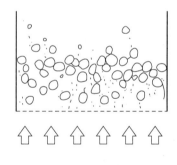

图9-7　悬浮式冻结状态

四、隧道式冻结装置

隧道式冻结装置适合不同形状、体积较大的果蔬产品冻结，如青玉米、甜玉米、清蒸茄子、整番茄、菠萝块、桃瓣等，如图9-8所示。该装置是一种空气强制循环速冻装置，其中风机和蒸发器安装在隧道的一侧，风机使冷风从侧面通过蒸发器吹向果蔬物料，冷风吸收热量的同时将物料冻结。吸热后的冷风再由风机吸入蒸发器被冷却，如此不断反复循环。果蔬物料经处理后装入托盘，放到带滚轮的载货架车上，陆续从隧道一端送入，经几个小时冻结后，从隧道另一端出来。此装置的缺点是所使用的风机大都是轴流式风机，风速增高，产品干耗有所增大，而且总耗冷量较大。

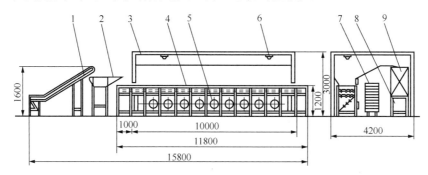

1. 提升机；2. 振动筛；3. 维护结构；4. 流态床；5. 风机；6. 灯具；7. 支架；8. 蒸发器；9. 架车。

图 9-8　隧道式冻结装置（单位：mm）

 **知识拓展**

一、果蔬速冻加工制品常见的质量问题及控制

（一）果蔬速冻加工制品常见的质量问题

果蔬中含有较多的化学成分，这些成分多是我们所需要的营养成分，主要有水分、有机酸、纤维素、碳水化合物、含氮化合物、色素、芳香物质、脂肪酸类、多酚类、酶类、维生素类和矿物质类等。这些成分在加工中会表现出不同的加工特性，加之在加工过程中原料、器具、机械设备、人员、水及空气中氧气与微生物都参与其中，使速冻果蔬制品在生产、冻藏和流通以及食用过程中，发生各种各样的质量问题。

1. 变色

速冻果蔬制品的变色种类较多：①浅色果蔬或切片的果蔬切面，色泽变红或变黑；②绿色果蔬的绿色渐渐失去而变为灰绿色；③果蔬制品失去原有色泽或原色泽加深。这3种变色都称为褐变，其主要原因是果蔬中含有多酚氧化酶类，这些酶在氧的作用下将酚氧化成红黑色的醌类化合物，叶绿素酶氧化分解叶绿素。此外，加工用水中如有酸性物质也会引起制品失绿；如有金属离子，也可催化制品褐变；制冷剂的泄漏也会引发制品变色。

变色会发生在速冻加工阶段，也会发生在冷冻贮藏阶段和流通阶段。

2. 变味

速冻果蔬变味有以下几种：①具有刺激性气味的果蔬气味使淡的果蔬串味；②冷库的冷臭造成食品变味；③速冻工艺不规范，如原料受冻、过分慢冻、烫漂不足、冻结或温度波动，以及反复冻结，都会使果蔬组织变化、胞液流失而造成变味；④含蛋白质和脂肪的果蔬氧化后发生的变味。后两种变味往往使口感下降。变味多发生在冻藏阶段。

3. 结冰霜及干耗

结冰霜和干耗现象都是由于水分而引起的。水分在冻结时发生轻微的膨胀，在冻藏中若温度波动，冰晶就会逐渐长大，温度若高于-18℃，并有蒸汽压差，冰晶会附在制品表面，造成粘连；速冻前若甩水不彻底也会造成冰霜。干耗是冰晶升华引起的，也是由于蒸汽压差的存在而产生的，水分从表面升华后，造成制品表面干燥，质量减少，严重时呈海绵状。冰霜和干耗多发生在冻藏阶段。

4. 口感劣变

口感劣变主要是指制品的变硬、变生和纤维化等。口感劣变发生在冻藏期间，主要是制品的蛋白质冷冻变性后质地变硬，使脂肪氧化变黏，水分蒸发，以及氧化造成纤维老化等；口感劣变发生在食用阶段，食用方法不当，如缓慢烹调造成制品汁液流失使细胞结构变化而发生纤维化，烹调后有"生菜"的感觉。

5. 营养损失

好的速冻果蔬制品不仅色香味好，而且还应保持其较高的营养成分。而这一点往往被忽略，虽然营养成分的损失也多发生在制品出现色、香、味变化时，但是加工中还有很多工序可使营养成分损失，如果蔬切分后洗涤可使其矿物质和糖损失；热烫、冻藏和烹调不当可使果蔬的维生素损失，主要是维生素 C 的损失。营养损失发生在速冻、冻藏及食用阶段。

6. 微生物超标

速冻果蔬制品无杀菌过程，之所以能够长期保存而不受微生物危害，是由于冷冻状态下微生物不能获得水分而受到抑制。速冻果蔬中的微生物主要是细菌，低温细菌在-10℃才停止繁殖但并非死亡，在-18℃下只有一部分细菌死亡。随着冻藏时间的延长，细菌数量会减少，但温度回升后未灭的细菌仍可繁殖。速冻果蔬微生物超标可在速冻、冻藏及流通期间发生，而往往不易被察觉，但它对企业造成的危害是很大的，可影响产品的出口销售。

（二）速冻果蔬制品的质量控制

速冻果蔬生产中，主要环节虽然是速冻工序，但原料处理及成品冻存等工序对产品质量也有较大的影响，因此，速冻果蔬制品生产中，必须建立完备的质量控制体系，才能确保其品质优良。国际上通行的 HACCP（危害分析关键控制点）体系较适合于速冻食品的生产。由于我国尚未对食品企业全面开展 HACCP 认证，下面仅从关键点及其控制方面加以阐述。

（1）原料质量控制点：虽然大多数速冻果蔬食品在烹调中都需经过炖煮，但仍然要求原料鲜嫩，纤维含量少，因此速冻果蔬原料的生产操作规程要满足产品加工对原料的要求，在施肥、灌水和打药等栽培模式方面都要有特殊要求。原料生产中应少施钙和镁肥，适当追施氮肥，保证正常的生长期灌溉，不喷洒促进成熟类的激素，这样可防止产品纤维化。原料生产出来后还需进行采收成熟度的选择。速冻果蔬中的青菜类和果菜类都要在鲜嫩状态时采摘，果类可按食用成熟度采收。

（2）前处理控制点：前处理控制点主要是烫漂。烫漂温度为 85～95℃，时间为 4～

7min，以烫至过氧化物酶失活为度。烫漂程度可通过愈创木酚进行检验，即将菜从中心一撕（切）两半，放入质量分数为0.1%的愈创木酚液中浸泡片刻取出，在断面中心滴上体积分数为0.3%的过氧化氢溶液，若变红则表明烫漂不足，不变色则表示酶已失活，这样可防止制品变色。烫漂切忌过度。

（3）速冻工序控制点：在速冻机或急冻间进行，温度为-35～-32℃，时间30min，使其快速通过最大冰晶生成区，而后转入-18℃以下冷库中。

（4）冷冻保存控制点：冷库温度最好在-20℃以下，温度波动应在±1℃，尽量保持恒温，产品应包装严密，装满库，可防止干耗及氧化降质。

（5）速冻果蔬生产的卫生控制：速冻果蔬生产中的微生物主要有细菌、酵母菌及霉菌，来源于果蔬原料、设备、空气、工作人员及加工过程中的污染。应定期对库房工具和设备进行消毒杀菌；定期对冷库进行除臭和除霉。

（6）流通及食用控制点：产品在出库流通过程中，保持最低温度在-12℃以下，且时间不宜太长；食用前无须解冻，直接烹调或用沸水、微波解冻后凉拌食用。

二、果蔬的MP加工

MP果蔬即最少加工处理果蔬（minimally processed），也可称为鲜切果蔬或切割果蔬（fresh-cut fruits and vegetables）、半处理果蔬（partially processed）、轻度加工果蔬（lightly processed）或预制果蔬（preprepared），是指新鲜水果、蔬菜原料经清洗、修整、切分等工序，最后用塑料薄膜袋或以塑料托盘装外覆塑料膜包装，供消费者立即食用或餐饮业使用的一种新型果蔬加工产品。MP果蔬起源于美国，当时（20世纪50～60年代）主要供应餐饮业，如宾馆、快餐店，后来又进入零售业。随着现代生活节奏的加快和生活水平的提高，以及对自身健康的关注，人们的消费模式正在发生改变，传统的果蔬加工食品如罐头，因缺乏果蔬加工前原有的新鲜感，开始被消费者冷落，而新鲜、营养、方便和无公害的鲜切果蔬日益受到欧美、日本等发达国家消费者的青睐。在最近的10年里，MP果蔬在美国、欧洲、日本等国得到了较快的发展，生产和消费增加非常快。鲜切果蔬的基本定义是果蔬采后经清洗、去皮、切分、修整、包装一系列处理后，仍有生命活动，具有呼吸作用，且有新鲜果蔬的品质，为消费者提供新鲜、营养和安全的产品，产品在最适条件下视原料不同有3～30d的保质期。即虽然采后果蔬的物理性状改变，但到消费者手中必须是新鲜的果蔬。

（一）鲜切果蔬加工工艺流程

鲜切果蔬加工工艺流程如图9-9所示。

图9-9　鲜切果蔬加工工艺流程

（二）操作步骤

1）原料选择

目前对鲜切果蔬原料的系统研究还未见报道，但果蔬原料品质的好坏对鲜切果蔬的品质影响很大，只有适合鲜切加工的优质果蔬原料才能加工出高质量的鲜切果蔬。作为鲜切果蔬的原料必须是品种优良、鲜嫩、大小均匀、成熟度适宜的原料，不得使用腐烂、病虫、斑疤的不合格原料。例如，胡萝卜、马铃薯、芜菁、甘蓝、洋葱对品种选择就非常重要。例如，多汁的胡萝卜、芜菁、甘蓝等品种不适合用来生产要求数天货架期的绞碎产品，而对马铃薯来说，如果选用的品种不适合，则易出现褐变及较差的风味。目前用于鲜切果蔬的种类主要有生菜、胡萝卜、圆白菜、韭菜、芹菜、洋葱、甘蓝、土豆、苹果、梨、桃、草莓、菠萝等。

2）摘头、切分和去皮

采收和收购的果蔬表面往往带有灰尘、泥沙和污物，加工前必须仔细地清洗，按产品的要求经洗净后进行切分，是鲜切果蔬生产的必要环节。修整和切分时要采用锋利的切分刀具在低温下（生产车间温度应＜12℃）进行机械或手工操作。切分大小是影响鲜切果蔬品质的重要因素之一，切分越小，切分面积越大，保存性越差。刀刃状况与所切果蔬的保存时间也有很大的关系，采用锋利的刀具切分的果蔬保存时间长，钝刀切分的果蔬由于切面受伤多，容易引起切面褐变。工业化生产中，机械化操作如去皮，应尽可能减少对果蔬组织细胞破坏程度，避免大量汁液流出，损害产品质量。

3）清洗、护色、冷却和沥干

清洗是鲜切果蔬加工中不可缺少的环节。这是因为经切分的果蔬表面已造成一定程度的破坏，汁液渗出更有利于微生物活动和酶反应的发生，引起腐败、变色，导致质量下降。由于失去表皮的保护，鲜切果蔬更易被微生物主要是细菌侵入而变质。在鲜切果蔬表面一般无致病菌而只有腐败菌，如欧氏杆菌、假单胞杆菌，因为这类细菌对致病菌有竞争优势。但在环境条件变化时，可能导致微生物菌落种类的变化，导致致病菌的生长。例如，包装内部高相对湿度和极低氧气浓度、低盐、高 pH 值、过高贮藏温度（高于5℃）等，在这些条件下，一些致病菌如梭状芽孢杆菌（*Clostri. dium*）、李斯特菌（*Listeria*）、耶尔森氏菌（*Yersin. ia*）等有可能生长产生毒素瞳。因此鲜切果蔬贮藏应严格控制条件。

清洗可除去表面细胞汁液并减少微生物数量，防止氧化。清洗用水须符合饮用水标准并且温度最好低于5℃，也可采取专门的护色措施来防止褐变。使用次氯酸钠清洗鲜切生菜可抑制产品褐变及病原菌数量，但使用氯处理后的原料必须经过清洗以减少氯的残留量，否则会导致产品萎蔫，且产品会残留氯的臭气。如在去皮或切分前后，清洗水中含氯量或柠檬酸量为100～200mg/L 时可有效延长货架期。切分、清洗后的果蔬应立即进行沥干（脱水）处理，否则比不洗的更易变坏或老化。通常使用离心机进行脱水，离心机的转速和脱水时间要适宜，鲜切甘蓝处理时，离心机转速为 2825r/min，时间为20s；鲜切生菜脱水时，离心机转速为100r/min，时间为20s。

4）包装、金属探测

包装是鲜切果蔬生产中的最后操作，鲜切后果蔬中的水分很容易蒸发，若不加以防止，将会使产品的品质下降，特别是会使产品的新鲜度、光泽度下降。工业上用得最多的包装薄膜是聚氯乙烯 PVG（用于包裹）、聚丙烯 PP 和聚乙烯 PE（用于制作包装袋）。复合包装薄膜通常用乙烯-乙酸乙烯共聚物（EVA），以满足不同的透气速度。产品用封口机封实，过金属探测器后，再装入纸箱中。

5）贮藏

由于温度能显著地影响鲜切果蔬的呼吸强度、酶活性和各种生化或化学反应速度，因此选择一个适宜的贮藏温度对保持鲜切果蔬品质和延长其货架期有着重要的作用。大多数研究认为，此类产品较适宜于 0～5℃条件下冷藏。

6）成品检验

成品应符合国家相关标准。

（三）加工中应注意的问题

（1）切分大小及工具选择的影响。切分大小是影响鲜切果蔬品质的重要因素之一，切分越小，切分面积越大，保存性越差。刀刃状况与所切果蔬的保存时间也有很大关系，采用锋利的刀具切分，保存时间长，钝刀切分由于切面受伤多，容易引起切面褐变。

（2）病原菌数与保存中的品质密切相关。病原菌数量多的比少的保存时间明显缩短。因而要求加工过程中的清洗必须彻底，除用水洗去果蔬表面附着的灰尘、污物外，还要加入一定的化学洗涤剂进行必要的消毒，同时经常检查操作员的健康状况，定期进行车间和工具的消毒，从而尽可能地降低微生物和病原菌数量，延长贮藏寿命和货架期。

（3）包装材料的透气性对鲜切果蔬的品质影响很大。透气性过大，鲜切果蔬会发生萎蔫、切断面褐变；透气性太小，鲜切果蔬会处于无氧呼吸状态，从而导致异臭及产生乙醇。在选择包装薄膜时，应考虑尽量使包装袋内的气体处于一个有利于贮藏的环境，降低呼吸速率，减轻代谢作用及褐变，从而延长贮存期。

（4）洗涤是延长鲜切果蔬保存时间的一个重要处理过程。因而洗涤用水必须干净、卫生、符合生活饮用水标准，否则不仅起不到清洗作用，反而使切分后的原料在冲洗时直接感染微生物及其他病原菌，从而导致产品腐败。

（5）温度是影响鲜切果蔬加工和贮藏的重要因素。在加工过程中，应尽量避免高温作用，为防止在脱水、包装等工序中温度回升，可以采取低温真空操作，并且对产品的冷却要及时。在贮存时，尽量将包装小袋单层摆放成平板状，使产品的中心温度很快降下来，尤其是放入纸箱保管时更应如此。在贮存、运输和销售过程中尽可能使用冷冻冷藏车，使温度保持在 5℃以下。

（四）鲜切果蔬的保鲜技术

鲜切果蔬因在生产过程中去皮、切分等加工使组织损伤，导致色泽改变、果实软化、木质化、易腐烂等现象，为微生物的繁殖生长提供了有利的条件，也增加了微生物对果蔬的污染机会，因此鲜切果蔬的保鲜技术是延长其货架期的重要加工环节。

1. 低温控制技术

温度是影响鲜切果蔬品质变化的主要因素。低温保藏能有效地减缓酶和微生物的活动，是一种保存食品原有新鲜度的有效方法。鲜切果蔬都需进行冷藏，冷藏一方面可以抑制果蔬的呼吸强度，降低组织的各种生理生化反应速度，延缓衰老和抑制褐变。大多数酶活性化学反应的温度系数 Q_{10} 为2～3。这就是说，温度每下降10℃，酶活性就会削弱1/3～1/2。假设 Q_{10} 值为2.5，温度从30℃降到10℃，食品中的变化幅度可以减少6.25倍，即保藏期可延长6倍。另一方面，任何微生物都有一定的正常生长和繁殖的温度范围，降低温度后，微生物的生理代谢被抑制，微生物的生长与繁殖被抑制。因此适宜的冷藏温度对鲜切果蔬保鲜十分重要。大多数鲜切果蔬在10℃以下温度贮藏，但是在低温贮藏时要注意避免冷害现象的发生。

2. 自发调节气体包装

自发调节气体包装保鲜的基本原理是通过使用适宜的透气性包装材料被动地产生一个调节气体环境，或者采用特定的气体混合物及结合透气性的包装材料主动地产生一个调节气体环境。其目的是在包装中建立一个最适宜的气体平衡，使产品的呼吸活性维持在尽可能低的水平上，且氧气和二氧化碳的浓度水平不能对产品造成危害。在生产中控制贮藏环境的气体指标为2%～5%的氧气和2%～5%的二氧化碳。如果结合使用乙烯吸收剂，则阻止果蔬品质劣变和组织软化的效果更好，通常使用的乙烯吸收剂有高锰酸钾、活性炭加氯化钯催化剂等。

3. 保鲜剂贮藏保鲜

为了减少鲜切果蔬的褐变反应率和延长货架寿命，早期使用亚硫酸盐或酸式亚硫酸盐，取得了较好的效果。但是，由于这两种含硫的盐对一些气喘病人能引发好几种类似过敏的反应。最近，美国 FDA 已禁止亚硫酸盐类在某些食品生产中使用，现在常常采用安全的食品保鲜剂处理，如利用抗氧化剂维生素 C 来消耗氧气，利用酸、螯合剂等抑制或钝化酶活性，从而有效地抑制果蔬组织的褐变。保鲜剂多用化学添加剂如抗坏血酸和异抗坏血酸及其钠盐、L-半胱氨酸、柠檬酸、4-取代基间苯二酚（4-HR）等。研究表明，抗坏血酸+柠檬酸（10+2）g/L 的混合物及抗坏血酸+氯化钠（10+5）g/L 的混合物能抑制苹果切块中 PPO 活性的90%～100%。因此，常温下选择适当的保鲜剂处理对鲜切果蔬的保鲜、运输及销售具有十分重要的意义，但对于不同品种的果蔬，采用哪种保鲜剂类型组合及浓度的配比，还需要进行进一步的研究。

4. 涂膜保鲜技术

涂膜保鲜就是将可食性膜涂于果蔬表面而形成涂层，达到改善产品质量的目的。因为涂膜包装处理后可以使食品不受外界氧气、水分及微生物的影响，所以可以提高产品的质量和稳定性。用于鲜切果蔬的涂膜包装材料主要有多聚糖、蛋白质及纤维素衍生物。由于其方便、卫生且可食用等特点，近年来应用得比较多。不同的涂膜材料有不同的特性，如多聚糖有良好的阻气性，能附在切面；蛋白质成膜性好，能附在亲水性切面，但不能阻止水的扩散。根据不同的涂层物质的特点，在配置涂膜配方时通常进行复配，在涂膜中有时加入防腐剂（如山梨酸钾）和抗氧化剂（如叔丁基对羟基茴香醚）等。另有研究表明，海藻酸钠、卡拉胶等也可作为涂膜剂，有利于鲜切果蔬的保鲜。

5. 冷杀菌保鲜技术

1）紫外线

紫外线杀菌是一种传统、有效的消毒方法，波长在190～350nm，其中260nm 左右的波长为 DNA、RNA 的吸收峰，它使 DNA 的嘧啶基之间产生交联，成为二聚物，抑制 DNA 复制，导致微生物突变或死亡。采用紫外线照射切割西瓜，细菌总数会降低，延长货架期，但对品质无影响。紫外线穿透能力很差，通常只能对样品表面进行消毒杀菌，其灭菌效果受障碍物、温度、湿度、照射强度等因素影响很大。

2）超声波

超声波多用于鲜切蔬菜的清洗，是利用低频高能量的超声波的空化效应在液体中产生瞬间高温、瞬间高压造成温度和压力变化，使液体中某些细菌致死、病毒失活，甚至使体积较小的一些微生物的细胞壁破坏，从而延长蔬菜的保鲜期。超声波消毒速度较快，对人无害，对物品无损害，但消毒不彻底。因此常考虑将其与其他冷杀菌技术联合使用，如超声波-磁化联合杀菌、超声波-激光联合杀菌、超声波-紫外线联合杀菌等。

3）臭氧

臭氧对各类微生物都有强烈的杀菌作用，这是因为臭氧分解放出的新生态氧在空间扩散，能迅速穿过真菌、细菌等微生物的细胞壁、细胞膜，使细胞膜受到损伤，并继续渗透到膜组织内，使菌体蛋白质变性、酶系统破坏、正常的生理代谢过程失调和中止，导致菌体休克死亡而被杀灭，达到消毒、灭菌、防腐的效果。臭氧能使乙烯氧化分解，延缓果蔬的后熟和衰老。臭氧还能调节果蔬的生理代谢，降低果蔬的呼吸作用，降低代谢水平，延长贮藏保鲜期。臭氧杀死病原菌的范围广、效率高、速度快、无残留，是一种理想的冷杀菌技术，但其杀菌效果还受温度和湿度的影响。此外，臭氧使用浓度过大，也会引起果蔬表面质膜损害，使其透性增大、细胞内物质外渗，导致品质下降，甚至加速果蔬的衰老和腐败等。

4）辐射

辐射杀菌即利用射线照射食品，引起微生物发生一系列物理化学反应，使微生物的新陈代谢、生长发育受到抑制或破坏，致使微生物被杀灭，食品的保藏期得以延长。一般采用 γ 射线对鲜切果蔬进行辐照保鲜处理。

 练习及作业

1. 简要说明冷冻对果蔬组织结构、化学变化、酶活性及微生物的影响。
2. 果蔬常用冻结方法有哪些类型？每一种类型的特点是什么？
3. 果蔬速冻加工工艺流程是什么？操作要点是什么？
4. 根据所学的速冻知识，尝试选一种果蔬进行速冻加工，写出它的速冻工艺流程和操作要点。

主要参考文献

蔡同一，1987. 果蔬加工原理及技术 [M]. 北京：中国农业大学出版社.

崔建云，2007. 食品机械 [M]. 北京：化学工业出版社.

高愿军，2002. 软饮料工艺学 [M]. 北京：中国轻工业出版社.

李勇，2005. 食品冷冻加工技术 [M]. 北京：化学工业出版社.

廖世荣，2004. 食品工程原理 [M]. 北京：科学出版社.

廖小军，2009. 超高压技术在果蔬加工中大有可为 [J]. 农产品加工业.

林亲录，邓放明，2003. 园艺产品加工学 [M]. 北京：中国农业出版社.

刘升，冯双庆，2001. 果蔬预冷贮藏保鲜技术 [M]. 北京：科学技术文献出版社.

刘晓杰，2004. 食品加工机械与设备 [M]. 北京：高等教育出版社.

刘一，2006. 食品加工机械 [M]. 北京：中国农业出版社.

陆兆新，2004. 果蔬贮藏加工及质量管理技术 [M]. 北京：中国轻工业出版社.

罗云波，蔡同一，2001. 园艺产品贮藏加工学・加工篇 [M]. 北京：中国农业大学出版社.

潘静娴，2007. 园艺产品贮藏加工学 [M]. 北京：中国农业大学出版社.

邱礼平，2010. 食品机械设备维修与保养 [M]. 北京：化学工业出版社.

仇农学，2005. 现代果汁加工技术与设备 [M]. 北京：化学工业出版社.

邵长富，赵晋府，1998. 软饮料工艺学 [M]. 北京：中国轻工业出版社.

田世平，2000. 果蔬产品产后贮藏加工与包装技术指南 [M]. 北京：中国农业出版社.

魏庆葆，2008. 食品机械与设备 [M]. 北京：化学工业出版社.

徐怀德，2003. 新版果蔬配方 [M]. 北京：中国轻工业出版社.

叶兴乾，2002. 果品蔬菜加工工艺学 [M]. 北京：中国农业出版社.

袁巧霞，任奕林，2009. 食品机械使用维护与故障诊断 [M]. 北京：机械工业出版社.

袁仲，2008. 食品工程原理 [M]. 北京：化学工业出版社.

张瑞菊，王林山，2007. 软饮料加工技术 [M]. 北京：中国轻工业出版社.

赵晨霞，2002. 果蔬贮运与加工 [M]. 北京：中国农业出版社.

赵晨霞，2005. 果蔬贮藏与加工 [M]. 北京：高等教育出版社.

赵丽芹，2002. 果蔬加工工艺学 [M]. 北京：中国轻工业出版社.

郑永华，2000. 蔬菜加工实用技术 [M]. 北京：金盾出版社.

祝战斌，2008. 果蔬加工技术 [M]. 北京：化学工业出版社.

祝战斌，2010. 果蔬贮藏与加工技术 [M]. 北京：科学出版社.

Mallett C P, 2004. 冷冻食品加工技术 [M]. 张慜，等，译. 北京：中国轻工业出版社.